U0174077

国家级精品课程建设配套教材

高等职业教育园林工程技术专业系列教材

园林建筑设计

第2版

徐哲民　编著

机 械 工 业 出 版 社

本书共分8章，第1章绪论包括园林建筑的概述、作用、分类及发展。第2章论述了建筑设计的基本知识，包括建筑平面的设计、立面的设计、剖面的设计及相关规范。第3章论述了建筑构造基础知识，包括：地基与基础、墙与隔墙、楼地层、楼梯、屋顶、门窗等。第4章论述了园林建筑设计的方法和技巧。第5章详述了园林单体建筑设计。第6章介绍了园林服务性建筑设计，包括园林大门、公共厕所、茶室、小卖部、游船码头。第7章介绍了园林建筑小品设计。第8章为几个中国经典园林的抄绘练习。最后附录了园林建筑设计实例，该实例部分的图纸均为实际工程，对于学生的学习和实践具有实际的意义。另外，本书设置了7个实训练习，穿插于相应的章节，让学生可以及时巩固和检验学习成果。

本书可作为建筑设计工作者、建筑院校师生及相关专业人员的参考用书。

本书配有电子教案，凡使用本书作为教材的教师可登录机械工业出版社教材服务网 www.cmpedu.com 下载。咨询邮箱：cmpgaozhi@sina.com。咨询电话：010-88379375。

图书在版编目（CIP）数据

园林建筑设计/徐哲民编著. —2版. —北京：机械工业出版社，2013.6（2021.1重印）

高等职业教育园林工程技术专业系列教材

ISBN 978-7-111-42427-7

Ⅰ.①园… Ⅱ.①徐… Ⅲ.①园林建筑—园林设计—高等职业教育—教材 Ⅳ.①TU986.4

中国版本图书馆CIP数据核字（2013）第109269号

机械工业出版社（北京市百万庄大街22号 邮政编码100037）
策划编辑：王靖辉 责任编辑：王靖辉
责任校对：常天培 责任校对：张 征
封面设计：赵颖喆 责任印制：常天培
北京盛通商印快线网络科技有限公司印刷
2021年1月第2版第8次印刷
184mm×260mm ·21.75印张 ·535千字
标准书号：ISBN 978-7-111-42427-7
定价：59.00元

电话服务 网络服务
客服电话：010-88361066 机 工 官 网：www.cmpbook.com
010-88379833 机 工 官 博：weibo.com/cmp1952
010-68326294 金 书 网：www.golden-book.com
封底无防伪标均为盗版 机工教育服务网：www.cmpedu.com

第2版前言

本书为国家级精品课程“园林建筑设计”的配套教材。本教材的创新特色为：结合目前高职教育的要求，配合工学结合的项目教学法，且基于建筑系与杭州蓝天园林设计院、杭州林松设计有限公司实行校企合作，与企业一起合作开发教材。

本书立足于教育部关于“培养与社会主义现代化建设相适应、德智体美等全面发展，具有综合职业能力，在生产、服务、技术和管理第一线工作的应用型专门人才和劳动者”的培养目标，符合人才培养规律和教学规律，注意学生知识能力和素质的全面发展。本书可作为建筑设计工作者、建筑院校师生及相关专业人员的参考用书。

本书共8章，内容充实，结合生产实际，体现当代科技成果，贯彻最新规范和标准，理论与实践相结合。

本书由浙江建设职业技术学院徐哲民编著。

精品课程网址：http://jpkc.zjjy.net/jp06/提供了丰富的网络资源，可供选用本书作为教材的老师参考。

基于建筑系与杭州蓝天园林设计院、杭州林松设计有限公司实行校企合作，本书中很多案例均来自上述企业的实际项目，在此也向蓝天园林设计院与杭州林松设计有限公司对本书的编写提供的帮助表示感谢。

在编写过程中，参考了很多相关著作和资料，在此向有关作者表示衷心的谢意。同时，对浙江建设职业技术学院吴卓珈、施彦帅、李文娴等在编写过程中给予的帮助与支持也表示感谢。

由于编者水平有限，书中的疏漏和错误在所难免，敬请读者给予批评指正。

编　者

目　录

绪 论

学习目标

通过本章学习，了解园林建筑的特点、作用、分类及中外园林建筑的发展历程和趋势。

1.1 园林与园林建筑

1.1.1 园林

园林是指在一定的地域运用工程技术和艺术手段，通过改造地形（或进一步筑山、叠石、理水）、种植树木花草、营造建筑和布置园路等途径创作而成的自然环境和游憩境域。

一般来说，园林的规模有大有小，内容有繁有简，但都包含四种基本要素，即土地、水体、植物和建筑。其中，土地和水体是园林的地貌基础，土地包括平地、坡地、山地，水体包括河、湖、溪、涧、池、沼、瀑、泉等。天然的山水需要加工、修饰、整理，人工开辟的山水讲究造型，还需要解决许多工程问题。因此，筑山和理水就逐渐发展成为造园的专门技艺。植物栽培最先是以生产和实用为目的的，随着园艺科技的发展才有了大量供观赏用的树木和花卉。现代园林中，植物已成为园林的主角，植物材料在园林中的地位更加突出。上述三种要素都是自然要素，具有典型的自然特征。在造园中必须遵循自然规律，才能充分发挥其应有的作用。

1.1.2 园林建筑

园林建筑是指在园林中具有造景功能，同时又能供人游览、观赏、休息的各类建筑物。

在中国古代的皇家园林、私家园林和寺观园林中，建筑物占了很大比重，其类别很多，变化丰富，积累了我国建筑的传统艺术及地方风格。现代园林中，建筑物所占的比重减少，但对各类建筑的单体仍要仔细观察和研究，如其功能、艺术效果放置、比例关系，以及与四周的环境协调统一等问题。无论是古代园林，还是现代园林，通常都把建筑作为园林景区或景点的“眉目”来对待，建筑在园林中往往起到了画龙点睛的重要作用。所以常常在关键之处，置建筑为点景的精华。园林建筑是构成园林诸要素中唯一的经人工提炼，又与人工相结合的产物，能够充分表现人的创造和智慧，体现园林意境，并使景物更为典型和突出。建筑在园林中是人工创造的具体表现，适宜的建筑不仅使园林增色，更使园林富有诗意。而且，比起土地、水体、植物来，园林建筑的人工味道更浓，受到自然条件的约束更少。建筑的多少、大小、式样、色彩等处理，对园林风格的影响很大。一个园林的创作，是幽静、淡雅的山林、田园风格，还是艳丽、豪华的趣味，主要决定于建筑淡妆与浓抹的不同处理。园林建筑是由于园林的存在而存在的，没有园林与风景，就根本谈不上园林建筑这一种建筑类型。

在漫长的历史发展过程中，勤劳智慧的人民创造了巨大的物质财富，也创造了灿烂的文化财富。其中，中国的园林既是作为一种物质财富满足人们的生活要求，又是作为一种艺术的综合体满足人们精神上的需要。它把建筑、山水、植物融合为一个整体，在有限的空间范围内，利用自然条件，模拟大自然中的美景，经过人为的加工、提炼和创造，出于自然而高于自然，把自然美与人工美在新的基础上统一起来，形成赏心悦目、丰富变幻，"可望、可行、可游、可居"的体形环境。园林建筑在中国园林中是一个重要的组成要素，它除了满足游人遮荫避雨、驻足休息、临泉起居等多方面的实用要求外，还与山池、花木密切结合，组成风景画面，起着园林景象构图中心的作用。经过长期的探索与创作，中国园林建筑在单体设计、群体组合、总体布局、建筑类型及与园林环境的结合等方面，都有了一套相当完整的成熟经验。中国园林在世界园林中，作为一个独立的园林体系而享有盛名，其中的园林建筑有着独特的光彩。

中国的园林与园林建筑是土生土长的，是在中国这块沃土上生根发芽、开花结果的，因此，它有着与这个母体的特征紧密相联的许多鲜明个性。如同世界各地的人民对于养育着他们的土地都怀着深深的依恋之情一样。我国人民对于祖国的名山大川一向怀有强烈的崇敬、仰慕、热爱的感情，具有对自然的高度敏感与追求。美好的自然陶冶了人们美的心灵，人们又把自己的美学理想体现到文学、艺术的创作之中。中国的文学与艺术跟世界其他国家的文学艺术一样，从它诞生的那一天起，就与美的大自然结下了"不解之缘"。中国的园林艺术作为表达人与自然的最直接、最紧密联系的一种物质手段和精神创作，从公元前11世纪周文王筑灵台、灵沼、灵囿起，就是从选择、截取自然界中一个特定的、典型的环境范围开始的；中国的寺庙园林曾遍及我国的名山大岳，世俗化的宗教建筑与自然环境的融合，实际是一种宗教性质的风景区；中国的皇家园林与私家园林在空间范围上相差很大，但都是在原有自然条件环境下，经过人工改造加工过的园林。小范围内的私家园林，常通过"写意"式的再现手法，把大自然中的美景模拟、缩小在有限的空间范围之中，而且有真山真水、小中见大的感受。在这样的园林中漫游，感受到的仿佛就是一首描写自然美景的凝固的诗歌，一幅可以身临其境的立体山水画面。因此，"师法自然"就成为中国园林一脉相承的基本的原则，与自然环境相协调成为中国园林建筑所遵循的一条不可动摇的准则。

园林与园林建筑的创作，是人们头脑中对自然美与生活美追求的具体映射，它以"物化"了的空间形态，最直接、最生动地反映了不同时代人们的生活方式与美的理想。中国园林与园林建筑的创作，也如同中国的各种文艺形式一样，经历过从"神化"自然到"人化"自然的过程。但是，从整体上说，中国的园林与园林建筑始终表现出"人是主人，景为人用"的基本特点。在园林中，没有那种令人感到威慑的建筑空间和建筑体量，建筑尺度接近于人，总是力求与人在使用上的生理需要和观赏上的心理需要相吻合。即使是风景区中的寺庙，也都是世俗化的、"人"的建筑，而不是不可理解的、造型上令人莫名其妙的"神"的建筑。这就使得中国的园林建筑既能很好地与自然环境相协调，又能与人的使用需

要相统一，且具有很大的实用性、灵活性、通用性。

1.1.3 园林建筑与其他建筑的比较

园林建筑与其他建筑类型相比较，具有其明显的特征，主要表现为：

1）园林建筑十分重视总体布局，既主次分明，轴线明确，又高低错落；既满足使用功能的要求，又满足景观创造的要求。

2）园林建筑是一种与园林环境及自然景观充分结合的建筑。因此，在基址选择上，要因地制宜，巧于利用自然又融于自然之中。将建筑空间与自然空间融成和谐的整体，优秀的园林建筑是空间组织和利用的经典之作。

3）强调造型美观是园林建筑的重要特色。在建筑的双重性中，有时园林建筑美观和艺术性，甚至要重于其使用功能。在重视造型美观的同时，还要极力追求意境的表达，要继承传统园林建筑中寓意深邃的意境。要探索、创新现代园林建筑中空间与环境的新意。

4）小型园林建筑因小巧灵活，富于变化，常不受模式的制约，这就为设计者带来更多的艺术发挥的余地，真可谓无规可循，构园无格。“小中见大”、“循环往复，以至无穷”是其他造园因素所无法与之相比的。

5）园林建筑色彩明朗，装饰精巧。在我国古典园林中，建筑有着鲜明的色彩，北京的古典园林建筑色彩鲜艳，南方的宅园林则色彩淡雅。现代园林建筑其色彩多以轻快、明朗为主，力求表现园林建筑轻巧、活泼、简洁、明快的性格。在装饰方面，不论古今园林建筑都以精巧的装饰取胜，建筑上善于应用各种门洞、漏窗、花格、隔断、空廊等，构成精巧的装饰，尤其将山石植物等引入建筑，使装饰更为生动，成为建筑上得景的画面。因此，通过建筑的装饰增加园林建筑本身的美，更主要是通过装饰手段使建筑与景致取得更密切的联系。

1.2 园林建筑的作用及分类

1.2.1 园林建筑的作用

中国园林的创作是以自然山水园为基本形式，通过山、水、植物、建筑四种基本要素的有机结合，构成“源于自然而高于自然”的美妙的城市园林。其重要作用，一是能改善和美化人的生活环境，提高人的生活质量；二是能为人们提供息憩、游览、文化娱乐的好场所。园林建筑是园林的重要组成部分，它既有使用功能，又有造景、观景功能。城市园林中亭、台、楼、阁、门、窗、路及小品等建筑，对构成园林意境具有重要意义和作用，其审美价值并非局限于这些建筑物和构筑物本身，而在于通过这些建筑物，让人们领略外界无限空间中的自然景观，突破有限，通向无限，感悟充满哲理的人生、历史、社会乃至宇宙万物，引导人们到达园林艺术新追求的最高境界。

一般说来，园林建筑大都具有使用和景观创造两个方面的作用。

就使用方面而言，它们可以是具有特定使用功能的展览馆、影剧院、观赏温室、动物兽舍等；也可以是具备一般使用功能的休息类建筑，如亭、榭、厅、轩等；还可以是供交通之用的桥、廊、花架、道路等；此外，还有一些特殊的工程设施，如水坝、水闸等。

通常，园林建筑的外观形象与平面布局除了满足和反映特殊的功能性质之外，还要受到园林选景的制约，往往在某些情况下，甚至首先要服从园林景观设计的需要。在作具体设计的时候，需要把它们的功能与它们对园林景观应该起的作用恰当地结合起来。

园林建筑的功能主要表现在它对园林景观创造方面所起的积极作用，这种作用可以概括为下列四个方面：

1. 点景

点景即点缀风景。园林建筑与山水、景物等要素相结合而构成园林中的许多风景画面，有宜于就近观赏的，有适于远眺的。在一般情况下，园林建筑常作为这些风景画面的重点和主景，没有这座建筑也就不称其为“景”，更谈不上园林的美景了。重要的建筑物往往作为园林的一定范围内甚至整座园林的构景中心，例如北京北海公园中的白塔、颐和园中的佛香阁等都是园林的构景中心，整个园林的风格在一定程度上也取定于建筑的风格。

2. 观景

观景即观赏风景。以一幢建筑物或一组建筑群作为观赏园内景观的场所，它的位置、朝向、封闭或开敞的处理往往取决于得景的佳否，即是否能够使得观赏者在视野范围内摄取到最佳的风景画面。在这种情况下，大到建筑群的组合布局，小到门窗、洞口或由细部所构成的“框景”都可加以利用作为剪裁风景画面的手段。

3. 界定范围空间

界定范围空间即利用建筑物围合成一系列的庭院或者以建筑为主，辅以山石植物将园林划分为若干空间层次。

4. 组织游览路线

以园林中的道路结合建筑物的穿插、“对景”和障碍，创造一种步移景异，具有导向性的游动观赏效果。

1.2.2　园林建筑的分类

1. 按使用功能分类

园林建筑按使用功能可分为五大类：

（1）园林建筑小品　指园林中体量小巧、数量多、分布广、功能简明、造型别致，具有较强装饰性的精美设施，如园灯、园椅、园林展牌、园林景墙、园林栏杆等。

（2）游憩性建筑　给游人提供游览、休息、赏景的场所。其本身也是景点或成为景观的构图中心。包括科普展览建筑、文化娱乐建筑、游览观光建筑，如亭、廊、花架、榭、游船码头、露天剧场、各类展览厅等。

（3）服务性建筑　为游人在游览途中提供生活上服务的建筑，如各类型小卖部、茶室、小吃部、餐厅、接待室、小型旅馆等。

（4）公用性建筑　主要包括电话通信设施、导游牌、路标、停车场、存车处、供电及照明设施、供水及排水设施、供气供热设施、标志物及果皮箱、厕所等。

（5）管理性建筑　主要指公园、风景区的管理设施，如公园大门、办公室、食堂、实验室、温室荫棚、仓库、变电室、垃圾污水处理场等。

2. 按园林建筑的性质分类

园林建筑按性质可分为传统园林建筑和现代园林建筑两大类。

（1）传统园林建筑

1）亭——游人休停处，精巧别致，即多面观景的点状小品建筑，外形多成几何图形。“亭者，停也。人所停集也。”（《园冶》）亭子在中国园林中被广泛应用，不论山坡水际、路边桥顶、林中水心都可设亭。亭可有半亭、独亭、组亭之分。园林中还可以有钟亭、鼓亭、井亭、旗亭、桥亭、廊亭、碑亭等类型之分。若按亭子的平面形式分，常见的有三角亭、扇面亭、梅花亭、海棠亭；按屋顶层数有单檐亭、重檐亭；按屋顶的形式，又可分为攒尖亭、盝顶亭、歇山亭等。亭子以其灵活多变的特性，任凭造园家创造出新，为园景增色。

2）廊——廊者长也，有顶的过道或房前避雨遮阳之附属建筑，即多面观景的长条形建筑。廊在园林中是联系建筑的纽带，同时又是导游路线。在功能上，尤其在江南园林中，还可起到遮风避雨的作用。廊最大的特点在于它的可塑性与灵活性，无论高低曲折，山坡水边都可以连通自如，依势而曲，蜿蜒逶迤，富有变化，而且可以划分空间，增加园景的景深。廊的形式可分为直廊、曲廊、波形廊、复廊等。按所处的位置，又可分为走廊、回廊、楼廊、爬山廊、水廊等。廊的重要作用之一在于通过它把全园的亭台楼阁、轩榭厅堂联系成一个整体，从而对园林中的景观开展和观景序列的层次起到重要的组织作用。颐和园万寿山的长廊共273间，长728米，中间点缀有留佳、寄澜、秋水、清遥四座八角重檐的亭子。通过长廊，把万寿山前山的景色连贯起来，使原来比较错落不齐的景色统一成一幅以佛香阁为主景的万寿山全景图。

3）榭——榭者藉也，依借环境而建榭，临水建榭，并有平台伸向水面，体型扁平。

4）舫——运用联想手法，建于水中的船形建筑，犹如置身舟楫之中，从整体轮廓到门窗栏杆均以水平线条为主，其平面分为前、中、尾三段，一般前舱较高，中舱较低，后舱则多为二层楼，以便登高眺望。

5）厅——高大宽爽向阳之屋，一般多为面阔三至五间，采用硬山或歇山屋盖。基本形式有两面开放，南北向的单一空间的厅；两面开放，两个空间的厅；四面开放的厅。

两个空间的厅，主要指室内用隔扇、花罩或屏风分隔成前后两个空间，天花顶盖也处理成两种以上形式。这种顶盖式的天花也称为“轩”，它是由带装饰性的复水椽和望砖构成。复水椽可作成各种曲线状，从而形成不同的轩式：一枝香轩、弓形轩、菱角轩、鹤颈轩、船篷轩、茶壶档轩、海棠轩等。平面上用屏风、圆光罩、桶扇、落地罩划分为前后厅，同时在结构装修上也做成互不相同的搭配，故又可称为“鸳鸯厅”。

四面开放的厅，主要指空间的开放，一船做法是：四面用桶扇，周围用外廊，面阔多为三至五间，上覆歇山顶。

江南园林中，即使称为轩、馆、房、室、庐舍之类者，以及诗轩、画馆、书房、翠室等名目繁多，但就其形式而言，实际上也就是一个厅，或统称为“花厅”。

6）楼—— 一般多为二层，正面为长窗或地坪窗，两侧是砌山墙或开洞门，楼梯可放室内，或由室外倚假山上二楼，造型多姿。

7）阁——与楼神似，造型较轻盈灵巧。重檐四面开窗，构造与亭相似，但阁也有一层的形式，一般建于山上或水池、台之上。

8）轩——厅堂出廊部分，顶上一般做卷棚的称轩。从构造上说，轩与屋、厅堂类似，有时轩可布置在气势宽敞的地方，供游宴之用。

9）斋——学舍书屋。专心攻读静修幽静之处，自成院治，与景区分隔成一封闭式景点。

10）殿——布局上处于主要地位的人厅或正房。结构高大而间架多，气势雄伟，多为帝王治政执事之处。在宗教建筑中供神佛的地方，也称为殿。

11）馆——供游览眺望、起居、宴饮之用，体量可大，布置大方随意，构造与厅堂类同。

12）华表柱——来源于古代氏族社会的图腾标志。

13）牌坊——只有华表柱（冲天柱）加横梁（额枋），横梁之上不起楼无斗拱及屋檐。

14）牌楼——与牌坊类似，在横梁之上有斗拱屋檐或“挑起楼”，可用冲天柱或不用。

（2）现代园林建筑　今天人们的精神趣味、美学爱好是与过去的文学、艺术传统有联系的。因此，我们不应该割断历史，而要细心地去汲取过去园林与园林建筑中那些特别值得发扬光大的经验，使其在新的条件下展现出新的风貌。另一方面，也应该看到，时代在发展着、变化着，一成不变的东西是没有的。园林作为人类生活环境的一个重要组成部分，总是相当敏感地反映着人们不断发展着、变化着的要求和愿望。园林的内容规划方法、布局特点、建筑类型与风格，总是因使用对象的不同而呈现较大的差别。今天，中国园林就其范围与内容来说，是大大地扩展了，它不仅包括着古代流传下来的皇家园林、私家园林、寺观园林、风景名胜园林等重要的组成部分，而且扩大到了人们活动着的大部分领域：居住小区中的小块绿地，街心广场中的小游园，城市内各种形式的公园——文化公园、体育公园、儿童公园、纪念性公园、植物园、动物园、游乐园等，以及城市郊区的大块绿地、自然风景区、疗养区等。

1.3　园林建筑发展史

古典园林是人类文化遗产的一个重要组成部分，世界上曾经有过发达文化的民族和地区必然有其独特的造园风格，世界范围内的几个主要的文化体系也必然产生相应的园林体系。中国是世界的文明古国之一，以汉民族为主体的文化在几千年长期持续发展的过程中，孕育出“中国园林”这样一个历史悠久、源远流长的园林体系。早在奴隶社会时期即已有造园活动见于记载。汉代后期，官僚、贵族、富商的私家园林已出现，但并不普遍。公元3世纪到6世纪的两晋南北朝是中国园林发展史上一个转折时期。山明水秀的东南地区，自然风景逐渐开发出来。北魏洛阳著名的御苑“华林”引水注入大湖“天渊池”，池中筑一台一岛。南北朝的园林中已经出现了比较精致而结构复杂的假山。公元6世纪到10世纪初的隋唐王朝是我国封建社会统一大帝国的黄金时代，这个时代，文学艺术充满了风发爽朗的生机，在这样的政治、经济和文化背景下，园林的发展相应地进入一个全盛时期。隋代洛阳的西苑、唐代长安的大明宫、华清宫、兴庆宫都是当时著名的皇家园林。唐代长安还出现了我国历史上的第一座公共游览性质的大型园林——曲江。明清时代，江南的封建文化比较发达，园林受到诗文绘画的直接影响也更多一些，不少文人画家同时也是造园家，而造园匠师也多能诗善画。因此，江南园林所达到的艺术境界也最能表现当代文人所追求的“诗情画意”。

日本园林受到中国园林的影响很大，在运用风景园的造园手法方面与中国园林是一致的；但结合日本的地理条件和文化传统，也发展了它的独特风格而自成一个体系。

西方园林的起源可以上溯到古埃及和古希腊。古埃及人把几何的概念用之于园林设计。水池和水渠的形状方正规则、房屋和树木也按几何的规矩加以安排，是世界上最早的规整式园林。古希腊公元前500年，以雅典城邦为代表的完善的自由民主政治带来了文化、科学、

艺术的空前繁荣，园林的建设也很兴盛。古希腊的园林大体上可以分为三类：第一类供公共活动游览的园林：早先为体育竞赛场，后来为了遮荫而种植的大片树丛逐渐开辟为林荫道，为了灌溉而引来的水渠逐渐形成装饰性的水景。第二类是城市的宅园。第三类是寺庙园林，即神庙为主体的园林风景区。

1.3.1　中国古典园林与园林建筑

中国古典园林的演变与发展按其历史进程可分为以下几个主要阶段：

1. 黄帝以讫周期

我国造园的历史极其久远，据其可考者，以黄帝的县圃为滥觞，其后尧设虞人掌山泽、苑囿、田猎之事，舜命虞官，掌上下草木鸟兽之职责，苑囿之掌理，乃有专官的设置。作为游息生活景域的园林的建造，需要付出相当的人力与物力。因此，只有到社会的生产力发展到一定的水平，才有可能兴建以游息生活为内容的园林。商是我国形成国家政权机构最早的一个朝代，那时的象形文字甲骨文已有宫（溶）、室（因）、宅（积）、囿（腮）等字眼。其中的囿是从天然地域中截取的一块田地，在其内挖池筑台、狩猎游乐，是最古老朴素的园林形态。早期的园林多为种植果木菜蔬之地，或是豢养禽兽之所，且为帝王所有，其教化的目的也较舒畅身心的目的大。

2. 春秋战国至秦时代

春秋战国时代是思想史的黄金时代，其中宇宙人生的基本课题受到重视，人对自然的关系，由敬畏而逐渐转为敬爱，诸侯造园亦渐普遍。公元前221年，秦始皇灭六国完成了统一中国的事业，建都咸阳。他集全国物力、财力、人力将各诸侯国的建筑式样建于咸阳北坂之上，“殿屋复道周阁相属”，形成规模宏大的宫苑建筑群，建筑风格与建筑技术的交流促使了建筑艺术水平的空前提高。在渭河南岸建上林苑，苑中以阿房宫为中心，加上许多离宫别馆，还在咸阳“作长池、引渭水，……，筑土为蓬莱山”，把人工堆山引入园林。

3. 汉朝

公元前139年，汉武帝开始修复和扩建秦时的上林苑，“周袤三百里”，是规模极为宏大的皇家园林。苑中有苑、有宫、有观。其中还挖了许多池沼、河流，种植了各种奇花异木，豢养了珍禽奇兽供帝王观赏与狩猎。殿、堂、楼、阁、亭、廊、台、榭等园林建筑的各种类型的雏形都有具备。建章宫在汉长安西郊，是个苑囿性质的离宫，其中除了各式楼台建筑外，还有河流、山岗和宽阔的太液池，池中筑有蓬莱、方丈、瀛洲三岛。这种模拟海上神仙境界，在池中置岛的方法逐渐成为我国园林理水的基本模式之一。

汉代后期，私人造园逐渐兴起，人与自然的关系愈见亲密，私园中模拟自然成为风尚，尤其是袁广汉之茂陵园，是此时私人园林的代表。在这一时期的园林中，园林建筑为了取得更好的游憩观赏的效果，在布局上已不拘泥于均齐对称的格局，而有错落变化，依势随形而筑。在建筑造型上，汉代由木构架形成的屋顶已具有庑殿、悬山、囤顶、攒尖和歇山这五种基本形式。

4. 魏晋南北朝

魏晋南北朝时代（公元420～589年），社会秩序混乱，许多文人雅士为了逃避纷繁复杂的现实社会，于是就在名山大川中求超脱、找寄托，日益发现和陶醉在自然美好世界之中。加之当时盛行的玄言文学空虚乏味，因而人们把兴趣转向自然景物，山水游记作为一种

文学样式逐渐兴起。另外，这一时期中国写意山水诗和山水画也开始出现。创作实践下的繁荣也促进了文艺理论的发展，像“心师造化”，“迁想妙得”，“形似与神似”，“以形写神”，以及以“气韵生动”为首的“六法”等理论，都超越了绘画的范围，对园林艺术的创造也产生了深刻、长远的影响，文学艺术对自然山水的探求，促使了园林艺术的转变。首先，官僚士大夫们的审美趣味和美的理想开始转向自然风景山水花鸟的世界，自然山水成了他们居住、休息、游玩、观赏的现实生活中亲切依存的体形环境。他们期求保持、固定既得利益，把自己的庄园理想化、牧歌化，因此，私人园林开始兴盛、发展起来。他们隐逸野居，陶醉于山林田园，选择自然风景优美的地段，模拟自然景色，开池筑山，建造园林。同时，寺庙园林作为园林的一种独立类型开始在这一时期出现，主要是由于政治动荡，战争频繁，人民生活痛苦。自东汉初，佛教经西域传入中国，并得以广泛流传，佛寺广为修建，诗云“南朝四百八十寺，多少楼台烟雨中”。中国土生土长的道教形成于东汉晚期，南北朝时达到了早期高潮。东晋末年，就盛行文人与佛教徒交游的风气，他们出没于深山幽林、寺庙榭台，加以锦绣山河壮丽如画，游踪所至，目有所见，情有所动，神有所思。在深山幽谷中建起梵刹，与佛教超尘脱俗、恬静无为的宗旨也很相符。与此同时，贵族士大夫为求超度入西天，也往往“舍身入寺”或“合宅为寺”，因此附属于住宅中的山水风景园林也就移植到佛寺中去了。

佛教传入我国，很快为我国文化所汲取、改造而“中国化”了。最初的佛寺就是按中国官署的建筑布局与结构方式建造的，因此，虽然是宗教建筑，却不具印度佛教的崇拜象征——窣堵波（即佛塔）那种瓶状的塔体及中世纪哥特教堂的那种神秘感，而成为中国人的传统审美观念所能接受的、与人们的正常生活有联系的、世俗化的建筑物。“中国佛寺的布局，在公元第4第5世纪已经基本定型了”。“佛寺的布局，基本上是采取了中国传统世俗建筑的院落式布局方法。一般地说，从山门（即寺院外面的正门）起，在一根南北轴线上，每隔一定距离就布置一座座殿堂，周围用廊庑以及一些楼阁把它们围绕起来。这些殿堂的尺寸、规模，一般地是随同它们的重要性而逐步加强，往往到了第三或第四个殿堂才是庙宇的主要建筑——大雄宝殿。”……这些殿堂和周围的廊庑楼阁等就把一座寺院划为层层深入、引人入胜的院落。”（梁思成：《中国的佛教建筑》）这些寺庙为普通民众提供了朝佛进香、逛庙游憩及交际场所，起到了当时一种公共建筑的作用。

从北魏起，许多著名的寺庙、寺塔都选择在风景优美的名山兴建。高耸的佛塔，不仅为登高远望，而且对城市及风景区的景观起到了重要的点缀作用，成为城市及景区视线的焦点和标志。原来优美的风景区，有了这些寺塔人文景观的点染，更觉秀美、优雅，寺庙从虚无缥缈的神学转化成了现实。

这些美丽、优雅的佛塔除了宣扬佛法外，同时也吸引、启发了无数诗人、画家的创作灵感，而诗人和画家的创作又从一个重要方面丰富了我国的文学艺术和园林艺术，丰富了我国人民的精神生活，至今对风景旅游事业的发展仍起着重大的推动作用。

魏晋南北朝不仅是中国古代社会发展历史上的一个重大转折点，而且也是中国园林艺术发展史上的一个转折点。私人园林的发展，寺观园林的兴起，园林规划上由粗放走向精致，由人为地截取自然的一个片段到有意识地在有限空间范围中概括、再现自然山水的美景，都标志着园林创作思想上的转变。

5. 隋唐时代

隋朝统一乱局，官家的离宫苑囿规模大，尤其是隋炀帝在洛阳兴建的西苑，更是极尽奢靡华丽。《隋书》记载：“西苑周二百里，其内为海周十余里，为蓬莱、方丈、瀛洲诸山，高百余尺，台观殿阁，罗塔山上。”《大业杂记》说：“苑内造山为海，周十余里，水深数十丈，上有通真观、习灵台、总仙宫，分在诸山。风亭月观，皆以机成，或起或灭，若有神变，海北有龙鳞渠，屈曲周绕十六院入海。”可以看出，西苑是以大的湖面为中心，湖中仍沿袭汉代的海上神山布局。湖北以曲折的水渠环绕并分割了各有特色的十六小院，成为苑中之园。“其中有追逐亭，四面合成，结构之丽，冠以古今。”这种园中分成景区，建筑按景区形成独立的组团，组团之间以绿化及水面间隔的设计手法，已具有中国大型皇家园林布局基本构园的雏形。

唐是汉以后一个伟大的朝代，它揭开了我国古代历史上最为灿烂夺目的篇章。经百多年比较安定的政治局面和丰裕的社会经济生活，呈现出“升平盛世”的景象，经济的昌盛促进了文学艺术的繁荣，加上中外文化、艺术的大交流、大融合，突破传统，引进、汲取各家之长，创造、产生了文艺上所谓的“盛唐之音”。园林发展到唐代，它汲取前代的营养，根植于现实的土壤而茁壮成长，开放出了夺目的奇葩。

唐代官僚士大夫的宅第、府署、别业中筑园很多。如白居易建于洛阳的履道坊宅第为“十亩之宅，五亩之园，有水一池，有竹千竿”，即是清静幽雅的私家园林。与此同时，唐代的皇家园林也有巨大的发展，如著名的离宫型皇家园林——华清宫，位于临潼县骊山北麓，距今西安约20km，它以骊山脚下涌出的温泉作为建园的有利条件。据载，秦始皇时已在此建离宫，起名“骊山汤”，唐贞观十八年（公元644年）又加营建，名为“温泉宫”；天宝六年（公元747年），定名“华清宫”。布局上以温泉之水为池，环山列宫室，形成一个宫城。建筑随山势之高低而错落修筑，山水结合，宫苑结合。此外，唐代的自然山水园也有所发展，如王维在蓝田筑的“辋川别业”（图1-1），白居易在庐山建的草堂，都是在自然风景区中相地而筑，借四周景色略加人工建筑而成。由于写意山水画的发展，也开始把诗情画意写入园林。园林创作开始在更高的水平上发展。

图1-1　辋川别业图局部

6. 宋代

唐朝活泼充满生机的风气传至宋朝。同时，随着山水画的发展，许多文人、画师不仅寓诗于山水画中，更建庭园融诗情画意于园中。因此，形成了三维空间的自然山水园。例如北宋时期的大型皇家园林——艮岳（图1-2），即是自然山水园的代表作品。艮岳位于宫城外，内城的东北隅，周围十多里，“岗连阜属，东西相望，前后相续，左山而右水，后徯而旁陇，连绵弥漫，吞山怀谷。其东则高峰峙立，其下则植梅以万数，绿萼承趺，芬芳馥郁。结构山根，号萼绿华堂。又旁有承风、崐云之亭。有屋外方内圆，如半月，是名书馆。又有八仙馆……揽秀之轩，龙吟之堂。”“寿山两峰并峙，列峰如屏，瀑布下入雁池。”（宋徽宗：《御制艮岳记》）由此可见，艮岳在造园上的一些新的特点：首先，把人们主观上的感情、把人们对自然美的认识及追求，比较自觉地移入了园林的创作之中，它已不像汉唐时期那样截取优美自然环境中的一个片段、一个领域，而是运用造园的种种手段，在有限的空间范围内表达出深邃的意境，把主观因素纳入艺术创作。其次，艮岳在创造以山水为主体的自然山水园景观效果方面，手法已十分灵活、多样。艮岳本来地势低洼，但通过筑山，模拟余杭之

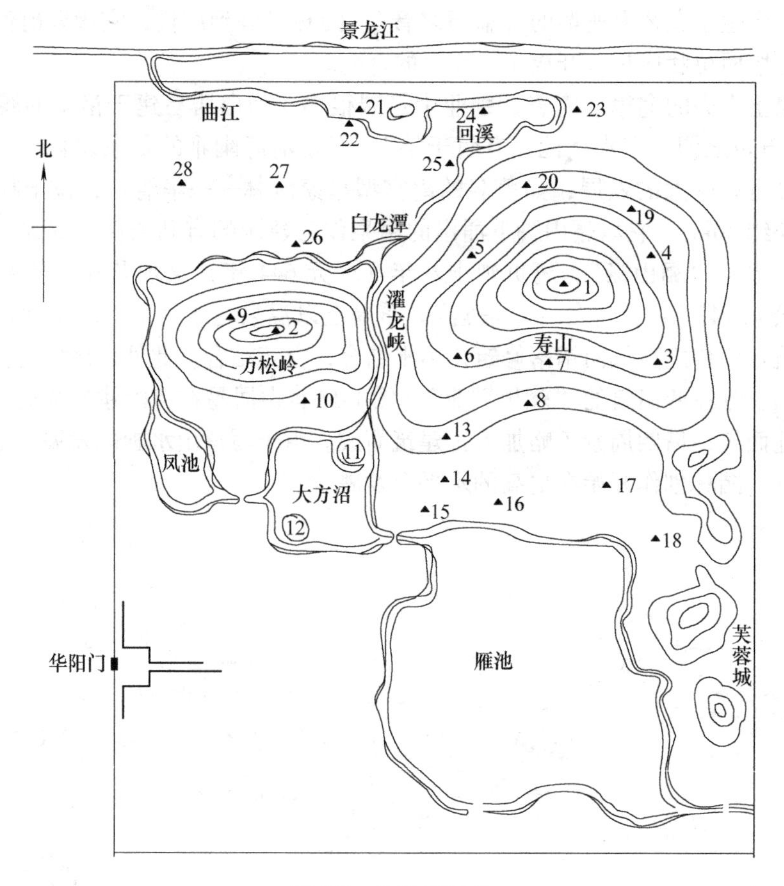

图1-2 艮岳设想图

1—介亭 2—巢云亭 3—极目亭 4—萧森亭 5—麓云亭 6—半山亭 7—降霄楼 8—龙吟堂 9—倚翠楼 10—巢凤堂 11—芦渚 12—梅渚 13—揽秀轩 14—萼绿化堂 15—承岚亭 16—昆云亭 17—书馆 18—八仙馆 19—凝观亭 20—圜山亭 21—蓬壶 22—老君洞 23—萧闲馆 24—漱玉轩 25—高阳酒肆 26—胜筠庵 27—药寮 28—西庄

凤凰山，号曰万岁山，依山势主从配列，并“增筑岗阜”形成幽深的峪壑，还运用大量从南方运来的太湖石“花石椪砌”。又“引江水”，“凿池沼”，再形成“沼中有洲”，洲上置亭，并把水“流注山间”造成曲折的水网、洄溪、河。艮岳在缀山理水上所创造的成就，是我国园林发展到一个新高度的重要标志，对后来的园林产生了深刻的影响。在园林建筑布局上，艮岳也是从风景环境的整体着眼，因景而设，这也与唐代宫苑有别。在主峰的顶端置介亭作为观景与控制园林的风景点；在山涧、水畔各具特色的环境中，分别按使用需要，布置了不同类型的园林建筑；依靠山岩而筑的有倚翠楼、清澌阁；在水边筑有胜筠庵、蹑云台、萧闲馆；在池沼的洲上花间安置有雍雍亭等。这些都显示了北宋山水宫苑的特殊风格，为元、明、清之自然山水式皇家园林的创作奠定了坚实的基础。

南宋时期的江南园林得到极大的发展。这首先得力于当时全国的政治、经济中心自安史之乱以后逐渐移向江南，加上江浙一带优越的地理条件，促进了园林的空前发展。例如南宋时，杭州的西湖在其湖上、湖周分布着皇家的御花园，以及王公大臣们的私园共几十座，真是“一色楼台三十里，不知何处觅孤山”，园林之盛空前。

宋代园林建筑没有唐朝那种宏伟刚健的风格，但却更为秀丽、精巧，富于变化。建筑类型更加多样，如宫、殿、楼、阁、馆、轩、斋、室、台、榭、亭、廊等，按使用要求与造型需要合理选择。在建筑布局上更讲究因景而设，把人工美与自然美结合起来，按照人们的主观愿望，加工、编织成富有诗情画意的、多层次的体形环境。江南的园林建筑更密切地与当地的秀丽山水环境相结合，创造了许多因地制宜的设计手法。由于《木经》、《营造法式》这两部建筑文献的出现，更推动了建筑技术及物件标准化水平的提高。宋代在我国历史上对古代文化传统起到了承前启后的作用，也是中国园林与园林建筑在理论与实践上走向更高水平发展的一个重要时期。

7. 元朝

元朝是蒙古族统治，士人多追求精神层次的境界，庭园成为其表现人格、抒发胸怀的场所，因此庭园之中更重情趣，如倪瓒所筑之清闭阁、云林堂和其参与设计的狮子林均为很好的代表。

元朝在进行大规模都城的建设中，把壮丽的宫殿与幽静的园林交织在一起，人工的神巧和自然景色交相辉映，形成了元大都的独特风格。在建筑形式上，先后在大都内建起伊斯兰教礼拜寺和西藏的喇嘛寺，给城市及风景区带来了新的建筑形象、装饰题材与手法。但由于连年战乱，经济停滞，民族矛盾深重，这个时期，除大都太液池、宫中禁苑的兴建外，其他园林建筑活动很少。

8. 明、清时期

在明代270余年间，由于经济的恢复与发展，园林与园林建筑又重新得到了发展。北方与南方，都市、市集、风景区中的园林在继承唐、宋传统基础上都有不少新的创作，造园的技术水平也大大提高了，并且出现了系统总结造园经验的理论著作。清代的文化、建筑、园林基本上沿袭了明代的传统，在267年的发展历史中，把中国园林与中国建筑的创作推向了封建社会中的最后一个高峰。明、清时期，园林数量之多、形式之丰富、风格之多样都是过去历代所不能比拟的，图1-3为清代北京西郊园林分布图。在造园艺术与技术方面也达到了十分纯熟的境地。中国园林与园林建筑作为一个独立的、完整的体系而确定了它应占有的世界地位。保留至今的中国古典园林、自然风景区、寺庙园林多数都是明、清时期创建的。

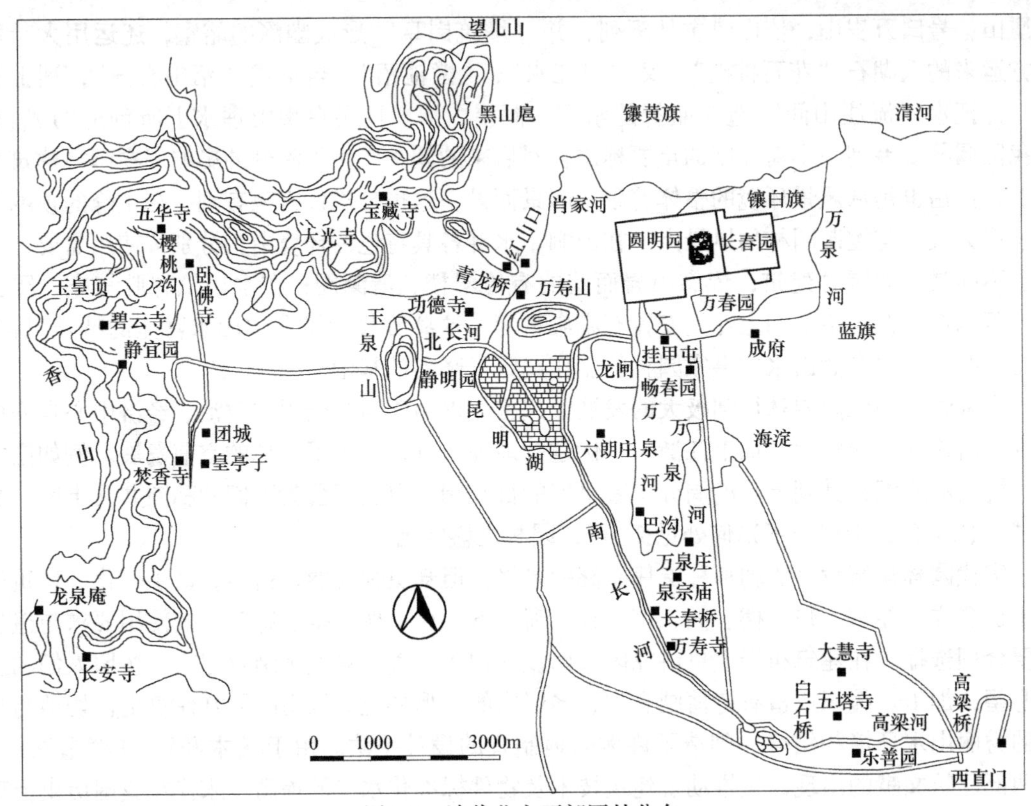

图 1-3　清代北京西郊园林分布

明、清时期在园林与园林建筑方面的主要成就，概括起来主要表现在以下几个方面：

1）在园林的数量和质量上大大超过了历史上的任何一个时期。

2）明、清时期，中国的园林与园林建筑在民族风格基础上依据地区的特点所逐步形成的地方特色日益鲜明，它们汇集了中国园林色彩斑斓、丰富多姿的面貌。在明、清时期，中国园林的四大基本类型——皇家园林、私家园林、寺观园林、风景名胜园林都已发展到相当完备的程度，它们在总体布局、空间组织、建筑风格上都有其不同的特色。其中，以北京为中心的皇家园林，以长江中下游的苏州、扬州、杭州为中心的私家园林，以珠江三角洲为中心的岭南庭园都具有代表性。风景名胜园林与风景区的寺观园林则遍布祖国大江南北，其中四川、云南等西南地区，由于地理、气候及穿斗架建筑技术等方面的共同性，在园林建筑上也展现了明显的特色。

3）明、清时期还产生了一批造园方面的理论著作。我国有关古代园林的文献，在明清以前多数见于各种文史、四论、名园记、地方志中。其中，宋代的《洛阳名园记》、《吴兴园林记》是评述名园的专文。

明清以后，在广泛总结实践经验的基础上把造园作为专门学科来加以论述的理论著作相继问世，其中重要的著作有明代计成的《园冶》、文震亨的《长物志》。《园冶》对造园作了全面的论述，全书分为相地、立基、屋宇、装拆、门窗、墙垣、铺地、掇山、选石、借景等十个专题。在相地之前还列有兴造论和园说，是全书的总论，阐明了园林设计的指导思想。其中提出的造园要“巧于因借，精在体宜”，“虽由人作，宛自天开”等精辟独到的见解，都是对我国园林艺术的高度概括。

1.3.2 外国园林与园林建筑

1. 日本园林

日本园林初期大多受中国园林的影响，尤其是在平安朝时代（约我国唐中期至南宋早期），真可谓是“模仿时期”，到了中期因受佛教思想，特别是受禅宗影响，多以闲静为主题。末期明治维新以后，受欧洲致力于公园建造的影响，而成为日本有史以来造园的黄金时期。日本园林的发展大致经历了以下几个主要时期，各时期园林都具有鲜明的特点：

（1）平安朝时代　日本自上古飞鸟讫奈良时代基本无造园活动，自桓武天皇奠都平安后，由于三面环山，山城水源、岩石、植物材料丰富，故在造园方面颇有建树，当时宫楼殿宇，以及庭园建筑，均是仿照我国唐朝制度。

（2）镰仓时代　赖朝暮府建都镰仓，武权当道，这一时期的人们重质朴、尚武功，造园事业随之衰落。然而，此时正值佛教兴隆，颇受禅宗影响，造园风格多以闻雅幽邃的僧式庭园为主。当时有名的称名寺（位于横滨市金泽）为其典型。造园大师梦窗国师的作品——西芳寺庭园、天龙寺庭园是朴素风尚的枯山水式庭园的典型代表，其中的西芳寺庭园以黄金池为中心，池岸为滨洲型，曲折多致是净土庭园，在艺术手法上是北宋山水法的意匠，表现优雅舒展的美。环池有殿堂和亭、桥，僧居以廊连结为赏景之通道。山坡上有豪壮的枯瀑石组（最早出现的枯山水），其为回游式庭园中枯山水的运用。

（3）室町时代　室町时代受我国明朝文化的影响，生活安定，渐趋奢侈，文学美术的进步，形成民众造园艺术的广泛普及，这是日本造园的黄金时代。这一时期的日本园林于再现自然风景方面显示出一种高度概括、精练的意境。这期间出现的写意风格的“枯山水”平庭，具有一种极端的“写意”和富于哲理的趋向。枯山水很讲究置石，主要是利用单块石头本身的造型和它们之间的配列关系。石形务求稳重，底广顶削，不作飞梁、悬挑等奇构，也很少堆叠成山。枯山水庭园内也有栽植不太高大的观赏树木的，都十分注意修剪树的外形姿势而又不失其自然形态。京都西郊龙安寺南庭是日本“枯山水”的代表作。庭园布置在禅室方丈前330m^2矩形封闭空间内，长宽比为3:1，白沙象征大海，15块石头以5，2，3，2，3分成5组，象征5个群岛，大海的孤岛及对宇宙秩序的想象。白色反光强调浩荡的宇宙空间，启发无限的永恒与有限生命的对比，石为短暂生命及无限时空的中介物。

（4）桃山时代　桃山时代执政者丰田秀吉，他对建筑、绘画、雕刻及工艺、茶道等非常注重，打破抄袭中国造园之旧风，是发挥日本造园个性时代的开始，当时民心闲雅幽静，茶道乘隙以兴，以致茶庭、书院等庭园辈出，庭园内均有庭石组合，栽培棕榈及苏铁而富异国情调，茶庭的面积比池泉筑山庭小，要求环境安静便于沉思具想，故造园设计比较偏重于写意。人们要在庭园内活动，因此用草地代替白沙。草地上铺设石径，散置几块山石并配以石灯和几抹姿态虬曲的小树。茶室门前设石水钵，供客人净手之用。这些东西到后来都成为日本庭园中必不可少的小品点缀。

（5）江户时代　日本江户时代全国上下造园事业非常发达，大致可分为两个时期，前期为“回游式庭园”，其面积较大，典型的形式是以池为中心，四周配以茶亭，并有苑路连接。回游式庭园是以步行方式循着园路观赏庭园之美，以大面积的水池为中心，水中有一中岛或半岛为蓬莱岛，人在其中为庭园内点景之一，连续出现的景观每景各有主题，由步径小路将其连接成序列风景画面。这一时期建成了好几座大型的皇家园林，著名的京都桂离宫就是其中之一。这座园林以大水池为中心，池中布列着一个大岛和两个小岛。它的周围水道萦回，间以起伏的土山。湖的西岸是全园最大的一组建筑群“御殿”、“书院”和“月波楼”，其他较小的建筑物则布列在大岛上、土山上和沿湖的岸边。它们的形象各不相同，分别以春、秋、冬的景题与地形和绿化相结合成为园景的点缀。桂离宫是日本“回游式庭园”的代表作品，其整体是对自然风景的写实模拟，但局部而言则又以写意的手法为主，这对近代日本园林的发展有很大的影响。这一时期的园林不仅集中在几个政治和经济中心的大城市，也遍及于全国各地。在造园的广泛实践基础上总结出三种典型样式，即“真之筑”、“行之筑”和“草之筑”。所谓“真之筑”基本上是对自然山水的写实模拟，“草之筑”纯属写意的手法，“行之筑”则介于二者之间，犹如书法的楷、草、行三体。这三种样式主要指筑山、置石和理水而言，从总体到局部形成一整套规范化的处理手法。

（6）明治维新时代　明治维新以后，初期国事甫定，对于园圃多处摧毁，后来接受欧洲文化致力于公园的建造，而成为日本有史以来的公园黄金时代。

明治中叶现代庭园形式脱颖而出，庭园中用大片草地、岩石、水流来配置。到了大正时代为纪念明治天皇和昭宪皇后所建的明治神宫，是东京最雄伟壮观的神社，为此时期庭园的代表作，而在世界造园中成为特种造园之一。

2. 欧美园林

欧美园林的起源可以追溯到古埃及和古希腊。而欧洲最早接受古埃及中东造园影响的是希腊，希腊以精美的雕塑艺术及地中海区盛产的植物加入庭园中，使过去实用性的造园加强了观赏功能。几何式造园传入罗马，再传入意大利，他们加强了水在造园中的重要性，许多美妙的喷水出现在园景中，并在山坡上建立了许多台地式庭园，这种庭园的另一个特点，就是将树木修剪成几何图形。台地式庭园传到法国后，成为平坦辽阔形式，并且加进更多的草花栽植成人工化的图案，确定了几何式庭园的特征。法国几何式造园在欧洲大陆风行的同时，英国一部分造园家提倡自然庭园，有天然风景似的森林及河流，像牧场似的草地及散植的花草。英国式与法国式的极端相反的造园形式，后来混合产生了混合式庭园，形成了美国及其他各国造园的主流，并加入科学技术及新潮艺术的内容，使造园确立了游憩上及商业上的地位。欧美园林的发展主要经历了下列几个时期：

（1）上古时代

1）古埃及。早在公元前3000多年，古埃及在北非建立奴隶制国家。尼罗河冲积而成的肥沃平原，适宜于农业耕作，但国土的其余部分都是沙漠地带，对于沙漠居民来说，在一片炎热荒漠的环境里有水和遮荫树木的“绿洲”，就是最珍贵的地方。因此，古埃及人的园林即以“绿洲”作为模拟的对象。尼罗河每年泛滥，退水之后需要丈量耕地，因而发展了几何学。于是，古埃及人也把几何的概念用之于园林设计。水池和水渠的形状方整规则，房屋和树木也按几何规矩加以安排，成为世界上最早的规则式园林。古埃及庭园形式多为方形，平面呈对称的几何形，表现其直线美及线条美。庭园中心常设置一水池，水池可行舟。庭园四周有围墙或栅栏，园路以椰子类热带植物为行道树。庭园中水池里养殖鸟、鱼及水生植物。园内布置有简单的凉亭，盆栽花木则置于住宅附近的园路旁。

2）巴比伦。底格里斯河一带，地形复杂而多丘陵，且地潮湿，故庭园多呈台阶状，每一阶均为宫殿。并在顶上种植树木，从远处看好像悬在半空中，故称为悬园。著名的巴比伦空中花园就是其典型代表。巴比伦空中花园建于公元前6世纪，是新巴比伦国王尼布甲尼撒

二世为他的妃子建造的花园。据考证，该园建有不同高度的越上越小的台层组合成剧场般的建筑物。每个台层以石拱廊支撑，拱廊架在石墙上，拱下布置成精致的房间，台层上面覆土，种植各种花木。顶部有提水装置，用以浇灌植物，这种逐渐收缩的台层上布满植物，如同覆盖着森林的人造山，远看宛如悬挂在空中。

3）波斯。波斯土地高燥，多丘陵地，地势倾斜，故造园皆利用山坡。成为阶段式立体建筑，然后行山水。利用水的落差与喷水，并栽植点缀，其中有名者为“乐园”，是王侯、贵族之狩猎苑。

（2）中古时代

1）古希腊。古希腊是欧洲文明的发源地，据传说，公元前10世纪时，希腊已有贵族花园。公元前5世纪，贵族住宅往往以柱廊环绕，形成中庭，庭中有喷泉、雕塑、瓶饰等，栽培蔷薇、罂粟、百合、风信子、水仙等以及芳香植物，最终发展成为柱廊园形式。那时已出现公共游乐地，神庙附近的圣林是群众聚集和休息的场所。圣林中竞技场周围有大片绿地，布置了浓荫覆被的行道树和散步小径，有柱廊、凉亭和坐椅。这种配置方式对以后欧洲公园颇有影响。

2）古罗马。古代罗马受希腊文化的影响，很早就开始建造宫苑和贵族庄园。由于气候条件和地势的特点，庄园多建在城郊外依山临海的坡地上，将坡地辟成不同高程的台地，各层台地分别布置建筑、雕塑、喷泉、水池和树木。用栏杆、台阶、挡土墙把各层台地连接起来，使建筑同园林、雕塑、建筑小品融为一体，园林成为建筑的户外延续部分。园林中的地形处理、水景、植物都呈规则式布置。树木被修剪成绿丛植坛、绿篱、各种几何形体和绿色雕塑园林建筑有亭、柱廊等，多建在上层台地，可居高临下，俯瞰全景。到了全盛时期，造园规模亦大为进步，多利用山、海之美于郊外风景胜地，作大面积别墅园，奠定了后世文艺复兴时意大利造园的基础。

（3）中世纪时代　公元5世纪罗马帝国崩溃直到16世纪的欧洲，史称“中世纪”。整个欧洲都处于封建割据的自然经济状态。当时，除了城堡园林和寺院园林之外，园林建筑几乎完全停滞。寺院园林依附于基督教堂或修道院的一侧，包括果树园、菜畦、养鱼池和水渠、花坛、药圃等，布局随意而又无定式。造园的主要目的在于生产果蔬副食和药材，观赏的意义尚属其次。城堡园林由深沟高墙包围着，园内建置藤萝架、花架和凉亭，沿城墙设坐凳。有的园在中央堆叠一座土山，叫做座山，上建亭阁之类的建筑物，便于观赏城堡外面的田野景色。

（4）文艺复兴时代

1）意大利园林。西方园林在更高水平上的发展始于意大利的“文艺复兴”时期。意大利园林在文艺复兴时代，由于田园自由扩展，风景绘画溶入造园，以及建筑雕塑在造园上的利用，成为近代造园的渊源，直接影响欧美各国的造园形式。意大利园林一般附属于郊外别墅，与别墅一起由建筑师设计，布局统一，但别墅不起统率作用。它继承了古罗马花园的特点，采用规则式布局而不突出轴线。园林分两部分：紧挨着主要建筑物的部分是花园，花园之外是林园。意大利境内多丘陵，花园别墅建在斜坡上，花园顺地形分成几层台地。在台地上按中轴线对称布置几何形的水池和用黄杨或柏树组成花纹图案的绿丛植坛，很少用花卉。重视水的处理，借地形修渠道将山泉水引下，层层下跃，叮咚作响。或用管道引水到平台上，因水压形成喷泉。跃水和喷泉是花园里很活跃的景观。外围的林园是天然景色，林木茂密。别墅的主建筑物通常在较高或最高层的台地上，可以俯瞰全园景色和观赏四周的自然风光。16~17世纪，是意大利台地园林的黄金时代，在这一时期建造出许多著名的台地园林。例如著名的埃斯特别墅建于1550年（图1-4），该别墅在罗马东郊的蒂沃利。主建筑物在高地边缘，后面的园林建筑在陡坡上，分成八层台地，上下相差50m，由一条装饰着台阶、雕像和喷泉的主轴线贯穿起来。中轴线的左右还有次轴。在各层台地上种满高大茂密的常绿乔木。一条“臣泉路”横贯全园，林间布满小溪流和各种喷泉。园的两侧还有一些小独立景区，从“小罗马”景区可以远眺30km外的罗马城。花园最低处布置水池和植坛。到了17世纪以后，意大利园林则趋向于装饰趣味的巴洛克式，其特征表现为园林中大量应用矩形和曲线，细部有浓厚的装饰色彩，利用各种机关变化来处理喷水的形式，以及树形的修剪表现出强烈的人工凿作的痕迹。

图1-4　埃斯特别墅

2）法国园林。17世纪，意大利文艺复兴式园林传入法国。法国多平原，有大片天然植被和大量的河流湖泊。法国人并没有完全接受台地园的形式，而是把中轴线对称均齐的规整式园林布局手法运用于平地造园，从而形成了法国特有的园林形式——勒诺特式园林，它在气势上较意大利园林更强、更人工化。勒诺特是法国古典园林集大成的代表人物。他继承和发展了整体设计的布局原则，借鉴意大利园林艺术，并为适应当时王朝专制下的宫廷需要而有所创新，眼界更开阔，构思更宏伟，手法更复杂多样。他使法国造园艺术摆脱了对意大利园林的模仿，成为独立的流派。勒诺特设计的园林总是把宫殿或府邸放在高地上，居于统率地位。从建筑的前面伸出笔直的林荫道，在其后是一片花园，花园的外围是林园。府邸的中轴线，前面穿过林荫道指向城市，后面穿过花园和林园指向荒郊。他所经营的宫廷园林规模都很大。花园的布局、图案、尺度都和宫殿府邸的建筑构图相适应。花园里，中央轴线控制整体，配上几条次要轴线，外加几道横向轴线，便构成花园的基本骨架。孚·勒·维贡府邸花园便是这种古典主义园林的代表作。这座花园展开在几层台地上，每层的构图都不相同。

花园最大的特点是把中轴线装点成全园最华丽、最丰富、最有艺术表现力的部分。中轴线全长约1km，宽约200m，在各层台地上有不同的处理方法。最重要的有两段：靠近府瞰的台地上的一段两侧是顺向长条绣花式花坛，图案丰满生动，色彩艳丽；次一个台地上的一段，两侧草地边上密排着喷泉，水柱垂直向上，称为“水晶栏栅”。再往前行，最低处是由一条水渠形成的横轴。水渠的两岸形成美妙的“水剧场”。过了水剧场，登上大台阶。前面高地顶上耸立着大力神海格里斯（Hercules）的巨像。其后围着半圆形的树墙，有三条路向后放射出去，成为中轴线的终点。中轴线两侧有草地、水池等，再外侧便是林园。

勒诺特的另一个伟大的作品便是闻名世界的凡尔赛宫苑（图1-5）。该园有一条自宫殿中央往西延伸长达2km的中轴线，两侧大片的树林把中轴线衬托成为一条极宽阔的林荫大道，自东向西一直消逝在无垠的天际。林荫大道的设计分为东西两段；西段以水景为主，包括十字形大运河和阿波罗水池，饰以大理石雕像和喷泉。十字大运河横臂的北端为别墅园“大特阿农”，南端为动物饲养园。东段的开阔平地上则是左右对称布置的几组大型的“绣花式植坛”。大林荫道两侧的树林里隐蔽地分布着一些洞府、水景剧场、迷宫、小型别墅等，是比较安静的就近观赏场所。树林里还开辟出许多笔直交叉的小林荫路，它们的尽端都有对景，因此形成一系列的视景线。这种园林被称为“小林园”。中央大林荫道上的水池、喷泉、台阶、雕塑等建筑小品以及植坛、绿篱均严格按对称均匀的几何格式布置，是规则式园林的典范，较意大利文艺复兴园林更明显地反映了有组织、有秩序的古典主义原则。它所显示的恢宏的气度和雍容华贵的景观也远非前者所能比拟；法国古典主义文化当时领导着欧洲文化潮流，勒诺特式园林艺术流传到欧洲各国，许多国家的君主甚至直接模仿凡尔赛宫苑。

图1-5　凡尔赛宫鸟瞰图

3）18世纪英国自然风景园。英伦三岛多起伏的丘陵，17~18世纪时由于毛纺工业的发展而开辟了许多牧羊的草场。如茵的草地、森林、树丛与丘陵地相结合，构成英国天然景致的特殊景观。这种优美的自然景观促进了风景画和田园诗的兴盛，而风景画和浪漫派诗人对大自然的纵情讴歌又使得英国人对天然景致之美产生了深厚的感情。这种思潮当然会波及到园林艺术，于是以前流行于英国的封闭式“城堡园林”和规则严谨的“勒诺特式园林”逐渐为人们所厌弃而促使他们去探索另一种近乎自然、返璞归真的新的园林风格，即自然风景园。这种园林与园外环境结为一体，又便于利用原始地形和乡土植物，所以被各国广泛地用于城市公园，也影响现代城市规划理论的发展。自然风景园抛弃所有几何形状和对称均齐的布局，代之以弯曲的道路、自然式的树丛和草地、蜿蜒的河流，讲究借景和与园外的自然环境相融合。为了彻底消除园内外景色的界限，把园墙修筑在深沟之中，即所谓“沉墙”。当这种造园风格盛行时，英国过去的许多出色的文艺复兴和勒诺特式园林都被平毁而改造成为自然风景园。这种自然风景园与规则式园林相比，虽然突出了自然景观方向的特征，但由于多为模仿和抄袭自然风景和风景画，以至于经营园林虽然耗费大量人力和资金，而所得到的效果与原始的天然风景并无多大区别，虽源于自然但未必高于自然。因而，造园家勒普敦主张在建筑周围运用花坛、棚架、栅栏、台阶等装饰件布置，作为建筑物向自然环境的过渡，而把自然风景作为各种装饰性布置的壮丽背景。由此，在他设计的园林中又开始使用台地、绿篱、人工理水、植物整形修剪以及日晷、鸟舍、雕像等的建筑小品，特别注意树的外形与建筑形象的配合衬托以及虚实、色彩、明暗的比例关系。在英国自然风景园的发展过程中，除受到欧洲资本主义思潮的影响外，也受到中国园林艺术的启发。英国皇家建筑师钱伯斯两度游历中国，归来后著文盛谈中国园林并在他所设计的丘园（KEM GARDEN）中首次运用“中国式”的手法。在该园中建有中国传统形式的亭、廊、塔等园林建筑小品（图1-6）。

图1-6 伦敦丘园中的塔

4）美国现代园林。美国在殖民时代，接受各国的庭园式样，有一时期盛行古典庭园，独立后渐渐具有其风格，但大抵而言，仍然是混合式的。因此，美国园林的发展，着重于城市公园及个人住宅花园，倾向于自然式，并将建设乡土风景区的目的扩大至教育、保健和休养。美国城市公园的历史可追溯到1634年至1640年，英国殖民时期波士顿市政当局曾作出决定，在市区保留某些公共绿地，一方面是为了防止公共用地被侵占，另一方面是为市民提供娱乐场地。这些公共绿地已有公园的雏形。1858年纽约市建立了美国历史上第一座公园——中央公园（图1-7），是近代园林学先驱者奥姆斯特德所设计的。他强调公园建设要保护原有的优美自然景观，避免采用规划式布局；在公园的中心地段保留开阔的草地或草坪；强调应用乡土树种，并在公园边界栽植浓密的树丛或树林；利用徐缓曲线的园路和小道形成公园环路，有主要园路可以环游整个公园；并由此确立美国城市公园建设的基本原则。美国城市公园有平缓起伏的地形和自然式水体；有大面积的草坪和稀疏草地、树丛、树林，并有花丛、花台、花坛；有供人散步的园路和少量建筑、雕塑和喷泉等。

图1-7 纽约中央公园图组

1.3.3 现代园林与园林建筑发展趋势

人类的思想、心理及需要随着社会的发展都不断地改变，园林也与其他所有的文化一样在变。现代园林由于服务对象不同，园林范围更加广阔，内容更为丰富，尤其是随着人与环境矛盾的日益突出，现代园林不单纯是作为游览的场所，而应把它放在环境保护、生态平衡的高度来对待。随着社会经济的不断发展，人们的物质生活水平得到了大幅度的提高，工作时间的缩短以及便捷的交通条件，都为人们提供了良好的外出观光游览的有利条件，人们渴望欣赏优美的园林景观，享受大自然的激情越来越强烈，促使园林事业的发展比历史上任何时期都更加迅猛。正是基于社会和人类的这种强烈的需求，现代园林与园林建筑发展就应该更适合于现代人生活，满足人们的各种需求，因此，现代园林与园林建筑发展趋势应体现在以下几个方面：

1. 合理利用空间

由于人口增加，土地使用面积相对减少，园林建设中应注意对有限空间的合理利用，提高空间的利用率。在造园实践中，不仅要合理利用各种大小不同的空间，而且还要从死角中去发掘出额外的空间来。

2. 园林的内涵在扩大

现代园林注重人们户外生活环境的创造，从过去纯观赏的概念转回到重视园林的环境保护、生态效益、游憩、娱乐等综合功能上来，现代园林成为人们生活环境的组成部分，再不纯是为美观而设置。

3. 园林的形式简单而抽象

现代社会，人们的生活节奏在加快，古典园林建筑中繁杂细腻的构图形式不能适应现代人的审美需求，现代园林的设计讲求简单而抽象，所以在现代的园景中，我们常常可以见到大片的花、大片的树和草地。另外，在园林设计中由于受其他艺术的影响，园林创作也注意表现主观的创意、现代感的造型、现代感的线条，不但出现许多新颖的雕塑，即使是道路、玩具或其他实用设施，也都抽象起来了。

4. 造园材料更复杂

随着科学的发展，许多科研新产品不断被应用在园林中。如利用生物工程技术培育出来的大量抗逆性强的观赏植物新品种，极大地丰富了现代园林中的植物材料；塑料、充气材料的发明和应用，促进了现代园林中建筑物向轻型化、可移动、可拆卸的方面发展。

5. 造园材料企业化

受工业生产小规模化、标准化的影响，各国开始盛行造园材料企业化生产，不但苗木可以大规模经营，就是儿童玩具、造园装饰品及其他材料，也多由工厂统一制造，这样做的弊端是丧失了艺术的创意，但在价值上及数量上却是改进不少。

6. 采用科学的方法进行园林建筑设计

过去的观念是将造园当作艺术品那样琢磨，如今的园林及建筑设计却是采用科学的方法，设计前要先进行调查分析，设计后还要根据资料进行求证，然后再配合科学技术来施工完成，所以说现代园林设计已从艺术的领域走向科学的范畴了。

思　考　题

1-1　园林建筑在园林景观创造中起的作用可以概括为哪几方面？

1-2　简述园林建筑与其他建筑的不同之处。

建筑设计的基本知识

学习目标

通过本章学习，使学生了解建筑设计的基本知识，如什么是建筑，什么是建筑物；建筑的构成要素包括了建筑功能、建筑的物质技术条件、建筑艺术形象，建筑根据不同性质的分类方法，建筑等级的划分，建筑模数等。本章的学习将为园林建筑的设计提供依据和指导。

2.1 建筑及建筑设计概述

2.1.1 建筑的概念

建筑最早是远古人类为了遮蔽风雨、抵御寒暑和防止其他自然现象或野兽的侵袭，所建造的一个赖以栖身的场所。建筑的发展演变史与人类文明史相伴相依，但随着社会的发展，建筑的内涵不仅仅是一个场所，还包含了其他一些东西。

简单的讲，建筑是为了满足人类社会活动的需要，利用物质条件，按照科学法则和审美要求，通过对空间的塑造、组织与完善形成的物质环境。

建筑是建筑物和构筑物的通称。

建筑物是指供人们在其中生产生活或开展其他活动的房屋或场所，如学校、住宅、办公楼等。

构筑物是指人们不在其中生产生活的建筑，如纪念碑、水塔、烟囱等。

2.1.2 建筑的构成要素

虽然现代建筑的构成比较复杂，但从根本上讲，建筑是由以下三个基本要素构成的：建筑功能、建筑的物质技术条件、建筑的艺术形象。

1. 建筑功能

建筑功能是指建筑的用途和使用目的，是建筑三要素里面最重要的一个。建筑功能的要求是随着社会生产和生活的发展而发展的，不同功能要求产生不同的建筑类型，不同类型的建筑就有不同的特点，如各种生产性建筑、居住建筑、公共建筑等。建筑的功能包括建筑物在物质和精神方面的具体使用要求，它是建筑的最基本要求，也是人们建造房屋的主要目的。

不同类别的建筑具有不同的使用要求。例如：交通建筑要求人流线路流畅，观演建筑要求有良好的视听环境，工业建筑必须符合生产工艺流程的要求等；同时，建筑必须满足人体活动所需的空间尺度，以及人的生理要求，如良好的朝向、保温隔热、隔声、防潮、防水、采光、通风条件等。

2. 建筑的物质技术条件

建筑的物质技术条件是建造房屋的主要手段和基础，包括建筑材料与制品技术、结构技术、施工技术、设备技术等。建筑不可能脱离技术而存在，材料是物质基础，结构是构成建筑空间的骨架，施工技术是实现建筑生产的过程和方法，设备是改善建筑环境的技术条件。随着经济的发展和技术水平的提高，建筑的建造水平也不断提高，建造的手段和建造过程更加合理、有序。

3. 建筑的艺术形象

建筑的形式或形象是关于建筑的造型、美观问题，是建筑的外观，是指通过客观实在的多维参照系的表现方式来实现建筑的艺术追求。构成建筑形象的因素包括建筑群体和单体的体形、内部和外部的空间组合、立面构图、细部处理、材料的色彩和质感以及光影和装饰的处理等。这些因素处理得当，便会产生良好的艺术效果，满足人们的审美要求。建筑形象并不单纯是一个美观问题，常常能反映时代的生产水平、文化传统、民族风格和社会发展趋势。

建筑首先是物质产品，因此建筑形象就不能离开建筑的功能要求和物质技术条件而任意创造，否则就会走向形式主义、唯美主义的歧途。有些建筑的形象同样具有一定的精神功能，如纪念馆、博物馆、纪念碑、艺术馆等。

作为良好的建筑形象首先应该是美观的，这就要求建筑要符合形式美的一些基本规律。古今中外历代建筑尽管在建筑年代、建筑材料、建造技术、形式处理上有很大差别，但必然遵循形式美的一些基本法则，如对比与统一、比例与尺度、均衡与稳定、节奏与韵律等。

2.1.3　建筑的分类

建筑构造与建筑的类型有着密切的关系，不同的建筑的类型常有不同的构造处理方法。现就与构造有关的建筑类型简述如下：

1. 按建筑的使用性质分类

（1）工业建筑　工业建筑指为工业生产服务的生产车间、辅助车间、动力用房、仓贮用房等。

（2）农业建筑　农业建筑指供农业、牧业生产和加工用的建筑，如温室、畜禽饲养场、水产品养殖场、农畜产品加工厂、农产品仓库、农机修理厂（站）等。

（3）民用建筑　民用建筑指供人们进行生活或公共活动的建筑物。

1）居住建筑：主要是指提供家庭和集体生活起居用的建筑物，如住宅、宿舍、公寓等。

2）公共建筑：主要是指提供人们进行各种社会活动的建筑物。如行政办公建筑、文教建筑、托幼建筑、医疗建筑、商业建筑、观演建筑、体育建筑、展览建筑、旅馆建筑、交通建筑、通信建筑、园林建筑、纪念建筑、娱乐建筑等。

2. 按建筑的层数或总高度分类

1）住宅建筑：1～3层为低层住宅，4～6层为多层住宅，7～9层为中高层住宅，10层及以上为高层住宅。

2）除住宅建筑之外的民用建筑：高度不大于24m者为单层和多层建筑，大于24m者为高层建筑（不包括建筑高度大于24m的单层公共建筑）。

3）建筑高度大于100m的民用建筑为超高层建筑。

3. 按建筑规模和数量分类

（1）大量性建筑　这类建筑如一般居住建筑、中小学校、小型商店、诊所、食堂等。其特点是数量多，相似性大。

（2）大型性建筑　大型性建筑是指多层和高层公共建筑和大厅型公共建筑。如大城市火车站、机场候机厅、大型体育馆场、大型影剧场、大型展览馆等建筑。其特点是数量少，单体面积大，个性强。

2.1.4　建筑等级的划分

建筑等级一般按民用建筑的设计使用年限和耐火等级进行划分。

1. 按民用建筑的设计使用年限划分

按民用建筑的设计使用年限可将建筑分为4类，见表2-1。

表2-1　民用建筑的设计使用年限划分

类别	设计使用年限/年	示　例	类别	设计使用年限/年	示　例
1	5	临时性建筑	3	50	普通建筑和构筑物
2	25	易于替换结构构件的建筑	4	100	纪念性建筑和特别重要的建筑

2. 按建筑的耐火等级划分

在建筑构造设计中，一概对建筑的防火与安全给予足够的重视，特别是在选择结构材料和构造做法上，应根据其性质分别对待。现行《建筑设计防火规范》（GB 50016—2006）把建筑物的耐火等级划分成四级，见表2-2。一级的耐火性能最好，四级最差。性质重要的或规模宏大的或具有代表性的建筑，通常按一、二级耐火等级设计；大量性的或一般的建筑按二、三级耐火等级设计；很次要的或临时建筑按四级耐火等级设计。

表2-2　建筑物的耐火等级

建筑构件和耐火等级	一　级	二　级	三　级	四　级
承重墙和楼梯间的墙	非燃烧体3.00	非燃烧体2.50	非燃烧体2.50	不燃烧体0.50
支承多层的柱	非燃烧体3.00	非燃烧体2.50	非燃烧体2.50	不燃烧体0.50
支承单层的柱	非燃烧体2.50	非燃烧体2.00	非燃烧体2.00	燃烧体
梁	非燃烧体2.00	非燃烧体1.50	非燃烧体1.50	难燃烧体0.50
楼板	非燃烧体1.50	非燃烧体1.00	非燃烧体0.50	难燃烧体0.25
吊顶(包括吊顶搁栅)	非燃烧体0.25	非燃烧体0.25	难燃烧体0.15	燃烧体
屋顶的承重构件	非燃烧体1.50	非燃烧体0.50	燃烧体	燃烧体
疏散楼梯	非燃烧体1.50	非燃烧体1.00	非燃烧体1.00	燃烧体
框架填充墙	非燃烧体1.00	非燃烧体0.50	非燃烧体0.50	难燃烧体0.25
隔墙	非燃烧体1.00	非燃烧体0.50	非燃烧体0.50	难燃烧体0.25
防火墙	非燃烧体4.00	非燃烧体4.00	非燃烧体4.00	非燃烧体4.00

(1) 构件的耐火极限　建筑构件的耐火极限是指按建筑构件的时间—温度标准曲线进行耐火试验，从受到火的作用时起，到失去支持能力或完整性被破坏或丧失隔火作用时止的这段时间，用小时表示。具体判定条件如下：

1) 失去支持能力。

2) 完整性被破坏。

3) 丧失隔火作用。

(2) 构件的燃烧性能　构件的燃烧性能分为三类：

1) 不燃烧体：即用不燃烧的材料做成的建筑构件，如天然石材。

2) 燃烧体：即用可燃或易燃烧的材料做成的建筑构件，如木材等。

3) 难燃烧体：即用难燃烧的材料做成的建筑构件，或用燃烧材料做成而用不燃烧材料做保护层的建筑构件，如沥青混凝土构件、板条抹灰的构件均属于难燃烧体。

2.1.5　建筑模数

为了使建筑制品、建筑构配件和组合件实现工业化大规模生产，使不同材料、不同形式和不同制造方法的建筑构配件、组合件符合模数并具有较大的通用性和互换性，以加快设计速度，提高施工质量和效率，降低建筑造价，在建筑行业中必须共同遵守《建筑模数协调统一标准》(GB J2—1986)。

1. 基本模数

基本模数是模数协调中选用的基本尺寸单位，基本模数的数值应为100mm，其符号为M，即1M = 100mm。建筑物和建筑物部件以及建筑组合件的模数化尺寸，应是基本模数的倍数，目前世界绝大部分国家均采用100mm为基本模数值。

2. 导出模数

导出模数分为扩大模数和分模数，其基数应符合下列规定：

(1) 扩大模数　扩大模数指基本模数的整倍数，扩大模数的基数为3M、6M、12M、15M、30M、60M共6个，其相应的尺寸分别为300mm、600mm、1200mm、1500mm、3000mm、6000mm作为建筑参数。

(2) 分模数　分模数指整数除基本模数的数值，分模数的基数为1/10M、1/5M、1/2M共3个，其相应的尺寸为10mm、20mm、50mm。

3. 模数数列

模数数列是以基本模数、扩大模数、分模数为基础扩展成的一系列尺寸，见表2-3。模数数列在各类型建筑的应用中，其尺寸的统一与协调应减少尺寸的范围，但又应使尺寸的叠加和分割有较大的灵活性。

表2-3　模数数列　(单位：mm)

基本模数	扩大模数						分模数		
1M	3M	6M	12M	15M	30M	60M	1/10M	1/5M	1/2M
100	300	600	1200	1500	3000	6000	10	20	50
100	300						10		
200	600	600					20	20	
300	900						30		

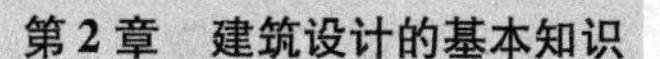

（续）

基本模数	扩大模数						分模数		
1M	3M	6M	12M	15M	30M	60M	1/10M	1/5M	1/2M
400	1200	1200	1200				40	40	
500	1500			1500			50		50
600	1800	1800					60	60	
700	2100						70		
800	2400	2400	2400				80	80	
900	2700						90		
1000	3000	3000		3000	3000		100	100	100
1100	3300						110		
1200	3600	3600	3600				120	120	
1300	3900						130		
1400	4200	4200					140	140	
1500	4500			4500			150		150
1600	4800	4800	4800				160	160	
1700	5100						170		
1800	5400	5400					180	180	
1900	5700						190		
2000	6000	6000	6000	6000	6000	6000	200	200	200
2100	6300							220	
2200	6600	6600						240	
2300	6900								250
2400	7200	7200	7200					260	
2500	7500			7500				280	
2600		7800						300	300
2700		8400	8400					320	
2800		9000		9000	9000			340	
2900		9600	9600						350
3000				10500				360	
3100			10800					380	
3200			12000	12000	12000	12000		400	400
3300					15000				450
3400					18000	18000			500
3500					21000				550
3600					24000	24000			600
					27000				650
					30000	30000			700
					33000				750
					36000	36000			800
									850
									900

模数数列的适用范围如下：

（1）基本模数　基本模数主要用于建筑物层高和构配件截面。

（2）扩大模数　扩大模数主要适用于建筑物的开间或柱距、进深或跨度、层高、构配件截面尺寸和门窗洞口等处。

（3）分模数　分模数主要用于缝隙、构造节点和构配件截面等处。

2.1.6　建筑设计概述

1. 设计内容

建筑工程设计是指设计一个建筑物或建筑群所要做的全部工作，一般包括建筑设计、结构设计、设备设计等几个方面的内容。

建筑设计是在总体规划的前提下，根据任务书的要求，综合考虑基地环境、使用功能、结构施工、材料设备、建筑经济及建筑艺术等问题，着重解决建筑物内部各种使用功能和使用空间的合理安排，建筑物与周围环境、与各种外部条件的协调配合，内部和外表的艺术效果，各个细部的构造方式等，创造出既符合科学性又具有艺术性的生产和生活环境。

结构设计主要是根据建筑设计选择切实可行的结构方案，进行结构计算及构件设计，结构布置及构造设计等，其一般是由结构工程师来完成。

设备设计主要包括给水排水、电气照明、通信、采暖、空调通风、动力等方面的设计，由有关的设备工程师配合建筑设计来完成。

2. 建筑设计的依据

（1）功能要求的影响　功能对空间的“量”的规定性，即空间的大小。使用功能不同，空间的面积和体积就不相同。

功能对空间的“形”的规定性，大多数的房间采用的是矩形房间，但一些特殊用房如体育比赛场馆，由于使用和视听要求可以采用矩形、圆形、椭圆形等环形平面，而天象厅由于要模拟天穹则应采用球状空间等。

功能对空间“质”的规定性，即一定的采光、通风、日照条件以及经济合理性、艺术性等。少数特殊房间如影剧院还会有声学、光学要求，计算机房有防尘、恒温等要求等。

（2）人体尺度与家具布置的影响　人体尺度及人体活动所占的空间尺度是确定民用建筑内部各种空间尺度的主要依据。如图2-1所示为我国中等身材男子的人体基本尺寸，如图2-2所示为人体活动尺度。

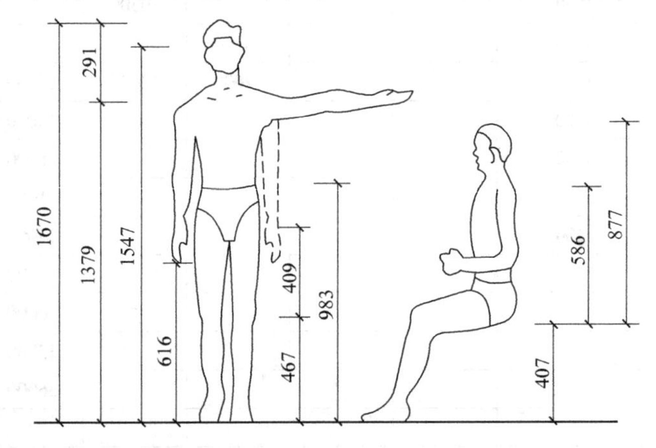

图2-1　我国中等身材男子的人体基本尺寸

（3）自然条件　建设地区的温度、湿度、日照、雨雪、风向、风速等是建筑设计的重要依据，对建筑设计有较大的影响。

基地地形平缓或起伏，基地的地质构成、土壤特性和地耐力的大小，对建筑物的平面组合、结构布置、建筑构造处理和建筑体型都有

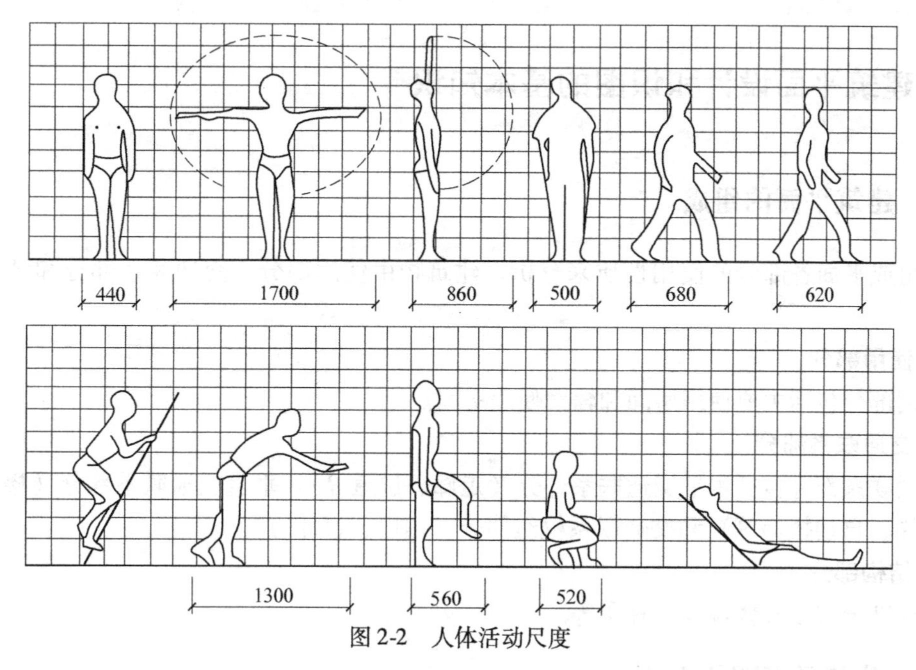

图 2-2　人体活动尺度

明显的影响。

地震烈度表示当发生地震时，地面及建筑物遭受破坏的程度。烈度在 6 度以下时，地震对建筑物影响较小，一般可不考虑抗震措施。9 度以上地区，地震破坏力很大，一般应尽量避免在该地区建筑房屋。

房间内家具设备的尺寸（图 2-3），以及人们使用它们所需活动空间是确定房间内部使用面积的重要依据。

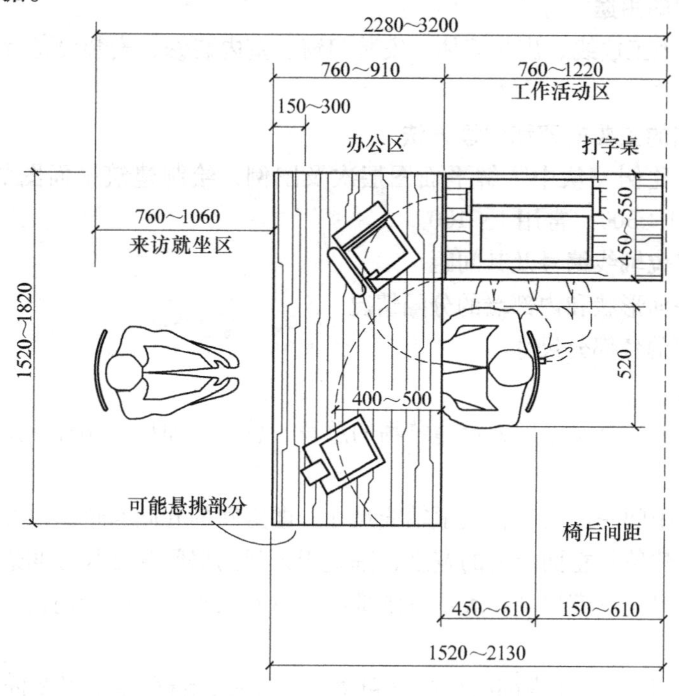

图 2-3　房间内家具设备的尺寸

2.2　建筑平面设计和识图的基本知识

2.2.1　建筑平面的组成

从组成平面各部分的使用性质来分析，建筑物由使用部分、交通联系部分和结构部分组成。

1. 使用部分

使用部分包括主要使用房间和辅助使用房间。

2. 交通联系部分

交通联系部分包括水平交通联系部分（走廊、过道等）、垂直交通联系部分（楼梯、坡道、电梯、自动扶梯等）和交通联系枢纽部分（门厅、过厅等）。

3. 结构部分

结构部分包括具体墙体、柱子等。

2.2.2　建筑平面图的识读

1. 建筑平面图的形成

建筑平面图是一幢建筑的水平剖面图。假想用一水平的剖切平面，沿着房屋门窗洞口的位置，将房屋水平切开，移走上部分，作出切面以下部分的水平投影图，即为建筑平面图。对于楼房，一般应该每一层都画一个平面图或作标准层平面图。

2. 建筑平面图的用途

建筑平面图是施工放线、砌筑墙体、安装门窗、室内装修、安装设备及编制预算、施工备料等的重要依据。

3. 建筑平面图的主要内容和识读方法

（1）看图名、比例　从中了解平面图层次及图例，绘制建筑平面图的比例有1∶50、1∶100、1∶200、1∶300，常用1∶100。

（2）看图中定位轴线编号及其间距

（3）看房屋平面形状和内部墙的分隔情况

（4）看平面图的各部分尺寸

1）外部尺寸。

①总尺寸：最外一道尺寸，表示建筑物的总长、总宽，即从一端外墙皮到另一端外墙皮的尺寸。

②定位尺寸：中间一道尺寸，表示轴线尺寸，即房间的开间与进深尺寸。开间也叫面宽或面阔，指房间在建筑外立面上占的宽度，垂直于开间的房间深度尺寸叫进深。

③细部尺寸：最里一道尺寸，表示各细部的位置及大小，如外墙门窗的大小及与轴线的平面关系。

2）内部尺寸。用来标注内部门窗洞口和宽度及位置、墙身厚度以及固定设备大小和位置等。一般用一道尺寸线表示。

（5）看楼地面标高

（6）看门窗的位置、编号和数量

2.2.3　主要使用房间的设计

1. 房间的分类和设计要求

布置合理，施工方便，有利于房间之间的组合，材料要符合相应的建筑。从主要使用房间的功能要求来分有以下三类。

1）生活用房间：住宅的起居室、卧室、宿舍和招待所等。

2）工作学习用的房间：各类建筑中的办公室、值班室，学校中的教室、实验室等。

3）公共活动房间：商场的营业厅，电影院的观众厅、休息厅等。

使用房间平面设计的要求主要有以下几点：

1）房间的面积、形状和尺寸要满足室内使用活动和家具、设备合理布置的要求。

2）门窗的大小和位置应考虑房间的出入方便，疏散安全，采光通风良好。

3）房间的构成应符合结构标准。

4）室内空间、顶棚、地面、各个墙面和构件细部，要考虑人们的使用和审美要求。

2. 房间的面积

为了深入分析房间内部的使用要求，我们把一个房间内部的面积，根据其使用特点分为以下几个部分：

1）家具或设备所占面积。

2）人在室内的使用活动面积（包括使用家具及设备时，近旁所需面积）。

3）房间内部的交通面积。

3. 房间的形状

民用建筑常见的房间形状有矩形、正方形、多边形、钟形等，如图 2-4 所示。在设计中，应从使用要求、结构形式与结构布置、经济条件、美观等方面综合考虑，选择合适的房

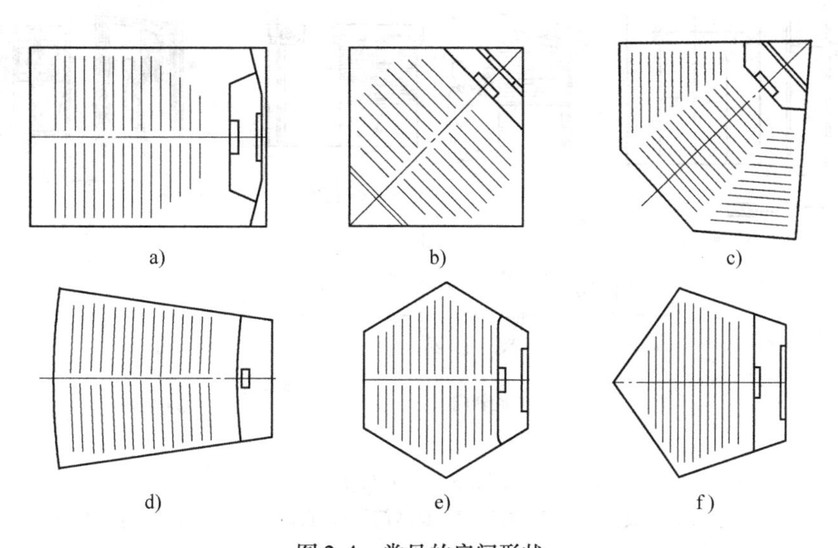

图 2-4　常见的房间形状

a）矩形　b）正方形　c）多边形　d）钟形　e）正六边形　f）五边形

间形状。一般功能要求的民用建筑房间形状常采用矩形，当然，矩形平面也不是唯一的形式。一些有特殊功能和视听要求的房间，如观众厅、杂技场、体育馆等房间，它的形状则首先应具备施工条件，也要考虑房间的空间艺术效果。

4. 房间的尺寸

房间尺寸是指房间的面宽和进深，而面宽常常是由一个或多个开间组成。房间尺寸的确定应考虑以下几方面：

1）满足家具设备布置及人们活动要求。

2）满足视听要求。

3）良好的天然采光。

4）经济合理的结构布置。

5）符合建筑模数协调统一标准的要求。

5. 门的设置

门的功能是解决室内外交通的联系，往往也兼有通风、采光的作用。窗的功能是满足室内空间的采光和通风要求。门窗的大小、数量、位置、形状和开启方式对室内的采光通风以及美观都有直接的影响。

（1）门的种类　门的种类主要有：平开门、弹簧门、推拉门、旋转门、自动门、折叠门和卷帘门等（图 2-5）。

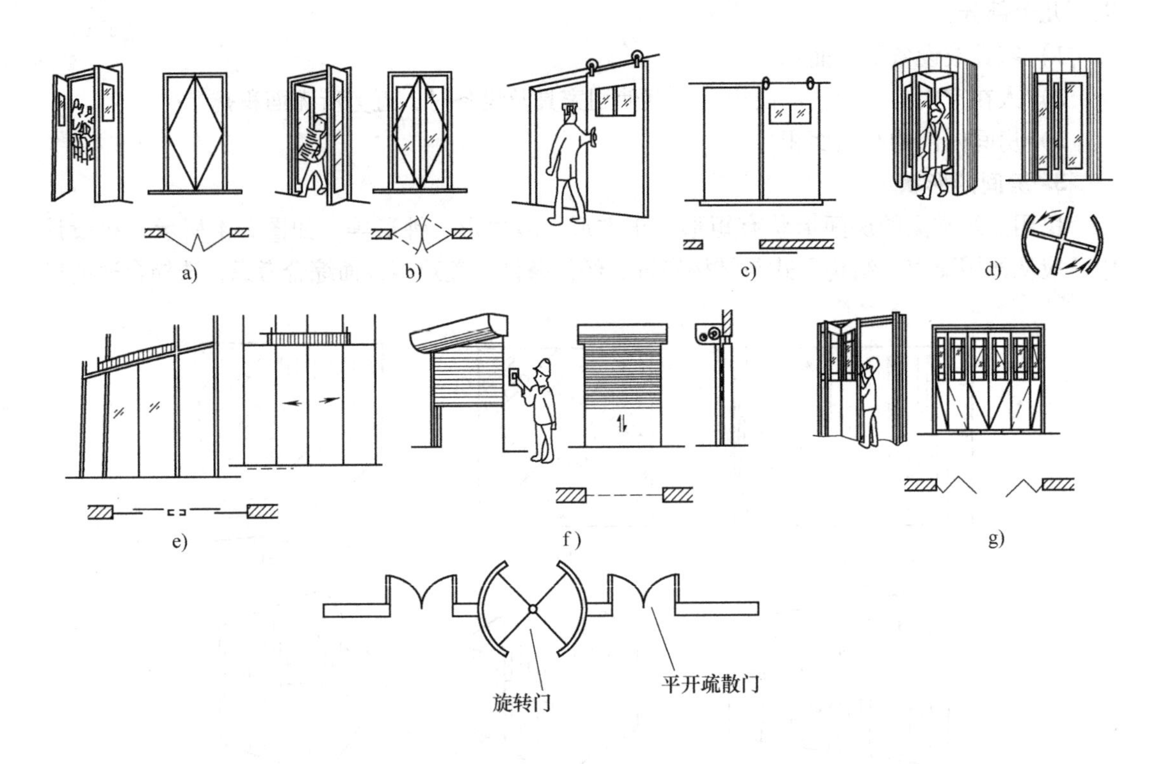

图 2-5　门的种类

a）平开门　b）弹簧门　c）推拉门　d）旋转门　e）自动门　f）卷帘门　g）折叠门

其中供残疾人使用的门有：自动门、推拉门、平开门和折叠门，不能使用弹簧门和旋转

门；自动门、旋转门不能用作疏散门，在公共建筑中设了旋转门，仍需在两旁设平开的侧门或采用双向开启的弹簧门（托儿所、幼儿园、小学等儿童活动场所除外）。

（2）门的设置原则　大空间门的位置应均匀布置，以利于大量人流的迅速疏散，如影剧院观众厅（图2-6a）和体育馆、比赛场地（图2-6b）。小房间门的位置应利于家具布置（图2-6c）。

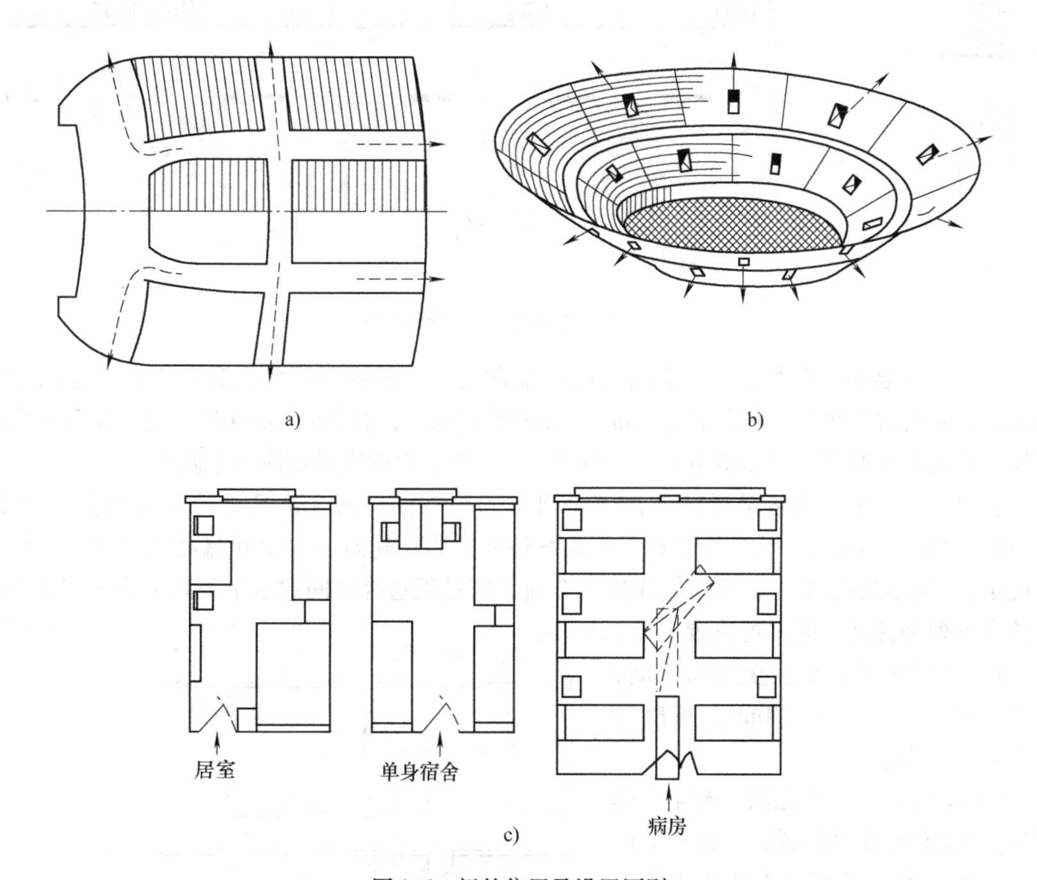

图2-6　门的位置及设置原则

（3）门的宽度　门的宽度主要依据人体尺寸、人流通行量（人流股数，按每股≥0.55m±0.15m考虑）及进出家具设备的最大尺寸。供人出入的门，其宽度与高度应当视人的尺度来确定（图2-7a）。供单人或单股人流通过的门，其高度应不低于2.1m，宽应在0.7~1.0m（图2-7b）。除人外还要考虑到家具、设备的出入，如病房的门应方便病床出入，一般宽1.1m（图2-7c）。公共活动空间的门应根据具体情况按多股人流来确定门的宽度，可开双扇、四扇或四扇以上的门（图2-7d）。

1）单股人流宽为550~600mm，侧身通过距离为300mm。门洞最小宽700mm，居室等门宽900mm，普通教室及办公室等门宽1000mm。

2）人流集中的房间（如观众厅、会场等），门总宽按每100人0.6m宽计，且每樘门最小净宽不应小于1400mm。

3）一般门扇宽度小于1m，门宽大于1m时，可做双扇或多扇门。

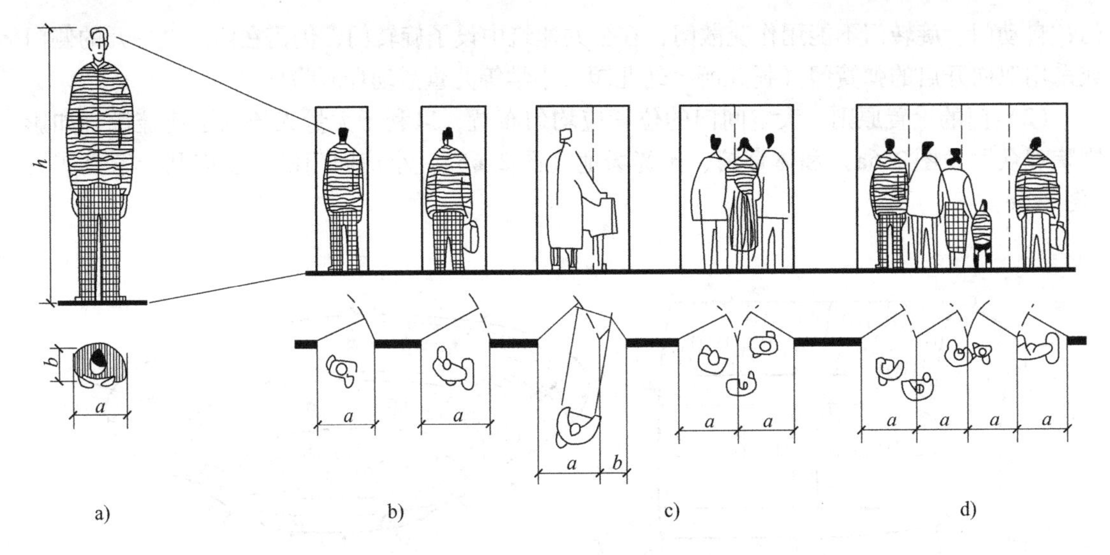

图2-7　门的宽度与人体尺度

（4）门的数量　门的数量主要考虑防火疏散要求，根据房间的人数和面积及疏散方便等决定。防火规范规定：面积超过60m²，人数超过50人的房间，需设两个门，并分设房间两端。人流集中的房间（如观众厅、会场等），安全出口的数目不应少于两个。

在单一空间中门的数量反映的是安全出口的个数。根据《建筑设计防火规范》（GB 50016—2006）的规定，公共建筑和通廊式非住宅类居住建筑中各房间疏散门的数量应经计算确定，且不应少于2个，该房间相邻2个疏散门最近边缘之间的水平距离不应小于5.0m。当符合下列条件之一时，可设置1个：

1）房间位于2个安全出口之间，且建筑面积小于等于120m²，疏散门的净宽度不小于0.9m。

2）除托儿所、幼儿园、老年人建筑外，房间位于走道尽端，且由房间内任一点到疏散门的直线距离小于等于15.0m、其疏散门的净宽度不小于1.4m。

3）歌舞娱乐放映游艺场所内建筑面积小于等于50m²的房间（图2-8）。

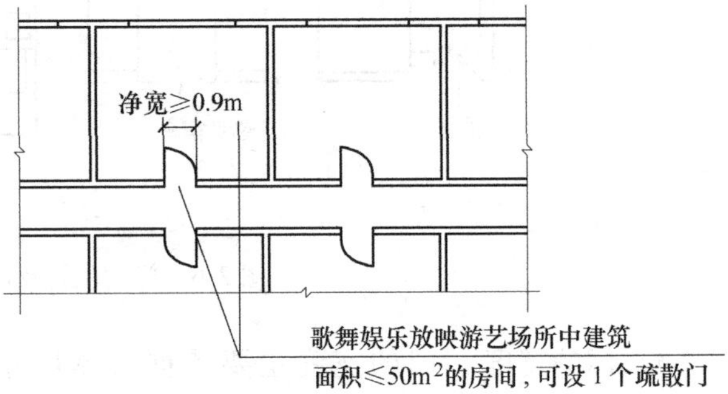

净宽≥0.9m

歌舞娱乐放映游艺场所中建筑面积≤50m²的房间，可设1个疏散门

图2-8　房间可设一个门的条件

（5）门的开启原则　门的开启原则为“外门外开，内门内开，疏散门朝向疏散方向开启”。图2-9a、图2-9b、图2-9c三个方案，门开启时均会发生碰撞，交通不顺畅。图2-9d方案较好，门宜与家具配合布置。

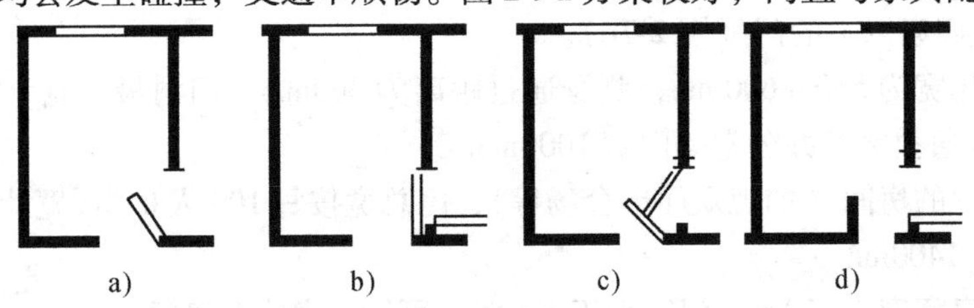

图2-9　门的开启方向

6. 窗的设置

（1）窗的种类　按照窗的开启方式，窗户可以分为固定窗、平开窗（分内开与外开）、上悬窗、中悬窗、内开下悬窗、立转窗、推拉窗（分水平推拉窗和垂直推拉窗），如图 2-10 所示。

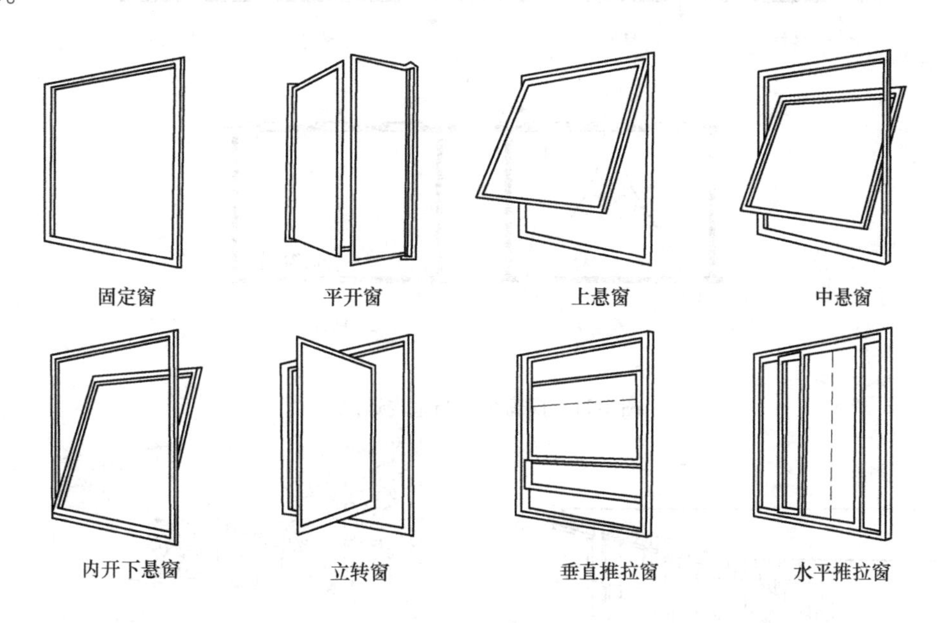

图 2-10　窗的种类

多层建筑（小于或等于六层）常采用外开窗或推拉窗；在中小学建筑中由于要考虑到儿童擦窗的安全，外窗应采用内开下悬窗或内开窗；卫生间宜用上悬窗或下悬窗；外走廊内侧墙上的间接采光窗应使窗扇开启时碰不到人的头部。

（2）窗的面积　窗的面积主要取决于室内空间的采光通风要求。不同使用要求的房间对照度的要求不同。窗户洞口的面积一般通过窗地比（窗户洞口的面积与室内使用面积之比）来估算。

（3）窗的平面位置　窗的平面布置首先应使室内照度尽可能均匀，避免产生暗角和炫光。

门窗的位置还决定了室内气流的走向，并影响到室内自然通风的范围。因为对流通风效果好（图 2-11a），所以，为了夏季室内有良好的自然通风，门窗的位置尽可能加大室内通风范围，形成穿堂风，避免产生涡流区。另外，在教室靠走道一侧设高窗通风效果好（图 2-11b）。

（4）窗的立面位置　按照采光位置，窗户可分为顶窗、高侧窗、侧窗和落地窗。

侧窗采光可以选择良好的朝向和室外景观，使用和维护也比较方便，是最常使用的一种采光方式，如图 2-12 所示。

落地窗最大的优点就是能够达到室内外环境之间的最大交流，使室内外空间相互渗透，相互延伸，如图 2-13 所示。落地窗进行窗地比计算时要注意在 0. 8m 以下范围的窗户面积不记入有效采光面积，并且应采取安全防护措施，如采用附加防护栏杆、安全玻璃等。

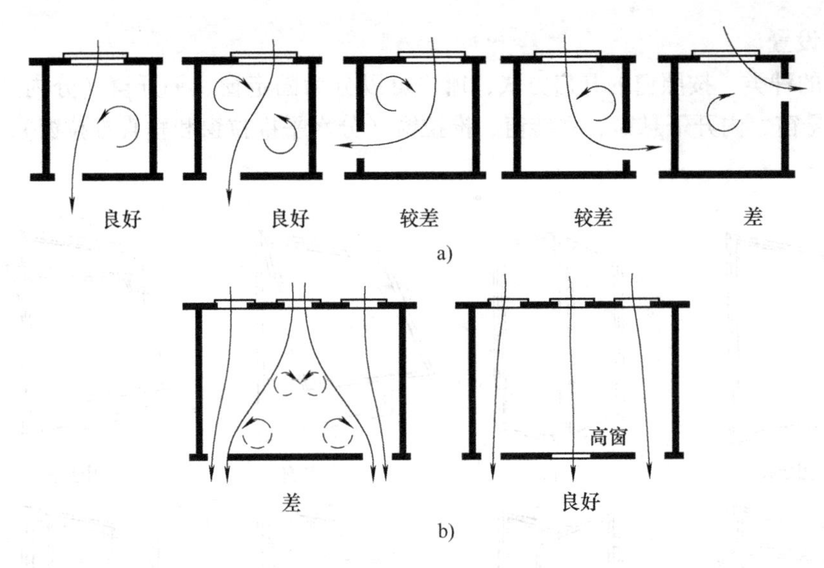

图 2-11　门窗位置与室内通风

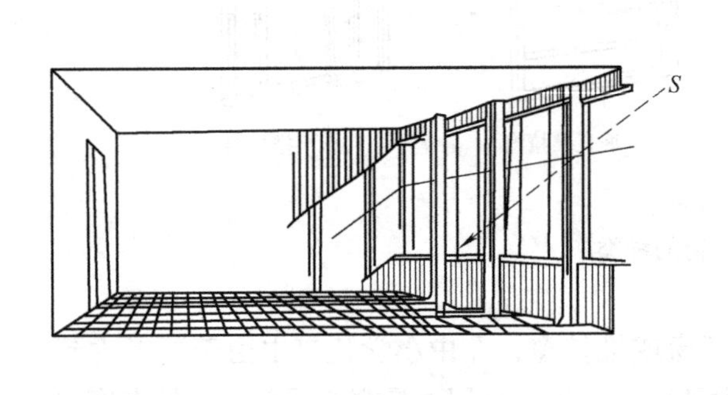

图 2-12　侧窗采光效果

图 2-13　落地窗采光效果

2.2.4　辅助使用房间的设计

民用建筑中的辅助使用房间是指厕所、盥洗间、浴室、设备用房（通风机房、锅炉房、变配电室、水泵房等）、储藏间、开水间等。其中厕所、盥洗间、浴室最为常见。

1. 厕所、盥洗间设计的一般规定

1）建筑物的厕所、浴室、盥洗间不应布置在餐厅及食品加工、食品储存、医疗、变配电等有严格卫生要求或防水、防潮要求的房间的上层。

2）卫生用房的使用面积和卫生设备设置的数量，主要取决于使用人数、使用对象、使用特点，按有关规范确定。

3）厕所设备的类型有大便器、小便器、洗手盆、污水池等。

①大便器：蹲式（公用）、坐式（人数少的场所，如宾馆、家用）、大便槽。

②小便器：小便槽、小便斗（挂式、落地式）用于标准高、人数少的场所。

③洗手盆：挂式、台式、盥洗槽。

4）卫生用房宜有天然采光和不向邻室对流的自然通风。严寒及寒冷地区用房宜设自然通风道。当自然通风不能满足通风换气时，应采用机械通风。

5）楼地面和墙面应严密防水、防渗漏，楼地面及墙面或墙裙面层应采用不吸水、不吸污、耐腐蚀和易清洗的材料；楼地面应防滑，应有坡度坡向地漏或水沟。

6）室内上下水管和浴室顶棚应防冷凝水下滴，浴室热水管应防烫人。

7）公共厕所宜分设前室或有遮挡措施，并宜设置独立的清洁间。

8）浴室不与厕所毗邻时应设便器。浴卫较多时，应设集中更衣室及存衣柜。

2. 公用卫生间设计

公用卫生间一般由厕所、盥洗间两部分组成，一般布置在人流活动的交通路线上，如楼梯间附近，走廊尽头等。男、女厕常并列布置以节省管道。

1）公共卫生间设计应注意的几个问题：

①男女蹲位的数量应比例合理。

②视线应有所遮挡，不宜一览无余。

③流线应顺畅。

④应布置前室。前室作用：形成空间过渡，形成视线遮挡并防止串味。

2）公用卫生间设计应满足一般规定，厕所使用单个设备时基本尺寸要求如图 2-14 所示。

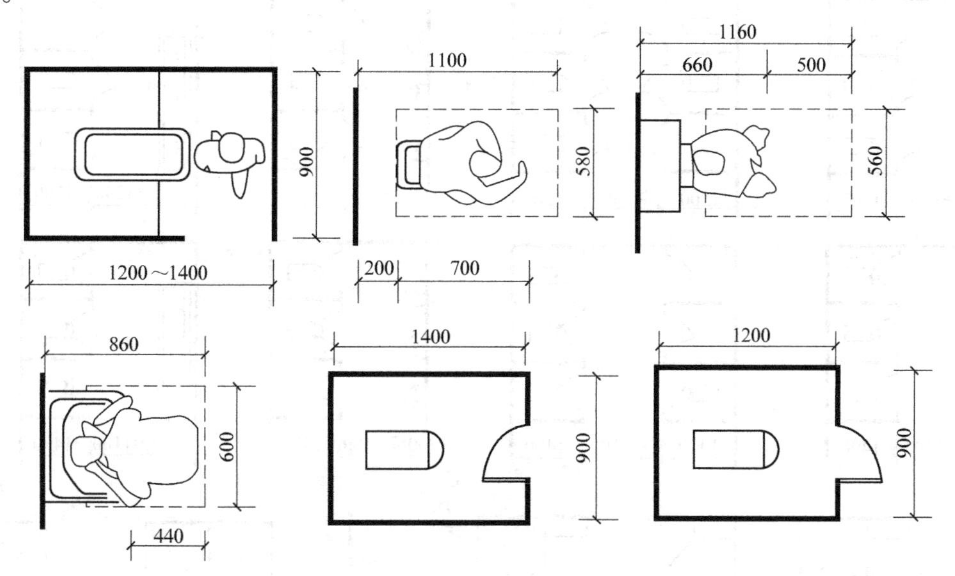

图 2-14　厕所使用单个设备时基本尺寸要求

3）卫生设备间距的最小尺寸如图 2-15 所示。

①第一具洗脸盆或盥洗槽水嘴中心与侧墙面净距不应小于 0. 55m。

②并列洗脸盆或盥洗槽水嘴中心的净距不应小于 0. 70m。

③单侧并列洗脸盆或盥洗槽外沿至对面墙的净距不应小于 1. 25m。

④双侧并列洗脸盆或盥洗槽外沿之间的净距不应小于 1. 80m。

⑤浴盆长边至对面墙面的净距不应小于 0. 65m。

⑥并列小便器的中心距离不应小于 0. 65m。

⑦单侧隔间至对面墙面的净距及双侧隔间之间的净距：当采用内开门时不应小于 1. 10m，当采用外开门时不应小于 1. 30m。

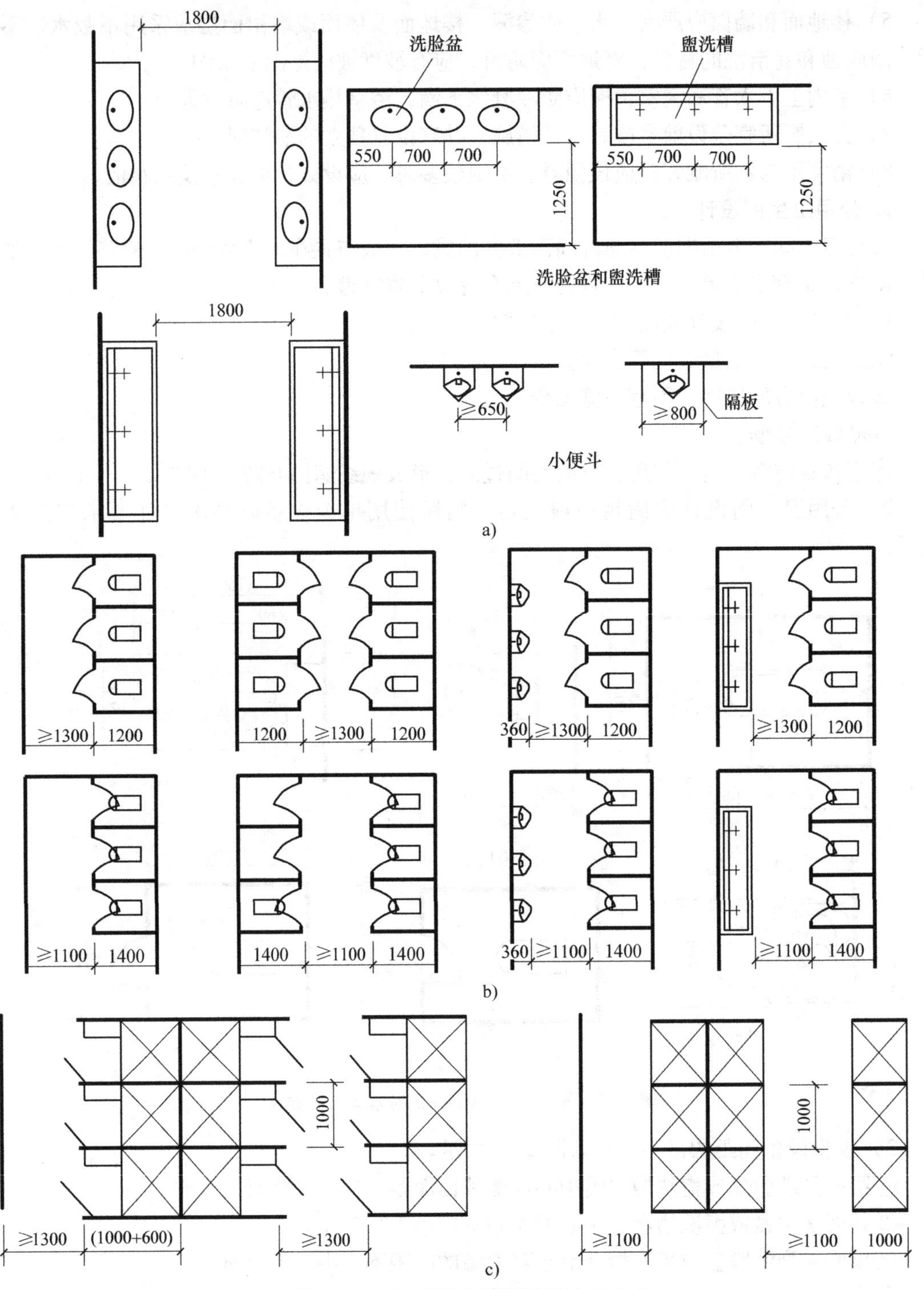

图2-15　卫生间设备间距的最小尺寸

a）卫生设备间距的最小尺寸　b）内外开门隔间与小便斗、小便槽最小间距

c）浴室间隔之间以及与墙间最小间距

⑧单侧厕所隔间至对面小便器或小便槽外沿的净距：当采用内开门时不应小于1.10m，当采用外开门时不应小于1.30m。

3. 公共厕所的无障碍设计

（1）无障碍设计厕位设置要求

1）公共建筑、城市广场、城市公园、旅游景点的厕所至少应有两个无障碍厕位（男女各一），一个无障碍小便器，两个无障碍洗手盆（男女各一）。

2）大型公共建筑设四个无障碍厕位（男女各二），两个无障碍小便器，两个无障碍洗手盆（男女各一）。

（2）无障碍设计要求（图 2-16）

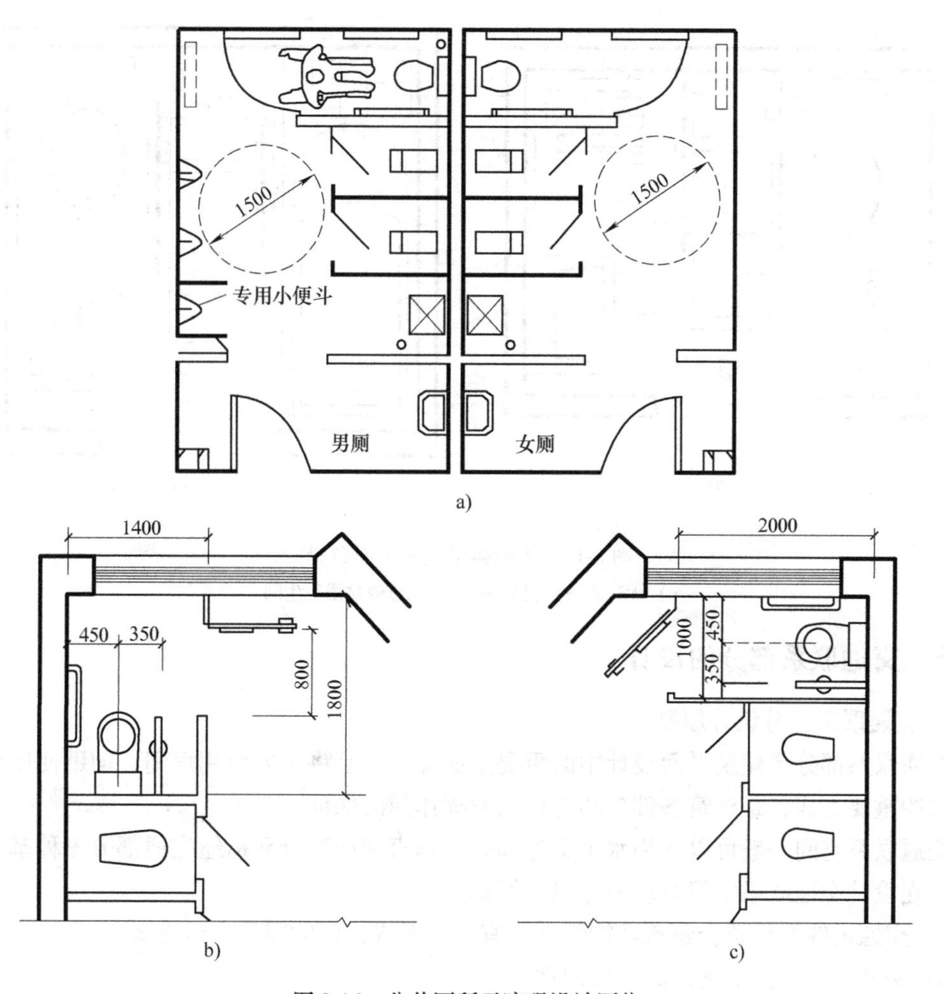

图 2-16　公共厕所无障碍设计厕位

a）厕所入口、通道及无障碍厕位　b）新建无障碍厕位　c）改建无障碍厕位

1）厕所入口、通道应方便乘轮椅者进入和到达厕位、洗手盆，并能进行回转。

2）地面应防滑、不积水。

3）无障碍厕位的门应向外开启，门净宽不应小于 0.8m，门内侧设关门拉手。

4）内设 0.4～0.45m 高坐便器，并在两侧设安全抓杆（水平抓杆高 0.7m，垂直抓杆高 1.4m）。

5）无障碍便器下口距地面不应大于 500mm，并应设宽 600～700mm、高 1.2m 的安全抓杆。

(3) 无障碍卫生间

1) 入口、通道与门扇应方便乘轮椅者到达和进入。

2) 无障碍淋浴间：门外开时不小于3.5m²，短边净宽不小于1.8m，内设0.45m洗浴坐椅，并附设高0.7m的水平抓杆和高1.4m的垂直抓杆，如图2-17a所示。

3) 无障碍盆浴间：门外开时面积不小于4.5m²，短边净宽不小于2.0m，浴盆内厕应设高0.6m和0.9m的水平抓杆，如图2-17b所示。

4) 距地面0.4~0.5m处设置安全按钮。

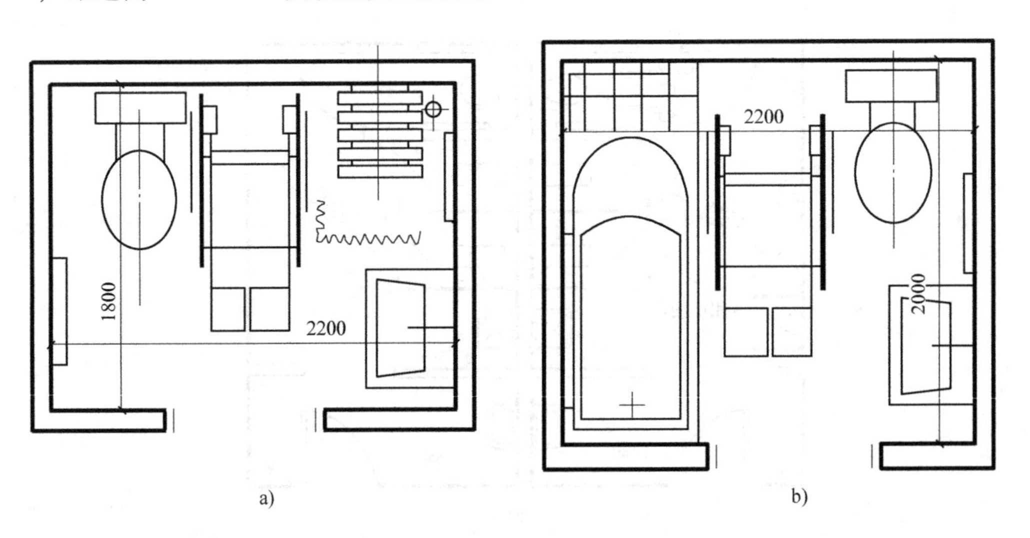

图2-17　无障碍卫生间平面布置

a) 无障碍淋浴卫生间　b) 无障碍盆浴卫生间

2.2.5　交通联系部分的设计

1. 交通联系部分设计原则

交通联系部分是建筑平面设计中的重要组成部分，是将主要使用房间、辅助使用房间组合起来的重要方式，是建筑各部分功能得以发挥作用的保证。

交通联系空间一般可以分为水平交通部分、垂直交通部分和枢纽交通部分三种基本空间形式。在设计交通联系空间时应遵守以下原则：

1) 交通流线组织符合建筑功能特点，有利于形成良好的空间组合形式。

2) 交通流线简捷明确，具有导向性。

3) 满足采光、通风及照明要求。

4) 适当的空间尺度，完美的空间形象。

5) 节约交通面积，提高面积利用率。

6) 严格遵守防火规范要求，能保证紧急疏散时的安全。

2. 水平交通空间设计

水平交通空间是指走廊、连廊等专供水平交通联系的狭长空间。

(1) 走廊的形式　走廊又称为过道、走道，其功能是为了满足人的行走和紧急情况下的疏散要求。走廊分为内廊（走廊两侧为房间）（图2-18a）、单侧外廊（一侧临空，一侧为房间）（图 2-18b）、连廊（两侧临空）（图 2-18c）和复廊（中国古建筑中在廊子中间加设一带有漏窗的墙体）等形式。

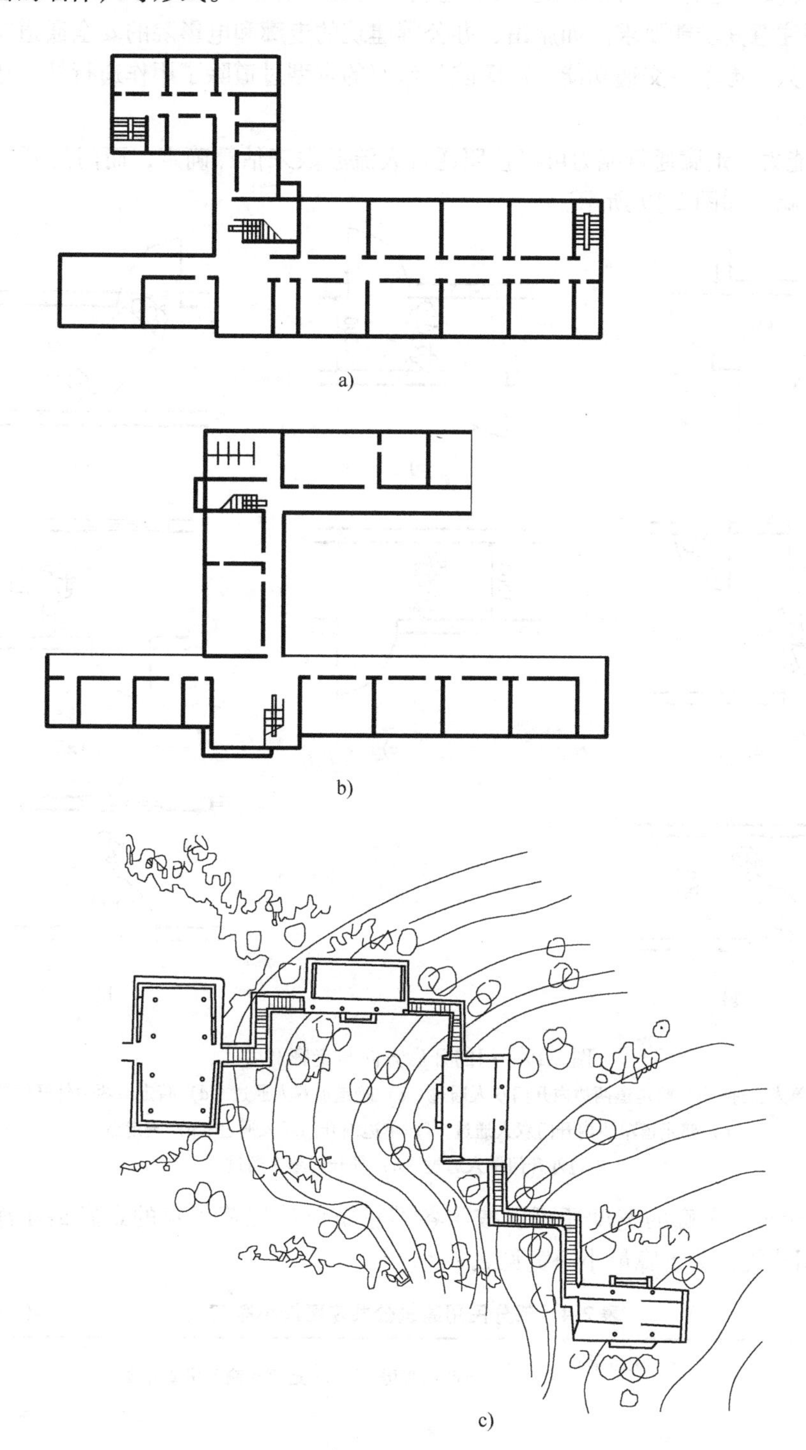

a)

b)

c)

图 2-18　走廊的形式

a）内廊　b）单侧外廊　c）连廊

(2) 走廊宽度设计

1) 功能性质。走廊的功能要求主要有通行、停留、休息、无障碍设计等内容。设计走廊的宽度时要注意其功能要求。如旅馆、办公等建筑的走廊和电影院的安全通道等是供人流集散使用的，只考虑单一交通功能，而医院门诊部的宽型过道除了用作通行外，还要考虑病人候诊之用。

2) 通行能力。走廊通行能力可以按照通行人流股数来估算确定，而门的开启方向对走廊宽度也有影响，如图2-19所示。

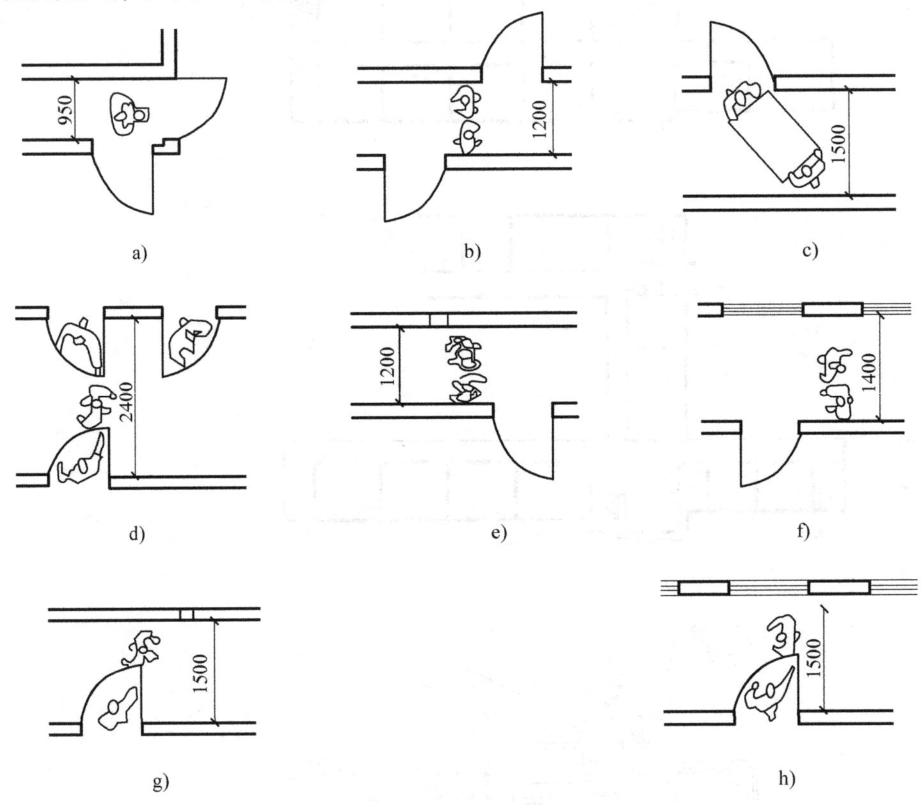

图2-19　门的开启方向与走廊宽度

a) 暗走道单人通过　b) 暗走道两边内开门双人通过　c) 暗走道双人通过　d) 暗走道两边外开门单人通过　e) 暗走道单边内开门双人通过　f) 单边内开门双人通过　g) 暗走道单边外开门单人通过　h) 外开门单人通过

3) 建筑标准。走廊的宽度还可以按照各类建筑设计规范规定的走廊最小净宽直接采用，部分民用建筑公共走廊最小净宽见表2-4。

表2-4　部分民用建筑公共走廊最小净宽　　(单位：m)

建筑类型＼走道形式		走道两侧布房	走道单侧布房或外廊	备　注
托幼建筑	生活用房	1.8	1.5	
	服务供应用房	1.5	1.3	
教育建筑	教学用房	≥2.1	≥1.8	
	行政办公用房	≥1.5	≥1.5	

（续）

建筑类型 \ 走道形式		走道两侧布房	走道单侧布房或外廊	备　注
文化馆建筑	群众活动用房	2.1	1.8	
	学习辅导用房	1.8	1.5	
	专业工作用房	1.5	1.2	
办公建筑	走道长≤40m	1.4	1.3	
	走道长＞40m	1.8	1.5	
营业厅通道		≥2.2		通道在柜台与墙面或陈列橱之间

4）安全疏散。按规范计算走廊的宽度时主要依据是每百人宽度指标。楼梯、门、走廊的每百人宽度指标见表 2-5。

表 2-5　民用建筑楼梯、门、走廊的宽度指标

宽度指标/(m/百人) 耐火等级 \ 层　数	一、二级	三级	四级
一、二层	0.65	0.75	1.00
三层	0.75	1.00	—
≥四层	1.00	1.25	—

（3）走廊长度设计（安全疏散距离的规定）　走廊的长度应根据建筑性质、耐火等级、防火规范以及视觉艺术等方面的要求确定。其中主要是防火规范的要求，一般要将最远房间的门中线到安全出口的距离控制在安全疏散距离之内，见表 2-6。

表 2-6　多层民用建筑安全疏散距离　（单位：m）

名　称	房门至外部出口或楼梯间的最大距离					
	位于两个外部出口或楼梯间之间的房间			位于袋形走廊两侧或尽端的房间		
	耐火等级			耐火等级		
	一、二级	三级	四级	一、二级	三级	四级
托儿所、幼儿园	25	20	—	20	15	—
医院、疗养院	35	30	—	20	15	—
学校	35	30	—	22	20	—
其他民用建筑	40	35	25	22	20	15

（4）走廊采光和通风设计　走廊的采光一般应考虑自然采光，但某些大型公共建筑可采用人工照明。在走廊双面布置房间时采光容易出现问题，解决的办法一般是依靠走廊尽端开窗，或借助于门厅过厅、楼梯间的光线采光，也可以利用走廊两侧开敞的空间来改善过道的采光。内走廊采光方式如图 2-20 所示。

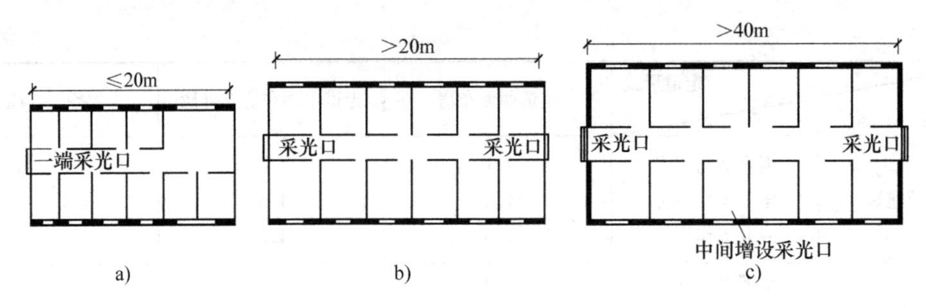

图 2-20　内走廊采光方式

a）一端采光　b）两端采光　c）两端采光中间增设采光口

（5）无障碍走廊设计（图 2-21）

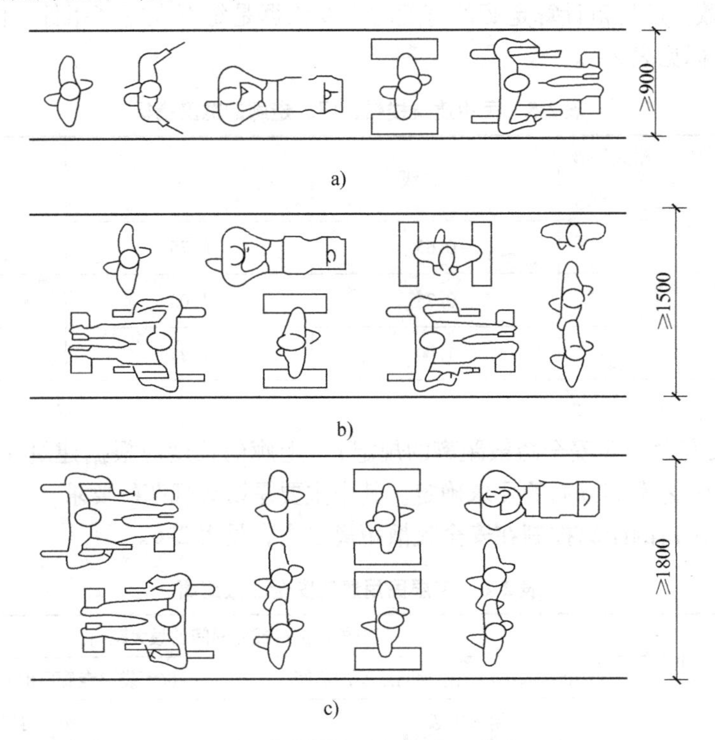

图 2-21　供残疾人使用的走廊设计

a）一辆轮椅通道　b）中小型公共建筑走道　c）大型公共建筑走道

1）一辆轮椅通行最小宽度为 0.9m，住宅建筑走廊宽度不应小于 1.2m，中小型公共建筑走廊宽度不应小于 1.5m，大型公共建筑走廊宽度不应小于 1.8m。

2）走廊两侧应设扶手。

3）走廊两侧墙面应设高 0.35m 护墙板。

4）走廊及室内地面应平整，并应选用防滑的地面材料。

5）走廊转弯处的阳角应为弧墙面或切角墙面。

6）走廊内不得设置障碍物，光照度不小于 120lx，在走廊一侧或尽端与其他地坪有高差时，应设置栏杆或栏板等安全措施。

3. 垂直交通空间设计

垂直交通空间是指坡道、台阶、楼梯、工作梯、爬梯、自动扶梯、自动人行道和电梯等联系不同标高上各使用空间的空间形式。

园林建筑中，常用的是台阶与坡道，台阶与坡道是在建筑中连接室内与室外地坪或室内楼错层的主要过渡设施。

1）坡道分为室内坡道和室外坡道。室内坡道占地面积大，采用较少，常用于多层车库、医院建筑等，坡度不宜大于1:8。室外坡道一般位于公共建筑出入口处，主要供车辆到达出入口前，坡度不宜大于1:10。建筑出入口坡道如图2-22所示。

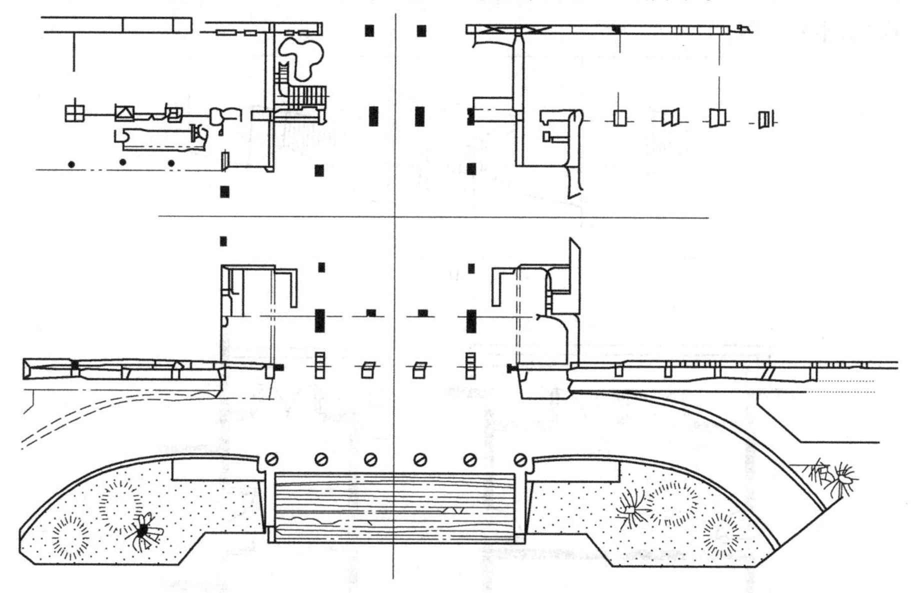

图2-22　建筑出入口坡道

2）供残疾人使用的坡道坡度和宽度要求见表2-7。

表2-7　残疾人坡道坡度和宽度

坡道位置类型	最大坡度	最小宽度	平台最小宽度
有台阶的建筑入口	1:12	≥1.2m	1.5m
只设坡道的建筑入口	1:20	≥1.5m	
室内坡道	1:12	≥1.0m	
室外通道	1:20	≥1.50m	
困难地段	1:10～1:8	≥1.2m	改建建筑物

3）残疾人坡道不同坡度每段最大高度及最大水平长度见表2-8。

表2-8　残疾人坡道不同坡度每段最大高度及最大水平长度

坡　度	最大高度	最大水平长度	坡　度	最大高度	最大水平长度
1:20	1.5m	30m	1:10	0.6m	6m
1:16	1.0m	16m	1:8	0.35m	2.8m
1:12	0.75m	9m			

4）普通坡道最大水平长度为15m。

4. 交通枢纽空间设计

交通枢纽空间主要指门厅、过厅、出入口、中庭等，是人流集散、方向转换、空间过渡与衔接的场所，在空间组合中有重要地位。一般公共建筑的交通枢纽空间还应该根据建筑的性质设置一定的辅助空间，以满足人们休息、观赏、交往及其他具体功能的需要。

（1）建筑出入口　建筑出入口是建筑室内外空间的一个过渡部位，常以雨篷、门廊等形式出现，如图2-23a所示，并与雨篷、外廊、台阶、坡道、垂带、挡墙、绿化小品等结合设计。因此，建筑出入口不仅是内外交通的主要部分，也是建筑造型的重要组成部分，常成为建筑立面构图的中心。

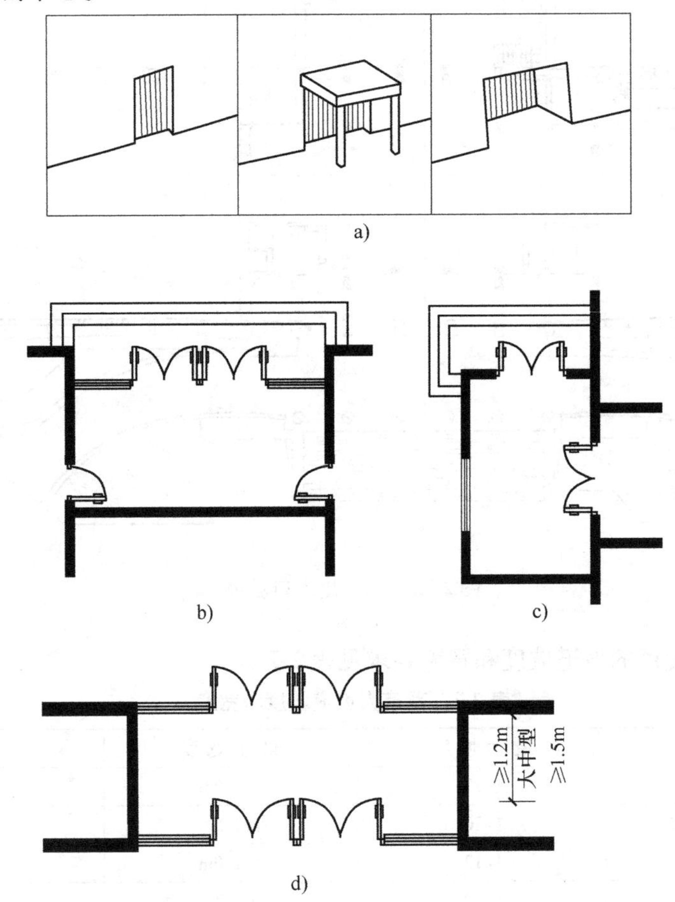

图2-23　建筑出入口形式

建筑出入口的数量与位置应根据建筑的性质与流线组织来确定，并符合防火疏散的要求。

有无障碍设计要求的建筑入口，必须设计轮椅坡道和扶手。在寒冷地区，入口部位常设计防风门斗或双道门，如图2-23b、图2-23c、图2-23d所示。双道门之间的间距应按照各专项建筑设计规范执行。

（2）门厅　门厅几乎是所有公共建筑都具有的一个重要空间，它处在建筑主要出入口处，具有接纳人流和分散人流的作用。门厅空间是建筑艺术印象的第一空间，在整个建筑设计中有重要作用，如图2-24所示。

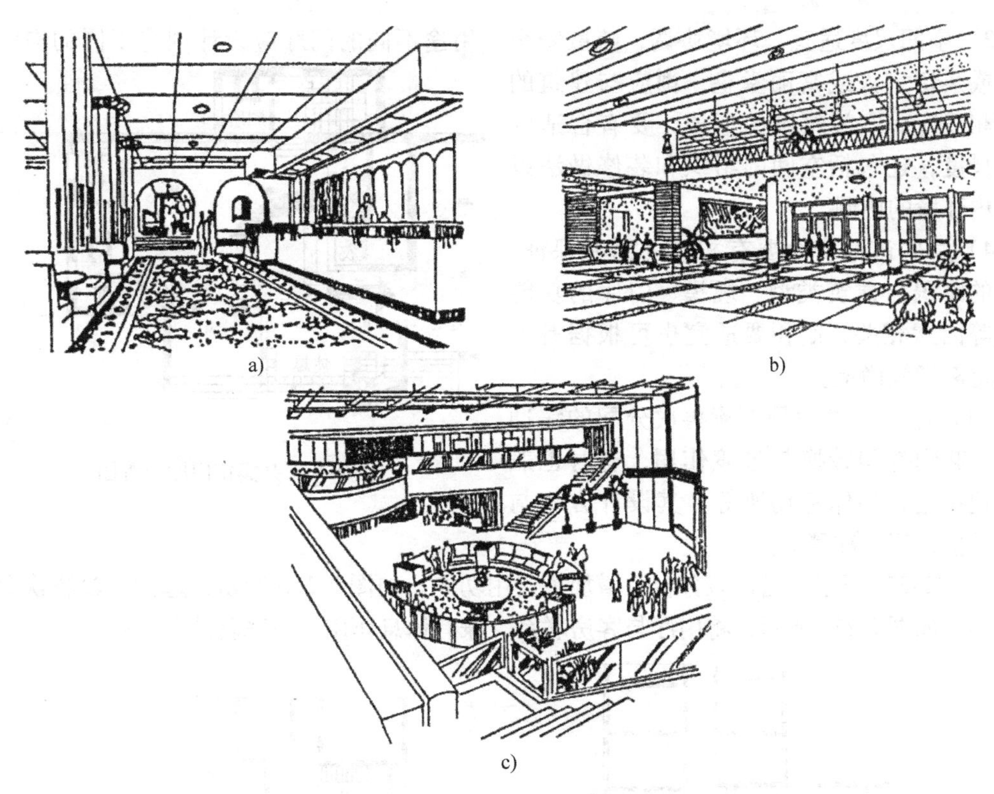

图 2-24　门厅空间形式

a）单层空间　b）夹层空间　c）回廊空间和共享空间

门厅设计中应解决好以下问题：

1）布局合理形式多样。一般门厅布局分为对称和不对称两类。对称式布局有明确中轴线，空间形态严整，如图 2-25a 所示。非对称布局空间形态较灵活，无明确中轴线，如图 2-25b所示。

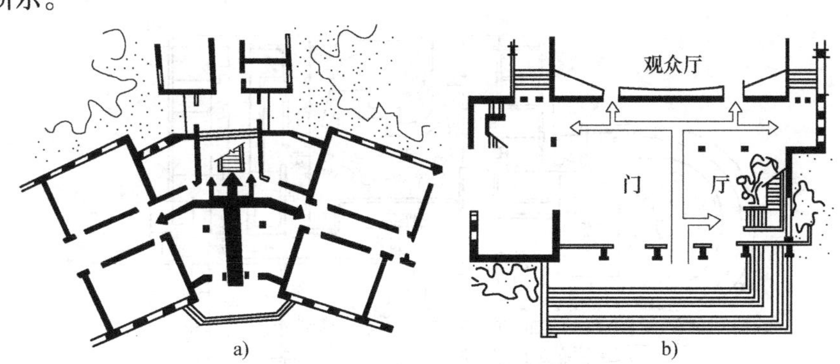

图 2-25　门厅布局形式

a）对称布置　b）不对称布置

2）流线组织合理，导向明确。门厅内交通流线组织应简单明确，符合使用顺序要求，尽量避免或减少交叉，并留出适当活动空间部分。如图 2-26 所示，某宾馆的门厅虽不大，但布置得当，流线清晰。楼梯口设置的台阶强调了行进方向。休息区相对独立，避免了干扰，尺度亲切宜人。

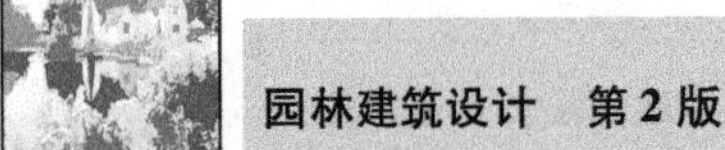

3）空间尺度适宜，环境协调，疏散安全。用途不同的门厅应设计创造不同的空间氛围，或亲切宜人或富丽堂皇，都应与建筑的功能相适应。空间氛围的形成，要有合适的空间尺度，还包括空间的组织和装修做法以及室内环境的协调。

4）厅的疏散安全要有相应的面积保证，门厅的面积与建筑类型、规模、门厅的功能组成等因素相关，面积要适宜也可根据有关面积定额指标确定。

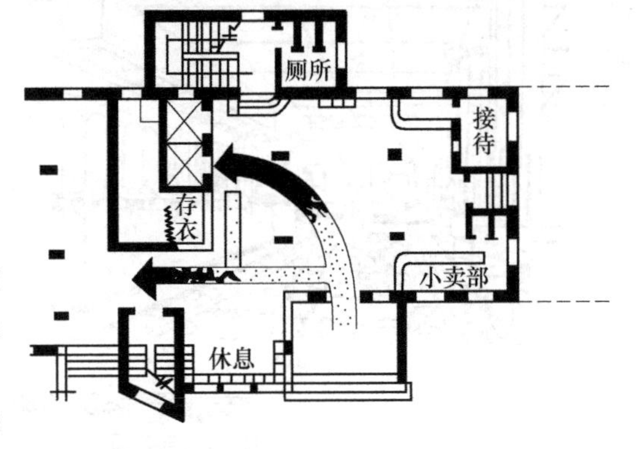

图2-26　某宾馆门厅布置图

（3）过厅　过厅是人流再次分配的缓冲空间，起到空间转换与过渡作用，有时也兼作其他用途，如休息场所等。其设计方法与门厅相似，但标准稍低。

如图2-27a所示，增设服务台，增加了使用功能。如图2-27b所示，起到人流再次分配的作用。如图2-27c所示，将门厅与客房联系，兼有休息作用，与庭院结合较好。

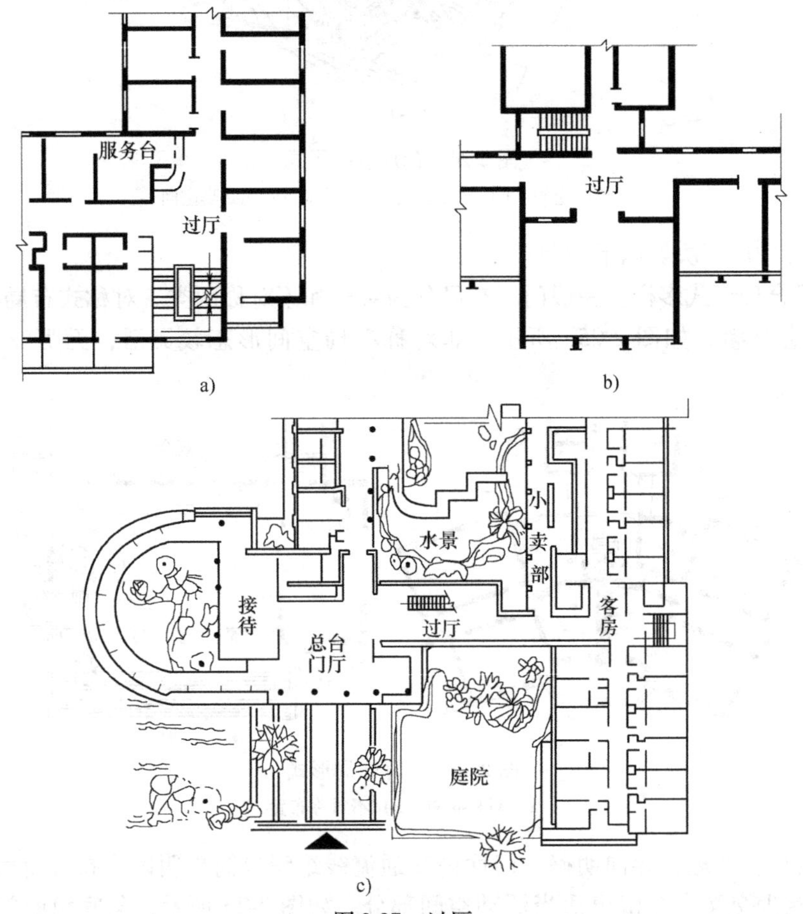

图2-27　过厅

a）位于房屋转角和走道转向处的过厅　b）位于大空间与走道联系处的过厅

c）位于两个使用空间之间的过厅

（4）中庭　中庭是供人们休息、观赏、交往的多功能共享大厅。常常在中庭内设楼梯、景观电梯或自动扶梯等，使其兼有交通枢纽的作用。

中庭空间的形式，从其在建筑中的位置看，有落地中庭、空中花园和屋顶花园；从其采光方式上分，有顶部采光、侧采光和综合采光。

中庭在建筑空间序列中常作为高潮部分处理，具有以下特点：

1）多功能。中庭往往位于公共建筑的中心，在其内部有咖啡座、小商亭、休息座，在其周围常设各种商店、小卖部等服务设施，在一些大型商场的中庭还经常搭设舞台进行T台表演，成为人们活动的中心。

2）多空间。中庭中包含着供人休息、餐饮、购物、娱乐等各种小空间。人们位于中庭一隅，既可感受中庭的巨大和壮观，又可观察、体验中庭内外诸多活动，形成多角度、多方位的交流，创造出别有情趣的“共享”效果。

3）环境丰富。现代建筑技术使大跨度玻璃顶棚的实现成为可能，解决了采光问题。中庭设计常常将传统的室外庭院移入室内，包括植物、喷泉、假山，创造出一个与室外相似的室内自然庭院。

中庭是组合空间的一种手法，能够实现大体量建筑的中部采光，并易于形成建筑的高潮；中庭空间要计算建筑面积，需要构造复杂的采光顶棚；中庭空间的使用能耗大；随着建筑技术的发展，其形式将实现多样化。各种中庭空间效果如图2-28所示。

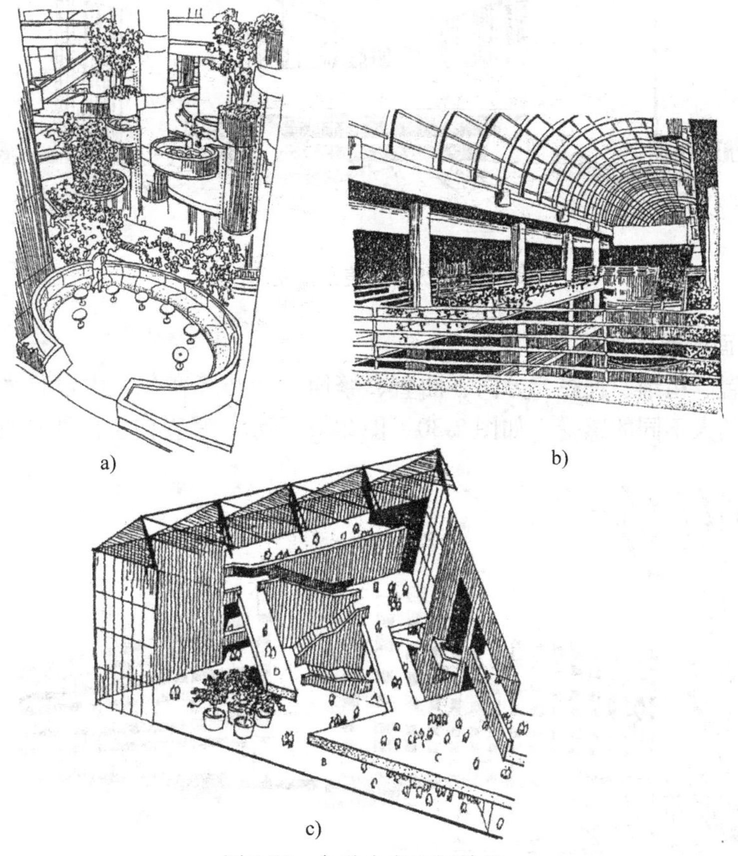

a)　b)　c)

图2-28　各种中庭空间效果

a）亚特兰大桃树中心广场　b）日本某旅馆中庭　c）美国国家美术馆东馆中央大厅

2.3　建筑立面设计和识图的基本知识

2.3.1　建筑立面设计的主要任务

建筑立面是由许多部件组成的，恰当地确定立面中这些组成部分和构件中的比例、尺度、韵律、对比等手法，设计出体型完整、形式与内容统一的建筑立面，是立面设计的主要任务。

2.3.2　建筑立面设计的主要方法

1. 建筑立面的比例尺度

尺度正确、比例谐调，是使立面完整统一的重要方面。

2. 建筑立面的虚实与凹凸

建筑立面的构成要素中，窗、空廊、凹进部分以及实体中的透空部分，常给人以通透感，可称为“虚”；墙、柱、栏板、屋顶等给人以厚重封闭的感觉，可称为“实”。如图2-29所示，建筑师在设计时就是以厚重的墙面（实）与入口处的玻璃（虚）产生强烈的虚实对比，来取得设计效果。

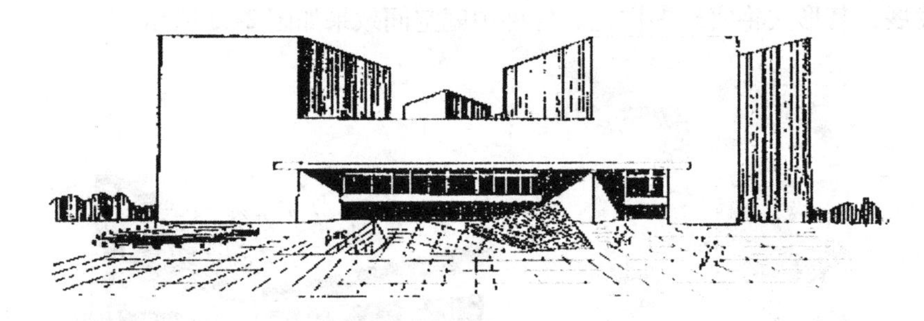

图2-29　某美术馆立面

3. 建筑立面的线条处理

线条有位置、粗细、长短、方向、曲直、繁简、凹凸等变化，由设计者主观上加以组织、调整，而给人不同的感受。如图2-30、图2-31所示，垂直向上的线条使建筑给人以挺

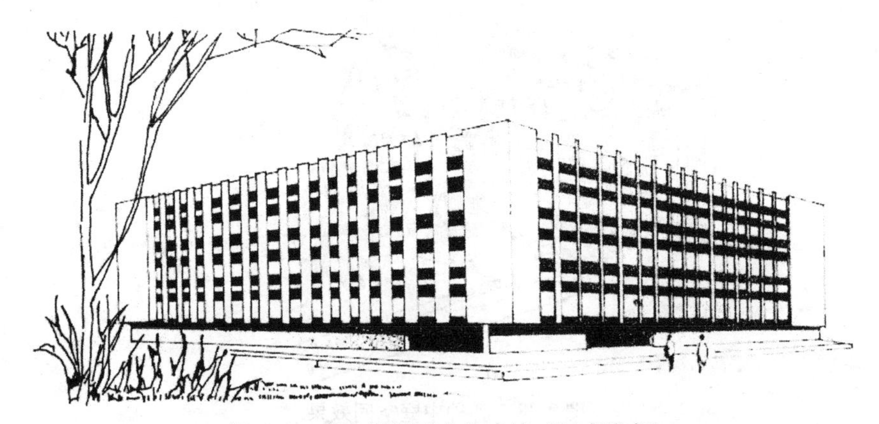

图2-30　某大学测试中心建筑（竖直线条）

拔向上的感觉，而横向线条使建筑给人以水平舒展的感觉，同时均衡的线条给人一种韵律美，而两者的交叉使用，又使建筑富于变化。

4. 建筑立面的色彩与质感

色彩与质感是材料固有特性。对一般建筑来说，由于其功能、结构、材料和社会经济条件限制，往往主要通过材料色彩的变化使其相互衬托与对比来增强建筑表现力。

图 2-31　某医院建筑（水平与垂直线条组合）

立面色彩处理时应注意以下问题：①色彩处理要注意统一与变化，并掌握好尺度。一般建筑外立面应有主色调，局部运用其他色调容易取得和谐效果。②色彩运用应符合建筑性格。③色彩运用要与环境有机结合，也就是说，既要与周围相邻建筑、环境气氛相谐调，又要适应各地的气候条件与文化背景。

材料的质感处理包括两个方面：一是利用材料本身的固有特性，如清水墙的粗糙表面、花岗石的坚硬、大理石的纹理、玻璃的光泽等；二是创造某种特殊质感，如仿石、仿砖、仿木纹等。

5. 重点与细部处理

由于建筑功能和造型的需要，建筑立面中有些部位需要重点处理，这种处理会加强建筑表现力，打破单调感。

建筑立面需要重点处理的部位有建筑物主要出入口、楼梯、形体转角及临街立面等。可采用高低大小、横竖、虚实凹凸、色彩质感等对比。

立面设计中对于体量较小，人们接近时能看得清的构件与部位的细部装饰等的处理称为细部处理。如漏窗、阳台、檐口、栏杆、雨篷等。这些部位虽不是重点处理部位，但由于其宜人的特定位置，也需要对细部进行设计，否则将使建筑产生粗糙不精细之感，而破坏建筑整体形象。立面中细部处理主要指运用材料色泽、纹理、质感等自身特性来体现出艺术效果。

2.3.3　建筑立面图的识读

1. 建筑立面图的形成

在与建筑物立面平行的投影面上所作的正投影图，称为建筑立面图。

2. 建筑立面图的用途

建筑立面图主要用于表示建筑物的体形和外貌，表示立面各部分配件的形状及相互关系；表示立面装饰要求及构造做法等。

3. 建筑立面图的命名与数量

1）对于有定位轴线的建筑物，宜根据两端的定位轴线号编注立面图名称，如①～⑨轴立面图等。

2）对于无定位轴线的建筑物，可按平面图各面的朝向确定名称，如南立面图等。

3）平面形状曲折的建筑物，可绘制展开立面图。圆形或多边形平面的建筑物，可分段展开绘制立面图，但均应在图名后加注“展开”二字。

立面图的数量是根据房屋各立面的形状和墙面的装修要求决定的。

4. 建筑立面图的内容与阅读方法

1）看图名、比例。

2）看房屋立面的外形、门窗、檐口、阳台、台阶等形状及位置。

3）看立面图中的标高尺寸。立面图中应标注必要的尺寸和标高。注写的标高尺寸部位有室内外地坪、檐口、屋脊、女儿墙、雨篷、门窗、台阶等处的标高。

4）看房屋外墙表面装修的做法和分格线等。

建筑正立面图如图 2-32 所示。

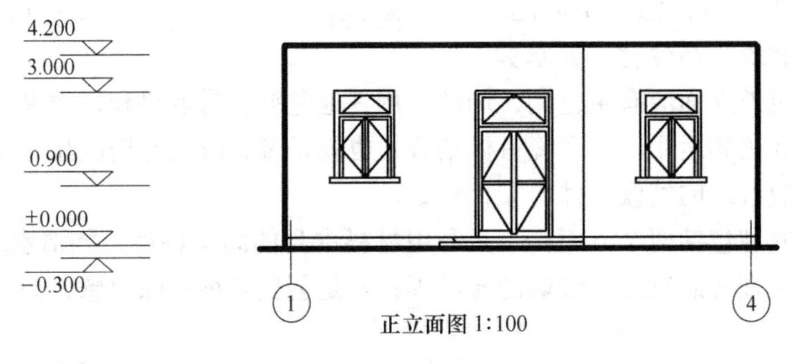

图 2-32　建筑正立面图

2.4　建筑剖面设计和识图的基本知识

建筑是三维的空间，所以仅有平面设计是不够的，还需从建筑的剖面去反映另一维的尺度问题。

2.4.1　建筑剖面设计的任务

1）分析建筑物的各部分高度和剖面形式。

2）确定建筑的层数。

3）分析建筑空间的组合和利用。

4）分析建筑剖面中结构和构造的关系。

2.4.2　房间的高度和确定因素

层高是指该楼地面到上一层楼面之间的垂直距离。它是国家对各类建筑房间高度的控制指标。建筑层高应结合建筑使用功能、工艺要求和技术经济条件综合确定，并符合专用建筑设计规范的要求。

净高是指楼地面到楼板或板下凸出物的底面的垂直距离。它是供人们直接使用的有效高度，它根据室内家具设备、人体活动、采光通风、结构类型、照明、技术条件及室内空间比例等要求综合确定。

1. 人体活动及家具设备的要求

人体活动要求：房间净高应不低于 2.20m。卧室净高常取 2.8 ~ 3.0m，但不应小于 2.4m。教室净高一般常取 3.30 ~ 3.60m。商店营业厅底层层高常取 4.2 ~ 6.0m，二层层高常取 3.6 ~ 5.1m 左右。

家具设备的影响：

1）学生宿舍通常设有双人床，层高不宜小于 3.25m。

2）演播室顶棚下装有若干灯具，为避免眩光，演播室的净高不应小于 4.5m。

2. 采光、通风要求

1）进深越大，要求窗户上沿的位置越高，即相应房间的净高也要高一些。

2）当房间采用单侧采光时，通常窗户上沿离地的高度，应大于房间进深长度的一半；当房间允许两侧开窗时，房间的净高不小于总深度的 1/4。

3）用房间内墙上开设高窗，或在门上设置亮子等，改善室内的通风条件。

4）公共建筑应考虑房间正常的气容量，中小学教室每个学生气容量为 3 ~ 5m^3/人，电影院为 4 ~ 5m^3/人。根据房间的容纳人数、面积大小及气容量标准，可以确定出符合卫生要求的房间净高。

3. 结构高度及其布置方式的影响

1）在满足房间净高要求的前提下，其层高尺寸随结构层的高度而变化。结构层愈高，则层高愈大；结构层高度小，则层高相应也小。

2）坡屋顶建筑的屋顶空间高，不做吊顶时可充分利用屋顶空间，房间高度可较平屋顶建筑低。

4. 建筑经济效果

1）在满足使用要求和卫生要求的前提下，适当降低层高可相应减小房屋的间距，节约用地、减轻房屋自重，节约材料。

2）从节约能源出发，层高也宜适当降低。

5. 室内空间比例

1）房间比例应给人以适宜的空间感觉。

2）不同的比例尺度往往得出不同的心理效果。

3）处理空间比例时，可以借助一些手法来获得满意的空间效果。

6. 处理空间比例常用手法

1）利用窗户的不同处理来调节空间的比例感。

2）运用以低衬高的对比手法，将次要房间的顶棚降低，从而使主要空间显得更加高大，次要空间感到亲切宜人。

2.4.3　建筑剖面图的识读

1. 建筑剖面图的形成

用一假想的垂直剖切面将房屋剖开，移去观察者与剖切平面之间的房屋部分，作出剩余部分的房屋的正投影图，称为建筑剖面图。

2. 用途

建筑剖面图主要表示房屋的内部结构、分层情况、各层高度、楼面和地面的构造以及各配件在垂直方向上的相互关系等内容。在施工中，可作为进行分层、砌筑内墙、铺设楼板、屋面板和内装修等工作的依据，是与平、立面图相互配合的不可缺少的重要图样之一。

3. 建筑剖面图的剖切位置及数量

应根据图样的用途或设计深度，在平面图上选择能反映全貌、构造特征以及有代表性的部位剖切。通常选在通过楼梯间、门窗洞口等部位。可以横向剖切，也可纵向剖切，一般多为横向剖切。

在一般规模不大的工程中，房屋的剖面图通常只有一个。当工程规模较大或平面形状较复杂时，则要根据实际需要确定剖面图的数量，也可能是两个或几个。

4. 建筑剖面图的内容及阅读方法

(1) 看图名、比例　根据图名与底层平面图对照，确定剖切平面的位置及投影方向。

(2) 看房屋内部的构造、结构形式和所用建筑材料等内容

(3) 看房屋各部位竖向尺寸

1) 高度尺寸应标出房屋墙身垂直方向分段尺寸，如门窗洞口、窗间墙等的高度尺寸。

2) 标高尺寸主要是注出室内外地面、各层楼面、阳台、楼梯平台、檐口、屋脊、女儿墙、雨篷、门窗、台阶等处的标高。

(4) 看楼地面、屋面的构造

建筑剖面图如图2-33所示。

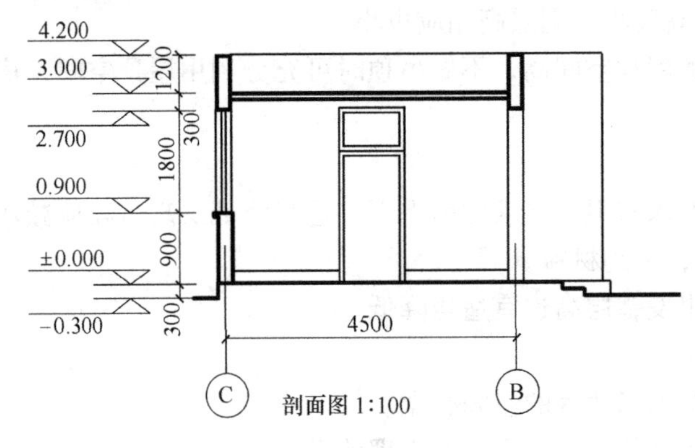

图2-33　建筑剖面图

思　考　题

2-1　什么是建筑？它包括哪些内容？

2-2　建筑的分类有哪几种？

2-3　为什么说建筑具有技术和艺术双重性？

2-4　什么是建筑功能？

2-5　建筑设计必须注意解决好哪些问题？

建筑构造基础知识

学习目标

通过本章学习，了解建筑设计与建筑构造的关系、园林建筑构造基本知识，掌握地基与基础、墙与隔墙、楼地层、楼梯、屋顶的基础知识。

3.1 概述

3.1.1 建筑设计与建筑构造的关系

1. 建筑设计

建筑设计是指建筑物在建造之前，设计者按照建设任务，把施工过程和使用过程中所存在的或可能发生的问题，事先作好设想，拟定好解决这些问题的办法、方案，用图样和文件表达出来。建筑设计作为备料、施工组织工作和各工种在制作、建造工作中互相配合协作的共同依据，使得整个工程得以在预定的投资限额范围内，按照周密考虑的预定方案，统一步调、顺利进行，并使建成的建筑物充分满足使用者和社会所期望的各种要求。

在古代，建筑设计和建筑施工并没有很明确的界限，施工的组织者和指挥者往往也就是设计者。在欧洲，由于以石料作为建筑物的主要材料，这两种工作通常由石匠头来承担；在中国，由于建筑以木结构为主，这两种工作通常由木匠头来承担。他们根据建筑物主人的要求，按照师徒相传的成规，加上自己一定的创造性，营造建筑并积累了建筑文化。

在近代，建筑设计和建筑施工分离开来，各自成为专门学科。在西方，从文艺复兴时期开始萌芽，到产业革命时期才逐渐成熟；在中国，则是清代后期在外来的影响下逐步形成的。

随着社会的发展和科学技术的进步，建筑包含的内容、要解决的问题越来越复杂，涉及的相关学科越来越多，材料上、技术上的变化也越来越迅速，单纯依靠师徒相传、经验积累的方式，已不能适应这种客观现实；加上建筑物往往要在很短时期内竣工使用，难以由匠师一身二任，客观上需要更为细致的社会分工，这就促使建筑设计逐渐形成专业，成为一门独立的分支学科。

广义的建筑设计是指设计一个建筑物或建筑群所要做的全部工作。由于科学技术的发展，在建筑上利用各种科学技术的成果越来越深入，设计工作常涉及建筑学、结构学以及给水、排水、供暖、空气调节、电气、煤气、消防、防火、自动化控制管理、建筑声学、建筑光学、建筑热工学、工程估算、园林绿化等方面的知识，需要各种科学技术人员的密切协作。

通常所说的建筑设计是指“建筑学”范围内的工作。它所要解决的问题，包括建筑物内部各种使用功能和使用空间的合理安排，建筑物与周围环境、与各种外部条件的协调配合，内部和外表的艺术效果，各个细部的构造方式，建筑与结构、建筑与各种设备等相关技术的综合协调，以及如何以更少的材料、更少的劳动力、更少的投资、更少的时间来实现上述各种要求。其最终目的是使建筑物做到适用、经济、坚固、美观。

以建筑学作为专业，擅长建筑设计的专家称为建筑师。建筑师除了精通建筑学专业，做好本专业工作之外，还要善于综合各种有关专业提出的要求，正确地解决建筑设计与各个技术工种之间的矛盾。

建筑师在进行建筑设计时面临的矛盾有：内容和形式之间的矛盾；需要和可能之间的矛盾；投资者、使用者、施工制作、城市规划等方面和设计之间，以及它们彼此之间由于对建筑物考虑角度不同而产生的矛盾；建筑物单体和群体之间、内部和外部之间的矛盾；各个技术工种之间在技术要求上的矛盾；建筑的适用、经济、坚固、美观这几个基本要素本身之间的矛盾；建筑物内部各种不同使用功能之间的矛盾；建筑物局部和整体、这一局部和那一局部之间的矛盾等。这些矛盾构成非常错综复杂的局面，而且每个工程中各种矛盾的构成又各有其特殊性。

所以说，建筑设计工作的核心，就是要寻找解决上述各种矛盾的最佳方案。通过长期的实践，建筑设计者创造、积累了一整套科学的方法和手段，可以用图样、建筑模型或其他手段将设计意图确切地表达出来，充分暴露隐藏的矛盾，从而发观问题，同有关专业技术人员交换意见，使矛盾得到解决。此外，为了寻求最佳的设计方案，还需要提出多种方案进行比较。方案比较是建筑设计中常用的方法。从整体到每一个细节，对待每一个问题，设计者一般都要设想几个解决方案，进行一连串的反复推敲和比较。即使问题得到初步解决，也要不断设想有无更好的解决方式，使设计方案臻于完善。

总之，建筑设计是一种需要有预见性的工作，要预见到拟建建筑物存在的和可能发生的各种问题。这种预见，往往是随着设计过程的进展而逐步清晰、逐步深化的。

为了使建筑设计顺利进行、少走弯路、少出差错、取得良好的成果，在众多矛盾和问题中，先考虑什么、后考虑什么，大体上要有个程序。根据长期实践得出的经验，设计工作的着重点，常是从宏观到微观、从整体到局部、从大处到细节、从功能体型到具体构造，步步深入。

为此，设计工作的全过程分为几个工作阶段：搜集资料、初步方案、初步设计、技术设计、施工图和详图等。

设计者在设计之前，首先要了解并掌握各种有关的外部条件和客观情况：自然条件，包括地形、气候、地质、自然环境等；城市规划对建筑物的要求，包括用地范围的建筑红线、建筑物高度和密度的控制等；城市的人为环境，包括交通、供水、排水、供电、供燃气、通信等各种条件和情况；使用者对拟建建筑物的要求，特别是对建筑物所应具备的各项使用内容的要求；对工程经济估算依据和所能提供的资金、材料施工技术和装备等；以及可能影响工程的其他客观因素。这个工作阶段，通常称为搜集资料阶段。

在搜集资料阶段，设计者也常协助建设者做一些应由咨询单位做的工作，诸如确定计划任务书，进行一些可行性研究，提出地形测量和工程勘察的要求，以及落实某些建设条件等。

设计者在对建筑物主要内容的安排有个大概的布局设想以后，首先要考虑和处理建筑物

与城市规划的关系，其中包括建筑物和周围环境的关系，建筑物对城市交通或城市其他功能的关系等。这个工作阶段，通常称为初步方案阶段。

通过这一阶段的工作，建筑师可以同使用者和规划部门充分交换意见，最后使自己所设计的建筑物取得规划部门的同意，成为城市有机整体的组成部分。对于不太复杂的工程，这一阶段可以省略，把有关的工作并入初步设计阶段。

初步设计阶段是设计过程中的一个关键性阶段，也是整个设计构思基本成型的阶段。初步设计中首先要考虑建筑物内部各种使用功能的合理布置，要根据不同的性质和用途合理安排、各得其所。这不仅出于功能上的考虑，同时也要从艺术效果的角度来设计。

当考虑上述布局时，另一个重要的问题是建筑物各部分相互间的交通联系。交通贵在便捷，要尽可能缩短交通路线的长度，这不仅可以节省通道面积，收到经济效益，而且可使房屋内部使用者来往方便，省时、省力。

由于人们在建筑物内是循着交通路线往来的，建筑的艺术形象又是循着交通路线逐一展现的，所以交通路线的巧妙设计还影响人们对建筑物的艺术观感。

与使用功能布局同时考虑的，还有不同大小、不同高低空间的合理安排问题。这不只是为了节省面积、节省体积，也是为了内部空间取得良好的艺术效果。考虑艺术效果，通常不仅要与使用相结合，而且还应该与结构的合理性相统一。

至于建筑物形式，常是上述许多内容安排的合乎逻辑的结果，虽然有它本身的美学法则，但应与建筑物内容形成一个有机的统一体。脱离内容的外形美，是经不起时间考验的；而扎根于建筑物内在因素的外形美，即内在美、内在哲理的自然表露，才是经得起时间考验的美。

技术设计的内容包括整个建筑物和各个局部的具体做法，各部分确切的尺寸关系，内外装修的设计，结构方案的计算和具体内容，各种构造和用料的确定，各种设备系统的设计和计算，各技术工种之间各种矛盾的合理解决，设计预算的编制等。

这些工作都是在有关各技术工种共同商议之下进行的，并应相互认可。技术设计的着眼点，除体现初步设计的整体意图外，还要考虑施工的方便易行，以比较省事、省时、省钱的办法求取最好的使用效果和艺术效果。对于不太复杂的工程，技术设计阶段可以省略，把这个阶段的一部分工作纳入初步设计阶段，另一部分工作则留待施工图设计阶段进行。

施工图和详图主要是通过图样把设计者的意图和全部的设计结果表达出来，作为工人施工制作的依据。这个阶段是设计工作和施工工作的桥梁。施工图和详图不仅要解决各个细部的构造方式和具体做法，还要从艺术上处理细部与整体的相互关系。其包括思路上、逻辑上的统一性，造型上、风格上、比例和尺度上的协调等，细部设计的水平常在很大程度上影响整个建筑的艺术水平。

对每一个具体建筑物来说，上述各种因素的组合和构成，又是各不相同的。如果设计者能够虚心体察客观实际，综合各种条件，善于利用其有利方面，避免其不利方面，那么所设计的每一个建筑物不仅能取得最好的效果，而且会显示出各自的特色，每个地方也会形成各自特色的建筑风格，避免千篇一律。

当前，计算机的利用越来越广泛深入，计算机辅助建筑设计正在促使建筑设计这门科学技术开始向新的领域发展。建筑设计的“方法论”已成为一门新学科。这就是研究建筑设计中错综复杂的各种矛盾和问题的规律，研究它们之间的逻辑关系和程序关系，从而建立某种数学模式或图像模式，利用计算机，帮助设计者省时省力地解决极为复杂的问题，并替代人力，完成设计工作中繁重的计算工作和绘图工作。这个新的动向目前虽处于开始阶段，但它的发展必将为建筑设计工作开辟崭新的境界。

2. 建筑构造

建筑构造是指研究建筑物的构成、各组成部分的组合原理和构造方法的学科。其主要任务是根据建筑物的使用功能、技术经济和艺术造型要求提供合理的构造方案，作为建筑设计的依据。

我国先秦典籍《考工记》对当时营造宫室的屋顶、墙、基础和门窗的构造已有记述。唐代的《大唐六典》，宋代的《木经》和《营造法式》，明代的《鲁班经》和清代的清工部《工程做法》等，都有关于建筑构造方面的内容。公元前 1 世纪罗马维特鲁威所著《建筑十书》，文艺复兴时期的《建筑四论》和《五种柱式规范》等著作均有对当时建筑结构体系和构造的记述。19 世纪，由于科学技术的进步，促使建筑材料、建筑结构、建筑施工和建筑物理等学科成长，建筑构造学科也得到了充实和发展。

建筑构造研究内容：在进行建筑设计时，不但要解决空间的划分和组合、外观造型等问题，而且还必须考虑建筑构造上的可行性。为此，就要研究能否满足建筑物各组成部分的使用功能；在构造设计中综合考虑结构选型、材料的选用、施工的方法、构配件的制造工艺，以及技术经济、艺术处理等问题。

建筑结构体系：建筑结构是构成建筑物并为使用功能提供空间环境的支承体，承担着建筑物的重力、风力、撞击、振动等作用下所产生的各种荷载；同时又是影响建筑构造、建筑经济和建筑整体造型的基本因素。为此，就要研究：建筑物的结构体系和构造形式的选择；影响建筑刚度、强度、稳定性和耐久性的因素；结构与各组成部分的构造关系等。建筑结构体系的类型，基本可分为：木结构建筑、砖混结构建筑和骨架结构建筑（以上为传统结构体系建筑），装配式建筑和工具式模板建筑（以上为现代工业化施工的结构体系建筑），筒体结构建筑、悬挂结构建筑、薄膜建筑和大跨度结构建筑（以上为特种结构体系建筑）等。

建筑部件：对于建筑物来说，屋顶、墙和楼板层等都是构成建筑使用空间的主要组成部件，它们既是建筑物的承重构件，又都是建筑物的围护构件。它们的功能是用来抵御和防止风、雨、雪、冻、地下水、太阳辐射、气温变化、噪声以及内部空间相互干扰等影响，为提供良好的空间环境创造条件。

建筑配件：按照建筑功能需要而设置的构件和设施，包括楼梯、台阶、阳台、雨篷、栏杆、隔断、门、窗、天窗和房屋管道配件等。建筑配件除满足使用功能要求外，均有艺术造型方面的要求，在习惯上把中国古代属于小木作范围的，如门、窗、栏杆、隔断、固定家具以及顶棚、地面、墙面等构件归入建筑装修。单纯为了满足视觉要求而进行艺术加工的则归入建筑装饰。建筑装修和装饰同建筑的艺术表现和使用功能有密切关系。为此，就要研究构配件的功能、造型、尺度、质感、色彩以及照度等有关问题。

建筑防护：为了防止建筑物在使用过程中受到各种人为因素和自然因素的影响或破坏，须研究如建筑防火、建筑防震、建筑防爆、建筑防尘、建筑防腐蚀、建筑辐射防护、建筑屏蔽、地下室防水、外墙板接缝防水以及变形缝等，并采取安全措施。

设计的过程：建筑构造是为建筑设计提供可靠的技术保证。现代化的建筑工程如果没有技术依据，所作的设计只能是纸上的方案，没有实用价值可言。建筑构造作为建筑技术，自始至终贯穿于建筑设计的全过程，即方案设计、初步设计、技术设计和施工详图设计等每个步骤。在方案设计和初步设计阶段，首先应根据该工程的社会、经济、文化传统、技术条件

等环境来选择合宜的结构体系，使所设计的建筑空间和外部造型具有可行性和现实性；在技术设计阶段，还要进一步落实设计方案的具体技术问题，并对结构和给水排水、供暖、供电、空调设备等工程项目进行统一规划，协调各工程项目之间的交叉矛盾。施工详图设计阶段是技术设计的深化，处理局部与整体之间的关系，并为工程的实施提供制作和安装的具体技术条件。

随着建筑业的发展，多层建筑、高层建筑、大跨度建筑以及各种特殊建筑都在构造上不断提出新的研究项目。例如建筑工业化的发展，对构配件提出既要标准化，又要高度灵活性的要求；为节约能源而出现的太阳能建筑、地下建筑等，提出太阳能利用和深层防水、导光、通风等技术和构造上的问题；核电站建筑提出有关防止核扩散和核污染的建筑技术和构造的问题；为了在室内创造自然环境而出现的“四季厅”、有遮盖的运动场，提出大面积顶部覆盖的技术和构造的有关问题等，都有待于深入研究。

3.1.2　园林建筑构造基本知识

园林建筑作为民用建筑的一种，通常是由基础、墙体（或柱）、楼板层（或楼地层）、楼梯、屋顶、门窗六个主要部分所组成，如图 3-1 所示。房屋的各组成部分在不同的部位发挥着不同的作用，因而其设计要求也各不相同。

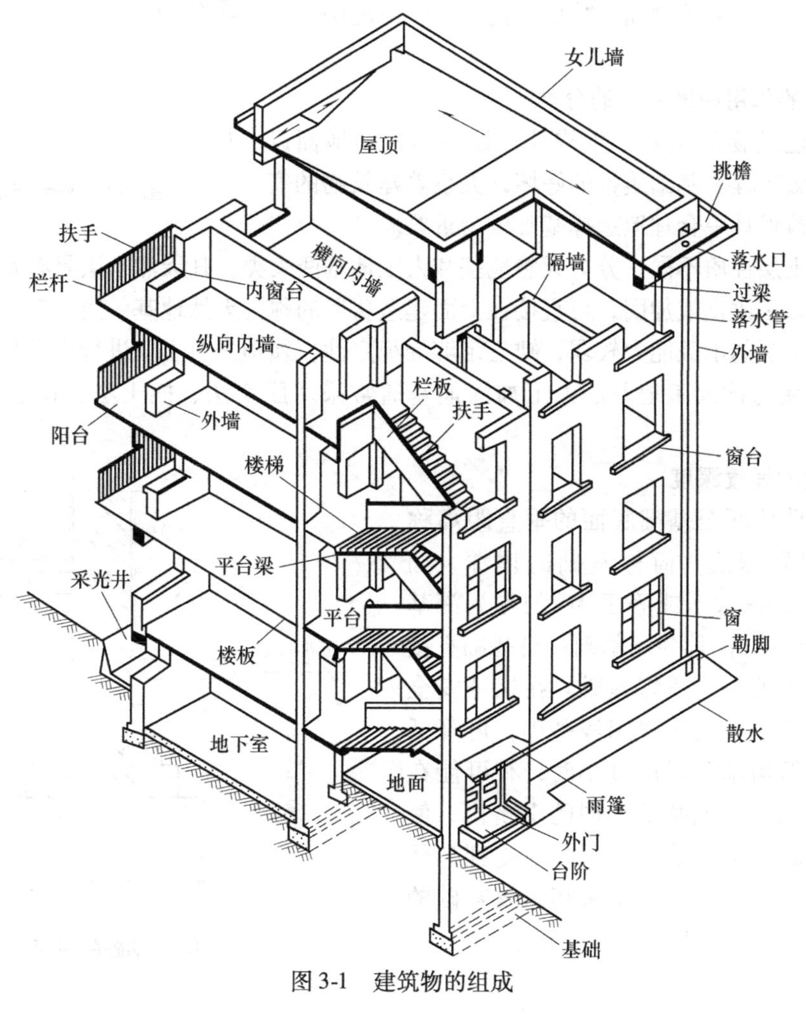

图 3-1　建筑物的组成

房屋除了上述几个主要组成部分之外，对不同使用功能的建筑，还有一些附属的构件和配件，如阳台、雨篷、台阶、散水、勒脚、通风道等。这些构配件也可以称为建筑的次要组成部分。

3.2　地基与基础

3.2.1　地基与基础的基本概念

在建筑工程中，建筑物与土层直接接触的部分称为基础，支承建筑物重量的土层称为地基，如图3-2所示。基础是建筑物的组成部分，它承受着建筑物的全部荷载，并将其传给地基。而地基则不是建筑物的组成部分，它只是承受建筑物荷载的土壤层。其中，具有一定的地耐力，直接支承基础，持有一定承载能力的土层称为持力层；持力层以下的土层称为下卧层。地基土层在荷载作用下产生的变形，随着土层深度的增加而减少，到了一定深度则可忽略不计。

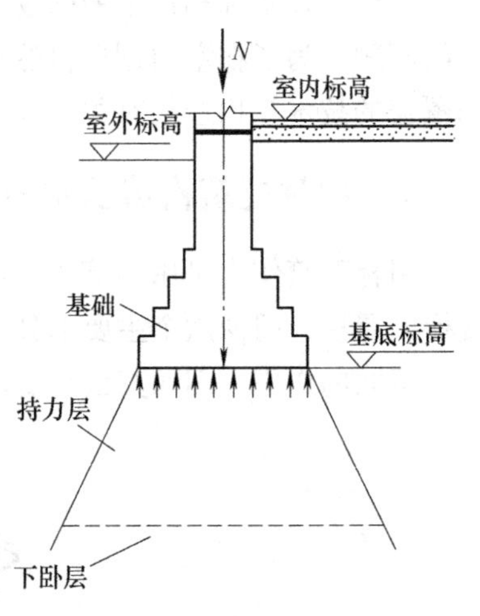

图3-2　基础与地基

1. 基础的作用和地基土的分类

基础是建筑物的主要承重构件，处在建筑物地面以下，属于隐蔽工程。基础质量的好坏，关系着建筑物的安全问题。建筑设计中合理地选择基础极为重要。

地基按土层性质不同，分为天然地基和人工地基两大类。凡天然土层具有足够的承载能力，不须经人工改良或加固，可直接在上面建造房屋的称为天然地基。当建筑物上部的荷载较大或地基土层的承载能力较弱，缺乏足够的稳定性，须预先对土壤进行人工加固后才能在上面建造房屋的称人工地基。人工加固地基通常采用压实法、换土法、化学加固法和打桩法。

2. 基础的埋置深度

室外设计地面至基础底面的垂直距离称为基础的埋置深度，简称基础的埋深，如图3-3所示。埋深大于或等于4m的称为深基础；埋深小于4m的称为浅基础；当基础直接做在地表面上的称为不埋基础。在保证安全使用的前提下，应优先选用浅基础，可降低工程造价。但当基础埋深过小时，有可能在地基受到压力后，把基础四周的土挤出，使基础产生滑移而失去稳定，同时易受到自然因素的侵蚀和影响，使基础破坏，故基础的埋深在一般情况下，不要小于0.5m。

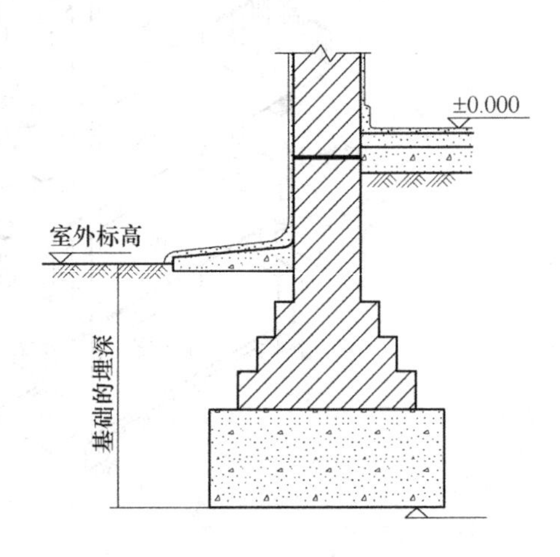

图3-3　基础的埋深

3. 影响基础埋深的因素

（1）建筑物上部荷载的大小和性质　多层建筑一般根据地下水位及冻土深度等来确定埋深尺寸。一般高层建筑的基础埋置深度为地面以上建筑物总高度的1/10。

（2）工程地质条件　基础底面应尽量选在常年未经扰动而且坚实平坦的土层或岩石上，俗称“老土层”。

（3）水文地质条件　确定地下水的常年水位和最高水位，以便选择基础的埋深。一般宜将基础落在地下常年水位和最高水位之上，这样可不需进行特殊防水处理，节省造价，还可防止或减轻地基土层的冻胀。

（4）地基土壤冻胀深度　应根据当地的气候条件了解土层的冻结深度，一般将基础的垫层部分做在土层冻结深度以下。否则，冬天土层的冻胀力会把房屋拱起，产生变形；天气转暖，冻土解冻时又会产生陷落。

（5）相邻建筑物基础的影响　新建建筑物的基础埋深不宜深于相邻的原有建筑物的基础；但当新建基础深于原有基础时，则要采取一定的措施加以处理，以保证原有建筑的安全和正常使用。

3.2.2　常用的刚性基础

1. 刚性基础

由刚性材料制作的基础称为刚性基础。刚性材料一般指抗压强度高，而抗拉、抗剪强度较低的材料。常用的刚性材料有砖、灰土、混凝土、三合土、毛石等。为满足地基容许承载力的要求，基底宽 B 一般大于上部墙宽，为了保证基础不被拉力、剪力而破坏，基础必须具有相应的高度。通常按刚性材料的受力状况，基础在传力时只能在材料的允许范围内控制，这个控制范围的夹角称为刚性角，用 α 表示。砖、石基础的刚性角控制在(1：1.25)~(1：1.50)（26°~33°）以内，混凝土基础刚性角控制在1：1（45°）以内。刚性基础的受力、传力特点如图3-4所示。

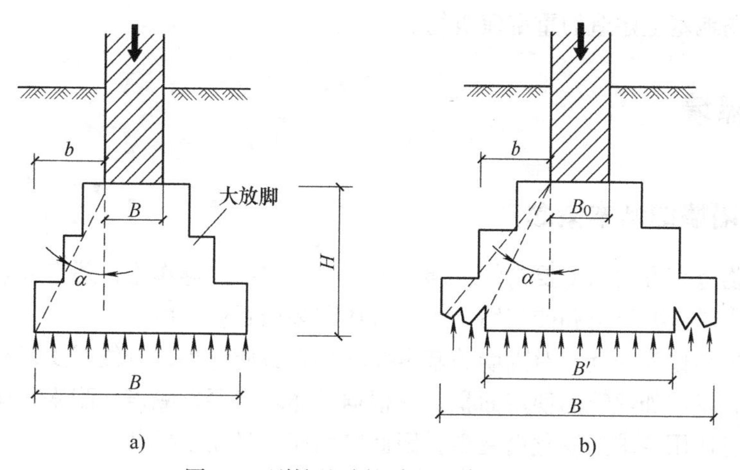

图3-4　刚性基础的受力、传力特点

a）基础在刚性角范围内传力　b）基底宽超过刚性角范围而破坏

2. 非刚性基础

当建筑物的荷载较大而地基承载能力较小时，基底宽 B 必须加宽，如果仍采用混凝土材料做基础，势必加大基础的深度，这样很不经济。如果在混凝土基础的底部配以钢筋，利用钢筋来承受拉应力，使基础底部能够承受较大的弯矩，这时，基础宽度不受刚性角的限制，故称钢筋混凝土基础为非刚性基础或柔性基础。

3.2.3　基础按构造形式分类

1. 条形基础

当建筑物上部结构采用墙承重时，基础沿墙身设置，多做成长条形，这类基础称为条形基础或带形基础，是墙承式建筑基础的基本形式。

2. 独立式基础

当建筑物上部结构采用框架结构或单层排架结构承重时，基础常采用方形或矩形的独立式基础，这类基础称为独立式基础或柱式基础。独立式基础是柱下基础的基本形式。

当柱采用预制构件时，则基础做成杯口形，然后将柱子插入并嵌固在杯口内，故称为杯形基础。

3. 井格式基础

当地基条件较差，为了提高建筑物的整体性，防止柱子之间产生不均匀沉降，常将柱下基础沿纵、横两个方向扩展连接起来，做成十字交叉的井格基础。

4. 片筏式基础

当建筑物上部荷载大，而地基又较弱，这时采用简单的条形基础或井格基础已不能适应地基变形的需要，通常将墙或柱下基础连成一片，使建筑物的荷载承受在一块整板上成为片筏基础。片筏基础分为板式和梁板式两种。

5. 箱形基础

当板式基础做得很深时，常将基础改做成箱形基础。箱形基础是由钢筋混凝土底板、顶板和若干纵、横隔墙组成的整体结构，基础的中空部分可用作地下室（单层或多层的）或地下停车库。箱形基础整体空间刚度大，整体性强，能抵抗地基的不均匀沉降，较适用于高层建筑或在软弱地基上建造的重型建筑物。

3.3　墙与隔墙

3.3.1　墙与隔墙的基本概念

墙是建筑物竖直方向的主要构件，起分隔、围护和承重等作用，还有隔热、保温、隔声等功能。中国古代主要以土和砖筑墙，欧洲古代则多用石料筑墙。

不承重的内墙称为隔墙。对隔墙的基本要求是自身质量小，以便减少对地板和楼板层的荷载，厚度薄，以增加建筑的使用面积；并根据具体环境要求隔声、耐水、耐火等。考虑到房间的分隔随着使用要求的变化而变更，因此隔墙应尽量便于拆装。

3.3.2　墙体的类型及设计要求

1. 墙体的类型

(1) 按墙体所在位置分类　按墙体在平面上所处位置不同，可分为外墙和内墙；纵墙

和横墙。对于一片墙来说，窗与窗之间和窗与门之间的称为窗间墙，窗台下面的墙称为窗下墙。墙体各部分名称如图 3-5 所示。

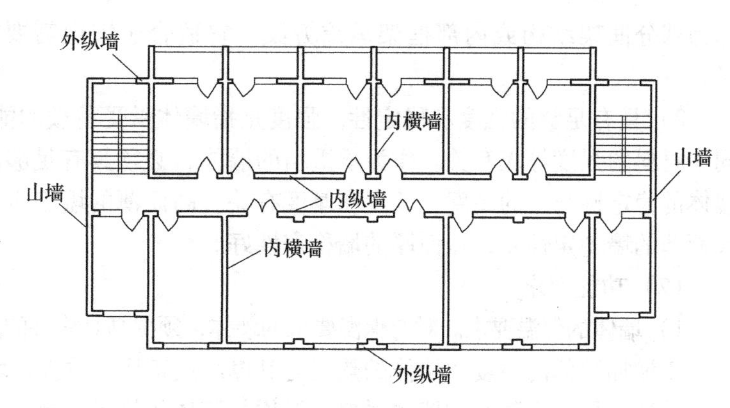

图 3-5　墙体各部分名称

（2）按墙体受力状况分类　在混合结构建筑中，按墙体受力方式分为两种：承重墙和非承重墙。非承重墙又可分为两种：一是自承重墙，不承受外来荷载，仅承受自身重量并将其传至基础；二是隔墙，起分隔房间的作用，不承受外来荷载，并把自身重量传给梁或楼板。框架结构中的墙称为框架填充墙。

（3）按构造方式和施工方式分类

1）按构造方式墙体可以分为实体墙、空体墙和组合墙三种。实体墙由单一材料组成，如砖墙、砌块墙等。空体墙也是由单一材料组成，可由单一材料砌成内部空腔，也可用具有孔洞的材料建造墙，如空斗砖墙、空心砌块墙等。组合墙由两种以上材料组合而成，例如混凝土、加气混凝土复合板材墙。其中混凝土起承重作用，加气混凝土起保温隔热作用。

2）按施工方法墙体可以分为块材墙、板筑墙及板材墙三种。块材墙是用砂浆等胶结材料将砖石块材等组砌而成，例如砖墙、石墙及各种砌块墙等。板筑墙是在现场立模板，现浇而成的墙体，例如现浇混凝土墙等。板材墙是预先制成墙板，施工时安装而成的墙，例如预制混凝土大板墙、各种轻质条板内隔墙等。

2. 墙体的设计要求

（1）结构要求　对以墙体承重为主的结构，常要求各层的承重墙上、下必须对齐；各层的门、窗洞孔也以上、下对齐为佳。此外，还需考虑以下两方面的要求。

1）合理选择墙体结构布置方案。

①横墙承重。凡以横墙承重的结构布置称为横墙承重方案或横向结构系统。这时，楼板、屋顶上的荷载均由横墙承受，纵向墙只起纵向稳定和拉结的作用。它的主要特点是横墙间距密，加上纵墙的拉结，使建筑物的整体性好、横向刚度大，对抵抗地震力等水平荷载有利。但横墙承重方案的开间尺寸不够灵活，适用于房间开间尺寸不大的宿舍、住宅及病房楼等小开间建筑。

②纵墙承重。凡以纵墙承重的结构布置称为纵墙承重方案或纵向结构系统。这时，楼板、屋顶上的荷载均由纵墙承受，横墙只起分隔房间的作用，有的起横向稳定作用。纵墙承重可使房间开间的划分灵活，多适用于需要较大房间的办公楼、商店、教学楼等公共建筑。

③纵横墙承重。凡由纵向墙和横向墙共同承受楼板、屋顶荷载的结构布置称为纵横墙（混合）承重方案。该方案房间布置较灵活，建筑物的刚度也较好。混合承重方案多用于开间、进深尺寸较大且房间类型较多的建筑和平面复杂的建筑中，如教学楼、住宅等建筑。

④部分框架承重。在结构设计中，有时采用墙体和钢筋混凝土梁、柱组成的框架共同承受楼板和屋顶的荷载，这时，梁的一端支承在柱上，而另一端则搁置在墙上，这种结构布置

称为部分框架结构或内部框架承重方案。它适合于室内需要较大使用空间的建筑，如商场等。

2）具有足够的强度和稳定性。强度是指墙体承受荷载的能力，它与所采用的材料以及同一材料的强度等级有关。作为承重墙的墙体，必须具有足够的强度，以确保结构的安全。墙体的稳定性与墙的高度、长度和厚度有关。高而薄的墙稳定性差，矮而厚的墙稳定性好；长而薄的墙稳定性差，短而厚的墙稳定性好。

（2）功能要求

1）墙体的保温要求。对有保温要求的墙体，须提高其构件的热阻，通常采取以下措施。

①增加墙体的厚度。墙体的热阻与其厚度成正比，欲提高墙身的热阻，可增加其厚度。

②选择导热系数小的墙体材料。要增加墙体的热阻，常选用导热系数小的保温材料，如泡沫混凝土、加气混凝土、陶粒混凝土、膨胀珍珠岩、膨胀蛭石、浮石及浮石混凝土、泡沫塑料、矿棉及玻璃棉等。其保温构造有单一材料的保温结构和复合保温结构之分。

③采取隔蒸汽措施。为防止墙体产生内部凝结，常在墙体的保温层靠高温一侧，即蒸汽渗入的一侧，设置一道隔蒸汽层。隔蒸汽材料一般采用沥青、卷材、隔汽涂料以及铝箔等防潮、防水材料。

2）墙体的隔热要求。

①外墙采用浅色而平滑的外饰面，如白色外墙涂料、玻璃马赛克、浅色墙地砖、金属外墙板等，以反射太阳光，减少墙体对太阳辐射的吸收。

②在外墙内部设通风间层，利用空气的流动带走热量，降低外墙内表面温度。

③在窗口外侧设置遮阳设施，以遮挡太阳光直射室内。

④在外墙外表面种植攀缘植物使之遮盖整个外墙，吸收太阳辐射热，从而起到隔热作用。

3）隔声要求。墙体主要隔离由空气直接传播的噪声，一般采取以下措施。

①加强墙体缝隙的填密处理。

②增加墙厚和墙体的密实性。

③采用有空气间层式多孔性材料的夹层墙。

④尽量利用垂直绿化降低噪声。

3.3.3　块材墙构造

1. 墙体材料

砖墙是用砂浆将一块块砖按一定技术要求砌筑而成的砌体，其材料是砖和砂浆。

（1）砖　砖按材料不同，有粘土砖、页岩砖、粉煤灰砖、灰砂砖、炉渣砖等；按形状分有实心砖、多孔砖和空心砖等。其中常用的是普通粘土砖。

普通粘土砖以粘土为主要原料，经成型、干燥焙烧而成。有红砖和青砖之分，青砖比红砖强度高，耐久性好。

我国标准砖的规格为240mm×115mm×53mm，砖长：宽：厚=4：2：1（包括10mm宽灰缝），标准砖砌筑墙体时是以砖宽度的倍数，即（115+10）mm=125mm为模数。这与我国现行《建筑模数协调统一标准》（GBJ2—1986）中的基本模数M=100mm不协调，因此在使用中，须注意标准砖的这一特征。

砖的强度以强度等级表示，分别为MU30、MU25、MU20、MU15、MU10五个级别。如

MU30 表示砖的极限抗压强度平均值为 30MPa，即每平方毫米可承受 30N 的压力。

（2）砌块　砌块是利用混凝土、工业废料（炉渣、粉煤灰等）或地方材料制成的人造块材，外形尺寸比砖大，具有设备简单、砌筑速度快的优点，符合了建筑工业化发展中墙体改革的要求。

砌块的种类主要有：普通混凝土与装饰混凝土小型空心砌块、轻集料混凝土小型空心砌块、粉煤灰小型空心砌块、蒸压加气混凝土砌块和石膏砌块。

（3）砂浆　砂浆是砌块的胶结材料。常用的砂浆有水泥砂浆、混合砂浆、石灰砂浆和粘土砂浆。

1）水泥砂浆由水泥、砂加水拌和而成，属于水硬性材料，强度高，但可塑性和保水性较差，适应砌筑湿环境下的砌体，如地下室、砖基础等。

2）石灰砂浆由石灰膏、砂加水拌和而成。由于石灰膏为塑性掺合料，所以石灰砂浆的可塑性很好，但它的强度较低，且属于气硬性材料，遇水强度即降低，所以适宜砌筑次要的民用建筑地上砌体。

3）混合砂浆由水泥、石灰膏、砂加水拌和而成。其既有较高的强度，也有良好的可塑性和保水性，故民用建筑地上砌体中被广泛采用。

4）粘土砂浆是由粘土加砂加水拌和而成，强度很低，仅适于土坯墙的砌筑，多用于乡村民居。它们的配合比取决于结构要求的强度。

2. 组砌方式

（1）砖墙　为了保证墙体的强度，砖砌体的砖缝必须横平竖直，错缝搭接，避免通缝。同时砖缝砂浆必须饱满，厚薄均匀。常用的错缝方法是将顶砖和顺砖上下皮交错砌筑。每排列一层砖称为一皮。常见的砖墙砌式有全顺式、一顺一丁式、三顺一丁式或多顺一丁式、每皮丁顺相间式（也叫十字式）、两平一侧式等，如图 3-6 所示。

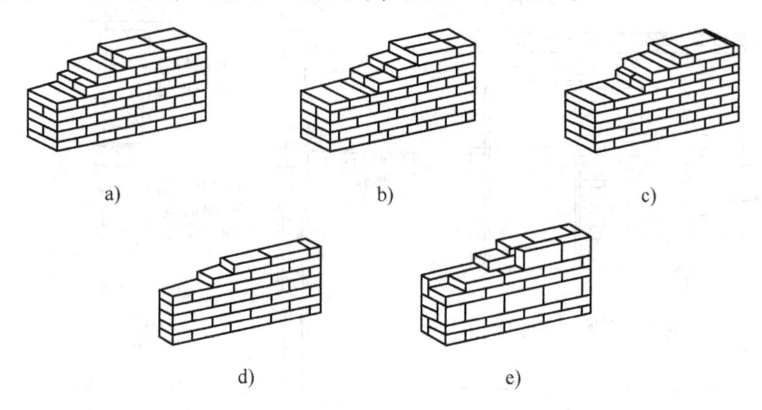

图 3-6　砖墙的组砌方式

a）一顺一丁式　b）多顺一丁式　c）十字式　d）全顺式　e）两平一侧式

（2）砌块墙　砌块在组砌中与砖墙不同的是，由于砌块规格较多、尺寸较大，为保证错缝以及砌体的整体性，应事先做排列设计，并在砌筑过程中采取加固措施。

砌块体积较砖大，对灰缝要求更高。一般砌块用 M5 级砂浆砌筑，灰缝为 15 ~ 20mm，为了在关键部位插钢筋灌注混凝土的需要，多孔的小型砌块一般错缝搭接后要求孔洞上下对齐。中型砌块则上下皮搭接长度不得小于 150mm。

3. 墙体尺度

确定墙体的尺度，除应满足结构和功能要求外，还必须符合块材自身的规格尺寸。

（1）墙厚　墙厚主要由块材和灰缝的尺寸组合而成。常用的实心砖规格（长×宽×厚）：240mm×115mm×53mm 砌筑砂浆的宽度和厚度一般为 8～12mm，通常按 10mm 计，砖缝又称为灰缝。

（2）砖墙洞口与墙段尺寸

1）洞口尺寸应按模数协调统一标准制定，这样可以减少门窗规格，有利于工厂化生产，提高工业化的程度。1000mm 以内的洞口尺度采用基本模数 100mm 的倍数，如 600mm、700mm、800mm、900mm、1000mm；大于 1000mm 的洞口尺度采用扩大模数 300mm 的倍数，如 1200mm、1500mm、1800mm 等。

2）墙段尺寸是指窗间墙、转角墙等部位墙体的长度。较短的墙段应尽量符合砖砌筑的模数，如 370mm、490mm、620mm、740mm、870mm 等，以避免砍砖及错缝搭接砌筑。

3.3.4　隔墙构造

隔墙是分隔建筑物内部空间的非承重构件，本身重量由楼板或梁来承担。设计要求隔墙自重轻，厚度薄，有隔声和防火性能，便于拆卸，浴室、厕所的隔墙能防潮、防水。常用隔墙有块材隔墙、轻骨架隔墙和板材隔墙三大类。

1. 块材隔墙

块材隔墙是用普通粘土砖、空心砖、加气混凝土等块材砌筑而成，常采用普通砖隔墙和砌块隔墙两种。

（1）普通砖隔墙（图3-7）　普通砖隔墙一般采用1/2砖（120mm）隔墙。1/2砖墙用

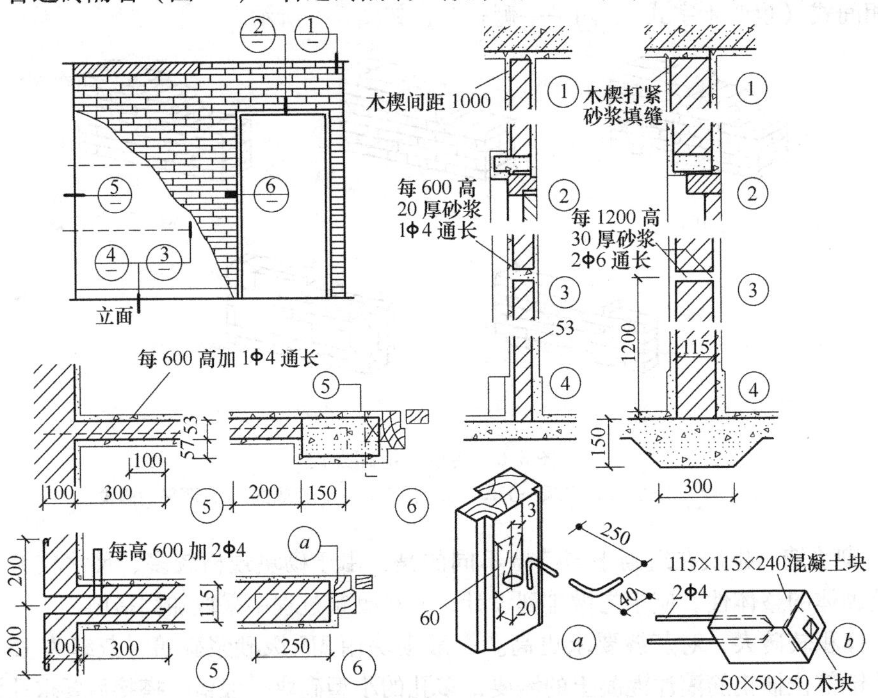

图3-7　普通砖隔墙构造图

普通粘土砖采用全顺式砌筑而成，砌筑砂浆强度等级不低于M5，砌筑较大面积墙体时，长度超过6m应设砖壁柱，高度超过5m时应在门过梁处设通长钢筋混凝土带。

为了保证砖隔墙不承重，在砖墙砌到楼板底或梁底时，将立砖斜砌一皮，或将空隙塞木楔打紧，然后用砂浆填缝。抗震设防烈度为8度和9度的地区，长度大于5.1m的后砌非承重砌体隔墙的墙顶，应与楼板或梁拉接。

（2）砌块隔墙（图3-8）　为减轻隔墙自重，可采用轻质砌块，墙厚一般为90～120mm。加固措施同1/2砖隔墙的做法。砌块不够整块时宜用普通粘土砖填补。因砌块孔隙率大、吸水量大，故在砌筑时先在墙下部实砌3～5皮实心粘土砖再砌砌块。

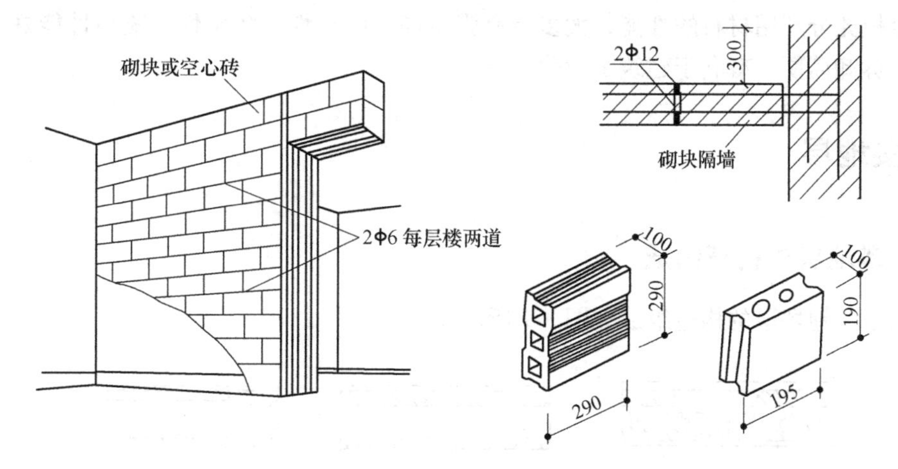

图3-8　砌块隔墙构造图

2. 轻骨架隔墙

轻骨架隔墙由骨架和面层两部分组成，骨架有木骨架和金属骨架之分，面板有板条抹灰、钢丝网板条抹灰、胶合板、纤维板、石膏板等。由于先立墙筋（骨架），再做面层，故又称为立筋式隔墙。

（1）骨架　常用的骨架有木骨架和型钢骨架。木骨架由上槛、下槛、墙筋、斜撑及横档组成。型钢骨架是由各种形式的薄壁型钢制成，其主要优点是强度高、刚度大、自重轻、整体性好、易于加工和大批量生产，还可根据需要拆卸和组装。近年来，为节约木材和钢材，出现了不少采用工业废料和地方材料以及轻金属制成的骨架。

（2）面层　轻骨架隔墙的面层有抹灰面层和人造板材面层。抹灰面层常用木骨架，即传统的板条抹灰隔墙。人造板材面层可用木骨架或轻钢骨架。隔墙的名称以面层材料而定。

3. 板材隔墙

板材隔墙是指各种轻质板材的高度相当于房间净高，不依赖骨架，可直接装配而成，目前多采用条板，如碳化石灰板、加气混凝土条板、多孔石膏条板、纸蜂窝板、水泥刨花板、复合板等。

（1）轻质条板隔墙　轻质条板隔墙种类主要有：玻纤增强水泥条板、钢丝增强水泥条板、增强石膏空心条板、轻骨料混凝土条板。其长度为2200～4000mm，常用2400～3000mm；宽度常用600mm，以100mm递增，厚度最小为60mm，常用60mm、90mm、120mm。

（2）蒸压加气混凝土板隔墙　蒸压加气混凝土板是由水泥、石灰、砂、矿渣等加发泡剂（铝粉）经原料处理、配料浇注、切割、蒸压养护工序制成。其用于外墙、内墙和屋面。其自重较轻，可锯、可刨、可钉、施工简单，防火性能好（耐火极限与板厚有关：厚度为75mm的板，耐火极限为2h；厚度为100mm的板，耐火极限为3h；厚度为150mm的板，耐火极限为4h），由于板内的气孔是闭合的，能有效抵抗雨水的渗透。但不宜用于具有高温、高湿或有化学有害空气介质的建筑中。

（3）复合板材隔墙　用几种材料制成的多层板为复合板。复合板的面层有石棉水泥板、石膏板、铝板、树脂板、硬质纤维板、压型钢板等。夹心材料可用矿棉、木质纤维、泡沫塑料和蜂窝状材料等。

复合板充分利用材料的性能，大多具有强度高，耐火性、防水性、隔声性能好的优点，且安装、拆卸简便，有利于建筑工业化。

3.4　楼地层

3.4.1　楼地层的构造组成

楼板层、地坪层的构造组成如图3-9所示。

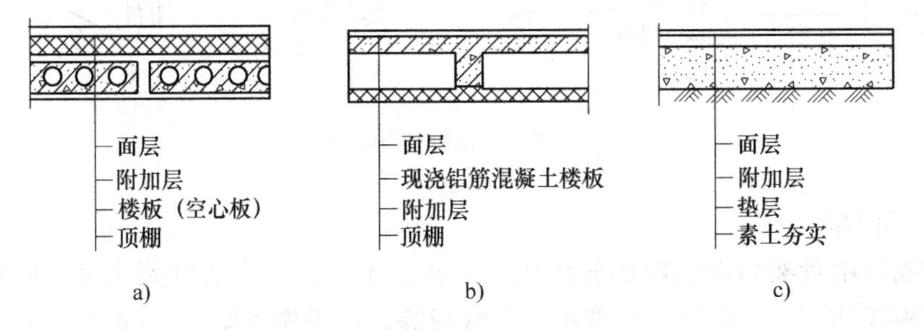

图3-9　楼板层、地坪层的构造组成

a）预制混凝土楼板　b）现浇混凝土楼板　c）地坪层

1. 楼板层的构造组成

（1）面层　位于楼板层的最上层，起着保护楼板层、分布荷载和绝缘的作用，同时对室内起美化装饰作用。

（2）结构层　其主要功能在于承受楼板层上的全部荷载并将这些荷载传给墙或柱；同时还对墙身起水平支撑作用，以加强建筑物的整体刚度。

（3）附加层　附加层又称为功能层，根据楼板层的具体要求而设置，主要作用是隔声、隔热、保温、防水、防潮、防腐蚀、防静电等。根据需要，有时和面层合二为一，有时又和吊顶合为一体。

（4）顶棚层　其位于楼板层最下层，主要作用是保护楼板、安装灯具、遮挡各种水平管线、改善使用功能、装饰美化室内空间。

2. 地坪层的构造组成

地坪层是分隔建筑物最底层房间与下部土壤的水平构件，它承受着作用在上面的各种荷载，并将这些荷载安全地传给地基。地坪层由面层、垫层、地基构成，同样根据不同的需

要，可增设附加层。地坪层的垫层即为结构层，垫层将所承受的荷载及自重均匀地传给夯实的地基。

3.4.2　楼板的类型

根据所用材料不同，楼板可分为木楼板、钢筋混凝土楼板和压型钢板组合楼板等多种类型，如图 3-10 所示。

1. 木楼板

木楼板自重轻，保温隔热性能好、舒适、有弹性，只在木材产地采用较多，但耐火性和耐久性均较差，且造价偏高，为节约木材和满足防火要求，现采用较少。

2. 钢筋混凝土楼板

钢筋混凝土楼板具有强度高，刚度好，耐火性和耐久性好，还具有良好的可塑性，在我国便于工业化生产，应用最广泛。按其施工方法不同，可分为现浇式、装配式和装配整体式三种。

3. 压型钢板组合楼板

压型钢板组合楼板是在钢筋混凝土基础上发展起来的，利用钢衬板作为楼板的受弯构件和底模，既提高了楼板的强度和刚度，又加快了施工进度，是目前正大力推广的一种新型楼板。

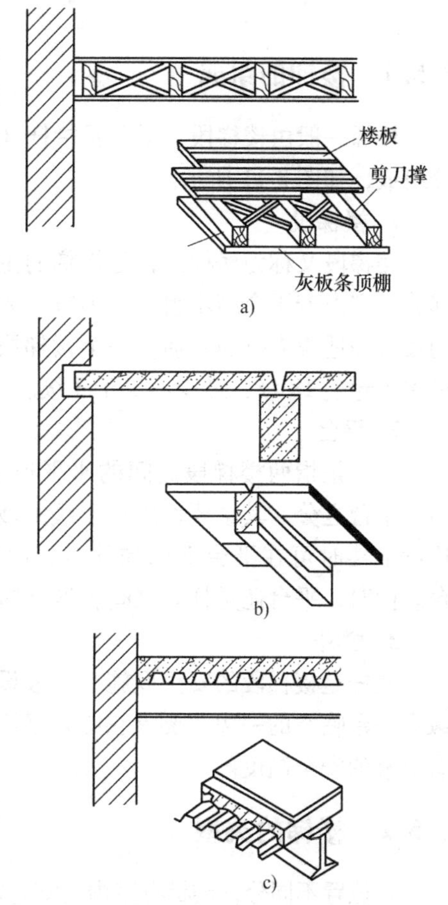

图 3-10　楼板的类型
a）木楼板　b）钢筋混凝土楼板
c）压型钢板组合楼板

3.4.3　楼板层的设计要求

1. 具有足够的强度和刚度

强度要求是指楼板层应保证在自重和活荷载作用下安全可靠，不发生任何破坏。这主要是通过结构设计来满足要求。刚度要求是指楼板层在一定荷载作用下不发生过大变形，以保证正常使用状况。

2. 具有一定的隔声能力

不同使用性质的房间对隔声的要求不同，如我国对住宅楼板的隔声标准中规定：一级隔声标准为 65dB，二级隔声标准为 75dB 等。对一些特殊性质的房间如广播室、录音室、演播室等的隔声要求则更高。楼板主要是隔绝固体传声，如人的脚步声、拖动家具、敲击楼板等都属于固体传声。防止固体传声可采取以下措施：在楼板表面铺设地毯、橡胶、塑料毡等柔性材料；在楼板与面层之间加弹性垫层以降低楼板的振动，即“浮筑式楼板”；在楼板下加设吊顶，使固体噪声不直接传入下层空间。

3. 具有一定的防火能力

保证在火灾发生时，在一定时间内不至于是因楼板塌陷而给生命和财产带来损失。

4. 具有防潮、防水能力

对有水的房间，都应该进行防潮防水处理。

5. 满足各种管线的设置要求

6. 满足建筑经济的要求

3.5　楼梯

3.5.1　楼梯的组成

楼梯一般由楼梯段、平台及栏杆（或栏板）三部分组成，如图3-11所示。

1. 楼梯段

楼梯段又称为楼梯跑，是楼梯的主要使用和承重部分。它由若干个踏步组成。为减少人们上下楼梯时的疲劳和适应人行的习惯，一个楼梯段的踏步数要求最多不超过18级，最少不少于3级。

2. 平台

平台是指两楼梯段之间的水平板，有楼层平台、中间平台之分。其主要作用在于缓解疲劳，让人们在连续上楼时可在平台上稍加休息，故又称为休息平台。同时，平台还是梯段之间转换方向的连接处。

3. 栏杆

栏杆是楼梯段的安全设施，一般设置在梯段的边缘和平台临空的一边，要求它必须坚固可靠，并保证有足够的安全高度。

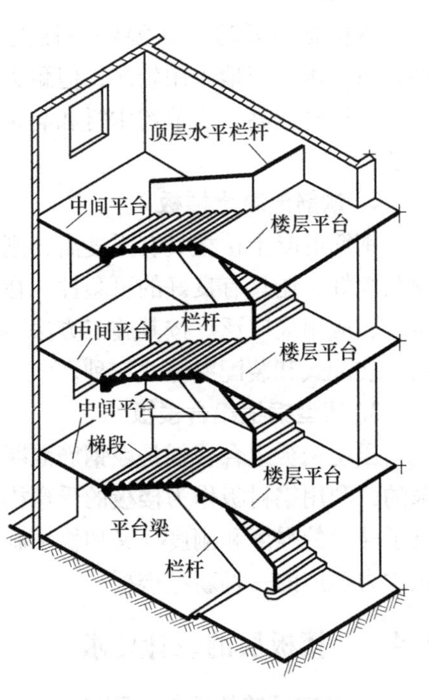

图3-11　楼梯的组成

3.5.2　楼梯的类型

按位置不同分，楼梯有室内与室外两种。按使用性质分，室内有主要楼梯、辅助楼梯；室外有安全楼梯、防火楼梯。按材料分有木质、钢筋混凝土、钢质、混合式及金属楼梯。按楼梯的平面形式不同，可分为如下几种：单跑直楼梯、双跑直楼梯、曲尺楼梯、双跑平行楼梯、双分转角楼梯、双分平行楼梯、三跑楼梯、三角形三跑楼梯、圆形楼梯、中柱螺旋楼梯、无中柱螺旋楼梯、单跑弧形楼梯、双跑弧形楼梯、交叉楼梯、剪刀楼梯，如图3-12所示。

3.5.3　楼梯的设计要求

1）作为主要楼梯，应与主要出入口邻近，且位置明显；同时还应避免垂直交通与水平交通在交接处拥挤、堵塞。

2）必须满足防火要求，楼梯间除允许直接对外开窗采光外，不得向室内任何房间开窗；楼梯间四周墙壁必须为防火墙；对防火要求高的建筑物特别是高层建筑，应设计成封闭式楼梯或防烟楼梯。

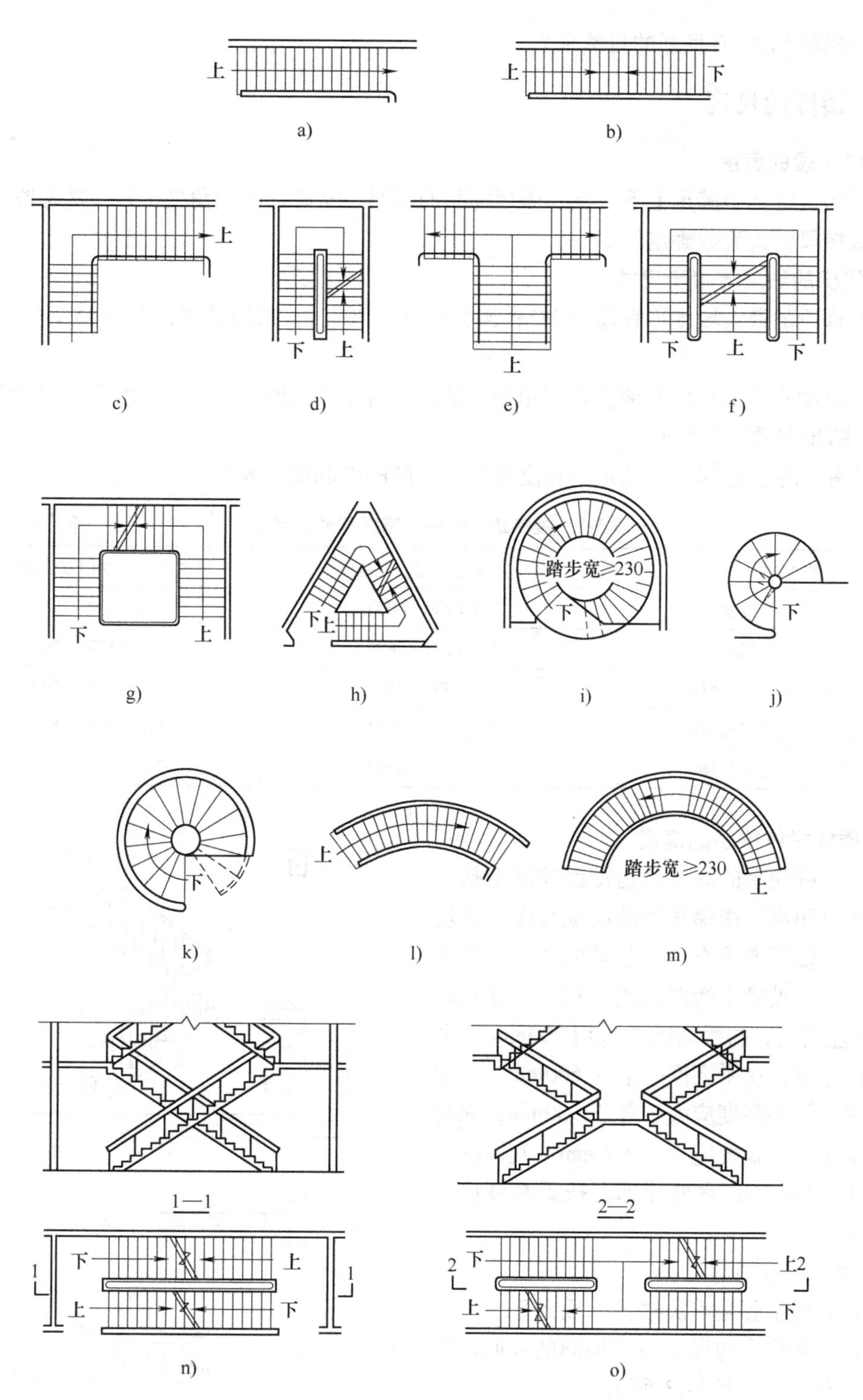

图 3-12　楼梯平面形式

a）单跑直楼梯　b）双跑直楼梯　c）曲尺楼梯　d）双跑平行楼梯　e）双分转角楼梯　f）双分平行楼梯　g）三跑楼梯　h）三角形三跑楼梯　i）圆形楼梯　j）中柱螺旋楼梯　k）无中柱螺旋楼梯　l）单跑弧形楼梯　m）双跑弧形楼梯　n）交叉楼梯　o）剪刀楼梯

3）楼梯间必须有良好的自然采光。

3.5.4　楼梯的尺度

1. 楼梯段的宽度

楼梯的宽度必须满足上下人流及搬运物品的需要。从确保安全角度出发，楼梯段宽度是由通过该梯段的人流数确定的。

2. 楼梯的坡度与踏步尺寸

楼梯梯段的最大坡度不宜超过38°；当坡度小于20°时，采用坡道；大于45°时，则采用爬梯。

楼梯坡度实质上与楼梯踏步密切相关，踏步高与宽之比即可构成楼梯坡度。踏步高常以 h 表示，踏步宽常以 b 表示，

民用建筑中，楼梯踏步的最小宽度与最大高度的限制值见表3-1。

表3-1　楼梯踏步的最小宽度和最大高度　（单位：mm）

楼梯类别	最小宽度（常用取值范围）b	最大高度（常用取值范围）h
住宅公用楼梯	250（260～300）	180（150～175）
幼儿园楼梯	260（260～280）	150（120～150）
医院、疗养院等楼梯	280（300～350）	160（120～150）
学校、办公楼等楼梯	260（280～340）	170（140～160）
剧院、会堂等楼梯	220（300～350）	200（120～150）

3. 楼梯栏杆扶手的高度

楼梯栏杆扶手的高度是指踏面前缘至扶手顶面的垂直距离。楼梯扶手的高度与楼梯的坡度、楼梯的使用要求有关，很陡的楼梯，扶手的高度矮些，坡度平缓时高度可稍大。楼梯坡度为30°左右时，扶手高度常采用900mm；儿童使用的楼梯，扶手高度一般为600mm；一般室内楼梯，扶手高度应大于等于900mm；靠梯井一侧水平栏杆长度应大于500mm，其高度应大于等于1000mm；室外楼梯，扶手高度应大于等于1050mm。

4. 楼梯尺寸的确定

设计楼梯主要是解决楼梯梯段和平台的设计，而梯段和平台的尺寸与楼梯间的开间、进深和层高有关，如图3-13所示。

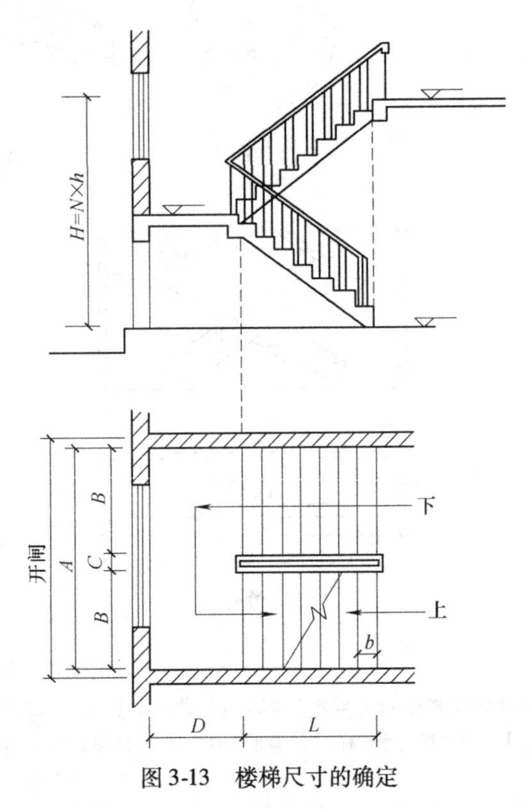

图3-13　楼梯尺寸的确定

（1）梯段宽度与平台宽的计算

梯段宽度计算公式如下：

$$B=\frac{A-C}{2}$$

平台宽计算公式如下：

$$D \geqslant B$$

式中　A——开间净宽；

B——梯段宽度；

C——两梯段之间的缝隙宽，考虑消防、安全和施工的要求，$C=60\sim200\text{mm}$；

D——平台宽。

（2）踏步数量的确定

踏步数量计算公式如下：

$$N=\frac{H}{h}$$

式中　N——踏步数量；

H——层高；

h——踏步高。

（3）梯段长度的计算

梯段长度取决于踏步数量。当 N 已知后，对两段等跑的楼梯梯段长 L 为

$$L=\left(\frac{N}{2}-1\right)b$$

式中　L——梯段长度；

b——踏步宽。

5. 楼梯的净空高度

为保证在这些部位通行或搬运物件时不受影响，楼梯的净空高度在平台处应大于2m；在梯段处应大于2.2m。

当楼梯底层中间平台下做通道时，为求得下面空间净高大于等于2000mm，常采用以下几种处理方法，如图3-14所示。

1）将楼梯底层设计成“长短跑”，让第一跑的踏步数目多些，第二跑的踏步数目少些，利用踏步的多少来调节下部净空的高度。

2）增加室内外高差。

3）将上述两种方法结合，即降低底层中间平台下的地面标高，同时增加楼梯底层第一个梯段的踏步数量。

4）将底层采用单跑楼梯，这种方式多用于少雨地区的住宅建筑。

5）取消平台梁，即平台板和梯段组合成一块折形板。

3.6　屋顶

3.6.1　屋顶的类型

1. 平屋顶

平屋顶通常是指排水坡度小于5%的屋顶，常用坡度为2%～3%。图3-15为平屋顶常见的几种形式。

2. 坡屋顶

坡屋顶通常是指屋面坡度大于10%的屋顶。图3-16为坡屋顶常见的几种形式。

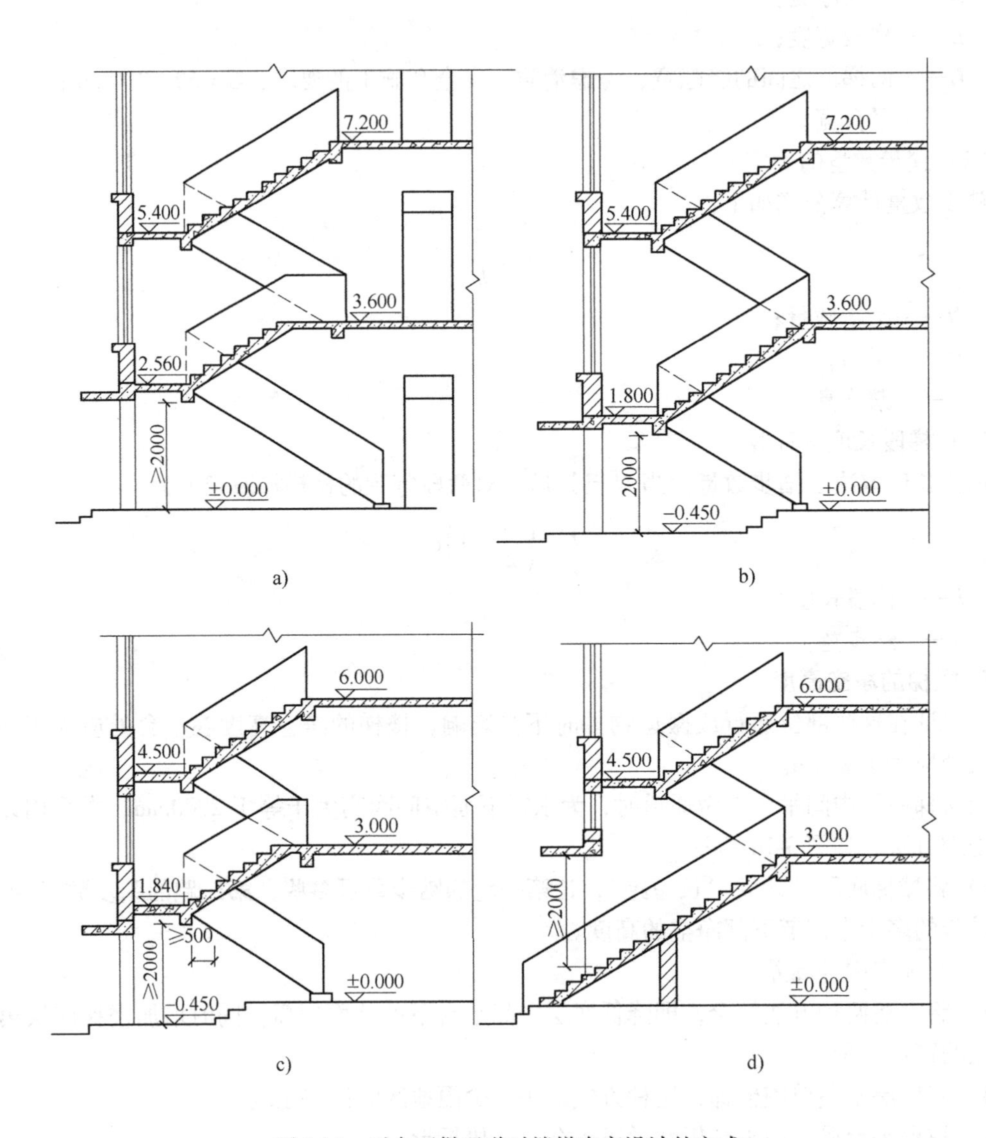

图 3-14　平台下做通道时楼梯净高设计的方式

a）底层设计成“长短跑”　b）增加室内外高差　c）a)、b）相结合　d）底层采用单跑梯

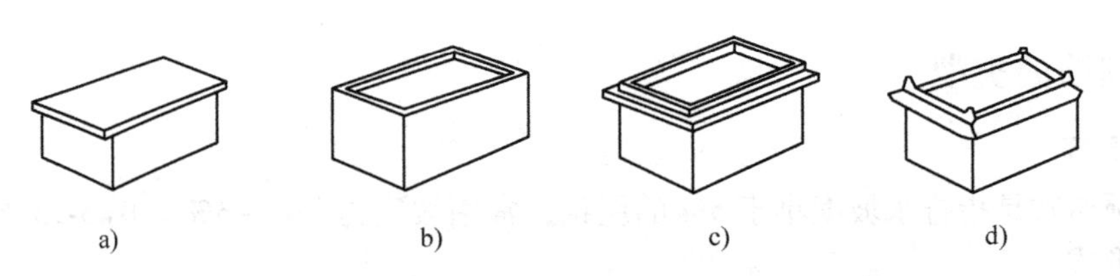

图 3-15　平屋顶的形式

a）挑檐　b）女儿墙　c）挑檐女儿墙　d）盝（盒）顶

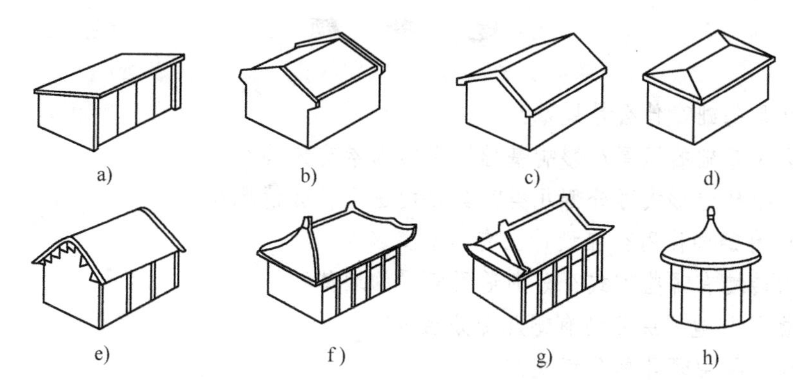

图3-16　坡屋顶的形式

a）单坡顶　b）硬山两坡顶　c）悬山两坡顶　d）四坡顶　e）卷棚顶　f）庑殿顶　g）歇山顶　h）圆攒尖顶

3. 其他形式的屋顶

随着科学技术的发展，出现了许多新型的屋顶结构形式，如拱结构、薄壳结构、悬索结构、网架结构屋顶等。这类屋顶多用于较大跨度的公共建筑。其他形式的屋顶如图3-17所示。

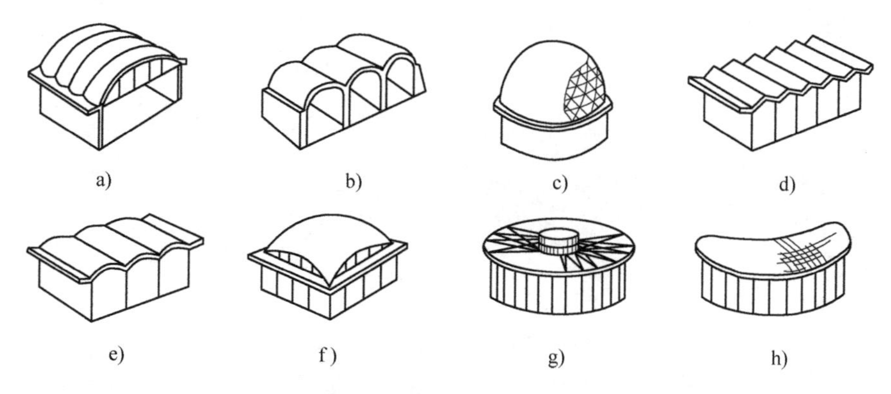

图3-17　其他形式的屋顶

a）双曲拱屋顶　b）砖石拱屋顶　c）球形网壳屋顶　d）V形网壳屋顶　e）筒壳屋顶　f）扁壳屋顶　g）车轮形悬索屋顶　h）鞍形悬索屋顶

3.6.2　屋顶的设计要求

1）要求屋顶起良好的围护作用，具有防水、保温和隔热性能。其中防止雨水渗漏是屋顶的基本功能要求，也是屋顶设计的核心。

2）要求具有足够的强度、刚度和稳定性。能承受风、雨、雪、施工、上人等荷载，地震区还应考虑地震荷载对它的影响，满足抗震的要求，并力求做到自重轻、构造层次简单；就地取材、施工方便；造价经济、便于维修。

3）满足人们对建筑艺术即美观方面的需求。屋顶是建筑造型的重要组成部分，中国古建筑的重要特征之一就是有变化多样的屋顶外形和装修精美的屋顶细部，现代建筑也应注重屋顶形式及其细部设计。

思 考 题

3-1　什么是基础？什么是地基？

3-2　什么是基础的埋深？影响基础埋深的因素有哪些？

3-3　基础按构造形式可分哪几类？其分别适用什么情况？

3-4　墙体有哪些作用？在设计上有哪些要求？

3-5　实心砖墙有哪些砌式？分别适用多厚的墙体？

3-6　楼板层与地坪层分别有哪几部分组成？

3-7　楼梯主要由哪几部分组成？

3-8　楼梯在坡度、梯段净宽、平台净宽、梯段净高、平台净高、栏杆高度等方面有什么规定？

园林建筑设计的方法和技巧

学习目标

通过本章学习，了解园林建筑设计的构图规律，包括统一、对比、均衡、韵律，掌握园林建筑设计的方法和技法，包括立意、选址、布局、借景、比例、尺度、色彩等。

4.1 园林建筑设计的构图规律

建筑构图必须服务于建筑的基本目的，即为人们建造美好的生活和居住的使用空间，这种空间是建筑功能与工程技术和艺术技巧相结合的产物，都需要符合适用、经济、美观的基本原则，在艺术构图方法上也都要考虑诸如统一、变化、尺度、比例、均衡、对比等原则。然而，由于园林建筑与其他建筑类型在物质和精神功能方面有许多不同之处，因此，在构图方法上就与其他类型的建筑有所差异，有时在某些方面表现得更为突出，这正是园林建筑本身的特征。园林建筑构图原则概括起来有以下几个方面。

4.1.1 统一

园林建筑中的各组成部分，若其体形、体量、色彩、线条、风格具有一定程度的相似性或一致性，会给人以统一感，并可产生整齐、庄严、肃穆的感觉。与此同时，为了克服呆板、单调感，应力求在统一中有变化。

在园林建筑设计中，大可不必为不能多样化变化而担心，园林建筑的各种功能会自发形成多样化的局面。当要把园林建筑设计得能够满足各种功能要求时，建筑本身的复杂性势必会演变成形式的多样化，甚至一些功能要求很简单的设计，也可能需要一大堆各不相同的结构要素，因此，一个园林建筑设计师的首要任务就应该是把那些势在难免的多样化组成引人入胜的园林建筑。在设计中获得统一的方式有以下几种。

1. 形式统一

颐和园的建筑物都是按《清式营造则例》中规定的法式建造的。木结构、琉璃瓦、油漆彩画等，均表现出传统的民族形式，但各种亭、台、楼、阁的体形、体量、功能等，都有十分丰富的变化，给人的感觉是既多样又有形式的统一感。除园林建筑形式统一之外，在总体布局上也要求形式上的统一（图 4-1）。

2. 材料统一

园林中非生物性的布景材料，以及由这些材料构成的各类建筑及小品，也要求统一。例如同一座园林中的指路牌、灯柱、宣传画廊、座椅、栏杆、花架等，常常是具有机能和美学的双重功能，点缀在园内制作的材料都需要是统一的（图4-2）。

图4-1　颐和园鸟瞰图

3. 明确轴线

建筑构图中常运用轴线来安排各组成部分间的主次关系。轴线可强调位置，主要部分安排在主轴上，从属部分则在轴线的两侧或周围。轴线可使各组成部分形成整体，这时等量的二元体若没有轴线则难以构成统一的整体（图4-3）。

4. 突出主体

同等的体量难以突出主体，利用差异作为衬托，才能强调主体，可利用体量大小的差异、高低的差异来衬托主体。在空间的组织上，也同样可以用大小空间的差异与衬托来突出主体。通常，以高大的体量突出主体，是一种极有成效的手法，尤其在有复杂的局部组成时，只有高大的主体才能统一全局，如颐和园的佛香阁（图4-4）。

图4-2　森林公园里的柱桩坐凳、柱桩驳岸

图4-3 故宫——世界上最大的古建筑群

图4-4 颐和园万寿山上的主体建筑佛香阁

4.1.2 对比

在建筑构图中利用某些因素（如色彩、体量、质感）程度上的差异来取得艺术上

的表现效果，差异程度显著的表现称为对比。对比使人们对造型艺术品产生深刻、强烈的印象。

对比使人们对物体的认识得到夸张，它可以对形象的大小、长短、明暗等起到夸张作用。在建筑构图中常用对比取得不同的空间感、尺度感或某种艺术上的表现效果。

1. 大小的对比

一个大的体量在几个较小体量的衬托下，大的会显得更大，小的则显得更小。因此，在建筑构图中常用若干较小的体量来与一个较大的体量进行对比，以突出主体，强调重点。在纪念性建筑中常用这种手法取得雄伟的效果。如广州烈士陵园南门两侧小门与中央大门形成的对比（图 4-5）。

图 4-5　广州烈士陵园南门

2. 方向的对比

方向的对比同样得到夸张的效果。在建筑的空间组合和立面处理中，常常用垂直与水平方向的对比以丰富建筑形象。常用垂直上的体型与横向展开的体型组合在一个建筑中，以表现体量上不同方向的夸张。

横线条与直线条的对比，可使立面划分更丰富（图 4-6）。但对比应恰当，不恰当的对比即表现为不协调。

3. 虚实的对比

建筑形象中的虚实，常常是指实墙与空洞（门、窗、空廊）的对比。在纪念性建筑中常用虚实对比造成严肃的气氛。有些建筑由于功能要求形成大片实墙，但艺术效果却又不需要强调实墙面的特点，则常加以空廊或作质地处理，以虚实对比的方法打破实墙的沉重与闭塞感（图 4-7）。实墙面上的窗，也可造成虚实对比的效果。

图 4-6　哈尔滨斯大林公园

图 4-7　上海中山公园院墙与门窗洞口

4. 明暗的对比

在建筑的布局中可以通过空间疏密、开朗与闭朗的有序变化，形成空间在光影、明暗方面产生的对比，使空间明中有暗，暗中有明，引人入胜（图 4-8）。

5. 色相的对比

色相是指色彩的冷暖属相；色相对比是指不同颜色并置，在比较中呈现色相的差异；互补色对比是指两个相对的互补色对比，如红和绿、黄和紫等。而明度对比是指颜色深浅程度的不同在建筑中呈现色彩的对比，不一定要找对比色，而只要色彩差异明显的即有对比的效果。中国古典建筑色彩对比极为强烈，如红柱与绿栏杆的对比，黄屋顶与红墙、白台基的对比。

此外，不同的材料质感的应用也能构成良好的对比效果。

4.1.3　均衡

在视觉艺术中，均衡是任何现实对象中都存在的特性，均衡中心两边的视觉趣味中心，分量是相当的。

具有良好均衡性的艺术品，必须在均衡中心予以某种强调，或者说，只有容易察觉的均衡才能令人满足。建筑构图应当遵循这一自然法则。建筑物的均衡，关键在于有明确的均衡中心（或中轴线），如何确定均衡中心，并加以适当的强调，这是构图的关键。

均衡有两种类型：对称均衡与不对称均衡。

图4-8　苏州网师园平面图

1. 对称均衡

在这类均衡中，建筑物对称轴线的两旁是完全一样的，只要把均衡中心以某种巧妙的手法来加以强调，立刻给人一种安定的均衡感（图4-9）。

2. 不对称均衡

不对称均衡要比对称均衡的构图更需要强调均衡中心，要在均衡中心加上一个有力的“强音”。另外，也可利用杠杆的平衡原理，一个远离均衡中心、意义上较为次要的小物体，可以用靠近均衡中心、意义上较为重要的大物体来加以平衡（图4-10）。

均衡不仅表现在立面上，而且在平面布局上、形体组合上都应加以注意。

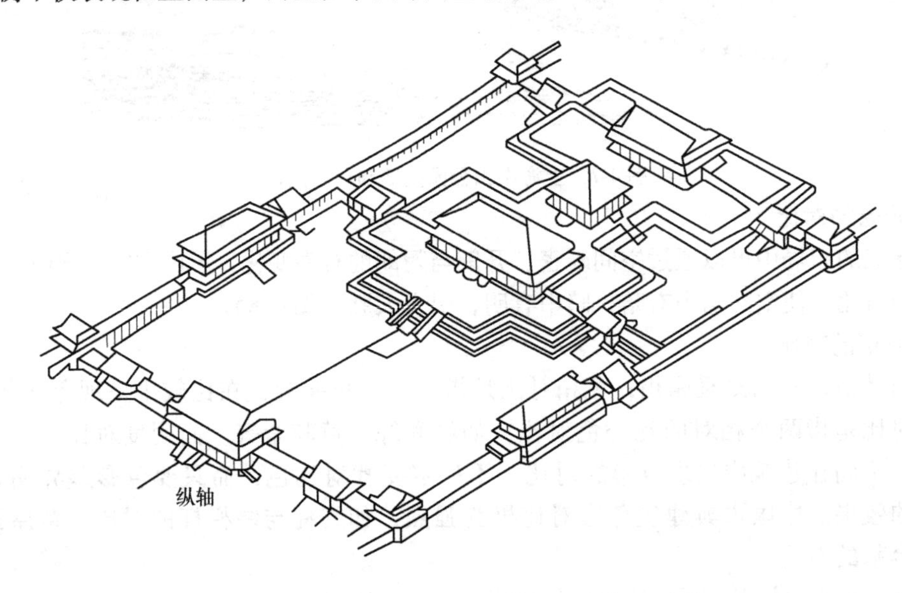

图4-9　对称均衡

图 4-10　苏州留园冠云峰

4.1.4　韵律

视觉艺术中，韵律是任何物体的组成系统进行重复的一种属性，而这些元素之间具有可以认识的关系。在建筑构图中，这种重复当然一定是由建筑设计所引起的视觉可见元素的重复。如光线和阴影，不同的色彩，支柱、开洞及室内容积等。一个建筑物的大部分效果，就是依靠这些韵律关系的协调性、简洁性以及威力感来取得的。园林中的走廊以柱子有规律的重复形成强烈的韵律感。

建筑构图中韵律的类型大致有以下三种。

1. 连续韵律

连续韵律是指在建筑构图中由于部分的连续重复排列而产生的韵律，这种韵律可作多种组合：一种或几种组成连续韵韵律。

1）距离相等、形式相同，如柱列；或距离相等，形状不同，如园林展窗（图 4-11）。

2）不同形式交替出现的韵律：如立面上窗、柱、花饰等的交替出现（图 4-12）。

3）上、下层不同的变化而形成韵律，并有互相对比与衬托的效果（图 4-13）。

2. 渐变韵律

在建筑构图中其变化规则在某一方面作有规律的递增或作有规律的递减所形成的规律。如北京妙应寺白塔是典型的向上递减的渐变韵律（图 4-14）。

3. 交错韵律

在建筑构图中，各组成部分作有规律的纵横穿插或交错产生的韵律。其变化规律按纵横两个方向或多个方向发展，因而是一种较复杂的韵律，花格图案上常出现这种韵律（图 4-15）。

图4-11　动物园展览栏

图4-12　颐和园景墙

图4-13　罗马法尼斯府邸立面图

图4-14　北京妙应寺白塔

图4-15　横纹花坛

韵律可以是不确定的、开放式的；也可以是确定的、封闭式的。只把类似的单元作等距离的重复，没有一定的开头和一定的结尾，这叫做开放式韵律。在建筑构图中，开放式韵律的效果是动荡不定的，含有某种不限定和骚动的感觉。通常在圆形或椭圆形建筑构图中，处理成连续而有规律的韵律是十分恰当的。

4.2　园林建筑设计的方法和技巧

4.2.1　立意

立意就是设计者根据功能需要、艺术要求、环境条件等因素，经过综合考虑所产生出来的总的设计意图。立意既关系到设计的目的，又是在设计过程中采用各种构图手法的根据。在我国传统造园的特色中，立意着重艺术意境的创造，寓情于景，触景生情，情景交融。

1. 神仪在心，意在笔先

晋代顾恺之在《论画》中说：“巧密于静思”，“神仪在心”。即绘画、造园首先要认真考虑立意，“意在笔先”。明代恽向也在《宝迂斋书画录》中谈到：“诗文以意为主，而气附之，惟画亦云。无论大小尺幅，皆有一意，故论诗者以意逆志，而看画者以意寻意”。扬州个园园主无疑在说，“无‘个’不成竹”。“个园”暗示他有竹子品格的清逸和气节的崇高。唐柳宗元被贬官为永州司马时，建了一个取名为“愚溪”的私园。该园内的一切景物以“愚”字命名，愚池、愚丘、愚岛、愚泉、愚亭……一愚到底，其意与“拙政园”的“拙者为政”异曲同工。

承德避暑山庄是中国皇家园林之冠。500km^2 的庞大园林的立意也十分明确。山庄的东宫，有景点“卷阿胜境”，意在追溯几千年前的君臣唱和，宣传忠君爱民的思想，从而标榜清朝最高统治阶级的“扇被恩风，重农爱民”的思想境界。“崇朴鉴奢，以素养艳，因地宜而兴造园”，这就是根据山庄本身优越的自然条件，“物尽天然之趣，不烦人事之工”，以创造山情野致。在这种设计思想指导下，产生了“依松为斋”，“引水在亭”的创作手法。

园林“立意”与“相地”是相辅相成的两方面。《园冶》云：“相地合宜，构园得体。”这是明代园林设计师计成提出的理论，他把园林“相地”看作园林成败的关键。古代“相地”，即选择造园的园址。其主要含义为，园主经多次比较、选择，最后“相中”园主认为理想的地址。园主在选择园址的过程中，要把他的造园构思与园址的自然条件、社会状况、周围环境等诸因素作综合的比较、筛选。因而不难看出，相地与立意，或立意与相地是不可分割的，是园林创作过程中的前期工作。

随着社会的进步和城市建设的发展，出现另一种情况，就是有关部门确定园林项目，不能做到理想地选择园址，而是在城市建设中，将不宜建房、地形条件较差的区域确定为园林绿地，如杭州的花港观鱼公园，原址仅0.2hm^2，为水塘地，亭墙颓坛，野草丛生，除浅水方塘外，一片荒芜；浙江的温岭市，东南部有一片低于市区80cm的水稻田，属于河田地，城市规划过程中，不宜作为居住区或其他开发的地段，最后确定作为城市公园用地。

所以，园林设计工作中，如何“因地制宜”而达到“构园得体”是园林规划设计师的重要任务之一。

2. 情因景生，景为情造

造园的关键在于造景，而造景的目的在于表达作者对造园目的与任务的认识，抒发情感。所谓“诗情画意”写入园林，即造园不仅要做到景美如画，同时还要求达到“情因景生”，要富有诗意，触景生情。“情景名为二，而实不可离。神于诗者，妙合无垠，巧者则有情中景，景中情。”（王夫之《姜斋诗话》）。沧浪亭是苏州古典园林中历史最为悠久的一处名园，园内土阜最高处有一座四方亭名为沧浪亭，其上对联为“清风明月本无价，近水远山皆有情。”正是这“清风明月”和“近水远山”美景激发起诗人的情感。

可见，园林创作过程中，选择园址、依据现状情况确定园林主题思想、创造园景是不可分割的有机整体。而造园的“立意”、“构思”、或称为创作“激情”，最终要通过具体的园林艺术创造出一定的园林形式，通过精心布局得以实现。

4.2.2　选址

《园冶·卷一·兴造论》中，开卷即曰：“凡造作”，要“随曲合方”，“能妙于得体合宜。”“园林巧于‘因’、‘借’，精在‘体’、‘宜’。”“因者：随基势高下，体形之端正，碍木删桠，泉流石注，互相借资；宜亭斯亭，宜榭斯榭，不妨偏径，顿置婉转，斯谓‘精而合宜’者也”这说明要根据地形、地势的实际情况，因地制宜地建亭、筑榭，山道随形势，清泉石上流。

“园地制宜”的原则，是造园最重要的原则之一。同样是帝王宫苑，由于不同地形状况，而采用不同的造园手法，创造出迥然不同、各具风格的园林。

1. 颐和园——主景突出式自然山水园

颐和园前身叫清漪园，清漪园原址有一山叫瓮山，山前的湖泊叫瓮山泊，又称为西湖，是北京近郊一带难得的一片水域。这一带，夏天十余里荷蒲菱芡，远近村落在长堤翠柳中若隐若现，10座寺庙散落湖面，统称为“西湖十寺”。1750年，清乾隆皇帝改瓮山为万寿山，西湖改为昆明湖，绕万寿山西麓，连接北麓而开挖后溪河（后溪）。昆明湖的水域划分，以杭州西湖为蓝本，西堤的走向仿杭州西湖的苏堤，乾隆的《万寿山即事》诗云：“背山面水池，明湖仿浙西；琳琅三竺宇，花柳六桥堤”可以佐证。万寿山南坡为庞大的建筑群体，建筑群中央的主体建筑佛香阁通高38m，气宇轩昂、凌驾前山，成为颐和园的构图中心，万寿山、佛香阁、昆明湖、西堤、三岛（昆明湖中的南湖岛、堤西的治镜阁岛、藻鉴堂岛）、后湖（后溪河）形成“主景突出式”的自然山水园。

2. 圆明园——集锦式自然山水园

圆明园原址在海淀镇北的一片平原上，地势低洼，间有潜水溢出地表，也有自流泉水，称为“丹棱泮”。圆明园的创作是自流泉水四引，用溪涧方式构成水系，用池、湖、海的大水面构成景区，在挖溪池的同时就高地叠土垒石堆成岗岳（一般高7m左右，或高至20m以上的小山），全园“因高就深，傍山依水，相度地宜，构结亭榭”（圆明园记》）。全园九高大的山体，平面上以500m见方的大水面福海，周围15个景点聚合，向心于“莲岛瑶台”平面构图中心。乾隆几下江南，命造园家尽收江南风景与园林之精华，结合北方气候条件，地理条件，导水堆山，移天缩地，在约340km^{2}的园地内，创造了千姿百态的风景点，而成为“万园之园”。集锦式的圆明园和主景式的颐和园成为我国北方皇家园林两颗串联的明珠。

3. 避暑山庄——风景式自然山水园

避暑山庄总面积约为560km²，其中山地占3/4，湖区和平原地占不到1/4，尤其平原约占9%的总面积。山庄北面的外八庙呈众星拱月之势，加上周围多处风景点，使山庄规模更显宏伟、广大。避暑山庄号称七十二景，其实风景点远远超过这个数字。避暑山庄与颐和园、圆明园比较，是以山为宫、以庄为苑，自然环境得天独厚、无比优越。避暑山庄是由风景名胜妆点而成的风景式园林，是以人工美渗透自然美之中的“野朴”情趣的山庄风景园。

避暑山庄的“相地”是十分成功的佳例。《园冶・山林地》中云：“园地惟山林最胜，有高有凹，有曲有深，有峻而悬，有平而坦，自成天然之趣，不烦人事之工。”清康熙皇帝花约三年时间来选址，“疏源之来由，察水之来历。”经比较，才确定将这块汇集多种地形、地势优点的地域作为行宫。避暑山庄兼得北方雄野和江南秀丽之美，外围环拱山坡地又有发展的余地，加上山泉、热湖，茂林劲松，鸟语花香，鸢飞鱼游，构成一幅天然图画。

4.2.3　布局

园林的布局，就是在选定园址或在“相地”的基础上，根据园林的性质、规模、地形特点等因素，进行全园的总布局，通常称为总体设计。不同性质、不同功能要求的园林，都有着各自不同的布局特点，不同的布局形式必然反映不同的造园思想。所以，园林的布局，即总体设计是一个园林艺术的构思过程，也是园林的内容与形式统一的创作过程。

中国园林有各种类型，它们性质不同，大小不同，地理环境不同，因此在布局上也相差很大。但尽管如此，由于中国园林都是以自然风景作为创作依据的风景式园林，所以，在园林布局上，也就有着一些共同的特点，这主要可概括为：师法自然，创造意境；巧于因借，精在体宜；划分景区，园中有园。

1. 师法自然，创造意境

中国的园林是文人、画家、造园匠师们饱含着对自然山水美的渴望和追求，在一定的空间范围内创造出来的。他们经过长期的观察和实践，在大自然中发现了美，发现了山水美的形象特征和内在精神，掌握了构成山水美的组合规律。他们把这种对自然山水美的认识，带到了园林艺术的创作之中，把对自然山水美的感受引导到现实生活的境域里来。这种融汇了客观的景与主观的情、自然的山水与现实的生活的艺术境界，一直就是中国园林所着意追求的目标。

为了追求这样的艺术境界，首先在于选择到一块具有比较理想的自然山水地貌的地段，以此作为造园的基础，把地段内自然的山、水、古树以及周围环境上的成果、借景条件作为首要的因素加以考虑。其次，在自然山水地貌的基础上加以整治改造，在总体布局、空间组织、园林素材的造型等方面进一步贯彻和体现这个意图。

风景名胜园林与风景区的寺观园林都选择在自然山水优美的环境之中，在布局上主要是依据环境的特点选择好风景点的位置，使各风景点与周围环境一起构成有特色、有性格的艺术境界，各风景点的串联和结合就构成了园林整体上的艺术格调。

皇家园林也是范围很大的自然山水园林，一般都具有真山真水的原始地貌。由于宫廷生活及游赏上的需要，建筑物的数量比较多，因此，它的布局从我国的风景名胜园林与私家园林两方面都得到启发，许多著名景点就是私家园林和风景名胜的摹拟。

私家园林与上述的园林情况差别较大，它一般是在城市的平原地带造园，并与大片的居住建筑相结合，成为居住空间的进一步延伸和扩大，园林的范围也比较小。因此，在这样的条件下造园，如何使园林百看不厌，虽小而不觉其小，实现师法自然、创造意境的要求，实在是园林布局上的一大难题。要解决这个难题，必须在以下三个问题实现“突破”。

（1）以小见大　为了实现突破园林空间范围较小的局限，实现小中见大的空间效果，主要采取了下列手法。

1）利用空间大小的对比，烘托、映衬主要空间。江南的私家园林，一般均把居住建筑贴边界布置，而把中间的主要部位让出来布置园林山水，形成主要空间；在这个主要空间的外围布置若干次要空间及局部性小空间；各个空间留有与大空间连系的出入口，运用先抑后扬的反衬手法及视线变换的游览路线把各个空间联系起来。这样既各具特色，又主次分明。在空间的对比中，小空间烘托、映衬了主要空间，大空间更显其大。

如苏州网师园的中部园林：从题有“网师小筑”的园门进入网师园内的第一个空间，就是由“小山丛桂轩”等三个建筑物以及院墙所围绕的狭窄而封闭的庭院，庭院中点缀着山石树木，构成了幽深宁谧的气氛。当从这个庭院的西面，顺着曲廊北绕过“濯缨水阁”之后，突然闪现水光荡漾、水涯岩边亭榭廊阁参差间出的景象。也正由于前一个狭窄空间的衬托，这个仅均30m×30m的山池区就显得较实际面积辽阔开朗了（图4-16、图4-17）。

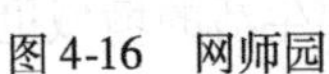
图4-16　网师园

图4-17　网师园山池区

2）注意选择合宜的建筑尺度，造成空间距离的错觉。在江南园林中，建筑在庭园中占的比重较大，因此，很注意建筑的尺度处理。在较小的空间范围内，一般均取亲切近人的小尺度，体量较小，有时还利用人们观赏物体“近大远小”的视觉习惯，有意识地压缩一些位于山顶上的小建筑的尺度，而造成空间距离较实际状况略大的错觉。如苏州怡园假山顶上的螺髻亭，体量很小，柱高仅2.3m，柱距仅1m。网师园水池东南角上的小石拱桥，微露水面之上，从池北南望，流水悠悠远去，似有水面深远不尽之意。

3）增加景物的景深和层次，增加空间的深远感。在江南园林中，创造景深多利用水面的长方向，往往在水流的两面布置山石林木或建筑，形成两侧夹持的形式。借助于水面的闪烁无定、虚无缥缈、远近难测的特性，从水流两端对望，无形中增加了空间的深远感。

同时，在园林中景物的层次越少，越一览无余，即使是大的空间也会感觉变小。相反，层次多、景越藏，越容易使空间感觉深远。因此，在较小的范围内造园，为了扩大空间的感受，在景物的组织上，一方面运用对比的手法创造最大的景深，另一方面运用掩映的手法来

增加景物的层次。

这可以拙政园中部园林为例，由梧竹幽居亭沿着水的长方向西望，不仅可以获得最大的景深，而且大约可以看到三个景物的空间层次；第一个空间层次结束于隔水相望的荷风四面亭，其南部为临水的远香堂和南轩，北部为水中的两个小岛，分别为雪香云蔚亭与待霜亭；通过荷风四面亭两侧的堤、桥可以看到结束于“别有洞天”半亭的第二个空间层次；而拙政园西园的宜两亭及园林外部的北寺塔，高出于很矮游廊的上部，形成最远的第三个空间层次。一层远似一层，空间感比实际上的距离深远得多（图 4-18、图 4-19）。

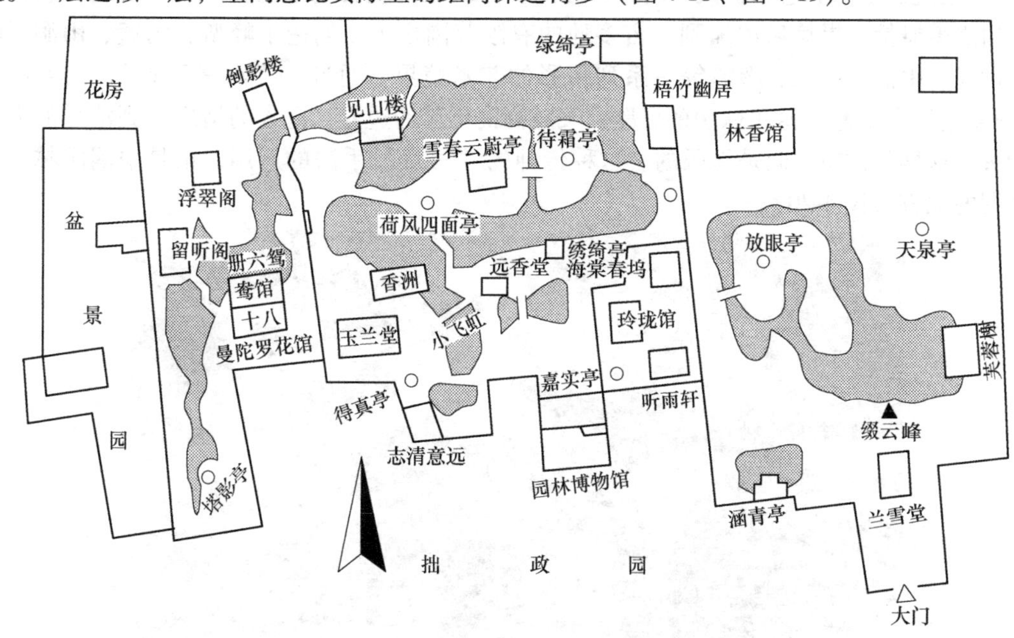

图 4-18　拙政园平面图

图 4-19　拙政园梧竹幽居亭

4）运用空间回环相通、道路曲折变幻的手法，使空间与景色渐次展开，连续不断，周而复始，景色多而空间丰富，类似观赏中国画的山水长卷，有一气呵成之妙，而无一览无余之弊。路径的迂回曲折，更可以增加路程的长度，延长游赏的时间，使人心理上扩大了空间感。

5）借外景扩大空间。由于园外的景色被借到园内，人的视线就从园林的范围内延展开去，而起到扩大空间的作用。如无锡寄畅园借惠山及锡山之景扩大空间。

6）通过意境的联想来扩大空间感。苏州环秀山庄的叠石是举世公认的好手笔，它把自然山川之美概括、提炼后浓缩到一亩多地的有限范围之内，创造了峰峦、峭壁、山洞、峡谷、危径、山洞、飞泉、幽溪等一系列精彩的艺术境界，通过，“寓意于景”，使人产生“触景生情”的联想。这种联想的思路，飞越高高围墙的边界，把人的情思带到浩瀚的大自然中去，这样的意境空间是无限的。这种传神的“写意”手法的运用，正是中国园林布局上高明的地方（图4-20）。

图4-20　苏州环秀山庄的叠石

（2）突破边界　突破园林边界规则、方整的生硬感觉，寻求自然的意趣。

1）以“之”字形游廊贴外墙布置，打破高大围墙的闭塞感。曲廊随山势蜿蜒上下，或跨水曲折延伸，廊与墙交界处有时留出一些不规则的小空间点缀山石树木，顺廊行进，角度不断变化，即使实墙近在身边也感觉不到它的平板、生硬。廊墙上有时还镶嵌名家的“诗条石”，用以吸引人们的注意力。从远处看过来，平直的“实”墙为曲折的“虚”廊及山石、花木所掩映，以廊代墙，以虚代实，产生了空灵感。

2）以山石与绿化作为高墙的掩映，也是常用的手法。在白粉墙下布置山石、花木，在光影的作用下，人的注意力几乎完全被吸引到这些物体的形象上去，而“实”的白粉墙就变为它们“虚”的背景，犹如画面上的白纸，墙的视觉界限的感受几乎是消失了。这种感觉在较近的距离内尤其突出。

3）以空廊、花墙与园外的景色相联系，把外部的景色引入园内，当外部环境优美时经

常采用。如苏州沧浪亭的复廊就是优秀的实例，人们在复廊内外穿行，内外都有景可观，意识不到园林的边界。

（3）咫尺山林　突破自然条件上缺乏真山真水的先天不足，以人造的自然体现出真山真水的意境。

江南的私家园林在城市平地的条件下造园，没有真山真水的自然条件，但仍顽强地通过人为的努力，去塑造具有真山真水情趣的园林艺术境界，在“咫尺山林”中再现大自然的美景。这种塑造是一种高度的艺术创作，因为它虽然是以自然风景为蓝本，但又不停留在单纯地抄袭和摹仿上，它要求比自然风景更集中、更典型、更概括，因此才能做到“以少胜多”。同时，这样的创作是在掌握了自然山水之美的组合规律的基础上进行的，才能“循自然之理”，“得自然之趣”，如：山有气脉，水有源流，路有出入……“主峰最宜高耸，客山须是奔趋”（唐・王维《山水诀》）；“山要环抱，水要萦回”（五代・荆浩《山水赋》），“水随山转，山因水活”，“溪水因山成曲折，山蹊随地作低平”。这些都是从真山真水的启示中，对自然山水美的规律的很好概括。

为了获得真山真水的意境，在园林的整体布局上还特别注意抓住总的结构与气势。中国的山水画就讲究“得势为主”，认为“山得势，虽萦纡高下，气脉仍是贯穿。林木得势，虽参差向背不同，而各自条畅。石得势，虽奇怪而不失理，即平常，亦不为庸。山坡得势，虽交错而自不繁乱。”这是因为“以其理然也”，“神理凑合”的结果。

园林布局中要有气势，不平淡，就要有轻重、高低、虚实、静动的对比。山石是重的、实的、静的，水、云雾是轻的、虚的、动的，把山与水结合起来，使山有一种奔走的气势，使水有漫延流动的神态，则水之轻、虚更能衬托出山石的坚实、凝重，水之动必更见山之静，而达到气韵生动的景观效果。

2. 巧于因借，精在体宜

“巧于因借”，“精在体宜”是在明确了“师法自然，创造意境”的布局指导思想之后必须遵循的基本原则和基本方法。

“相地得宜”，只是为园林的布局提供了必要的前提条件，做得好不好，还要看能不能充分运用好自然条件的特点，“巧于因借，精在体宜”是获得“构园得体”的结果。

寄畅园在选址、借景上都相当出色。总体布局以山为重点，以水为中心，以山引水，以水衬山，山水紧密结合。园内的山丘是园外主山的余脉，是大整体中的小局部，经过人为的恰当加工与改造，劈山凿谷，以石包山，在真山中造假山，创造了层叠的岗岳，幽深的岩壑，清澈的涧流等变幻莫测的新境界。这样的假山，以真山为依据，又融合在真山之中。纵观寄畅园在缀石方面的特点，它不去追求造型上的秀奇、向耸，而着力追求在其天然山势中粗中有秀，犷中有幽，保持自然生态的基本情调；不去追求个别用石的奇峰、怪石，而是精心安排好整体上的雄浑气势，高度上的起伏层次，平面上的开合变化，求得以简练、苍劲、自然的笔触去描绘出“真、幽、雅”的意境。园内的土丘虽然不高、不奇，但它与园外的主山是连成一体的，陪衬了主山，呼应了主山，引渡了主山，因此就能给人以强烈的气势。这个气势是“强”的，因为它能使你有置身于主山脚下的感受，这个气势是“活”的，山丘的蜿蜒走势和神韵是与主山连贯一致的，形神兼备的。

水面与山大体平行，以聚为主，聚中有分。在池中部收缩成夹峙之势，形成水峡，把池面空间划分为“放—收—放”的两个大的层次，似隔非隔，水态连缩，一株高大的枫杨树斜探波面，老根蛇盘，姿态苍劲。益显出水面的弥漫、深远。池的东北角有廊桥隔断水尾，使水面藏而不露，似断似续；七星桥斜卧波面，贴水而过，虽又将池水分出一个较小的水面，但整体连贯，增加了层次。临池以黄石叠砌成绝壁，石径、石矶、滩地，平面上有出有进，高低上有起有伏，生动自然。两个凹入的水湾深入山丘，以突出的石矶连以平桥，也增加了水面的层次与情趣。再引名泉之水造成悬淙曲涧，以保留下来的千年古树造成清幽古朴之感，以突出山林野趣之长。

园内的主要观景点放在与山对应的水池东部的狭长地带，以“知鱼槛”为主要观景点，以低矮的折廊向池的南北两岸稍加延伸，面对着水面和山林。建筑分散，但不散漫；空间豁达，富有层次，并与自然环境相融合。观赏路线的组织与全园山水风景主体和特色的基本构思紧密结合，或登山临水，或穿峡渡洞，或深幽曲折，或开阔明朗，形成多样变化的观赏角度和观赏效果。

寄畅园的布局，可以说正确地利用了原有山丘“缀石而高”造成雄浑的山势；利用了低洼的地方“搜土而下”造成水池；还利用原有的参天古树“合乔木参差山腰，蟠根嵌石，宛若画意”，然后依附水面，构亭筑台，参差错落，“篆望长廊，想出意外”，构成了出于自然而高于自然的艺术境界（图4-21、图4-22）。

同时，一个好的园林布局，还必须突破自身在空间上的局限，充分利用周围环境上的美好景色，因地借景，选择好合宜的观赏位置与观赏角度，延伸与扩大视野的深度和广度，使园内园外的景色融汇一体。《园冶》上说的“巧于因借”的“借”字就是这个意思，即不但要巧于用“因”，而且要巧于用“借”。寄畅园的主要观赏点“知鱼槛”、“涵碧亭”、“环翠

图4-21 寄畅园郁盘亭廊

图 4-22　寄畅园清御廊

楼”、“凌虚阁”等都散点式地布置于池东及池北的位置，向西望去，透过水池对岸整片的山林，惠山的秀姿就隐现在它的后面，近、中、远景一层远似一层，绵延起伏整体联成，园外有园，景外有景。在环翠楼、鹤步滩、秉礼堂等处举目东望，锡山上的龙光塔被借景入园，增加了园林的深度，突破了有限空间的局限。

江南园林布局中这种“巧于因借，精在体宜”的创作原则和方法，也被逐渐借鉴和运用到北方园林中来。北京颐和园谐趣园的前身惠山园，就是摹仿寄畅园修建的。乾隆“辛未（1751 年）春南巡，喜其幽致，携图以归。肖其意于万寿山之东麓，名曰惠山园。”（《日下旧闻考》）

惠山园位于清漪园万寿山的东部，北部有土丘与高出地面 5m 左右的大块岩石，形似万寿山的余脉，这与寄畅园和惠山的关系相似；这里原是地势低洼的池潭，水位与后湖有将近 2m 的自然落差，经穿山引水疏导可成夹谷与水瀑，借景上除西部的万寿山外，登高可览北部园外田野与远处群峰，东面不远就是与清漪园毗连的圆明园，也与寄畅园的借景条件相仿佛，环境幽静深邃，富于山林野趣。

根据上述的造园条件，利用地段北高南低，有巨块裸露岩石的条件，就势壁山削土，引水成石涧、水瀑，在南部低洼处挖土造池，形成一山一水，北实南虚的山水景园的基本态势。水池与山石的“接合部”是园林处理下的一个重点，也是最精心设计、经营的地方，这里对地形进行了较大的改造，通过斩山、授土、叠石、引泉、培植山林，创造了幽深自然，多样变化的景观气氛。建筑的布局上，在岩石顶部建霁清轩，就势组成一组面向北坡的山石景园，庭院建于如斧劈削凿成的整块岩石上，坡度陡而神态粗犷峭拔，由于庭院有意地压缩，气势显得更大。霁清轩入口的垂花门与水池南岸的水乐亭以虚轴线的对位关系把它们在空间中的相对位置进一步明确起来。惠山园南部以水景为中心，水面成曲尺形，水池的四个角都以踦水的廊、桥等分出水湾与水口，使水面有不尽之意，知负桥斜卧波面的意图与寄畅园相同。由于嘉庆年间的改造，在池北岸建起了庞大的涵远堂，破坏了惠山园初期山水紧密结合的构图局面，削弱了自然山水林泉的气氛（图4-23、图4-24）。

图4-23　惠山园长廊

图4-24　惠山园南部水景

3. 划分景区，园中有园

中国园林布局上的一个显著特点，就是用划分景区的办法来获得丰富变化的效果，扩大园林的空间效果，适应人们多种多样的需要。

庭院是中国园林的最小单位。庭院的空间构成比较简单，一般由房、廊、墙等建筑所环绕，在庭院内适当布置山石、花木作为点缀。庭院较小时，庭院的外部空间从属于建筑的内部空间，只是作为建筑内部空间的自然延伸和必要补充。庭院范围较大时，建筑成了庭院自然景观的一个构成因素，建筑附属于庭院整体空间，它的布局和造型更多地受到自然环境的约束和影响。这样的庭院空间就称为小园了。当园林的范围再进一步扩大时，一个独立的小园已不能满足园林造景上的需要，因此，在园林的布局与空间的构成上就产生了许多变化，创造了很多平面与空间构图的方式，这种构图方式最基本的一点，就是把园林空间划分为若干个大小不同、形状不同、性格各异、各有风景主题与特色的小园，并运用对比、衬托、层次、借景、对景等设计手法，把这些小园在园林总的空间范围内很好地搭配起来，组合起来，形成主次分明又曲折有致的体形环境，使园林景观小中见大，以少胜多，在有限空间内获得丰富的景色。这种把一个较大的园林划分成几个性格、特点各不相同的小园的办法，就

是景区的划分。

我国江南的一些私家园林，由于面积有限，一般以处于中部的山池区域作为园林的主要景区，再在其周围布置若干次要的景区，形成主次分明，曲折与开朗相结合的空间布局。园内的主要景区多以写意手法创作山水景观，建筑点缀其间，如无锡的寄畅园、南京的瞻园、苏州的拙政园等。有时，主要景区着重突出某一方面的特点，以形成其特色：有的以山石取胜，如苏州环秀山庄的湖石假山，扬州个园的四季假山，上海豫园的黄石大假山，常熟燕园的黄石与湖石两座假山等；也有的以水见长，如苏州的网师园，广东顺德县的清辉园等。无锡的梅园及解放后新建的广州兰圃花园则以植物作为造园的主题，也很有特色。在较小的景区中一般有多样的题材：有以花木为主的，如牡丹、荷花、玉兰、梅花、竹丛等；有以水景为主的，如水庭、水阁、水廊等；有以石峰为主的，如揖峰轩、拜石轩等；也有混合式的，总之，园林景观一方面要主题突出，形成特色，另一方面又要多种多样，使两者统一起来。

北方离宫型皇家园林的规模比私家园林要大得多，一般都是利用优美的自然山水改造、兴建的，因此，具有多种多样的地形条件，有利于创造多种多样的园林景观。这样就发展成为一种新的规划方法："建筑群、风景点、小园与景区相结合的规划方法。建筑群采取北方的院落形式，一般都具有特定的使用功能。风景点就是散置的或成组的建筑物与叠山理水或自然地貌相结合而构成的一个具有开阔景界或一定视野范围的体形环境。它既是观景的地方，也具有'点景'的作用，是园林成员的要素之一。所谓小园就是一组建筑群与叠山理水或自然地貌所形成的幽闭的或者较幽闭的局部空间相结合，构成一个相对独立的体形环境。无论设置垣墙与否，它都可以成为一座独立的小型园林即所谓'园中之园'。景区是按景观特点之不同而划分的较大的单一空间或区域，它往往包括若干风景点，小园或建筑群在内。由许多建筑群、风景点、小园再结合若干景区而组成的大型园林，既有按景分区的开阔的大空间，也包含着一系列不同形式、不同意趣、有开有合的局部小空间"。北方清代兴建的一些离宫型皇家园林的总体规划一般都采取这种方式进行布局。只是由于园林自然条件上的差别和使用要求上的不同而表现出不同的特点。如避暑山庄根据有群山，有河流、泉水及平原的特点而把全园分为湖泊、平原和山岳三个不同的景区；颐和园则依万寿山和昆明湖的山水条件，把园林分为开阔的前山和幽深的后山两大景区；圆明园由于基本是平地造园，因此以水面为中心进行组景，而依水面大小与水形处理的不同造成不同的特色（如福海景区与后湖景区之不同）。

中国园林的布局注意景区的划分，同时也很注意各景区之间的联系与过渡，使各景区都成为园林整体空间中有机的组成部分，就好像是一部乐曲的几个互相联系的乐章一样。例如，避暑山庄在山区与湖区、平原区相毗连的山峰上，分别建有几座亭子，并在进入山区的峪口地带重点地布置了几组园林建筑，它们既点缀了风景，又起了引导作用，把山区与湖区、平原区联系起来。在颐和园，前山景区与后山景区之间陆路交通联系的交界部位，分别建有"赤城霞起"与"宿云檐"两座城关作为联系与过渡的标志物；从前湖通向后湖的交界部位，布置了石舫作为引导，以长岛分划的曲折河叉作为水面收缩的过渡。在小型园林中，不同景区的分划与过渡，一般以小尺度的山石、绿化或垣墙、洞门等细致的手法进行处理。

园林建筑的布局是从属于整个园林的艺术构思的，是园林整体布局中一个重要的组成部分。上面所谈到的中国园林布局的三个特点，也是园林建筑必须遵循的基本原则。

我国园林崇尚自然的美，追求一种渗透着人们情感与性灵的美的意境，建筑总是服从整个风景环境的统一安排。由于人与建筑的关系最为密切，建筑空间就是一种人的空间，它体现人们的愿望，反映人们在心理和生理上的需求，因此，在园林规划中对建筑的布局从不忽视；中国的园林虽同属自然风景式园林，但由于性质不同，大小不同，园林建筑在性质和内容上也相差很大，因此，建筑物布局的方式也表现出很多差异。

4.2.4　借景

根据上面的推论，园内、园外，也可以认作“室内”、“室外”。园外景物可以是山峦、河流、湖泊，大的建筑组群，乃至村落市镇。把园外景物引入园内，不可能像处理小范围的室内外空间那样，把围合建筑空间的院墙、廊子等手段加以延伸和穿插，唯一的方法是借景，即把园内围合空间的建筑物、山石、树丛等因素作为画面的近景处理，而把园外景物作为远景处理，以组成统一的画面。

借景在园林建筑规划设计中占有特殊的地位。借景的目的是把各种有形、声、色、香上能增添艺术情趣、丰富画面构图的园外因素，引入本园内，使园内空间的景色更具特色和变化。

借景的内容有：借形、借声、借色、借香几种。借景的方法则包括“远借、邻借、仰借、俯借、应时而借”。借景是为创造艺术意境服务的，对扩大空间、丰富景观效果、提高园林艺术质量的作用很大。

1. 借形

借形指把具有一定景致价值的远、近建筑物，建筑小品，以至山、石、花木等自然景物通过对景、框景、渗透等构图手法纳入到视点所在的建筑空间中来，构成层次丰富的画面。

2. 借声

自然界声音多种多样，园林建筑所需要的是能激发感情、颐情养性的声音。如果在园林建筑设计中恰当地运用它们，对于创造别具匠心的艺术空间作用颇大。在我国古典园林中，远借寺庙的暮鼓晨钟，近借溪谷泉声、林中鸟语，秋夜借雨打芭蕉，春日借柳岸莺啼，凡此均可为园林建筑空间增添几分诗情画意。如四川峨眉山清音阁是借声取景的典型事例，在溪涧之间结合地形建有听泉赏瀑的亭台，所有建筑如清音阁、清音亭、洗心亭、洗心台、神功亭等，多以声得景命名，密林深谷终年不息的瀑布声，为整个空间环境增添了浓厚的宗教艺术气氛，使佛门“超尘出世，四大皆空”的思想得到了充分的体现。

3. 借色

园林建筑十分重视在夜景中对月色的因借。杭州西湖的“三潭映月”、“平湖秋月”，避暑山庄的“梨花伴月”等，都以借月色成景而闻名。皓月当空是赏景的最佳时刻，除月色之外，天空中的云霞也是极富色彩和变化的自然景色，所不同的是月出没有一定的规律，可以在园景构图中预先为之留出位置，而云霞出没的变化却十分复杂，偶然性很大，所以常被人忽视。实际上，云霞在许多名园胜景中的作用是很大的，特别于高阜、山巅，不论亭台与否，设计者应该估计到在各种季节气候条件下云霞出没的可能性，把它组织到画面中来。例如避暑山庄中的“四面云山”、“一片云”、“云山胜地”、“水流云在”四景，虽不能说在设计之初就以云组景，但云霞变幻为这四个景点增色不少；此外，对决定建筑景点命名的作用也很大。在园林建筑中随着不同的季节改变，各种树木花卉的色彩也会随之变化，嫩柳桃花

是春天的象征，迎雪的红梅给寒冬带来春意，秋来枫林红叶满山是北方园林入冬前赏景的良好时机；北京香山红叶、杭州西湖断桥残雪都是借色的佳例。

4. 借香

在造园中如何利用植物散发出来的幽香以增添游园的兴致是园林设计中一项不可忽视的因素。广州兰圃以兰著称，每当微风轻拂，兰香馥郁，为园景增添几分雅韵。古典园林中常种植荷花，除取其形、色的欣赏价值外，尤其可贵的是在夏日散发出来的阵阵清香，拙政园中“荷风四面亭”是借香组景的佳例。

园林中借景有远借、邻借之分，把园外景物引入园内的空间渗透手法是远借；对景、框景、利用宅廊互相渗透和利用曲折、错落变化增添空间层次是邻借。不论远借或邻借，它和空间组合的技巧是密不可分的，能否做到巧于因借，更有赖于设计者的艺术素养。

一般来说，在借景中，只要处理好借景对象的选择和设置，以及借景建筑物与借景对象之间的关系，就能够收到良好的借景效果。

“借景有因”，就是说由于处在某种使人触景生情的景物对象，可以用来创造某种艺术意境。上述所举的形、声、色、香，还不足以概括可资因借的对象，大自然中可资因借的对象还有待设计人员进一步的寻觅发掘，并尽量防止一些杂乱无章、索然乏味的实像引入到景中来，所谓“嘉则收之，劣则据之”。北京北海公园外西北侧，前些年所盖的许多体量庞大、造型简单的多层和高层建筑，因为紧接公园，客观上构成“借景对象”，结果使园内外的建筑风格和尺度极不协调，北海公园内的建筑在对比之下都是显得小了，同时还破坏了五龙亭、小西天等建筑群原来的建筑轮廓线。这种教训十分惨痛，应该引以为戒。在实际工作中，为了艺术意境和画面构图的需要，当选择不到合适的自然借景对象时，也可适当设置一些人工的借景对象，如建筑小品、山石、花木等。北京陶然亭公园接待室，于右侧湖面上设置竹亭曲桥作为俯借的对象；天津水上公园一岛茶室，于南堤端设置圆形花架，在后院凿池建亭、池后堆山，既改善了环境，又构成了借景的对象，这些对象可以通过敞廊的门洞里外框景，也可透过茶厅门窗外望而获得丰富的画面层次。在小范围的园林空间中设置人工借景对象，古代庭园中十分普遍，在近代园林中也广泛应用。至于处理借景对象与借景建筑之间关系的问题，应该从设计前的选址、人流路线的组织以及确定适当的得景时机和眺望视角几个方面来考虑。设计前的选址，需要顾及借景的可能性和效果，除认真研究建筑的朝向、对组景效果的影响外，在空间收放上，还要注意结合人流路线的处理问题，或设门、窗、洞口，以收景；或置山石、花木以补景。建筑空间是人流活动的空间，静中观景，视点位置固定，从借景对象所得的画面来看基本上是固定不变的，可以采用一般对景的手法来处理。若是动中观景，由于视点不断移动，建筑物和借景对象之间的相对位置随之变化，画面也就出现多种构图上的变化，为了能获得众多的优美画面，在借景时应该仔细推敲得景时机、视点位置及视角大小的关系。例如在颐和园乐寿堂庭院，临湖廊墙上设量一组形状各异的漏窗，以流动框景的手法，远借昆明湖上龙王庙、十七孔桥、知春亭等许多秀丽的景色，借景的时机、视点位置和角度都很得体，在时机上，这段临湖廊是以乐寿堂为中心通往长廊的过渡空间，一进入长廊，广阔的昆明湖景色即跃入眼前。此外，通过这漏窗借景的过渡，也可收到园林空间景点的预示作用。在视点位置和角度上，由于漏窗景框大小及廊子和借景对象之间的距离恰当，各种借景的画面构图均极优美。

总之，借景是中国园林建筑艺术中特有的一种手法，如果运用恰当，必将收到事半功倍的艺术效果。

4.2.5　比例

比例是各个组成部分在尺度上的相互关系及其与整体的关系。建筑物的比例包含两方面的意义，一方面是指整体上（或局部构件）的长、宽之间的关系；另一方面是指建筑物整体与局部（或局部与局部）之间的大小关系。园林建筑推敲比例与其他类型的建筑有所不同，一般建筑类型只需推敲房屋内部空间和外部体形从整体到局部的比例关系，而园林建筑除了房屋本身的比例外，园林环境中的水、树、石等各种景物，因需人工处理也存在推敲其形状、比例问题。不仅如此，为了整体环境的协调，还特别需要重点推敲房屋和水、树、石等景物之间的比例协调关系。

影响建筑比例的因素有以下几点。

1. 建筑材料

古埃及用条石建造宫殿，跨度受石材的限制，所以廊柱的间距很小；以后用石结构建造拱券形式的房屋，室内空间很小而墙很厚；近代混凝土的崛起，一扫过去的许多局限性，突破了几千年的老框框，园林建筑也为之丰富多彩，造型上的比例关系也得到了解放，如图4-25所示为不同尺寸的三个多立克柱式，从佩斯图姆的多立克柱式到帕提农神庙的多立克柱式再到庞贝古城的多立克柱式，这是一个比例越来越舒展、释放的过程。

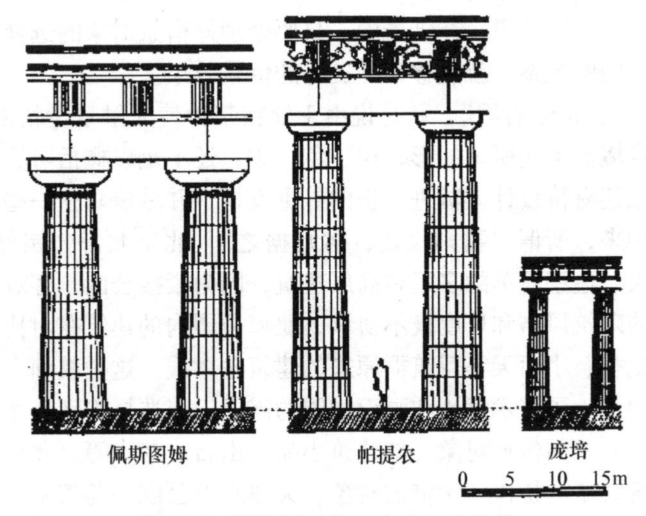

图4-25　不同尺寸的三个多立克柱式

2. 建筑的功能与目的

为了表现雄伟的气势，建造宫殿、寺庙、教堂、纪念堂等都常常采取大的比例，某些部分可能超出人的生活尺度要求。借以表现建筑的崇高而令人景仰，这是功能的需要远离了生活的尺度。这种效果以后又被利用到公共建筑、政治性建筑、娱乐性建筑和商业性建筑中，以达到各种不同的目的（图4-26）。

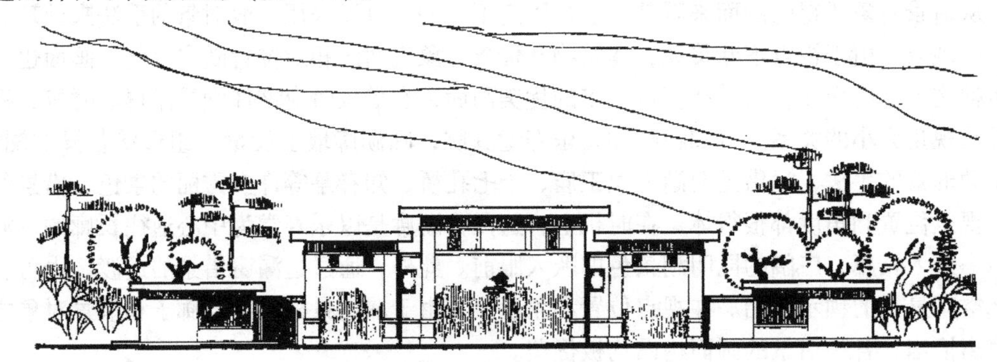

图4-26　北京天坛公园东门

3. 建筑艺术传统和风俗习惯

如中国廊柱的排列与西洋的就不相同，它具有不同的比例关系。我国江南一带古典园林建筑造型式样轻盈清秀，是与木构架用材纤细，如细长的柱子、轻薄的屋顶、高翘的屋角、纤细的门窗栏杆细部纹样等在处理上采用一种较小的比例关系分不开的。同样，粗大的木构架用材，如较粗壮的柱子、厚重的屋顶、低缓的屋角起翘和较粗实的门窗栏杆细部纹样等采用了较大的比例，因而构成了北方皇家园林浑厚端庄的造型式样及其豪华的气势（图 4-27）。现代园林建筑在材料结构上已有很大发展，以钢、钢筋混凝土、砖石结构为骨架的建筑物的可塑性很大，非特别情况不必去抄袭模仿古代的建筑比例和式样，而应有新的创造。在其中，如能适当借鉴一些民族传统的建筑比例韵味，取得神似的效果，也将会别开生面。

a)　　b)

图 4-27　两种不同风格的亭子
a）苏州拙政园松风亭　b）北京故宫耸秀亭

4. 周围环境

园林建筑环境中的水、树姿、石态优美与否是与它们本身的造型比例，以及它们与建筑物的组合关系紧密相关的，同时它们受着人们主观审美要求的影响。水本无形，形成于周界，或溪或池，或涌泉或飞瀑因势而别；树木有形，树种繁多，或高直或低平，或粗壮对称，或婀娜斜探，姿态万千；山石亦然，或峰或峦，或峭壁或石矶，形态各异。这些景物本属天然，但在人工园林建筑环境中，在形态上究竟采取何种比例为宜，则取决于与建筑在配合上的需要；而在自然风景区则情形相反，是以建筑物配合山水、树石为前提。在强调端庄气氛的厅堂建筑前宜取方整规则比例的水池组成水院；强调轻松活泼气氛的庭院，则宜曲折随意地组织堤岸，也可仿曲溪沟泉瀑，但需与建筑物在高低、大小、位置上配合协调。树石设置，或孤植、群植，或散布、堆叠，都应根据建筑画面构图的需要认真推敲其造型比例（图 4-28）。

4.2.6　尺度

与比例密切相关的另一个建筑特性是尺度。在建筑学中，尺度的特性能使建筑物呈现出恰当的或预期的某种尺寸，这是一个独特的似乎是建筑物本能上所要求的特性。我们都乐于接受大型建筑或重点建筑的巨大尺寸和壮丽场面，也都喜欢小型住宅亲切宜人的特点。寓于物体尺寸中的美感，是一般人都能意识到的性质，在人类发展的早期，对此就已经有所觉察。所以，当人们看到一座建筑物尺寸和实际应有尺寸完全是两码事的时候，人们本能地会感到扫兴或迷惑不解。

图4-28　天津水上公园

因此，一个好的建筑要有好的尺度，但好的尺度不是唾手可得的，而是一件需要苦心经营的事情，并且，在设计者的头脑里对尺度的考虑必须支配设计的全过程。要使建筑物能体现良好的尺度，必须把某个单位引到设计中去，使之产生尺度，这个引入单位的作用，就好像一个可见的标杆，它的尺寸，人们可简易、自然和本能地判断出来，与建筑整体相比，如果这个单位看起来比较小，建筑就会显得大；若是看起来比较大，整体就会显得小。

人体自身是度量建筑物的真正尺度，也就是说，建筑的尺寸感，能在人体尺寸或人体动作尺寸的体会中最终分析清楚。因此，常用的建筑构件必须符合人们的使用要求而具有特定的标准，如栏杆、窗台为1m高左右，踏步为30cm左右，门窗为2m左右，这些构件的尺寸一般是固定的，因此，可作为衡量建筑物大小的尺度。

尺度与比例之间的关系是十分亲切的。良好的比例常根据人的使用尺寸的大小所形成。而正确的尺度感则是由各部分的比例关系显示出来的。

园林建筑构图中尺度把握的正确与否，其标准并非绝对，但要想取得比较理想的亲切尺度，可采用以下方法。

1. 缩小建筑构件的尺寸，取得与自然景物的协调

中国古典园林中的游廊多采用小尺度的做法，廊子宽度一般在1.5m左右，高度伸手可及，横楣坐凳栏杆低矮，游人步入其中倍感亲切。在建筑庭园中还常借助小尺度的游廊烘托较大尺度的厅、堂之类的主体建筑，并通道这样的尺度来取得更为生动活泼的协调效果（图4-29）。

要使建筑物和自然景物尺度协调，还可以把建筑物的某些构件加柱子、屋面、基座、踏步等直接用自然山石、树枝、树皮等来替代，使建筑与自然景物得以相互交融。四川青城山有许多用原木、树枝、树皮构筑的亭、廊，与自然景色十分贴切，尺度效果亦佳。现代一些高层大体量的旅馆建筑，亦多采用园林建筑的设计手法，在底层穿插布置一些亭、廊、树、

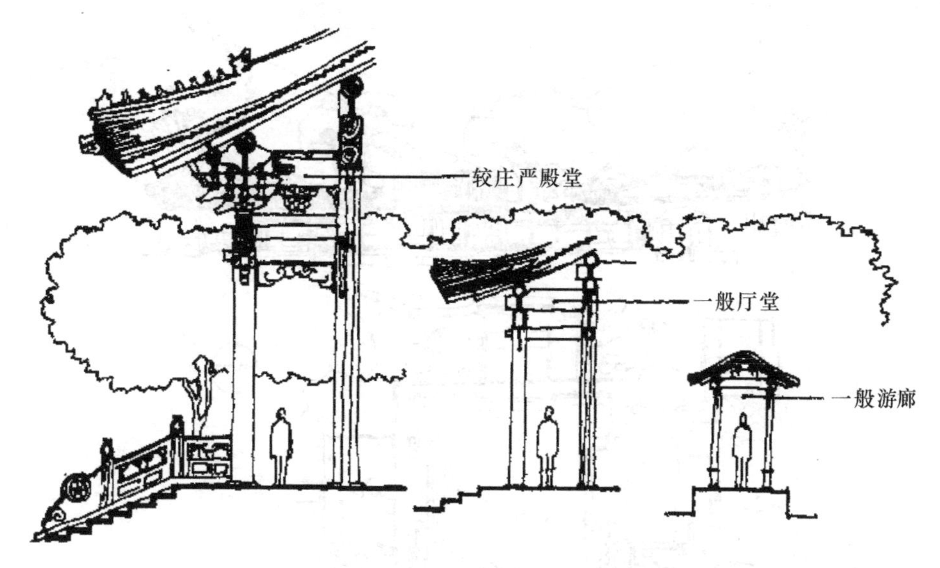

图 4-29　古典建筑厅堂与廊子尺度比较

桥等，用以缩小观景的视野范围，使建筑和自然景物之间互为衬托，从而获得室外空间亲切宜人的尺度（图 4-30）。

2. 控制园林建筑室外空间尺度，避免因空间过于空旷或闭塞而削弱景观效果

这方面，主要与人的视觉规律有关：一般情况，在各主要视点赏景的控制视锥角度为 60°～90°，或视角比值 H∶D（H 为景观对象的高度，在园林建筑中不只限于建筑物的高度，还包括构成画面中的树木、山丘的配景的高度；D 为视点与景观之间的距离）在 1∶1 至 1∶3 之间。若在庭院空间中各个主要视点观景，所得的视角比值都大于 1∶1，则将在心理上产生紧迫和闭塞的感觉；如果小于 1∶3，这样的空间又将产生散漫和空旷的感觉，一些优秀的古典庭园，如苏州的网师园、北京颐和园中的谐趣园、北海画舫斋等的庭院空间尺度基本上都是符合这些视觉规律的（图 4-31）。故宫乾隆花园以堆山为主的两个庭院，四周为大体量的建筑所围绕，在小面积的庭院中堆砌的假山过满过高，致使处于庭院下方的观景视角偏大，给人以闭塞的感觉，而当人们登上假山赏景的时候，却因这时景观视角的改变，不仅觉得亭子尺度适宜，而且整个上部庭院的空间尺度也显得协调，不再有紧迫压抑的感觉（图 4-32）。

图 4-30　广州白云宾馆

以上讨论的问题是如何把建筑物或空间做得比它的实际尺寸明显小些；与此相反，在某些情况下，则需要将建筑物或空间做得比它的实际尺寸明显大些，也就是试图使一个建筑物显得尽可能地大。欲达此目的，办法就是加大建筑物的尺度，一般可采用适当放大建筑物部

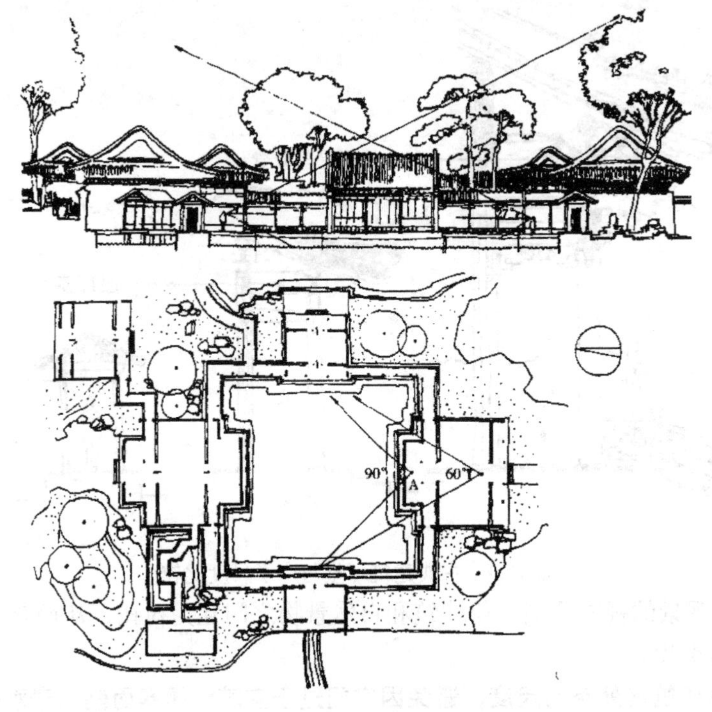

图4-31　北京北海公园画舫斋水庭尺度分析

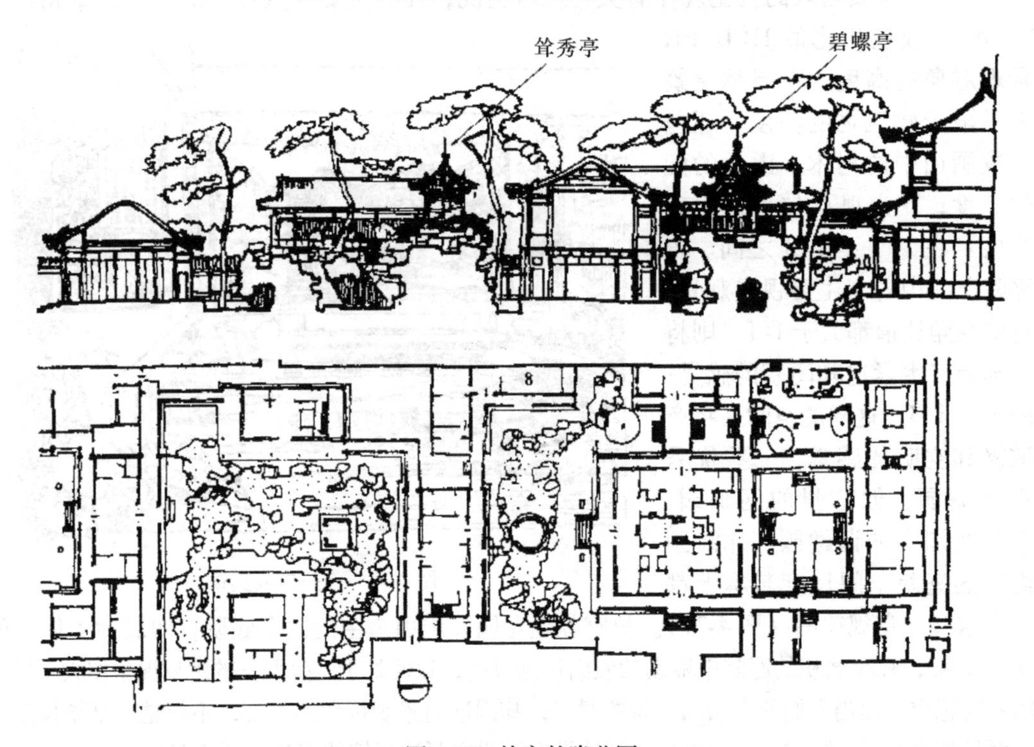

图4-32　故宫乾隆花园

分构件的尺寸来达到，即采用夸张的尺度来处理建筑物的一些引人注目的部位，以突出其特点，给人们留下深刻的印象。例如古代匠师为了适应不同尺度和建筑性格的要求，房屋整体构造有大式和小式的不同做法，屋顶有庑殿、歇山、悬山、硬山，单檐、重檐的区别。为了

加大亭子的面积和高度，增大其体量，可采用重檐的形式，以免单纯按比例放大亭子的尺寸造成粗笨的感觉。古典建筑亭子尺度一般要求亲切，图 4-33a、图 4-33c 的亭子尺度适宜，图 4-33b 的亭子照图 4-33a 的亭子原来形状比例放大成图 4-33c 的亭子的尺寸，由于尺度过大，失去亲切感。

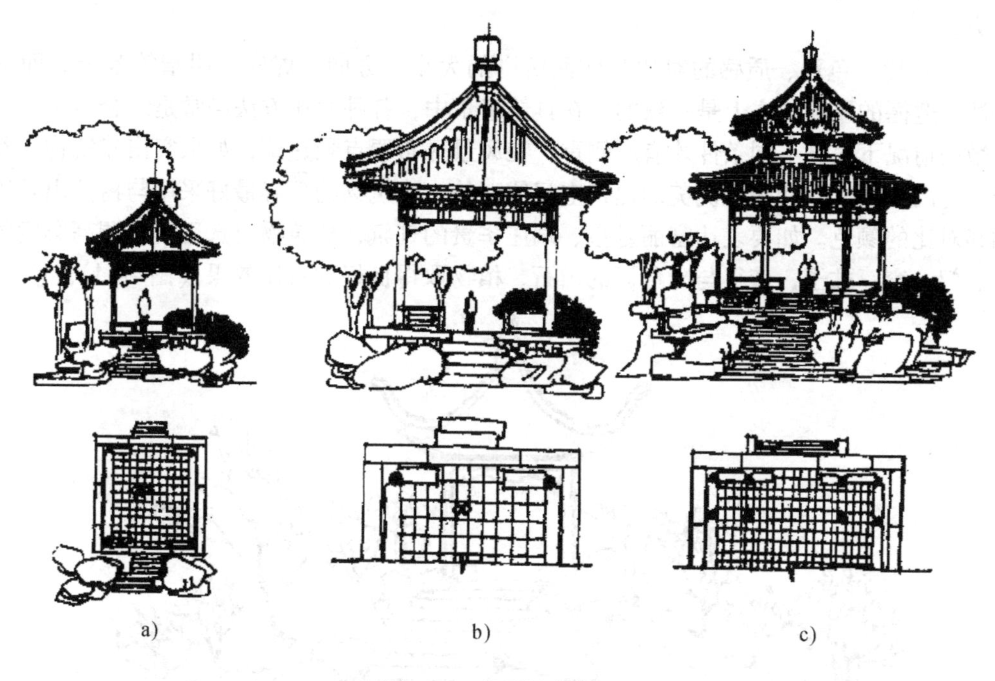

图 4-33　亭子尺度分析

4.2.7　色彩

色彩的处理与园林空间的艺术感染力有密切的关系。形、声、色、香是园林建筑艺术意境中的重要因素，其中形与色范围较广，影响也较大，在园林建筑空间中，无论建筑物、山、石、水体、植物等主要都以其形、色动人。园林建筑风格的主要特征大多也表现在形和色两个方面。我国传统园林建筑以木结构为主，但南方风格体态轻盈，色泽淡雅；北方则造型浑厚，色泽华丽。现代园林建筑采用玻璃、钢材和各种新型建筑装饰材料，造型简洁、色泽明快，引起了建筑形、色的重大变化，建筑风格正以新的面貌出现。园林建筑的色彩与材料的质感有着密切的联系。色彩有冷暖、浓淡的差别，色彩的感情和联想及其象征的作用可给人以各种不同的感受。质感则主要表现在景物外形的纹理和质地两个方面。纹理有直曲、宽窄、深浅之分；质地有粗细、刚柔、隐显之别。质感虽不如色彩能给人多种情感上的联想、象征，但它可以加强某些情调上的气氛。色彩和质感是建筑材料表现上的双重属性，两者相辅共存，只要善于去发现各种材料在色彩、质感上的特点，并利用韵律、对比、均衡等各种构图变化，就有可能获得良好的艺术效果。

运用色彩与质地来提高园林建筑的艺术效果，是园林建筑设计中常用的手法，在应用时应注意下面一些问题。

1. 整体考虑各要素的协调关系

作为空间环境设计，园林建筑对色彩和质感的处理除考虑建筑物外，各种自然景物相互之间的协调关系也必须同时进行推敲，应该使组成空间的各要素形成有机的整体，以利提高空间整体的艺术质量和效果。

2. 处理色彩质感的方法

处理色彩质感的方法，主要是通过对比或微差取得协调，突出重点，以提高艺术的表现力。

(1) 对比　色彩、质感的对比与前面所讲的大小、方向、虚实、明暗等各个方面的处理手法所遵循的原则基本上是一致的。在具体组景中，各种对比方法经常是综合运用的，只在少数的情况下根据不同条件才有所侧重。在风景区布置点景建筑，如果突出建筑物，除了选择合适的地形方位和塑造优美的建筑空间体型外，建筑物的色彩最好采用与树丛山石等具有明显对比的颜色。如要表达富丽堂皇、端庄华贵的气氛，建筑物可选用暖色调高彩度的琉璃瓦、门、窗、柱子，使得与冷色调的山石、植物取得良好的对比效果（图4-34）。

图4-34　建筑与山石、植物形成对比

(2) 微差　微差是指空间的组成要素之间表现出更多的相同性，并使其不同性对比之下可以忽略不计时所具有的差异。园林建筑中的艺术情趣是多种多样的，为了强调亲切、宁静、雅致和朴素的艺术气氛，多采用微差的手法取得协调，突出艺术意境。如成都杜甫草堂、望江亭公园、青城山风景区和广州兰圃公园的一些亭子、茶室，采用竹柱、草顶，或墙、柱以树枝、树皮建造，使建筑物的色彩与质感和自然中的山石、树丛尽量一致，经过这样的处理，艺术气氛显得异常古朴、清雅、自然，耐人寻味，这些都是利用微差手法达到协调效果的典型实例。园林建筑设计，不仅单体可用上述处理手法，其他建筑小品如踏步、坐凳、园灯、栏杆等，也同样可以仿造自然的山石与植物以与环境相协调。

3. 视线距离对色彩与质感的影响

考虑色彩与质感的时候，视线距离的影响因素应予注意。对于色彩效果，视线距离越远，空间中彼此接近的颜色因空气尘埃的影响就越容易变成灰色调；而对比强烈的色彩，其中暖色相对会显得愈加鲜明。在质感方面则不同，距离越近，质感对比越显强烈；随着距离的增大，质感对比的效果也随之逐渐减弱。例如，太湖石是具有皱、透、漏、瘦特点的一种质地光洁呈灰白色的山石，因其玲珑多姿，造型奇特，适宜散置近观，或用在小型庭园空间中筑砌山岩洞穴，如果纹理脉络通顺，堆砌得体，尺度适宜，景致必然十分动人；但若用在

大型庭园空间中堆砌大体量的崖岭峰峦，将在视线较远时，由于看不清山形脉络，不仅达不到气势雄伟的景观效果，反而会给人以虚假和矫揉造作的感觉。若以尺度较大、夯顽方正的黄石或青石堆山，则显得更为自然逼真。

此外，建筑物墙面质感的处理也要考虑视线距离的远近，选用材料的品种和决定分格线条的宽窄和深度。如果视点很远，墙面无论是用大理石、水磨石、水刷石、普通水泥色浆，只要色彩一样，其效果不会有多大区别；但是，随着视线距离的缩短，材料的不同，以及分格嵌缝宽度、深度大小不同的质感效果就会显现出来。

思　考　题

4-1　园林建筑设计的构图规律包括哪些内容？

4-2　园林建筑设计的方法和技法有哪些？

4-3　什么是借景？如何借景？

4-4　比例对园林建筑设计的影响有哪些？

园林单体建筑设计

学习目标

通过本章学习，了解园林单体建筑，如亭、廊、榭、舫和楼阁等，了解掌握这些单体的历史发展、类型、构造特点及设计手法。

5.1 亭

5.1.1 亭的概述

1. 亭的含义

亭，特指一种有顶无墙的小型建筑物，是供行人停留休息的场所。汉代许慎《说文解字》释名："亭，停也，人所停集也。"亭，在园林中是最为常见的建筑，无论是在古典园林或是在现代园林中，各式各样的亭子随处可见。

亭为园林建筑中最基本的建筑单元，园林中亭的功能主要是为了人们在游赏活动过程中驻足休憩、纳凉避雨、眺望景色的需要。亭的功能比较简单，因此设计中，就可以主要从满足园林空间构图的需要出发，灵活安排，最大限度地发挥其艺术特点。其体量小巧者也可以称为园林建筑小品。

在亭的造型上，要结合具体地形，自然景观和传统设计理念并以其特有的娇美轻巧，玲珑剔透形象与周围的建筑、环境结合而构成园林一景。图5-1为杭州"西湖天下景"亭。

2. 亭的历史发展

中国很早就出现了亭，但随着时间的推移、社会的发展，亭的功能和形式后来都发生了很大的变化。亭的性质的演变，大致以魏晋南北朝为界，秦汉以前的亭与隋唐以后的亭，在功能和形式上都不尽相同。汉以前，亭的实用价值高于观赏价值，而隋唐以后，其观赏价值又逐渐超过了实用价值。

汉以前的亭，大致是一种目标显著、四面凌空，又便于登高眺望的较高的建筑物。《说文》给亭下的定义就是："亭有楼。从高省，从丁声。"从各种文献记载以及汉画像石中所描绘的亭的形象，大致是一种建于高台之上，平面多呈正方形的木结构的"楼"，只因其所处的地方不同，而有众多不同的名称。立于城门之上的为"旗亭"，处于市肆之中的为"市亭"，建于行政治所的为"都亭"，筑于边关要地的为"亭障"、"亭隧"。显然，这种楼不

图 5-1　“西湖天下景”亭

是供居住使用的，而是一种用于观察、眺望，从军事需要演化而来的“望楼”。所以《风俗通义》中便讲：“谨春秋国语，缰有寓望，谓今亭也。”因此，从某种意义上讲，汉时的亭是一种建于高台之上，便于眺望，而且具有一定标志性的“楼”。

魏晋以来，随着园林建筑的发展，亭的性质也发生了变化，逐渐出现了供人游览和观赏的亭。建于园林中的亭，现在见到的最早的史料是北魏杨炫之的《洛阳伽蓝记》和郦道元的《水经注》中有关华林园中“临涧亭”的记载。

隋唐以后，亭更成了园林中不可缺少的建筑物。在唐代的某些宫苑中，亭的数量已经远远超过了其他类型的建筑物。与此同时，唐代官吏、士大夫的宅邸、衙署和别业中，也建亭颇多。如王维辋川别业中的“临湖亭”，李德裕平泉别业中的“瀑泉亭”、“流杯亭”，白居易家中的“琴亭”和“中岛亭”等。亭几乎成了园林中的主要景观建筑，并开始逐渐发展成为一种具有代表性的园林建筑形式。

随着亭的功能和性质的转变，亭的建筑造型也发生了很大的变化。唐代的亭，为亭以后的发展奠定了基础，并与沿袭至明清时期的亭大致相像。

宋代，亭的建造更为普遍，此间造亭，已不再是晋唐那样纯粹的因借自然山川取胜，而是把人的主观意念，把人对自然美的认识和追求纳入了建亭的构思之中，开始寻求寓情于物的人工景观的组织了。

宋元之后，亭的建筑造型更趋精细考究。宫苑中的亭常用十字脊，且以琉璃瓦覆顶，显得金碧辉煌，形象华丽。这类屋顶做法，从流传下来的宋元绘画中也可见到。

亭发展到明清时期，造型、性质和使用内容等各方面都比以前又大为发展，不仅在形式上极尽变化之能事，集中了中国古典建筑最富民族特色的屋顶，即便是同一平面形式，由于建筑意匠和手法的不同，也会从艺术形象中体现出不同的性格和风貌。在建筑的艺术与技术两方面，都已达到了十分纯熟而又臻于完善的境地，进入了中国古典亭建筑发展的鼎盛时期。今天我们所见到的亭，绝大部分都是这一时期的遗物。

5.1.2　亭的类型和特点

亭的建筑造型丰富生动，灵活多样，尽管它只是中国建筑体系中较小的一种建筑类型，但它却是“殚土木之功，穷造型之巧”，不但在平面形式上追求变化，而且在屋顶做法和整体造型上，在亭与亭的组合关系上进行创造，产生了许多绚丽多姿、自由俊秀的形体。

以有无围护结构来分，亭的造型分为两大类，开敞的称为“凉亭”，装有隔扇的称为“暖亭”。从建筑形态的完整性来看，又可以分为“亭”和“半亭”。总的说来，影响其造型的决定性因素，主要还是取决于亭的平面形态和屋顶形式，以及它们之间的组合变化。

1. 按亭的平面形态分类

亭的平面形态是中国古典建筑平面形式的集锦，以一般建筑中常见的多种简单的几何形态为最多，如正方形、矩形、圆形、正六边形、正八边形等，另外，也有许多特殊的平面形式，如三角形、五角形、扇形、甚至梅花形、海棠形等，如图5-2所示。在一些较大的空间环境中，还经常运用两种以上的几何形态组合来增加体量，甚至在某些特殊情况下，还采用一些不规则的平面形式，以适应地形的需要。亭的平面形态没有固定的程式，可以随地形、环境，以及功能要求的不同而灵活运用。

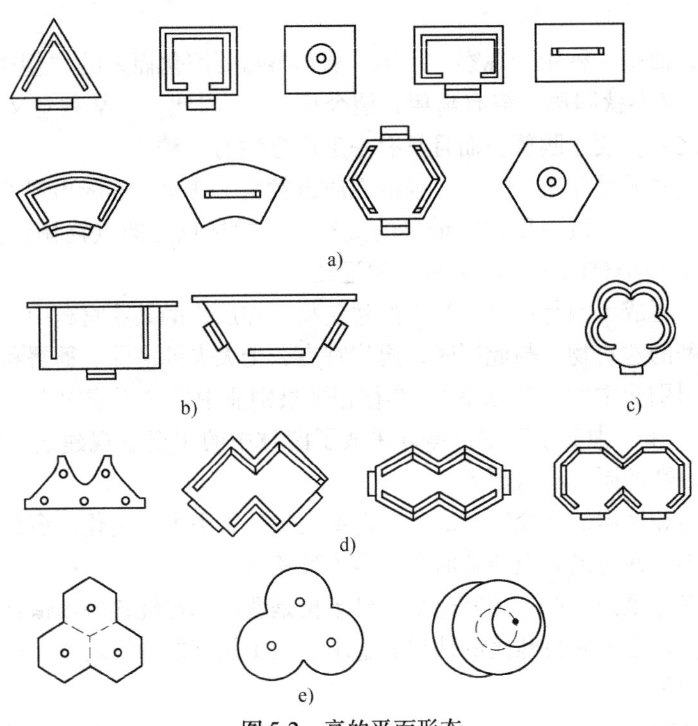

图5-2　亭的平面形态

a）几何形亭　b）半亭　c）仿生亭　d）双亭　e）组合式亭

2. 按亭的屋顶形式分类

亭的屋顶，以各种攒尖顶最为常见，如圆攒尖、方攒尖、三角攒尖、八角攒尖等，有带正脊的屋顶，如庑殿顶、歇山顶、悬山顶、硬山顶、十字脊和盝顶；也有不带正脊的屋顶，加卷棚顶、元宝脊；以及组合形式的勾连搭、抱厦、重檐和三重檐屋顶等；另外还有些非常特殊的屋顶形式，如图5-3所示。总之，亭的屋顶形式不仅能够把作为中国古典建筑特征之

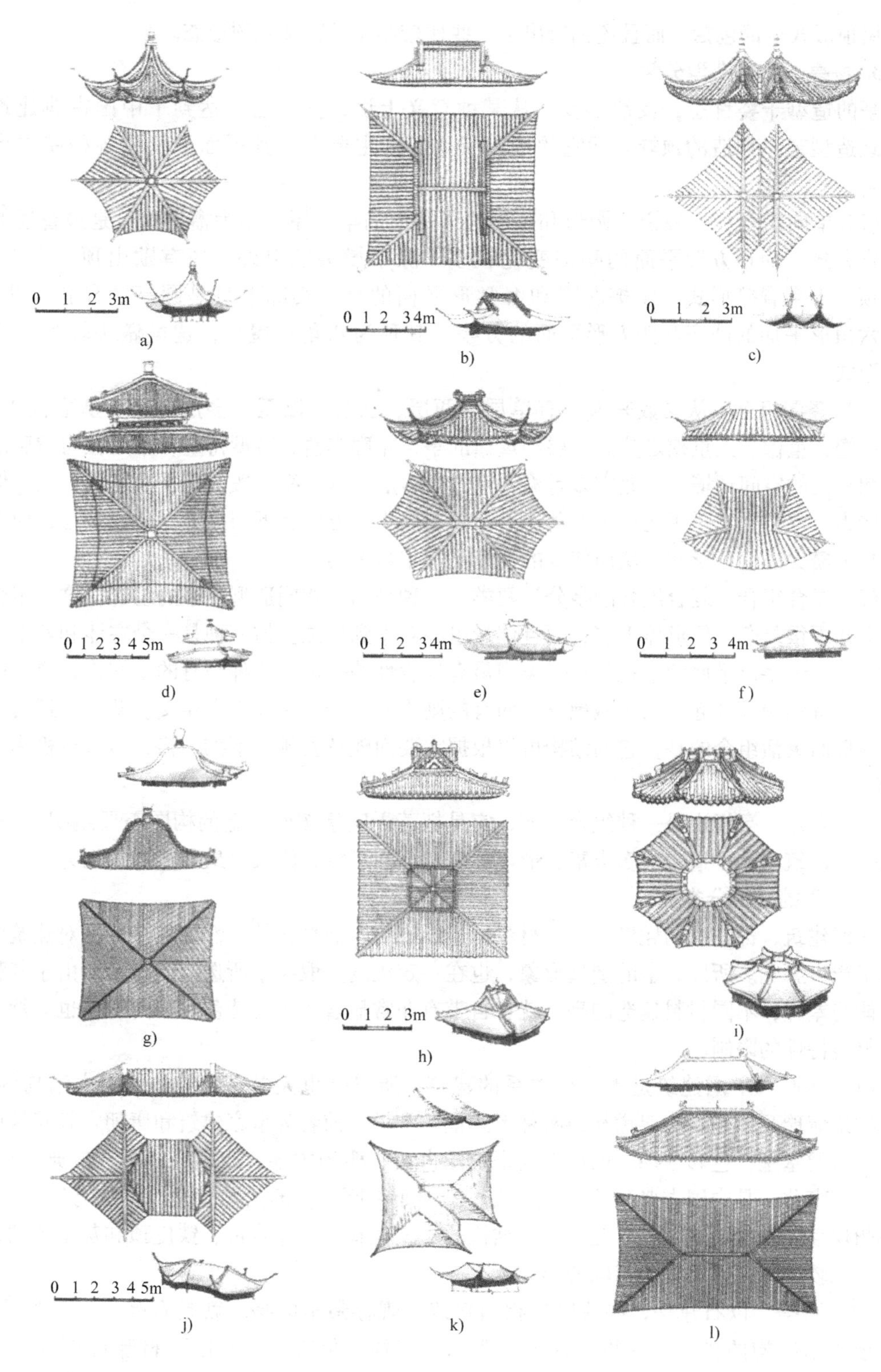

图 5-3　亭顶类型

a）攒尖顶　b）歇山顶　c）攒尖套方　d）重檐攒尖顶　e）攒尖顶　f）扇面亭顶

g）盝顶　h）十字脊屋顶　i）盝顶　j）组合顶　k）曲尺顶　l）庑殿顶

一的屋顶形式全部包括，而且还创造出了一些比较罕见的特殊屋顶形态。

3. 按亭的整体造型分类

亭的造型千姿百态，灵活多变。从某种意义上讲，甚至已经达到了中国古典建筑单体建筑造型艺术创造的顶峰。而它的造型特点，则主要在于其平面形状和各种屋顶形式的组合。

（1）单向组合　一般说，圆形和正多边形平面的亭，屋顶多为攒尖顶，是最普通的一种组合方式。而正方形平面的亭却变化较多，除了攒尖顶以外，还有歇山顶、悬山顶、硬山顶、十字脊等形式。而梅花形和海棠形平面的亭，实际上只是圆亭的异化。此外，还有六角形平面的圆亭和四方形平面的方亭，其顶为八角形屋顶，这类做法较为少见的组合形式。

（2）竖向组合　从层数来看，有单层、两层、三层，以至更多层的亭。从立面上看，又有单檐、重檐、三重檐之分。多层和重檐的亭，轮廓丰富、造型持重，常用在与游廊的结合处和较大的空间环境中。北方多重檐，南方多多层。这类亭一般上下平面结构一致，但也有一些为追求变化，采用底层为八角形平面，上层为正方形，下层檐为六角或多角，而上层檐却是圆攒尖的组合形式，从而使亭的造型更加丰富俊美。

（3）复合组合　复合组合的亭分为两类：一种是两个相同造型的亭的组合，这种组合在结构上并不很复杂，但形体丰富，而且体量也相对得到加强。另一种是一个主体和若干个附体的组合。十字形平面的亭就是这一类中最有代表性的一例：这种亭有的中间为长脊，前后出抱厦；有的中部高起，四面做抱厦；而有的则为两个悬山屋顶十字相交。此外，还有一些根据地形而灵活组合的亭，它的结构可以根据需要而随意安排，不拘一格，造型也极为丰富生动。

（4）亭组　亭组也是一种组合方式，它是把若干座亭按照一定的构图需要组织在一起，形成一个建筑群体，造成层次丰富、形体多变的空间形象，给人以最强烈的感染力。

4. 按亭的材料分类

任何建筑，都是人们凭借一定的材料创造出来的，而材料的特性，也必然会对建筑的造型风格产生影响。所以，亭的造型形象，也在一定程度上取决于所选用的材料。由于各种材料性能的差异，不同材料建造的亭，就各自带有非常显著的不同特色，而同时，也必然受到所用材料特性的限制。

（1）木亭　中国建筑是木结构体系的建筑，所以亭也大多是木结构的。木结构的亭，以木构架琉璃瓦顶和木构架黛瓦顶两种形式最为常见。前者为皇家建筑和唐朝宗教建筑中所特有，富丽堂皇，色彩浓艳；而后者则是中国古典亭榭的主导，或质朴庄重，或典雅清逸，遍及大江南北，是中国古典亭的代表形式。如图5-4所示，苏州乳鱼亭，梁架有明式彩绘，为苏州现存较少的明式木亭。此外，木结构的亭，也有做成片石顶、铁皮顶和灰土顶的，不过一般比较少见，属于较为特殊的形式。

（2）石亭　以石建亭，在我国也相当普遍，现存最早的亭，就是石亭。早期的石亭，大多模仿木结构的作法，斗拱、月梁、明栎、雀替、角梁等，皆以石材雕琢而成。如唐初建造的湖北黄梅破额山上的鲁班亭，就是全部以石材仿造木结构的斗拱、梁架而建造的。庐山秀峰前的两座分别建于宋代和元代的石亭也是如此。明清以后，石亭逐渐摆脱了仿木结构的形式，石材的特性突出了，构造方法也相应的简化，造型质朴，厚重，出

图5-4 苏州乳鱼亭

檐平短，细部简单。有些石亭，甚至简单到只用四根石柱顶起一个石质的亭盖。这种石块砌筑的亭，简洁古朴，表现了一种坚实、粗犷的风貌。然而，有些石亭，为追求错彩镂金、精细华丽的效果，仍然以石仿木雕刻斗拱、挂落，屋顶用石板做成歇山、方攒尖和六角攒尖等。南方一些石亭还做成重檐，甚至达到四层重檐，镂刻精致，富有江南轻巧而不滞重的特点。

(3) 砖亭 砖亭往往有厚重的砖墙，如明清陵墓中所用，但它们仍是木结构的亭，砖墙只不过是用以保护梁、柱及碑身，并借以产生一种庄重、肃穆的气氛，而不起结构承重作用。真正以砖作结构材料的亭，都是采用拱券和叠涩技术建造的。北海团城上的玉翁亭和安徽滁县琅琊山的怡亭，就是全部用砖建造起来的砖亭，与木构亭相比，造型别致，颇具特色。

(4) 茅亭 茅亭是各类亭的鼻祖，源于现实生活，山间路旁歇息避雨的休息棚、水车棚等，即是茅亭的原形。

此类亭多用原木稍事加工以为梁柱，或覆茅草，或盖树皮，一派天然情趣。由于它保留着自然本色，颇具山野林泉之意，所以备受清高风雅之士的赏识。王昌龄曾留有“茅亭宿花影，药院滋苔纹，余亦谢时去，西山鸾鹤群”的诗句，以赞其清雅俊秀之情。于是，不仅山野之地多筑茅亭，就是豪华的宅第和皇宫禁苑内，也都建有茅亭，追求“天然去雕饰”的古朴、清幽之趣。

(5) 竹亭 用竹作亭，唐代已有。孤独及曾作有《卢郎中寻阳竹亭记》：“伐竹为亭，其高，出于林表”。到后来，桥亭亦有以竹为之者。《扬州画舫录》中载：“梅岭春深即长春岭，在保障湖中。岭在水中，架木为玉板桥，上筑方亭。柱、栏、檐、瓦皆镶以竹，故又名竹桥”。可见竹亭应用之广。

由于竹不耐久，存留时间短，所以遗留下来的竹亭极少。现在的竹亭，多用绑扎辅以钉、铆的方法建造。而有些竹亭，梁、柱等结构构件用木，外包竹片，以仿竹形，其余坐凳、椽、瓦等则全部用竹制作，既坚固，又便于修护。

（6）钢筋混凝土结构亭　随着科学的进步，使用新技术、新材料建亭日益广泛。用钢筋混凝土建亭主要有三种方式：第一种是现场用混凝土浇筑，结构比较坚固，但制作细部比较浪费模具；第二种是用预制混凝土构件焊接装配；第三种是使用轻型结构，顶部用钢板网，上覆混凝土进行表面处理。

（7）钢结构亭　钢结构亭在造型上可以有较多变化，在北方需要考虑风压、雪压的负荷。另外屋面不一定全部使用钢结构，可使用其他材料相结合的做法，形成丰富的造型。如北京丽都公园六角亭，高6.45m，柱间距4.0m。

5.1.3　亭的应用

亭子在我国园林中是运用得最多的一种建筑形式。无论是在传统的古典园林中，或是在新建的公园及风景游览区，都可以看到有各种各样的亭子，或伫立于山岗之上；或依附在建筑之旁；或漂浮在水池之畔，以玲珑美丽、丰富多彩的形象与园林中的其他建筑、山水、绿化等相结合，构成一幅幅生动的画面。亭子成了为满足人们“观景”与“点景”的要求而通常选用的一种建筑类型。之所以如此，是由于亭子具有如下的一些特点。

1）在造型上，亭子一般小而集中，有其相对独立而完整的建筑形象。亭的立面一般可划分为屋顶、柱身、台基三个部分。柱身部分一般作得很空灵，屋顶形式变化丰富，台基随环境而异。它的立面造型，比例关系比其他建筑更能自由地按设计者的意图来确定。因此，从四面八方各个角度去看它，都显得独立而完整，玲珑而轻巧，很适合园林布局的要求。

2）亭子的结构与构造，虽繁简不一，但大多都比较简单，施工上也比较方便。过去筑亭，通常以木构瓦顶为主，亭体不大，用料较小，建造方便。现在多用钢筋混凝土结构，也有用预制构件及竹、石等地方性材料的，都经济便利。亭子所占地盘不大，小的仅几平方米，因此建造起来比较自由灵活。

3）亭子在功能上，主要是为了解决人们在游赏活动的过程中，驻足休息、纳凉避雨、纵目眺望的需要，在使用功能上没有严格的要求。单体式亭与其他建筑物之间也没有什么必须的内在联系。因此，可以主要从园林建筑空间构图的需要出发，自由安排，最大限度地发挥其园林艺术特色。

在我国传统的园林中，建筑的份量比较大，其中亭子在建筑中占有相当的比重。在颐和园、北海、避暑山庄等这类大型的皇家园林中，亭子不占突出的地位，但在一些重要的观景点及风景点上却少不了它。在江浙一带的私家园林及广东的岭南园林等规模较小的园林中，亭子的作用就显得更为重要，有些亭子常常成为组景的主体或构图的中心。在杭州、桂林、黄山、武夷山、青岛这类风景游览胜地，亭子就成了为自然山水“增美”的重要点缀品，应用得更为自由、活泼。

我国园林中亭子的运用，最早的史料开始于南朝和隋唐时代。距今已有约一千五百年的历史。据《大业杂记》载：隋炀帝广辟地周二百里为西苑（在今洛阳），“其中有逍遥亭，八面合成，结构之丽，冠绝今古。”又《长安志》载唐大内的三苑中皆筑有观赏用的园亭，其中“禁苑在宫城之北，苑中官亭凡二十四所。”从敦煌莫高窟唐代修建的洞窟壁画中，我们可以看到那个时代亭子的一些形象的史料：那时亭的形式已相当丰富，有四方亭、六角亭、八角亭、圆亭；有攒尖顶、歇山顶、重檐顶；有独立式的，也有与廊结合的角亭等，但多为佛寺建筑，顶上有刹。此外，西安碑林中现存宋代摹刻的唐兴庆宫图中，沉香亭是面阔三间的重檐攒尖顶方亭，相当宏丽壮观。这些资料都说明：唐代的亭子，已经基本上和沿袭至明清时代的亭是相同的。唐代园林中及游宴场所，亭是很普遍使用的一种建筑，官僚士大夫的邸宅、衙署、别业中筑亭甚多。据史书记载，唐代的统治阶级到了炎热的季节，建有凉殿或“自雨亭子”，这种自动下雨的亭子，每当暑热的夏天，雨水从屋檐上往四外飞流，形成一道水帘，在亭子里就会感到凉快。

到了宋代，从绘画及文字记载中所看到的亭子的资料就更多了。宋史《地理志》记载徽宗“叠石为山，凿池为海，作石梁以升山亭，筑土岗以植杏林。”著名的汴梁艮岳，是利用景龙江水在平地上挖湖堆山，人工造园。其中亭子很多，形式也很丰富，并开始运用对景、借景等设计手法，把亭子与山水绿化结合起来共同组景，从北宋王希孟所绘《千里江山图》中，我们还可以看到那时的江南水乡在村宅之旁，江湖之畔建有各种形式的亭、榭，与自然环境非常融洽。

明、清以后还在陵墓、庙宇、祠堂等处设亭。此外，还有路亭、井亭、碑亭等，现存实物很多。园林中的亭式在造型、形式、使用各方面都比以前大为发展。今天在古典园林中看到的亭子，绝大部分是这一时期的遗物。《园冶》一书中，还辟有专门的篇幅论述亭子的形式、构造及选址等。

随着新园林的建设与发展，以及古典园林的保护与重建，园林建筑中的亭也取得了很多的成就。在建筑的造型风格上，既继承和发扬了祖国建筑的优良传统，又致力于革新的尝试，根据不同的地形和环境，结合山石、绿化，做到灵活多变，形式丰富。同时，还根据我国各地区的气候特点与传统作法，运用各种地方性材料，用水泥塑制成竹、木等模仿自然的造型，很富地方特色。在使用功能上，还利用亭子作为小卖部、图书、展览、摄影、儿童游戏等用途，更好地为人民群众服务。

5.1.4　亭的设计要点

每个亭都有其不同的特点，不能千篇一律。在设计时要根据周围的环境、整个园林布局，以及设计者的意图来进行设计。

1. 亭的造型

亭的造型多种多样，一般小而集中，向上独立而完整，玲珑而轻巧活泼，其特有的造型增加了园林景致的画意。亭的造型主要取决于其平面形状、平面组合及屋顶形式等。在设计时要各具特色，不能千篇一律；要因地制宜，并从经济和施工角度考虑其结构；要根据民族的风俗、爱好及周围的环境来确定其色彩。

在造型上要结合具体地形、自然景观和传统设计，并以其特有的娇美轻巧、玲珑剔透的

形象与周围的建筑、绿化、水景等结合，构成园中一景。

2. 亭的体量

亭的体量不论平面、立面都不宜过大过高，一般小巧而集中。亭的直径一般为3~5m，还要根据具体情况来确定。亭的面阔用L来表示，各部分尺寸如下：

柱高　$H=0.8\sim0.9L$

柱径　$D=0.07L$

台基高　$0.1\sim0.25H$

亭体量大小要因地制宜，根据造景的需要而定。如北京颐和园的廓如亭，为八角重檐攒尖顶，面积约130m^2，高约20m，由内外三层24根圆柱和16根方柱支撑，亭体舒展稳重，气势雄伟，颇为壮观，与颐和园内部环境非常协调。

3. 亭的比例

古典亭的亭顶、柱高、开间三者在比例上有密切关系，其比例是否恰当，对亭的造型影响很大（图5-5）。

一般情况下，亭子屋顶高度是由屋顶构架中每一步的举架来确定的。每一座亭子的每一步举折不同，即使柱高完全相同，屋顶高度也会发生变化。但根据我国南北方气候等条件的不同，其举折高度也确实有差异。类型的不同以及环境因素对其比例影响较大，如南方屋顶高度大于亭身高度，而北方则反之。

另外由于亭的平面形状的不同，开间与柱高之间有着不同的比例关系，四角亭，柱高（H）：开间（L）$=0.8:1$，举架出檐长度（B）$=3/10H$但不应大于檐棱与金棱的水平中距；六角亭，柱高：开间$=1.5:1$；八角亭，柱高：开间$=1.6:1$。

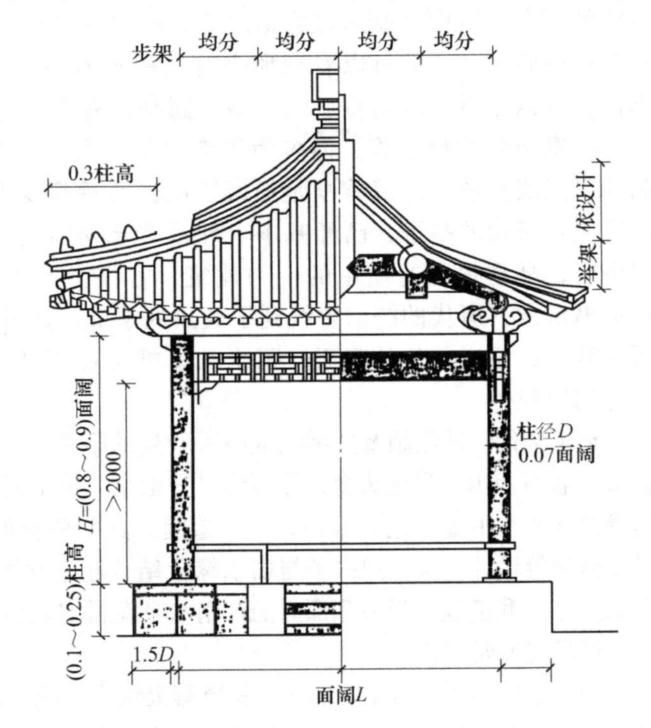

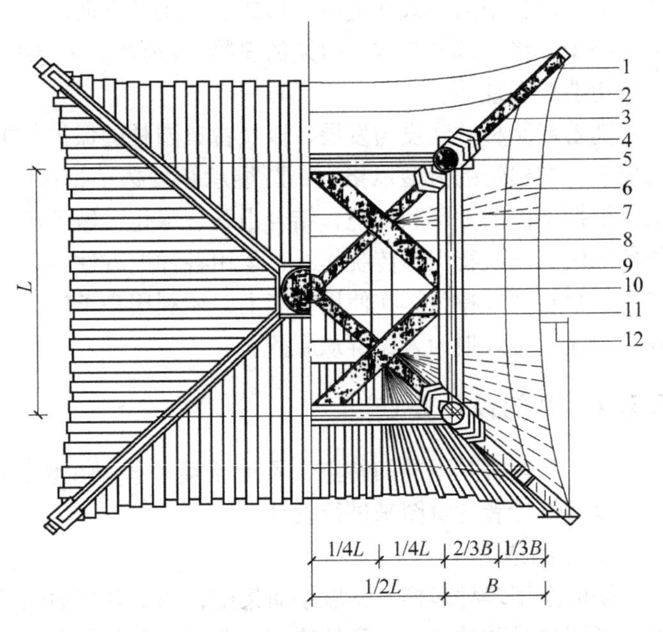

图5-5　亭的比例关系

1—仔角架　2—霸王拳　3—老角梁　4—花梁头　5—檐柱　6—飞檐椽　7—檐椽　8—抹角梁　9—檐檩　10—雷公柱　11—由戗　12—翼角平山宽

4. 亭的装饰

亭在装饰上既可复杂也可简单，既可精雕细刻，也可不加任何装饰，构成简洁质朴的亭。北京颐和园的亭，为显示皇家的富贵，大多进行了良好的装饰。精致的细部雕琢装饰，能使亭的形象更为生动，亲切宜人。杜甫草堂的茅草亭，则使人感到自然、纯朴。

花格是亭装饰必不可少的构件，它既能加强亭本身的线条、质感和色彩，又能使其通透、灵巧；挂落与花牙为精巧的装饰，具有玲珑、活泼的效果，更能使亭的造型丰富多彩；鹅颈靠椅（美人靠）、坐凳及栏杆，可供游人休息，若能处理的恰当更能协调立面的比例，使亭的形象更为匀称；亭内设漏窗能丰富景物，增加空间层次。

亭的色彩，要根据环境、风俗、地方特色、气候、爱好等来确定：由于沿袭历史传统，南方与北方不同，南方多以深褐色等素雅的色彩为主；而北方则受皇家园林的影响，多以红色、绿色、黄色等艳丽色彩为主，以显示富丽堂皇。在建筑物不多的园林中应以淡雅的色调为主。

5. 位置的选择

亭的作用主要供游人游览、休息、赏景。在园林布局中，其位置选择极其灵活，既可与山结合共筑成景，如山巅、山腰台地、悬峭峰、山坡侧旁、山洞洞门、山谷溪涧等处；也可临水建亭，如临水的岸边、水边石矶、水中小岛、桥梁之上都可设立；还可以平地设亭，设置在密林深处、庭院一角，花间林中、草坪之中、园路中间以及园路侧旁的平坦之处，或与建筑相结合。亭的位置的选择不受格局所限，可独立设置，也可依附其他建筑物而组成群体，更可结合山石、水体、大树等，得其天然之趣，充分利用各种奇特的地形基址创造出优美的园林意境。

5.1.5　亭的构造与做法

1. 亭顶

（1）亭顶构架做法

1）伞法（图 5-6）。伞法为攒尖顶构造做法，模拟伞的结构模式，不用梁而用斜戗及枋组成亭的攒顶架子，边缘靠柱支撑，即由老戗支撑灯芯木，而亭顶自重形成了向四周作用的横向推力，它将由檐口处一圈檐梁和柱组成的排架来承担。但这种结构整体刚度毕竟较差，一般多用于亭顶较小、自重较轻的小亭、草亭或单檐攒尖顶亭，或者在亭顶内上部增加一圈拉结圈梁，以减小推力，增加亭的刚度。

2）大梁法（图 5-7）。一般亭顶构架可用对穿的一字梁，上架立灯芯木即可。较大的亭顶则用两根平行大梁或相交的十字梁，来共同分担荷载。

3）搭角梁法（图 5-8）。在亭的檐梁上首先设置抹角梁，与脊（角）梁垂直，与檐成 45°，再在其上交点处立童柱，童柱上再架设搭角重复交替，直至最后收到搭角梁与最外圈的檐梁平行即可，以便安装架设角梁或脊。六角亭与八角亭上层搭角梁也相应成立，八角形以便架设老戗，梁架下可做轩或天花，也可开敞。

4）扒梁法（图 5-9）。扒梁有长短之分，长扒梁两头一般搁于柱子上，而短扒梁则搭在长扒梁上。用长短扒梁叠合交替，有时再辅以必要的抹角梁即可。长扒梁过长则选材困难，也不经济，长短扒梁结合，则取长补短，圆角、多角攒亭都可采用。

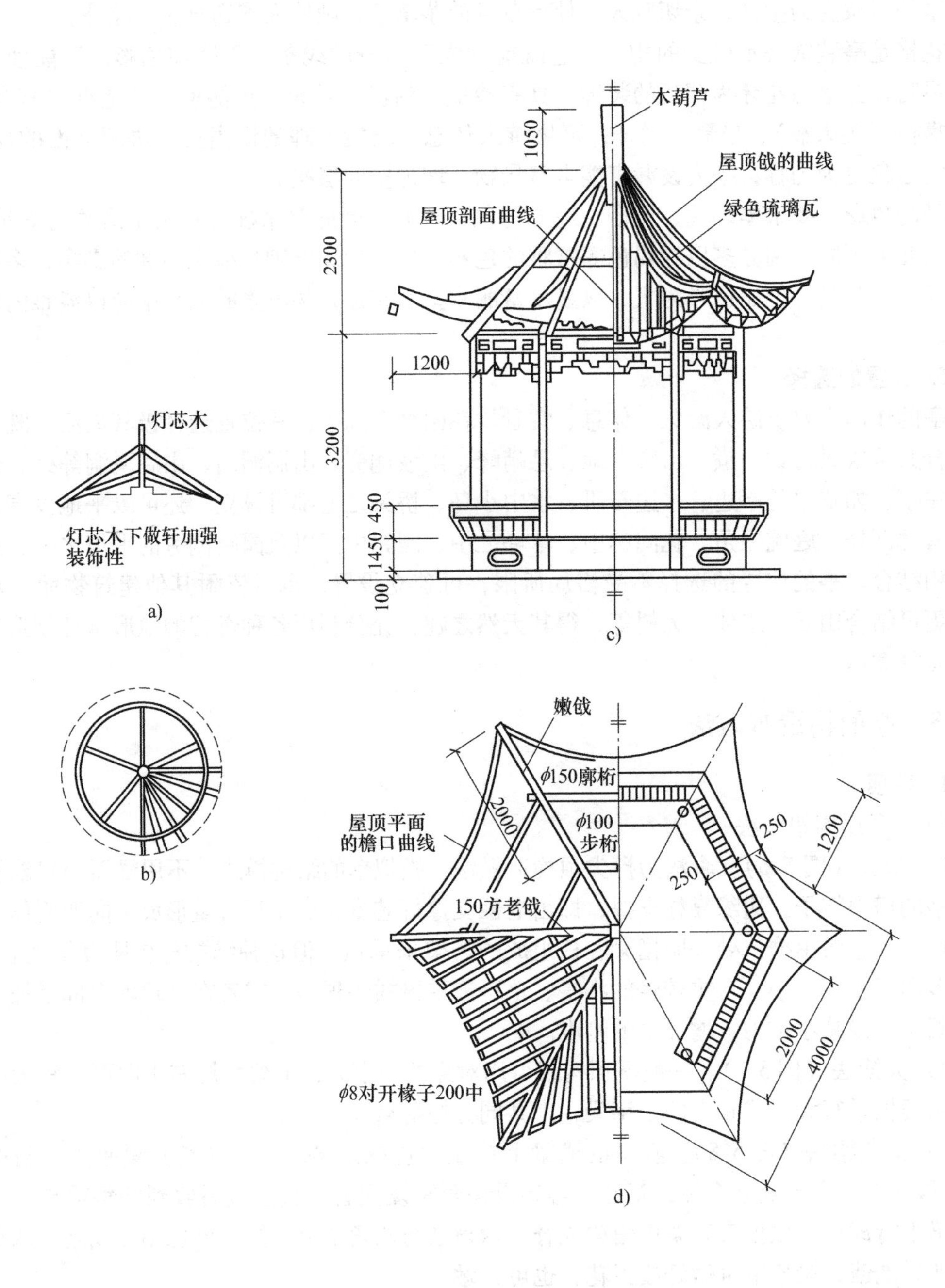

图 5-6　伞法

a）亭顶结构剖面图　b）亭顶结构仰视图　c）亭立面图、剖面图　d）亭顶屋面图，平面图

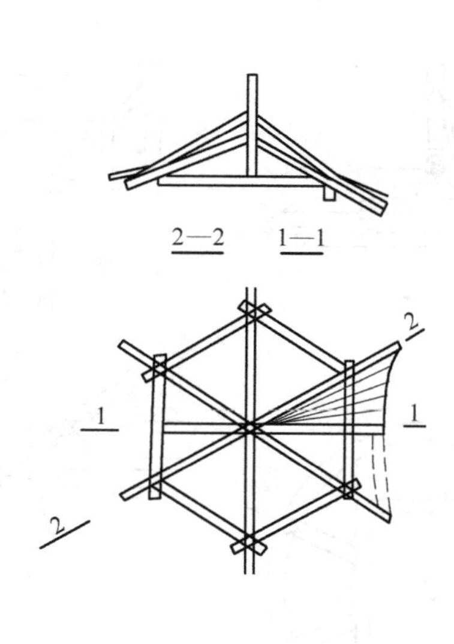

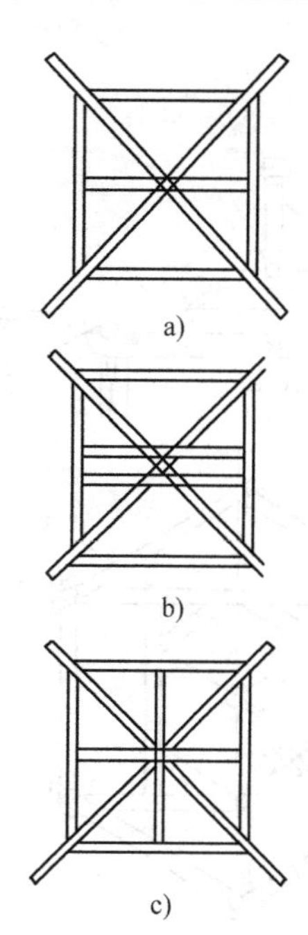

图5-7 大梁法
a）一字梁 b）平行梁 c）十字架

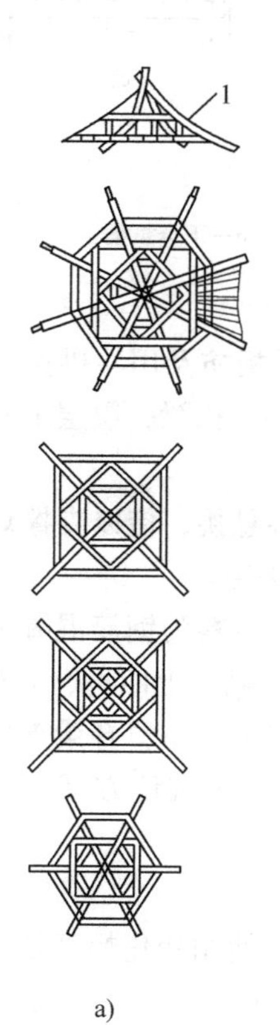

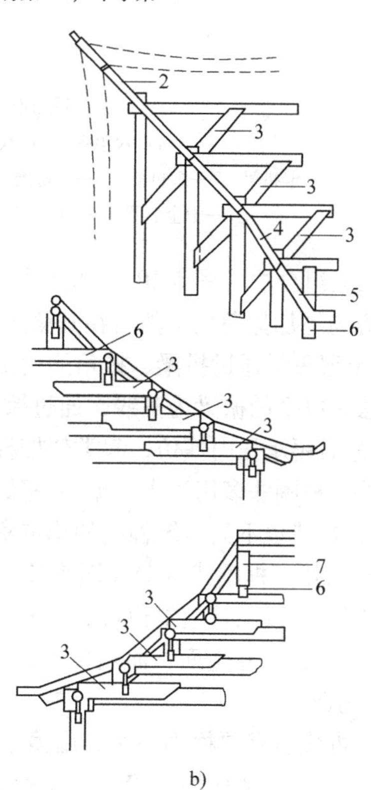

图5-8 搭角梁法
a）抹角梁 b）图解
1—童柱 2—角梁 3—抹角梁 4—由戗 5—脊由戗 6—太平梁 7—雷公柱

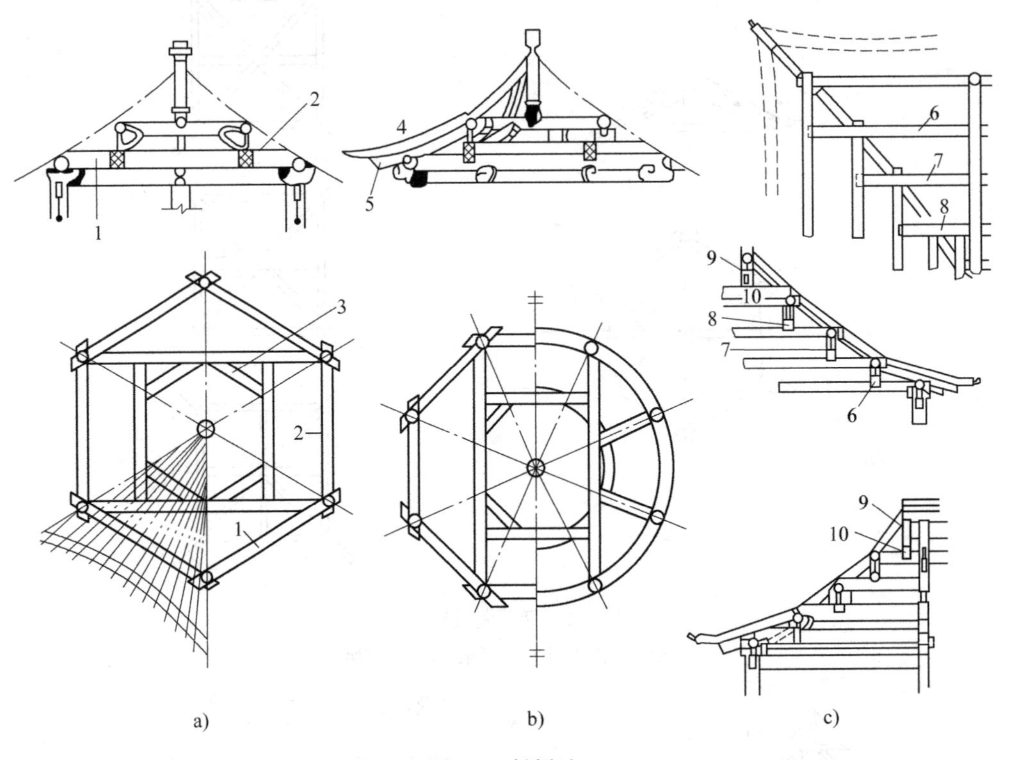

图5-9　扒梁法

a）六角亭　b）八角亭圆亭　c）图解

1—卡扒梁　2—短扒梁　3—搭角梁　4—仔角梁　5—老角梁　6—下金扒梁

7—中金扒梁　8—上金扒梁　9—雷公柱　10—太平梁

5）抹角扒梁组合法（图5-10）。在亭柱上除设竹额枋、千板枋及用斗拱挑出第一层屋檐外，在45°方向施加抹角梁，然后在其梁正中安放纵横交圈井口扒梁，层层上收，视标高需要立童柱，上层重量通过扒梁、抹角梁而传到下层柱上。

6）杠杆法。以亭的檐梁为基线，通过檐桁斗拱等向亭中心悬挑，借以支撑灯芯木。同时以斗拱的下昂后尾承托内拽仿，起类似杠杆作用使内外重量平衡。

7）框圈法。框圈法多用于上下檐不一致的重檐亭，特别当材料为钢筋混凝土时，此种方法构思大胆，创造也不失传统神韵的构造章法，更符合力学法则。上四角、下八角重檐亭（图5-11）由于采用了框圈式构造（图5-12），上下各一道框圈梁互用斜脊梁支撑，形成了刚度极好的框圈架，因此其上重檐可自由设计，四角八角可以，天圆地方（上檐为圆，下檐为方形）也可以，别开生面，面貌崭新。

（2）亭顶构造

1）出檐。古代虽有“檐高一丈，出檐三尺”之说，但实际使用变化幅度很大，明清殿阁多沿用此值，而江南清代榭出檐约1/4檐高，即在750～1000mm间，现在也有按柱高的40%～60%设计，出檐则大于1000mm。

2）封顶。明代以前多不封顶，而以结构构件直接作装饰。明代以后，由于木材量少，木工工艺水平下降，装饰趣味转移，出现了屋盖结构做成草盖而以天花（棚）全部封顶的

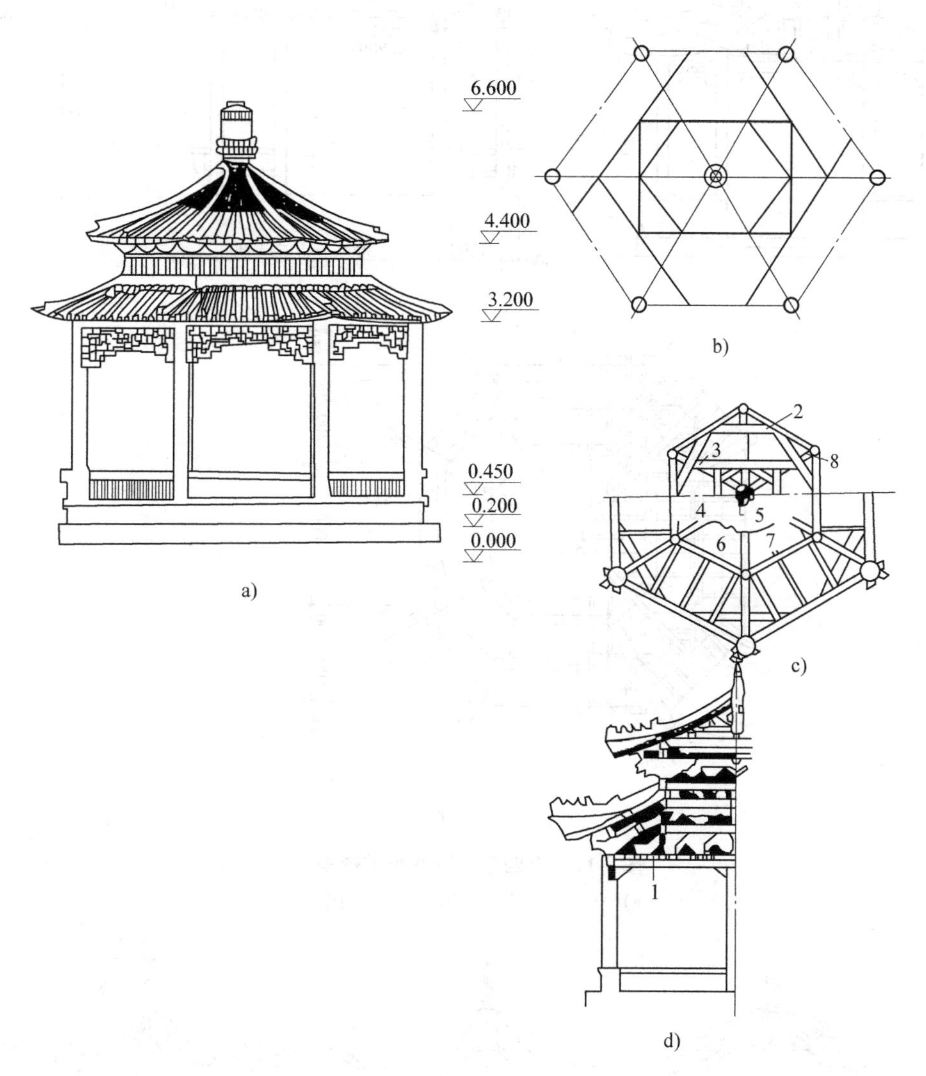

图5-10　抹角扒梁组合法

a）立面图　b）平面图　c）仰视图　d）剖面图

1—垂莲柱　2—抹角梁　3—扒梁　4—雷公柱　5—由戗　6—上檐　7—斗拱　8—上檐角梁

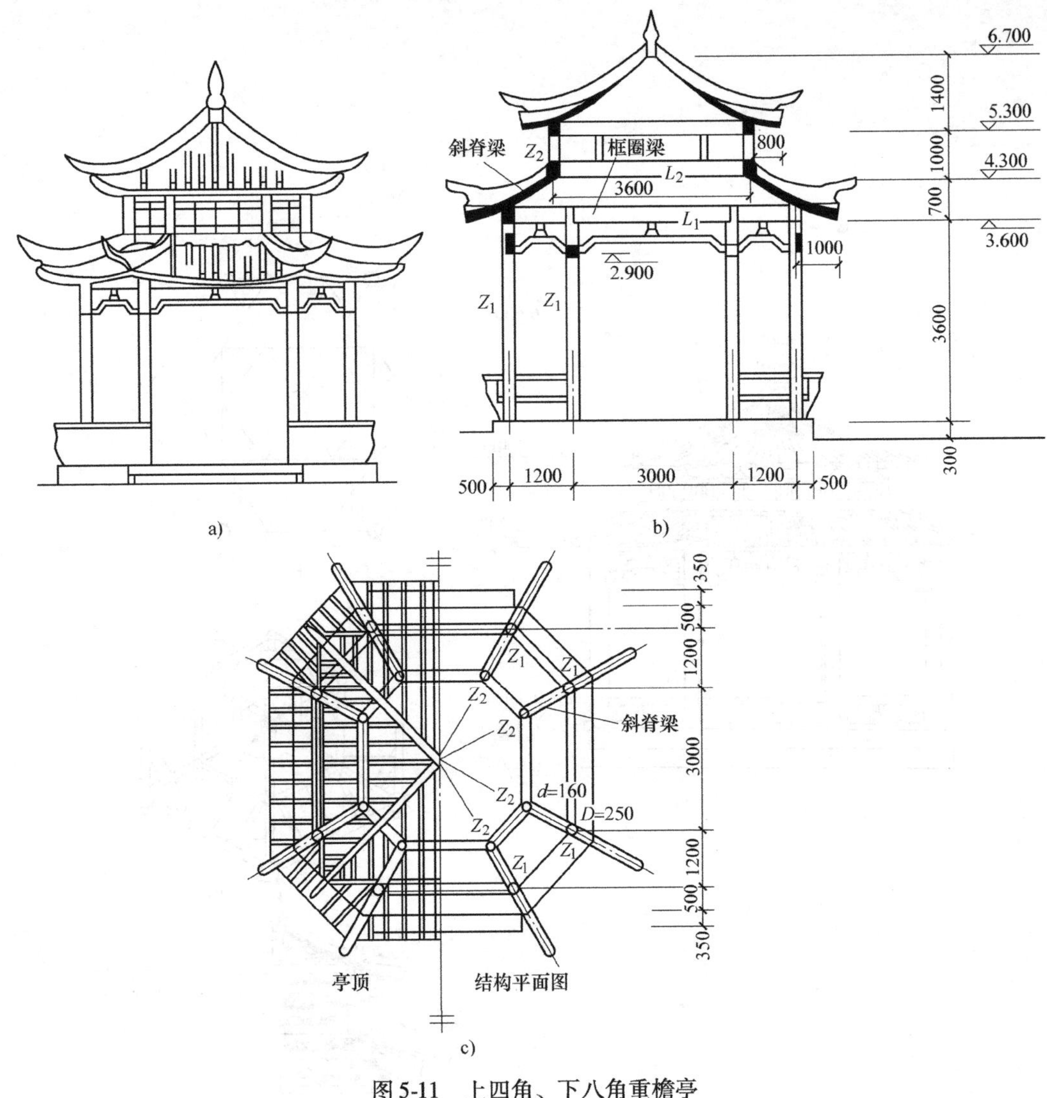

图 5-11　上四角、下八角重檐亭

a）立面图　b）剖面图　c）平面图

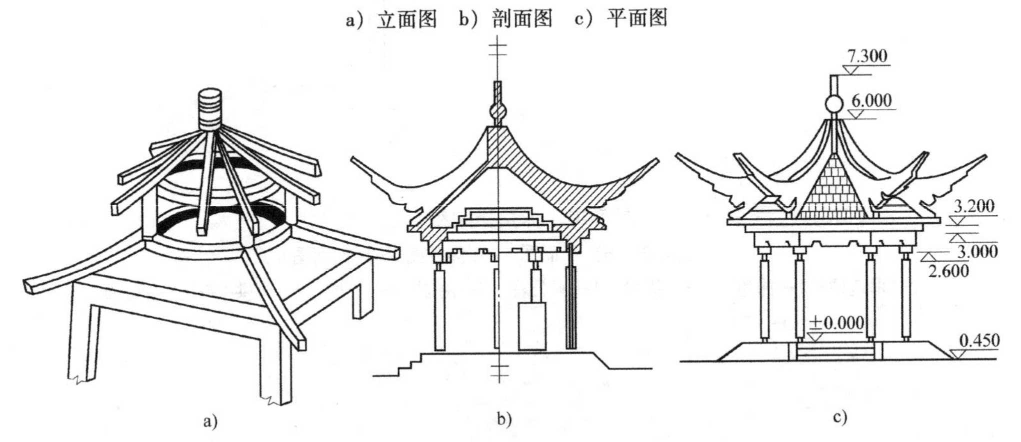

图 5-12　框圈式构造示意及实例

a）透视图　b）剖面图　c）立面图

做法。当时封顶的办法有：①天花（棚）全封顶；②抹角梁露明，抹角梁以上用天花（棚）封顶，如苏州艺圃乳鱼亭，宁波天一阁前的方亭；③抹角梁以上，斗入藻井，逐层收顶，形成多层弯式藻井；④将瓜柱向下延伸做成垂莲悬柱，瓜柱以上部分，可以露明，也可以做成构造轩式封顶。形式上，明初多为船篷轩，清代则有鹤颈、一支香、茶壶档、菱角式等，如苏州狮子林真趣亭，绍兴鲁迅故居后院小方亭。

挂落常设于亭的梁仿下，因其形犹如挂起垂落下的小帷幕，故名“挂落”，宋代后才普遍设置。

2. 柱

柱的构造依材料而异，有水泥、石块、砖、树干、木条、竹竿等，亭一般无墙壁，故柱在支撑及美观方面的作用都极为重要。柱的形式有方柱（海棠柱、长方柱、正方柱等）、圆柱、多角柱、梅花柱、瓜楞柱、多段合柱、包镶柱、拼贴梭柱、花篮悬柱等。柱的色泽各有不同，可在其表面上绘成或雕成各种花纹以增加美观。

3. 亭基

亭基多以混凝土为材料，若地上部分负荷较重，则需加钢筋、地梁；若地上部分负荷较轻，如用竹柱、木柱盖以稻草的亭，则仅在亭柱部分掘穴以混凝土做成基础即可。

5.1.6　亭的设计实例介绍

现代亭可用材料较多，如竹、木、茅草、砖、瓦、石、混凝土、轻钢、金属、铝合金、玻璃钢、镜面玻璃、充气塑料、帆布等。

1. 平板亭（图 5-13 ~ 图 5-20）

平板亭包括伞亭、荷叶亭等，造型简洁清新，组合灵活，尤其以钢筋混凝土为材料者居多，并可兼作售货亭、茶水亭以及路亭。因此，现在发展出来由八角形板、环形板、镂空板多角形组成的平板亭，或是在平板亭的基础上发展出来的涂有鲜艳色彩的蘑菇亭，或是在平板亭的顶上加以传统的伞顶成伞亭、荷叶亭等。

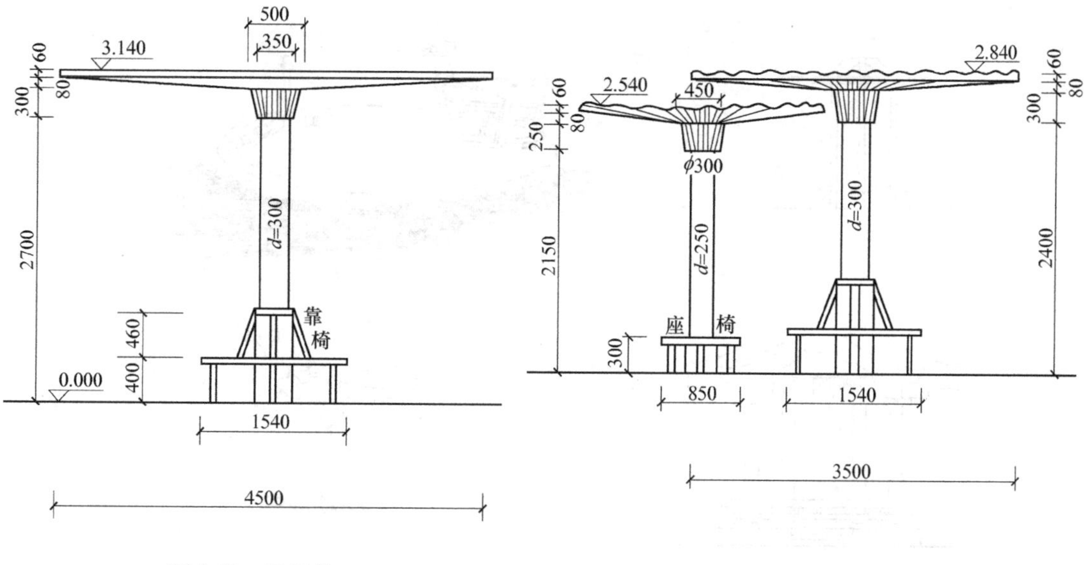

图 5-13　平板亭　　　　图 5-14　荷叶亭

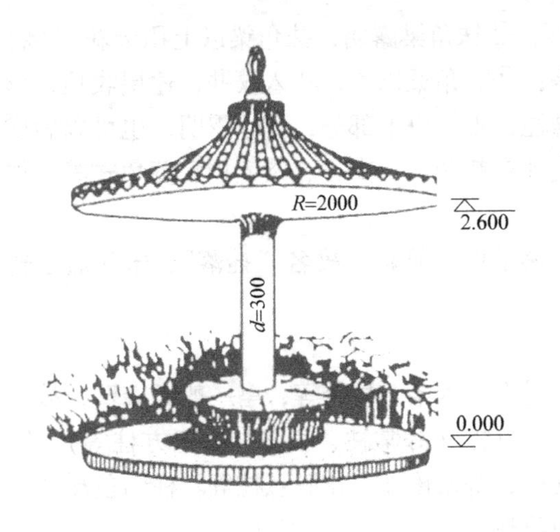

图5-15　伞亭

图5-16　六角板亭

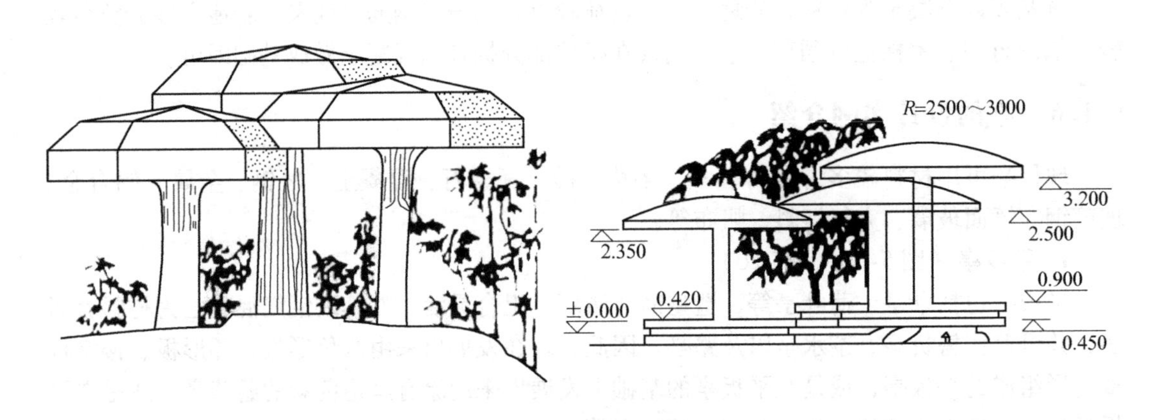

图5-17　类灵芝菌组亭

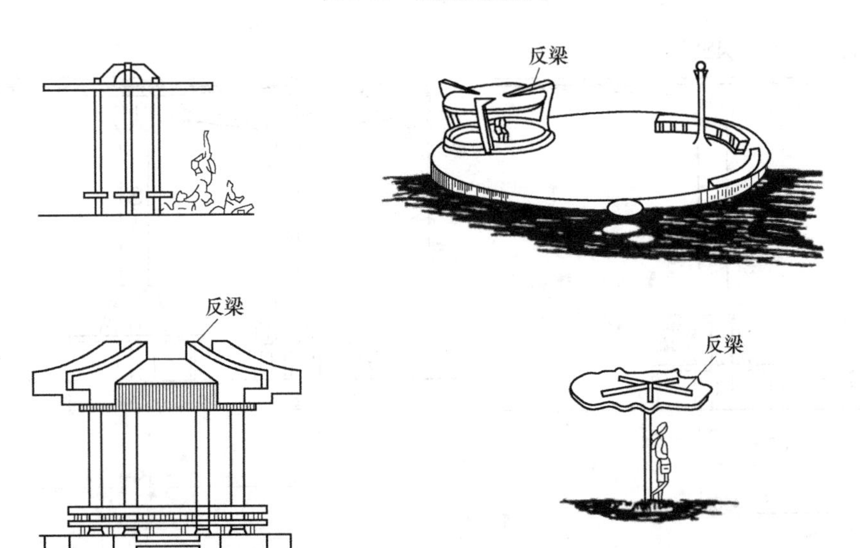

图5-18　平板反梁亭

图 5-19　板亭及其衍生亭

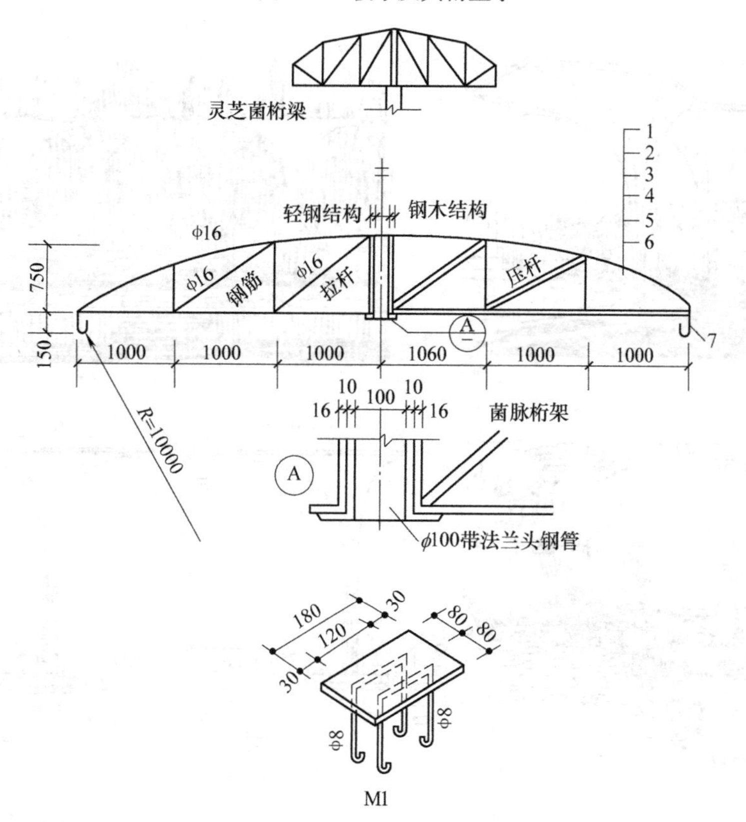

图 5-20　蘑菇亭及菌脉板顶构造示意图

2. 组合构架亭

1）混凝土组合构架亭（图5-21）可塑性好，节点易处理，但构架截面尺寸设计时不易权衡，按理论尺寸会显得笨拙、臃肿，导致遮光过多，若能在设计中使用一些高强轻质材料，诸如玻璃、钢、合金钢等材料，则能粗中有细，对比效果好，明快多彩（图5-22）。有时出于仿生设计构思需要，可借助钢管等轻钢高强材料，组成钢筋混凝土构架亭，表面还可外涂丙烯酸醋涂料或喷涂彩色砂浆，即成色彩艳丽的一组牵牛花伞亭（图5-23）。

图5-21　长颈鹿馆

图5-22　盔形拱亭

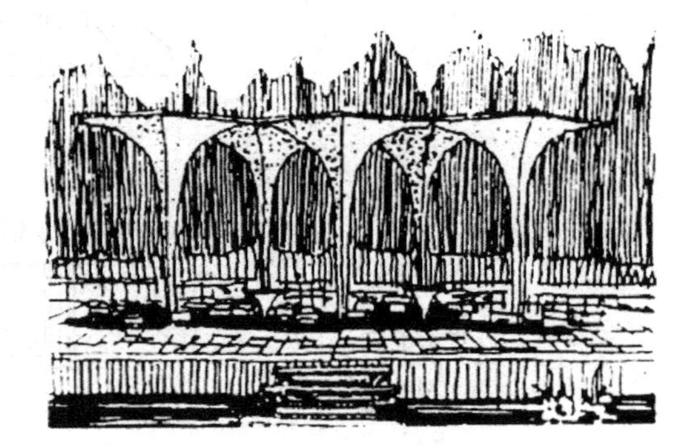

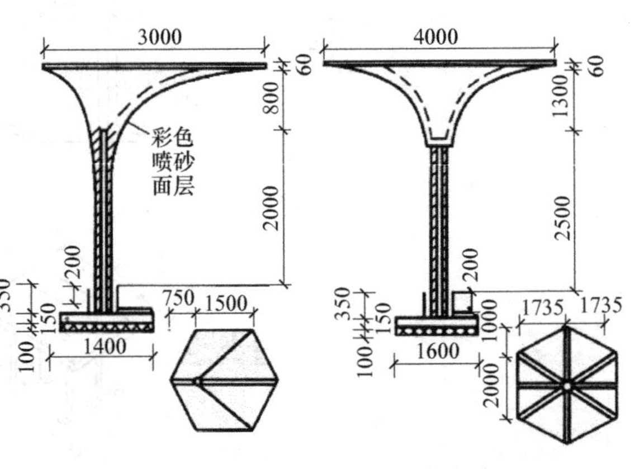

图5-23　牵牛花伞亭一

2）轻钢—钢管组合式构架亭（图 5-24）施工方便，组合灵活，装配性强，单双臂悬挑均可成亭，也适宜用作露天餐座活动的遮阳伞亭。覆盖遮阳面积大者，还可以带小天窗。

图 5-24　牵牛花伞亭二

3. 类拱亭

1）盔拱亭（图 5-22），亭顶的形状类似盔帽。

2）多铰拱式长颈鹿馆亭（图 5-21）仿长颈鹿纹皮的贴面装修与结构一致，表示一对吻颈之交长颈鹿，多铰拱（一般为静定三铰拱）结构扩大了空间，有利于长颈鹿的室内活动，建筑与结构功能取得了一致。

4. 波折板亭

波折板亭（图 5-25）常可组合成韵律，表达一定的节奏感。材料多为钢筋混凝土，并配合花架廊连成廊亭。

图 5-25　波折板亭

5. 软结构亭

软结构亭（图 5-26）用气承薄膜结构作亭顶，或用彩色油帆布覆盖成顶。

图 5-26 膜结构组合亭

6. 仿古组合伞亭

仿古组合伞亭（图 5-27），亭顶的构造仿照宋代或清代的木结构做法，有些许简化。

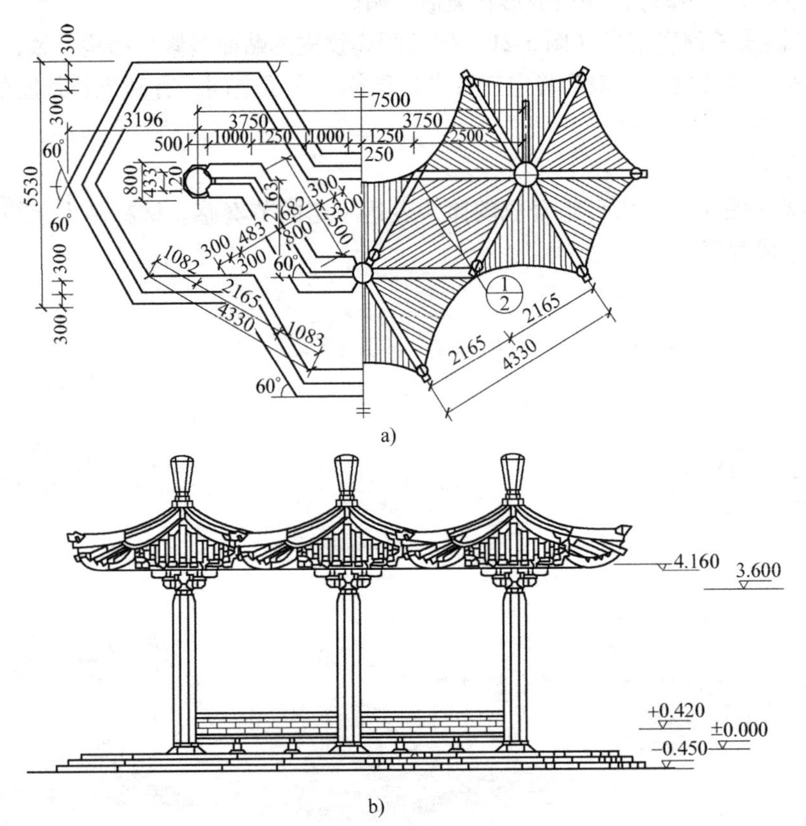

图 5-27 小天鹅连体亭

a）平面图/顶面图 b）立面图

5.2 廊

5.2.1 廊的概述

1. 廊的含义

廊又称为游廊，是起交通联系、连接景点的一种狭长的棚式建筑，它可长可短，可直可曲，随形而弯。园林中的廊是亭的延伸，是联系风景点建筑的纽带，随山就势，曲折迂回，逶迤蜿蜒。廊既能引导视角多变的导游交通路线，又可划分景区空间，丰富空间层次，增加景深，是中国园林建筑群体中的重要组成部分。

廊是上有屋顶，周无围蔽，下有立柱，供人漫步行走的立体的路。廊与建筑的关系，是“庑出一步也”（《园冶》）。庑是建筑室内外的空间过渡与缓冲，庑出一步的廊，则是建筑空间的引申与延续。在造园艺术中，廊是园林规划组织空间的重要手段，它对游人的游览起着一种规定性的引导作用，是造园者把其创作意图强加给游人的行动路线，而这种无言的强制，要使游人在探奇寻幽中自觉地接受，方为成功之作。所谓“长廊一带回旋，在竖柱之初”，是说廊的位置必须在总体规划中精心构思。计成在《园冶》中说：“廊基未立，地局先留，或余屋之前后，渐通林许。蹑山腰，落水面，任高低曲折，自然断续蜿蜒，园林中不可少斯一断境界。”

廊被运用到园林中来以后，它的形式和设计手法更加丰富多彩。如果我们把整个园林作为一个“面”来看待，那么，亭、榭、厅、堂等建筑物在园林中就可视“点”，园林中的廊、墙是“线”，通过这些“线”的联络，把各分散的点联系成为有机的整体，同时它又是一种把全园的空间划分成相互衬托、各具特色的景区的重要手段。它们与山石、植物、水面等相配合，也就是说，“点”、“线”、“面”的巧妙结合创造出多姿多彩的景观效果，使全园的结构和谐统一。

过去江浙一带私家园林中廊宽度一般较窄，很少超过 1.5m，高度也很矮。北京颐和园的长廊是属于宽的，达 2.3m，廊的柱高 2.5m。由于廊的构造和施工比较简单，在总体造型上就比其他建筑物有更大的自由度，它本身可长可短，可直可曲，既可建造于起伏较大的地上，也可置于平地或水面上，运用起来灵活多变。可以“随形而弯，依势而曲。或蟠山腰，或穷水际。通花渡壑，蜿蜒无尽”（《园冶》）。

2. 廊的历史发展

廊的历史悠久，出现的较早。中国历史上最早出现的廊可以追溯到奴隶社会。河南偃师二里头遗址中发现的大型宫殿和中小型宫殿有数十座，其中一、二号宫殿，从残留遗址判断，四周都有回廊相绕。早期的廊出现在宫殿建筑的庭院布局中，作为一种连接交通和遮风避雨的建筑形式，其作用和意义相当于现在的棚。即有顶的过道为廊；房屋前沿伸出的可避风雨遮太阳的部分也为廊。此时，廊还不具备游廊的功能，其主要的作用在于交通和遮风避雨。

而随着建筑工艺水平的提高，建筑形式的发展，现代的游廊具有以下特点。它的间数不定，主要是由此建筑达到彼处建筑之间的过道，宽约五六尺至十几尺，上有瓦顶覆盖，可以不怕落雨及日晒；可以由走廊内向外眺；廊柱间有坐凳栏杆可以休息；在整个园林内也可以利用廊来区分成许多不同的区域，此时用廊来作掩映，廊柱枋内即可变为近景画框；在廊本身形体上可以随地势高低上下左右曲折，或沿墙筑廊，或间有凸离墙面或曲折等，要看当地情况及需要的判定；也可以安门窗，在苏、杭一带常在有廊的一面做花墙，一面开敞的。花墙用粉墙，墙上有砖瓦斗砌的漏明窗，图案变化无穷，有许多美妙花样可资参考。

可见随着园林的兴起，廊作为园林风景建筑在游览观景方面的作用开始显现，并成为一个重要的园林建筑。现代造园中，廊的概念还扩展为花架廊（又名花架、绿廊、棚架）。

5.2.2　廊的类型和特点

廊的类型丰富多样，其分类方法也较多。如按廊的位置可分为平地廊、爬山廊、水走廊；按平面形式分为直廊、曲廊、抄手廊、回廊；按廊的横剖面可分为双面空廊、单面空廊、双层廊、暖廊、复廊、单支柱廊等形式。其中最基本、运用最多的是双面空廊。廊的基本类型如图5-28所示。

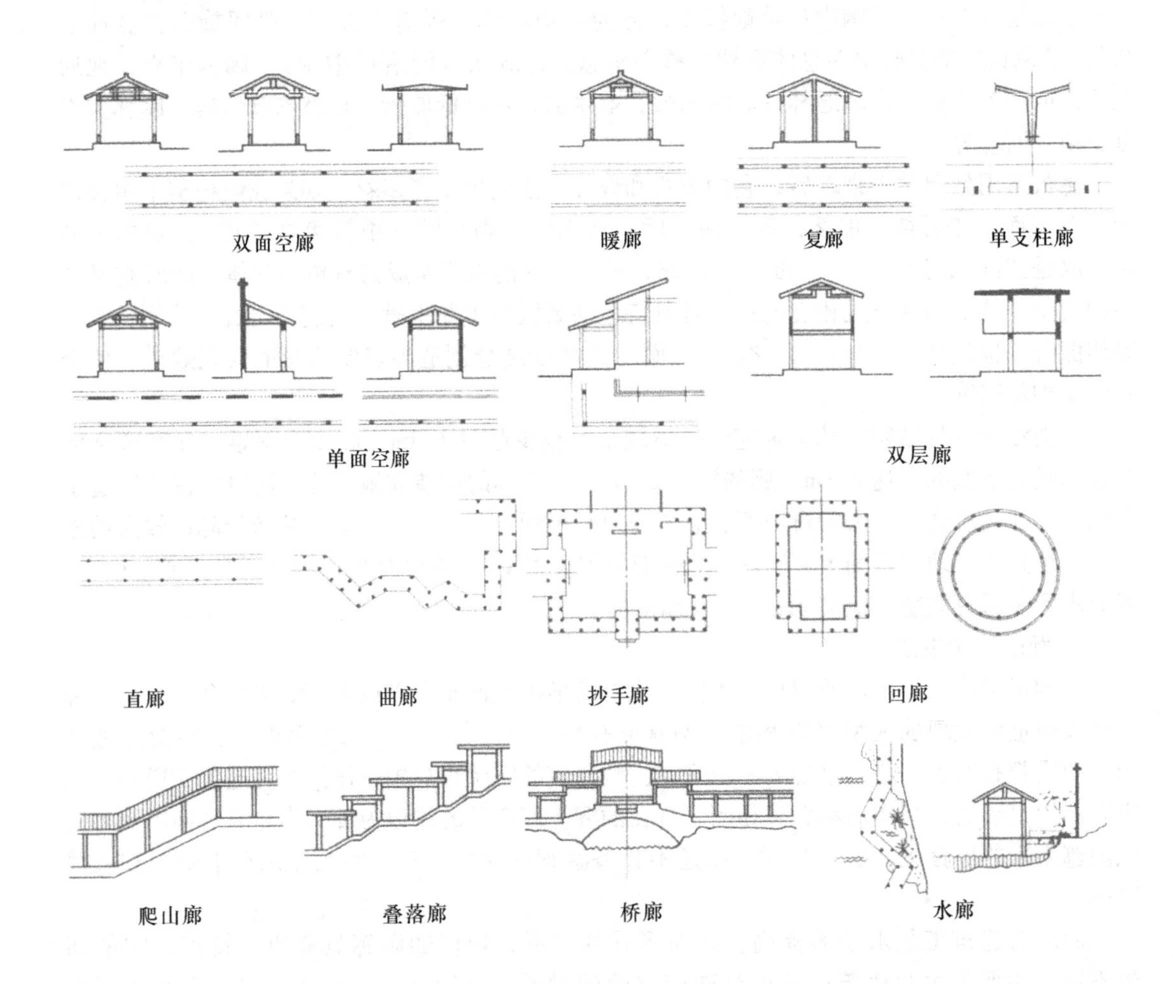

图5-28　廊的基本类型

（1）双面空廊　只有屋顶用柱支撑、四面无墙的廊。园林中既是通道又是游览路线，能两面观赏，又在园中分隔空间，是最基本、运用最多的廊。不论在风景层次深远的大空间中，或是曲折灵巧的小空间中均可运用。廊两边景色的主题可相应不同，但当人们顺着廊这条导游线行进时，必须有景可观。如北京颐和园的长廊、苏州拙政园的“小飞虹”，北京北海公园濠濮涧爬山游廊等。

（2）单面空廊　在双面空廊一侧列柱间砌有实墙或半空半实墙的，就成为单面空廊。单面空廊一边面向主要景色，另一边沿墙或附属于其他建筑物，其相邻空间有时需要完全隔离，则作实墙处理；有时宜添次要景色，则须隔中有透、似隔非隔，透过空窗、漏窗、什锦灯窗、格扇、空花格及各式门洞等，可见几竿修篁、数叶芭蕉、二三石笋，得为衬景，也饶有风趣。其屋顶有时做成单坡形状，以利排水，形成半封闭的效果。

（3）复廊　又称为“内外廊”，是在双面空廊的中间隔一道装饰有各种式样漏窗的墙，或者说，是两个有漏窗之墙的单面空廊连在一起而形成，因为在复廊内分成两条走道，所以廊的跨度一般要宽一些，从廊的这一边可以透过空窗看到空廊那一边的景色，两边景色互为因借。这种复廊，要求在廊两边都有景可观，而景观又在各不相同的园林空间中。此外，通过墙的划分和廊的曲折变化来延长交通线的长度，增加游廊观赏中的兴趣，达到小中见大的目的。在中国古典园林中有不少优秀的实例。

例如，苏州沧浪亭东北面的复廊（图 5-29）。它妙在借景，沧浪亭本身无水，但北部园外有河有池，因此，在园林总体布局时一开始就把建筑物尽可能移向南部，而在北部则顺着弯曲的河岸修建空透的复廊，西起园门、东至观鱼池，以假山砌筑河岸，使山、植物、水、建筑结合得非常紧密。经过这样处理，游人还未进园即有“身在园外，仿佛已在园中”之感。进园后在曲廊中漫游，行于临水一侧可观水景，好像河、池仍是园林的不可分割的一个部分，透过漏窗，隐约可见园内苍翠古木丛林。反之，水景也可从漏窗透至南面廊中。通过复廊，将园外的水和园内的山互相因借，联成一气，手法极妙。

图 5-29　苏州沧浪亭东北面的复廊

怡园复廊（图 5-30）取意于沧浪亭。沧浪亭是里外相隔，怡园是东西相隔。怡园原来东、西是两家，以复廊为界，东部是以“坡仙琴馆”、“拜石轩”为主体建筑的庭园空间；西部则以水石山景为园林空间的主要内容；复廊的穿插划分了这两个大小、性质各不相同的空间环境，成为怡园的两个主要景区。

（4）双层廊　又称为楼廊，有上、下两层，便于联系不同高程上的建筑和景物，增加廊的气势和观景层次。同时，由于它富于层次上的变化，也有助于丰富园林建筑的体型轮廓。如扬州的何园（图5-31），用双层折廊划分了前宅与后园空间，楼廊高低曲折，回绕于各厅堂、住宅之间，成为交通纽带，经复廊可通全园。双层廊的主要一段取与复道相结合的形式，中间夹墙上点缀着什锦空窗，颇具生色。园中有水池，池边安置有戏亭、假山、花台等。通过楼廊的上下立体交通可多层次地欣赏园林景色。

图5-30　苏州怡园复廊

图5-31　扬州何园的双层廊

（5）单支柱式廊（图5-32）　近年来由于采用钢筋混凝土结构，加上新材料、新技术

图5-32　单支柱式廊

的运用，单支柱式廊也运用得越来越多。其屋顶两端略向上反翘或作折板或作独立几何状连成一体，落水管设在柱子中间，其造型各具形态，体型轻巧、通透，是新建的园林绿地中备受欢迎的一种形式。

(6) 暖廊　它是设有可装卸玻璃门窗的廊，这样既可以防风雨又能保暖隔热，最适合气候变化大的地区及有保温要求的建筑。如为植物盆景等展览用的廊，或联系有空调的房间，一般性的园林较少运用。

5.2.3　廊的作用

1. 联系建筑

廊本来是作为建筑物之间联系而出现的。中国木构架体系的建筑物，一般个体建筑的平面形状都比较简单，通过廊、墙等建筑把一幢幢单体建筑物组织起来，形成了空间层次上丰富多变的建筑群体。无论在宫殿、庙宇、民居中，都可以看到这种手法的运用，这也是中国传统建筑的特色之一。

2. 划分和组织园林空间

廊通常布置于两个建筑物或两个观赏点之间，成为空间联系和空间划分的一种重要手段，它不仅仅具有遮风避雨、交通联系上的实用功能，而且对园林中风景的展开和观景程序的层次起着重要的组织作用。

我国园林建筑的设计，依据我国传统的美学观念和空间意识——美在意境，虚实相生，以人为主，时空结合，总把空间的塑造放在最重要的位置上。当建筑物作为被观赏的景物时，重在其本身造型美的塑造及其周围环境的配合；而当建筑物作为围合空间的手段和观赏建筑物的场所时，侧重在建筑物之间的有机结合与相互贯通，侧重在人、空间、环境的相互作用和统一。

为创造丰富变化的园景和给人以某种视觉上的感受，中国园林建筑的空间组合，经常采用对比的手法。在不同的景区之间，两个相邻又不尽相同的空间之间，一个建筑组群中的主次空间之间，都常形成空间上的对比。其中主要包括：空间大小的对比，空间虚实的对比，次要空间和主要空间的对比，幽深空间和开阔空间的对比，建筑空间与自然空间的对比等。

我国一些较大的园林，为满足不同的功能要求和创造出丰富多彩的景观气氛，通常把全园的空间划分成大小、明暗、闭合或开敞、横长或纵深等相互配合、有对比、有节奏的空间体系，彼此相互衬托，形成各具特色的景区。而廊、墙等这类长条形状的园林建筑形式，常常成为用来划分园林空间和景区的手段，成为丰富、变换、过渡园林空间层次的手笔之一，因而也就成为最引人入胜的场所。

3. 过渡空间

廊不仅被大量运用在园林中，还经常运用到一些公共建筑（如旅馆、展览馆、学校、医院等）的庭园内。它一方面是作为交通联系的通道，另一方面又作为一种室内外联系的“过渡空间”。因为廊内容易给人一种半明半暗、半室内半室外的效果，所以在心理上能给人一种空间过渡的感觉。从庭园空间的视觉角度说，如果缺少廊、敞厅这类“过渡空间”，就会感到庭园空间的生硬、板滞，室内外空间之间缺少必要、内在的联系；有了这类“过渡空间”，庭园空间就有了层次，就“活”起来了，仿佛在绘画中除了“白”与“黑”的色调外，又增加了“灰调子”。这种“过渡空间”把室内外空间紧密地联系在一起，互相渗

透、融合，形成生动、诱人的一种空间环境。

北京颐和园的长廊（图5-33）是这类廊中一个突出的实例。它始建于1750年，1860年被英法联军烧毁，清光绪年间重建。它东起“邀月门”，西至“石丈亭”，共273间，全长128m，是我国园林中最长的廊。整个长廊北依万寿山，南临昆明湖，穿花透树，曲折蜿蜒，把万寿山前山的十几组建筑群在水平方向上联系起来，增加了景色的空间层次和整体感，成为交通的纽带。同时，它又是作为万寿山与昆明湖之间的过渡空间来处理的，在长廊上漫步，一边是掩映于夭桃绿柳之中的一组组建筑群，另一边是开阔坦荡的湖面，通过长廊伸向湖边的水榭及伸向山脚的“湖光山色共一楼”等建筑，可在不同角度和高度上变幻地观赏自然景色。为避免单调，在长廊中间还建有四座八角重檐顶亭，丰富了总体形象。

图5-33　北京颐和园的长廊

4. 廊也是极具通透感的建筑

廊还是一种“虚”的建筑物，两排细细的列柱顶着一个不太厚实的廊顶。在廊一边可透过柱子之间的空间观赏到廊另一边的景色，像一层“帘子”一样，似隔非隔，若隐若现，把廊两边的空间有分又有合地联系起来，起到一般建筑物达不到的效果。

总而言之，廊在园林中使用极为广泛，一则是交通联系的纽带，可使游人免受日晒雨淋之苦；二则以其空灵活泼的造型为园景增加了层次，丰富了内容。一些依山傍水，沿墙随屋，曲折起伏的游廊，使本来十分刻板的墙面和死角变的生动起来，包括理景中所起的作用是其他建筑形式无法取代的。

廊的结构构造及施工一般也比较简单，过去中国传统建筑中的廊通常为木构架系统，屋顶多为坡顶、卷棚顶形式。解放后新建园林建筑中，廊多采用钢筋混凝土结构，平顶形式，还有完全用竹子做成的竹廊等，结构与施工都不困难。

5.2.4　廊的设计要点

1. 平面设计

根据廊的位置和造景需要，廊的平面可设计成直廊、弧形廊、曲廊、回廊及圆形廊等。

2. 立面设计（图5-34）

廊的立面基本形式有悬山、歇山、平顶廊、折板顶廊、十字顶廊、伞状顶廊等。在做法上，要注意下面几点。

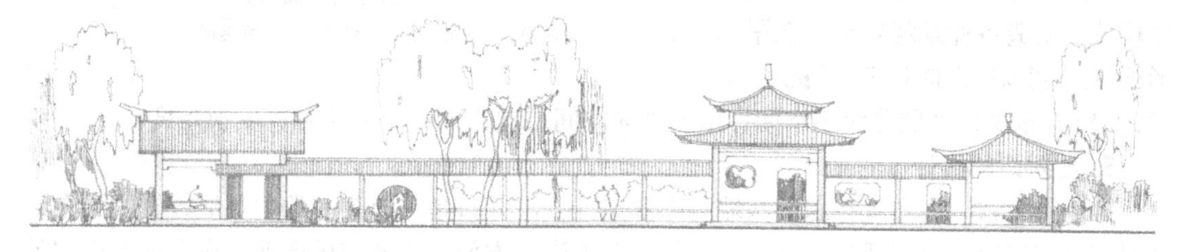

图5-34　某公园园廊立面

1）为了开阔视野四面观景，立面多选用开敞式的造型，以轻巧玲珑为主。在功能上需要私密的部分，常常借加大檐口出挑，形成阴影。为了开敞视线，也有用露明墙处理。

2）在细部处理上，可设挂落于廊檐，下设置高1m左右的栏，某些廊可在柱之间设0.5~0.8m高的矮墙，上覆水磨砖板，以供休憩，或用水磨石椅面和美人靠背与之相匹配。

3）传统式的复廊、厅堂四周的围廊吊顶常采用各式轩的做法。现今园中之廊，一般已不做吊顶，即使采用吊顶，装饰也以简洁为宜。

在廊的立面造型设计中，廊柱也非常重要。由于人的错觉，截面大小相同的柱子，会感到方形要比圆形大。因而若廊的开间过窄时，方柱柱群组成的空间会有截然分隔之弊。同时为防止伤及行进中的游人，即便采用方柱，也应将方柱边棱角做成圆角海棠形或内凹成小八角形。这样在阳光直射下，可以减小视觉上的反差，圆柱或圆角海棠柱光线明暗变化缓和，使廊显得浑厚流畅，线条柔和，亲切宜人。

3. 廊的体量尺度

廊是以相同单元“间”所组成的，其特点是有规律的重复，有组织的变化，从而形成了一定的韵律，产生了美感。廊的尺度设计要点如下：

1）廊的开间不宜过大，宜在3m左右，柱距3m左右，一般横向净宽在1.2~1.5m，现在一些廊宽常为2.5~3.0m，以适应游人客流量增长后的需要。

2）檐口底皮高度为2.4~2.8m。

3）廊顶：平顶、坡顶、卷棚均可。不同的廊顶形式会影响廊的整体尺度，可根据不同情况选择。

4）廊柱：一般柱径$d=150$mm，柱高为2.5 ~2.8m，柱距3000mm，方柱截面控制在150mm ×150mm~250mm×250mm。长方形截面柱长边不大于300mm截面的形状有三种：普通十字形、八角形、海棠形等（图5-35）。

北方比南方尺度略大一些，可根据周围环境和使用功能的不同略有增减。每个开间的尺寸应大体相等，如果由于施工或其他原因需要发生变化时，则一般在拐角处进行增减变化。

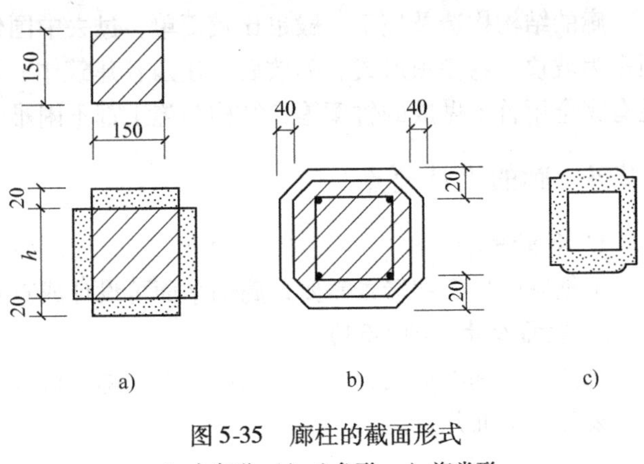

图5-35　廊柱的截面形式
a）十字形　b）八角形　c）海棠形

4. 运用廊分隔空间

在园林设计中常运用廊来分隔空间，其手法或障或露。我国园林设计崇尚自然，因此要因地制宜，利用自然环境，创造各种景观效果。在平面形式上，可采用曲折迂回的办法（即曲廊的形式）来划分大小空间，增加平面空间层次，改变单调感觉，变换角度。

5. 出入口的设计

廊的出入口一般布置在廊的两端或中部某处，出入口是人流集散的主要地方，因此在设计时应将其平面或空间适当扩大，以尽快疏散人流，方便游人的游乐活动，在立面及空间处理上作重点装饰，强调虚实对比，以突出其美观效果。

6. 内部空间处理

廊的内部空间设计是廊在造型和景致处理上的主要内容，因此要将内部空间处理得当。廊是长形观景建筑物，一般为狭长空间，尤其是直廊，空间显得单调，要有动与静的对比，因此廊要有良好的对景，道路要曲折迂回，所以把廊设计成多折的曲廊，可使内部空间产生层次变化。在廊内适当位置作横向隔断，在隔断上设置花格、门洞、漏窗等，可使廊内空间增加层次感、深远感。在廊内布置一些盆树盆花，不仅可以丰富廊内空间变化效果，还能增加游览兴趣；在廊的一面墙上悬挂书法、字画，或装一面镜子以形成空间的延伸与穿插，从而有扩大空间的感觉；将廊内地面高度升高，可设置台阶，来丰富廊内空间变化。

7. 装饰

廊的装饰应与其功能、结构密切结合。廊檐下的花格、挂落在古典园林中多采用木制，雕刻精美；而现代园林中则取样简洁坚固。在休息椅凳下常设置花格，与上面的花格相呼应构成框景。另外，在廊的内部梁上、顶上可绘制苏式彩画，从而丰富游廊内容。

在色彩上，因循历史传统，南方与北方大不相同。南方与建筑配合，多以灰蓝色、深褐色等素雅的色彩为主，给人以清爽、轻盈的感觉；而北方多以红色、绿色、黄色等艳丽的色彩为主，以显示富丽堂皇。在现代园林中，较多采用水泥材料，色彩以浅色为主，以取得明快的效果。

5.2.5　廊的设计实例介绍

1. 木结构廊

木结构廊多为斜坡顶梁架，结构简单，梁架上为木椽子、望砖和青瓦，或用人字形木屋架，筒瓦、平瓦屋面，有时由于仰视要求，可用平顶作部分或全部掩盖，取得简洁大方的效果。采用卷棚结顶做法在传统亭廊更是常见（图5-36、图5-37）。

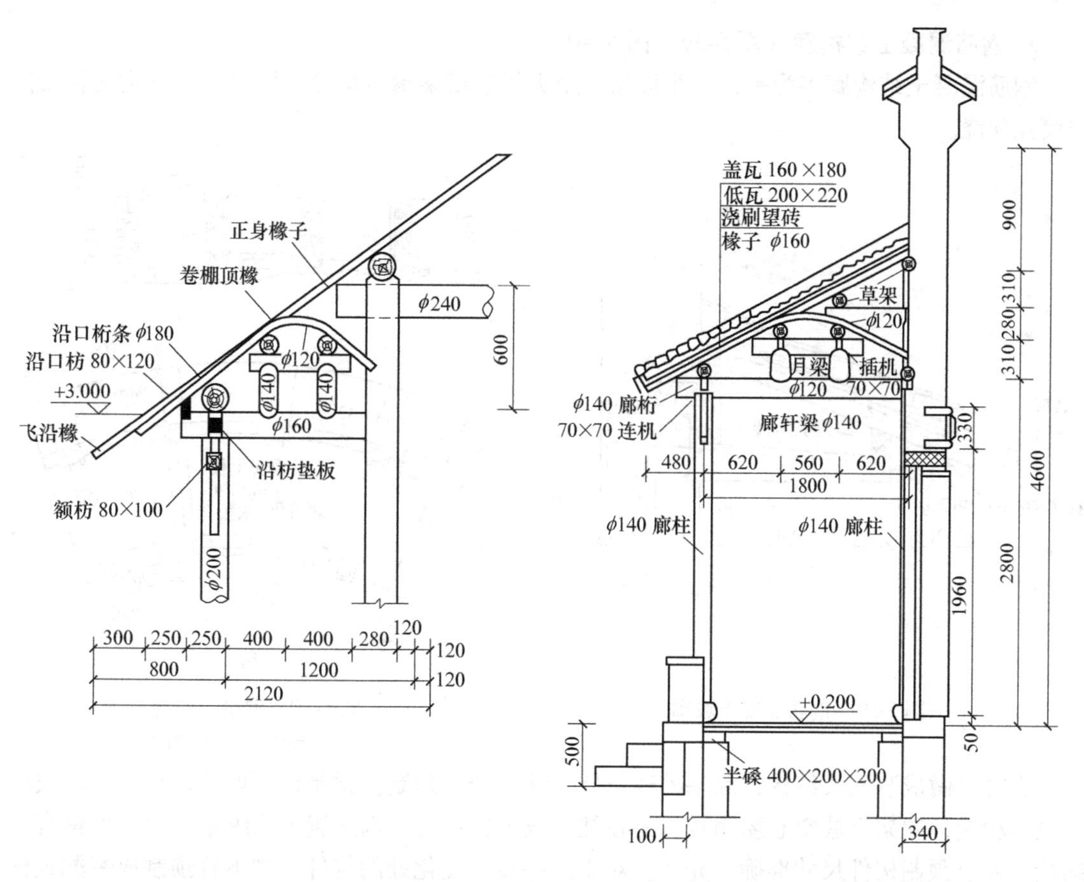

图 5-36　走廊卷棚顶结构图　　　图 5-37　半廊及其结构构造

2. 钢结构廊

钢或钢木组合构成的画廊与画框（图 5-38）也是多见的，它轻巧、灵活、机动性强，颇受欢迎。廊顶结构构架基本上同木结构。除柱用钢管，外形可仿竹子外，其他均用轻钢构件，有时廊顶覆石棉瓦也可，并用螺栓连接，出于经济的考虑，也有部分使用木构件的。

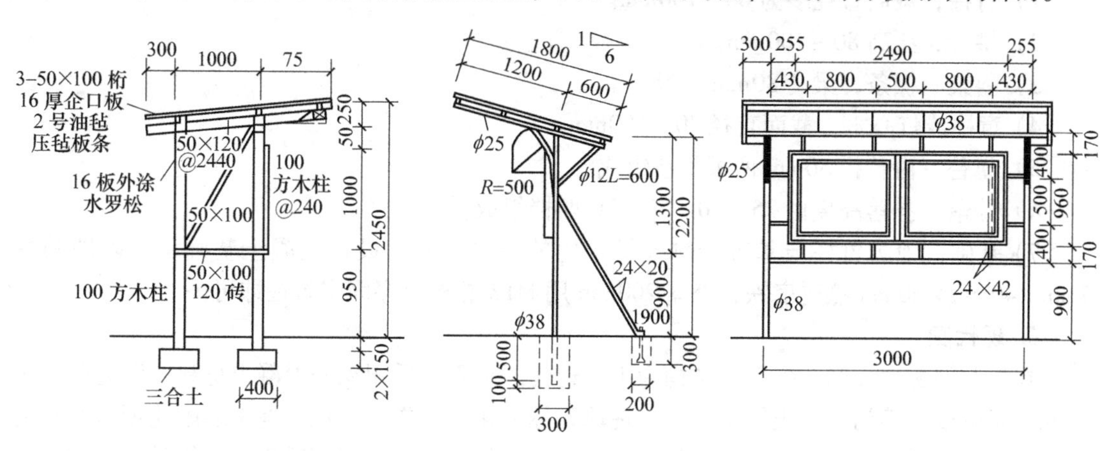

图 5-38　钢木画廊及画框

3. 钢筋混凝土结构廊（图5-39、图5-40）

钢筋混凝土结构廊多为平顶与小坡顶，用纵梁或横梁承重均可。屋面板可分块预制或仿挂筒瓦现浇。

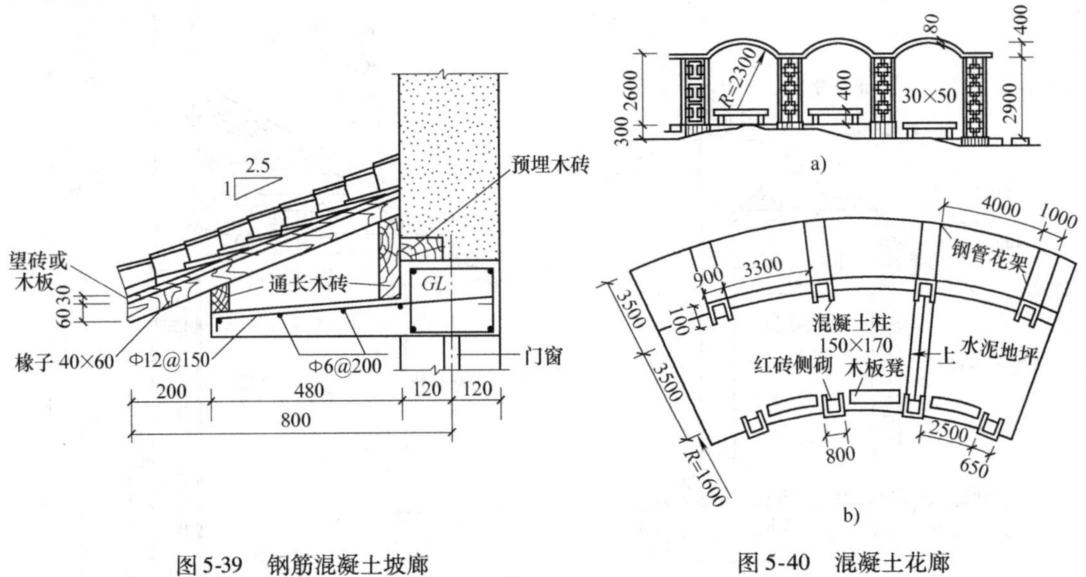

图5-39　钢筋混凝土坡廊

图5-40　混凝土花廊
a）立面图　b）平面图

有时可做成装配式结构，除基础现浇外，其他全部预制。预制柱顶埋铁件与预制双坡屋架电焊相接，屋架上放空心屋面板。另在柱上设置钢牛腿，以搁置连系纵梁，并考虑留有伸缩缝，要求预制构件尺寸准确、光洁。对于那些转折变化处的构件，则不宜预制成装配式标准件，如果这样，反而会增加施工就位的复杂性。

柱内配筋不少于4φ10，箍筋直径不小于4mm，间距不宜大于250mm。

4. 竹结构廊（图5-41）

竹结构廊尺度、构造、做法基本同木结构廊，屋面可做成单坡或双坡。受力部位的竹构件多按φ60～φ100取用。常用竹制构件所需构造尺寸如下：

1）竹柱，截面直径多为60～100mm。

2）拱梁，梁高80～100mm。

3）斜梁、檩条，梁高80mm。

4）童柱或灯心木，截面直径70～100mm。

5）雀替，由竹径50mm两根相叠组成。

6）挂落，挂落高度由25、30、50、70四档组成。

7）基础，为防竹柱与基础接触处易发生的腐蚀，专门设计混凝土基础块。内埋两块5mm×40mm×50mm燕尾扁铁，外露200mm用M12螺栓对穿固定竹柱即可。

5. 现代廊

在古典园林中，廊大多以木结构为主，现代园林则多采用钢筋混凝土材料，因为廊是由相同单元组成，钢筋混凝土结构可为实现单元标准化、制作工厂化、施工装配化创造有利的条件。另外，还可选用软塑料防水材料、金属材料等，在南方还可采用竹结构的廊，使廊富有地方特色。此外，廊还发展演变出了以下形式：

图 5-41　竹廊

（1）花架（图 5-42、图 5-43）　廊的生态衍演，经常使之成为垂直绿化——植物廊道的载体。

图 5-42　弧形花环廊

图5-43　环形门廊

（2）装饰构架（图5-44、图5-45）　廊的功能演绎，经常更注重其装饰功能，少与植物结合。

图5-44　植物廊道

图5-45　花架绿廊道

5.3　榭与舫

在园林建筑中，榭、舫在性质上属于比较接近的建筑类型，作游憩、赏景、饮宴小聚用。榭与舫多属于临水建筑。在选址、平面和体型的设计上，要特别注重与水面和池岸的协调关系。

5.3.1　榭

榭在古典园林中运用较为普通，体量较小巧，常设置于水中或水边。

1. 榭的含义

《园冶》记载；“榭者，藉也。藉景而成者也，或水边，或花畔，制亦随态。”这一段话说明了榭是一种借助于周围景色而见长的园林游憩建筑。古代建筑中，高台上的木结构建筑称榭，其特点是只有楹柱和花窗，没有四周的墙壁。它的结构依照自然环境不同而有各种形式，如有花榭、水榭等之分。隐约于花间的称为花榭，临水而建的称为水榭。现今的榭多是水榭，并有平台伸入水面，平台四周设低矮栏杆，建筑开敞通透，体形扁平（长方形）。

2. 榭的基本形式

（1）榭与水体结合的基本形式　其形式多种多样，从平面形式看，有一面临水、两面临水、三面临水以及四面临水。四面临水者以桥与湖岸相连。从剖面看平台形式，有实心土台，水流只在平台四周环绕；有平台下部以石梁柱结构支撑，水流可流入部分建筑的底部，有的可让水流流入整个建筑底部，形成驾临碧波之上的效果。近年来，由于钢筋混凝土的运用，常采用伸入水面的挑台取代平台，使建筑更加轻巧，低临水面的效果更好。

（2）不同地域水榭的形式　我国园林随时期的不同而有不同的变化，古典园林随地理位置的不同而划分为北方园林（黄河型）、江南园林（扬子江型）和岭南园林（珠江型）。因此，榭的形式也随之有所差异。近代园林中榭的形式更是丰富多彩。

1）北方园林的水榭。具有北方宫廷建筑特有的色彩，整体建筑风格显得相对浑厚、持重，在建筑尺度上也相应进行了增大，显示着一种王者的风范。有一些水榭已经不再是一个单体建筑物，而是一组建筑群体，从而在造型上也更为多样化。如北京颐和园的“洗秋”、“饮绿”两个水榭最具有代表性。

2）江南园林的水榭。江南的私家园林中，由于水池面积一般较小，因此榭的尺度也不大。为了在形体上取得与水面的协调，建筑物常以水平线为主，一半或全部跨入水中，下部以石梁柱结构作为支撑，或者用湖石砌筑，让水深入到榭的底部。建筑临水的一侧开敞，可设栏杆，可设鹅颈靠椅，以便游人在休憩时，又可以凭栏观赏醉人的景致。屋顶大多数为歇山回顶式，四角翘起，显得轻盈纤细。建筑整体装饰精巧、素雅。较为典型的实例有苏州拙政园的“芙蓉榭”、网师园的“濯缨水阁”、藕园的“山水间”，及上海南翔古漪园的“浮筠阁”。

3）岭南园林的水榭。在岭南园林中，由于气候炎热、水域面积较为广阔等环境因素的影响，产生了一些以水景为主的“水庭”形式。其中，有临于水畔或完全跨入水中的“水厅”、“船厅”之类的临水建筑。这些建筑形式，在平面布局与立面造型上，都力求轻快、通透，尽量与水面相贴近。有时将建筑做成两层，也是水榭的一种形式。

3. 榭的设计要点

作为一种临水建筑物，一定要使建筑与水面和池岸很好地结合，使它们之间有机配合，更加自然贴切。

（1）位置的选择　榭以借助周围景色见长，因此位置的选择尤为重要，要考虑到有对景、借景。水榭的位置宜选在水面有景可借之处，并在湖岸线突出的位置为佳。水榭应尽可能突出池岸，形成三面临水或四面临水的形式。如果建筑不宜突出于池岸，也应将平台伸入水面，作为建筑与水面的过渡，以便游人身临水面时有开阔的视野，使其身心得到舒畅的感觉。

（2）建筑地坪　水榭以尽可能贴近水面为佳，即宜低不宜高，最好将水面深入到水榭的底部，并且应避免采用整齐划一的石砌驳岸。

当建筑地面离水面较高时，可以将地面或平台作上下层处理，以取得低临水面的效果。同时可利用水面上空气的对流风作用，使室内清风徐来，又可兼顾高低水位变化的要求。

若岸与水面高差较大时，也可以把水榭设计成高低错落的两层建筑的形式，从岸边的下半层到达水榭底层，上半层到达水榭上层。这样，从岸上看去，水榭似乎只有一层，但从水面上看来却有两层。在建筑物与水面之间高差较大，而建筑物地平又不宜降低的时候，就应对建筑物的下部支撑部分作适当的处理，以创造出新的意境。当然若水位的涨落变化较大时，就需要仔细了解水位涨落的原因和规律，特别是历史最高水位记录，设计者应以稍高于历史最高水位的标高作为水榭的设计地平标高，以免水淹。

为了形成水榭有凌空于水面之上的轻快感，除了要将水榭尽量贴近水面之外，还应该注意尽量避免将建筑物下部砌成整齐的驳岸形式，而且应将作为支撑的柱墩尽可能地往后退，以造成浅色平台下部有一条深色的阴影，从而在光影的对比之下增强平台外挑的轻快感觉。

（3）建筑造型　在造型上，榭应与水面、池岸相互融合，以强调水平线条为宜。建筑物贴近水面，适时配合以水廊、白墙、漏窗，平缓而开阔，再配以几株翠竹、绿柳，可以在线条的横竖对比上取得较为理想的效果。建筑的形体以流畅的水平线条为主，简洁明了，同时还可以增强通透、舒展的气氛。

（4）建筑的朝向　榭作为休憩服务性建筑，游人较多，驻留时间较长，活动方式也随之多样。因此，榭的朝向颇为重要。建筑切忌朝西，因为榭的特点决定了建筑物应伸向水面且又四面开敞，难以得到绿树遮荫。尤其夏季是园林游览的旺季，若有西晒，纵然是再好的观景点，也难以让游人较长时地驻留，这样势必影响游人对园林景色的印象，因此必须引起设计者的注意。

（5）榭与园林整体环境　水榭在体量、风格、装修等方面都能与它所在的园林空间的整体环境相协调和统一。在设计上，应该恰如其分、自然，不要“不及”，更不要“太过”。如广州兰圃公园水榭的茶室兼作外宾接待室，小径蜿蜒曲折、两侧植以兰花，把游人引入位于水榭后部的入口，经过一个小巧的门厅后步入三开间的接待厅，厅内以富含地方特色的刻花玻璃隔断将空间划分开来，一个不大的平台伸向水池。水池面积不大，相对而言建筑的体量已算不小，但是由于位置偏于水池的一个角落里，且四周又植满花木，建筑物大部分被掩映在绿树丛中，露出的部分并不明显，因而能与整体环境气氛互相融合。

4. 榭的设计实例介绍（图5-46）

煦园是一座别具特色的江南古典园林，也是金陵名园之一，煦园小巧玲珑，虚实相映，层次分明，是我国园林建筑的代表之作。煦园忘飞阁（图5-46a），看似亭与廊的组合，实为水榭。

a)　b)　c)　d)

图5-46　榭实例

a）煦园忘飞阁　b）藕园“山水间”水榭　c）晋祠流碧榭　d）煦怡园藕香榭

藕园三面临河，一面沿街，宅园总面积8000m^2，该园布局独树一帜，宅居中，园分东西，园宅之间以重楼贯通。住宅共四进厅堂，前后门均有河埠，布局以山为主，以池为辅，亭台楼榭环山池而筑。池南端构水阁“山水间”（图5-46b），有明代杞梓木落地罩，跨度约4m，高约3.5m，所雕松竹梅“岁寒三友”精美绝伦，体量在苏州古典园林中居首位。

晋祠流碧榭（图5-46c）原称白鹤亭，跨晋水智伯渠上，左右各有揽胜小坊，后拆去小坊，改名流碧榭。流碧榭，四面当风，依阁凭栏而坐以观四周，波光掩映其间，自感人在画中。

怡园为清光绪年间所建，园西旧为祠堂，园南可通住宅。因建园较晚，吸收了诸园所长，如复廊、鸳鸯厅、假山、石室等。全园面积约9亩，以复廊划为东、西两部。池北的藕香榭（图5-46d）又名荷花厅，盛夏可自平台赏荷观鱼，严冬经暖阁寻梅望雪。建筑的形体以流畅的水平线条为主，简洁明了，同时还可以增强通透、舒展的气氛。

5.3.2　舫

1. 舫的含义

园林建筑中的舫是指依照船的造型在园林湖泊的水边建造起来的一种船形建筑物。舫的立意是“湖中画舫”，使人产生虽在建筑中，却犹如置身舟楫之感。舫可供游人在内游赏、饮宴、观赏水景，以及在园林中起到点景的作用。舫最早出现在江南的园林中，通常下部船体用石头砌成，上部船舱多用木构建筑，近年来也常用钢筋混凝土结构的仿船形建筑。舫立于水边，虽似船形但实际不能划动，所以也称为“不系舟”、“旱船”。

2. 舫的基本形式

舫的基本形式与船相似，宽约丈余，一般下部用石砌作船体，上部木构似像船形。木构部分通常分为三段：船头、中舱、船尾。

(1) 船头（头舱）　较高，常作敞棚，供赏景谈话之用，屋顶常作成歇山顶式，其状如官帽，俗称官帽厅，前面开敞，设有眺台，似甲板，尽管舫有时仅前端头部突入水中，船头一侧仍置石条仿跳板以联系池岸。

(2) 中舱　作两坡顶，低于船头，为主要空间，是供游人休息和欢宴的场所。其地面比一般地面略低一二步，有入舱之感。中舱的两侧面一般为通长的长窗，以便坐息时有开阔的视野。

(3) 船尾（尾舱）　一般为两层，类似楼阁的形象，下层设置楼梯，上层为休息眺望远景用的空间。船尾尾舱的立面构成下实上虚的对比，其屋顶一般为船篷式或卷棚顶式，首尾舱一般为歇山顶式样，轻盈舒展，在水面上形成生动的造型，成为园林中重要的景点。

3. 舫的设计要点

舫应重在神似，要求有韵味、有创新，妙在似与不似之间，而不在过分模仿细部形式。舫选址宜在水面开阔之处，这样既可取得良好的视野，又可使舫的造型较为完整地展现出来，一般两面或三面临水。最好是四面临水，其一侧设有平桥与湖岸相连，仿跳板之意。另外还需注意水面的清洁，应避免设在易积污垢的水区之中，以便于长久的管理。

颐和园“清宴舫”(图5-47a)，选址就极为巧妙。颐和园的后山水面狭长而曲折，林木茂密，环境幽邃，和前山的旷朗开阔有着鲜明的对比。而“清宴舫”恰位于昆明湖景区，从湖上看上去，很像一条正从后湖开过来的大船，为后湖景区的展开起到了很好的预示作用。

4. 舫的设计实例介绍（图5-47）

颐和园石舫（图5-47a）又称为清晏舫，在颐和园万寿山西麓岸边，建于清乾隆二十年(1755年)。舫上舱楼原为古建筑形式，船体乃用巨石雕成，全长36m，是颐和园内著名的水上珍品。但在英法联军入侵时，舫上的中式舱楼被焚毁。光绪十九年（1893年），按慈禧意图，将原来的中式舱楼改建成西式舱楼，并取河清晏之义，取名清晏舫。

唐代，曲江进入了繁荣兴盛的时期，辟建了皇家禁苑——芙蓉苑（也称为芙蓉园），并修建了紫云楼、彩霞亭等重要建筑。大唐芙蓉园的双龙石舫（图5-47b）建在芙蓉园湖边，气势磅礴，双龙昂首啸天，威震天下，同时也体现了皇家园林的大气，与私家园林的精致秀气形成了鲜明的对比。

画舫斋(图5-47c)在怡园西北，为抱绿湾池水边的船形建筑。前部平台伸入池水之

a)

b)

c)

图 5-47　舫实例

a）颐和园清晏舫　b）大唐芙蓉园双龙石舫　c）画舫斋

中，台下由湖石支撑架空；两侧临池之处与其他池岸一样叠石而成；由此三面临水，宛如一叶轻舟，浮于水面之上，轻盈舒展。平台又有一小石桥与池岸相连，仿佛登船的跳板。画舫斋虽然是摹仿拙政园香洲而建，但也形成了自己的特色，在环境处理上结合小园地形，平台架空于水面之上，加强了池水的动感，建筑轮廓流畅，整体小巧紧凑，成为怡园西部景色的终端，其室内装修尤为精美，为江南旱船之冠。

5.4　厅与堂

厅、堂是园林中的主体建筑，其体量较大，造型简洁精美，比其他建筑复杂华丽。《园冶》上说："堂者，当也。谓当正向阳之屋，以取堂堂高显之义。"厅、堂因其内四界构造用料不同而区分，扁方料者曰厅，圆料者曰堂，俗称"扁厅圆堂"。

园林中，厅、堂是主人会客、议事的场所。一般布置于居室和园林的交界部位，既与生活起居部分有便捷的联系，又有极好的观景条件。厅、堂一般是坐南朝北，从厅、堂往北望，是全园最主要的景观面，通常是水池和池北叠山所组成的山水景观。观赏面朝南，使主景处在阳光之下，光影多变，景色明朗。厅、堂与叠山分居水池之南北，遥遥相对，一边人工，一边天然，既是绝妙的对比，衬出山水之天然情趣，也供园主不下堂筵可享天然林泉之乐。厅、堂的南面也点缀小景，坐堂中可以在不同季节，观赏到南北不同的景色。

厅、堂这种建筑类型就其构造装饰之不同可分为下列几种形式：扁作厅、圆堂、贡式厅、船厅回顶、卷棚、鸳鸯厅、花篮厅、满轩。

厅、堂按其使用功能不同，又可分为茶厅、大厅、女厅、对照厅、书厅和花厅。而由于厅堂与环境及周围景观的结合、产生了四面开敞的四面厅、临水而建的荷花厅、船厅等形式。其柱间常安置连接长窗（隔扇）。在两侧墙上，有的为了组景和通风采光，往往开窗，便于览景。也有的厅为了四面景观的需要，四面以回廊、长窗装于步柱之间，不砌墙壁。廊柱间设半栏或美人靠，供人们坐憩。

皇家园林中的厅堂，是帝王在园内生活起居、游憩休息的建筑物。它的布局大致有两种，一种是以厅堂居中，两边配以辅助用房组成封闭的院落，供帝王在院内活动之用；另一种是以开敞的方式进行布局，厅堂居于构图中心地位。周围配以亭廊、山石、花木等，供帝王游园时休憩观赏。

现代风景园林中，相当于传统风景园林建筑中的"厅堂"的建筑依然存在，只是叫法不同而已。相反即使叫"某某堂"或"某某厅"也未必就是传统园林建筑中堂厅的内容和做法。厅、堂实例如图5-48所示。

5.5　楼与阁

楼、阁属高层建筑，体量一般较大，在园林中运用较为广泛。著名的楼有岳阳楼，而阁以江西南昌的滕王阁为胜。

a)

b)

c)

图 5-48　厅、堂实例

a）何园船厅　b）何园蝴蝶厅　c）拙政园远香堂

楼、阁为两层或两层以上，在型制上不易明确区分，如果追溯二者的历史渊源，可以看出它们的大致区别。《说文》云："重屋曰楼"，《尔雅》："狭而修曲为楼"。又有《园冶》："阁者，四阿开四牖。"即四坡顶而四面皆开窗的建筑物。从以上记载中，我们不难看出，在古代把一座底层空着，上层做主要用途的建筑物叫做阁；而楼则是一种"重屋"的建筑，上下全住人。阁一般都带有平座，这就是楼与阁的主要区别了。

二者在用途上，阁带有贮藏性，用来藏书、藏画等，比如宋代的秘阁藏书阁，清代的文渊阁皆为此用。楼起先多用于居住，后也有用于贮藏，还有一种城楼有瞭望的作用。

楼阁这种凌空高耸、造型隽秀的建筑形式运用到园林中以后，在造景上起到了很大的作用。首先，楼阁常建于建筑群体的中轴线，起着构图中心的作用。其次，楼阁也可独立设置于园林中的显要位置，成为园林中重要的景点。楼阁出现在一些规模较小的园林中，常建于园的一侧或后部，既能丰富轮廓线，又便于因借园外之景和俯览全园的景色。

在结构形式上，楼一般做得较为精巧，面阔三五间不等，进深也大，半槛、挂落变化多端，当楼靠近园林的一侧时，装长窗，外绕栏杆，或挑硬挑头为阳台，其屋顶构造多硬山、歇山式，楼梯设于室内或由假山盘旋而上。阁多重檐双滴，四面辟窗，其平面多为方形或多边形，列柱八至十二，其屋顶构造多为歇山式、攒尖顶，与亭相仿。楼阁内部，时常做小轩卷棚，以达到高爽明快的效果。楼、阁实例如图5-49所示。

a)

b)

图5-49　楼、阁实例

a）苏州拙政园见山楼　b）扬州瘦西湖望春楼

c)

d)

图 5-49　楼、阁实例（续）

c）苏州拙政园浮翠阁　d）南京凤凰阁

5.6　塔

佛塔，随着佛教传入中国以后才出现，几乎成为寺庙的标志性建筑（图5-50）。中国寺庙园林中的塔，开始时是移借模仿印度佛教建筑中的塔的型制，原朴意味十分浓烈。佛教完成中国化改造以后，中国寺庙的塔在结构、用材、配置及装饰上都带上了浓重的中国色彩。塔的形式多样，加楼阁式塔、密檐式塔、金刚宝座式塔、喇嘛式塔、缅式塔等，又有花式、过街式、门式、多顶式、圆桶式、钟式、球式、高台式等多种形制相继出现。

a)

b)

c)

d)

图5-50　塔实例

a）楼阁式木塔山西应县木塔　b）密檐式塔山西莺莺塔　c）金刚宝座式塔　d）山西文笔塔

实　训　1

一、亭、廊设计任务书

1. 设计要求

在学习园林布局的基础上，选择其中某一小地段，在该地段内进行亭子设计、景观廊或花架设计（二者选一）。

2. 时间安排

第 1 周，草图设计阶段；第 2 周，深化设计阶段；第 3 周，绘制图纸。

3. 图纸内容及绘图要求

1）图纸规格：A3 幅面，比例自定，表达方式要求手绘。

2）图纸内容：亭子设计（平面、主要立面、透视图、设计说明）；景观廊或花架的设计（平面、主要立面、透视图、设计说明）。

4. 评分标准

1）正确处理建筑与特定条件的结合与避让，同周边道路条件、自然环境、历史文化环境与建筑物形成良好和谐的对话关系。

2）掌握总体尺度及各部件的比例与尺寸。

3）正确选择亭廊造型，使之与周围环境相协调。

4）图纸表达清晰、完整。

二、亭、廊施工图纸识读

1. 四角亭设计施工图识读（图 5-51）

2. 六角亭设计施工图识读（图 5-52）

3. 重檐八角亭设计施工图识读（图 5-53）

4. 方亭设计施工图识读（图 5-54）

5. 弧形花架设计施工图识读（图 5-55）

三、亭、廊设计过程管理

1. 教师指导书（表 5-1）

表 5-1　教师指导书

	设 计 阶 段	起 止 时 间	阶段设计任务	教师辅导要点
1	任务书下达 及草图构思	第 1 周 （年/月/日）	1. 了解设计条件，收集资料 2. 建筑造型及平面初步设计	针对设计要求，选择合理的亭廊类型，要求学生掌握该类型的亭廊构造特点及做法
2	草图绘制及辅导	第 2 周 （年/月/日）	造型及立面深化设计	在深化设计中，学生应对亭廊的细部及构造有进一步的理解，并能根据自己的构思进行相应的细部及节点设计，建筑的尺度及比例把握正确
3	正图绘制及辅导	第 3 周 （年/月/日）	1. 绘制正图 2. 图面的正确表达	检查学生的图面表达
4	图纸评价 （评图标准）	1. 正确处理建筑与特定条件的结合与避让，同周边道路条件、自然环境、历史文化环境与建筑物形成良好和谐的对话关系 2. 掌握总体尺度及各部件的比例与尺寸 3. 正确选择亭廊造型，使之与周围环境相协调 4. 图纸表达清晰、完整		

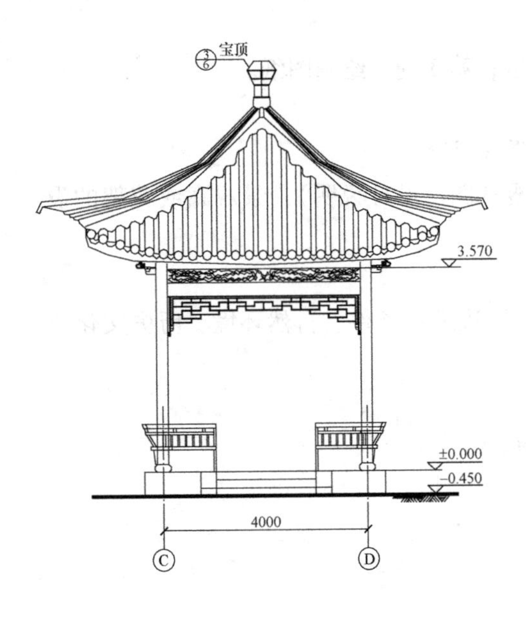

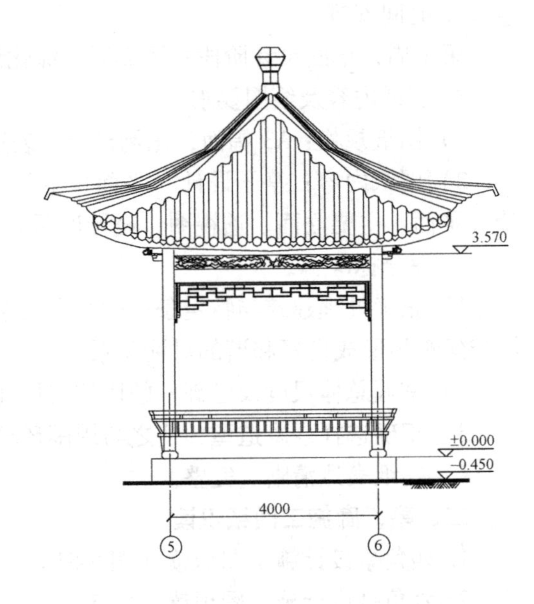

a)

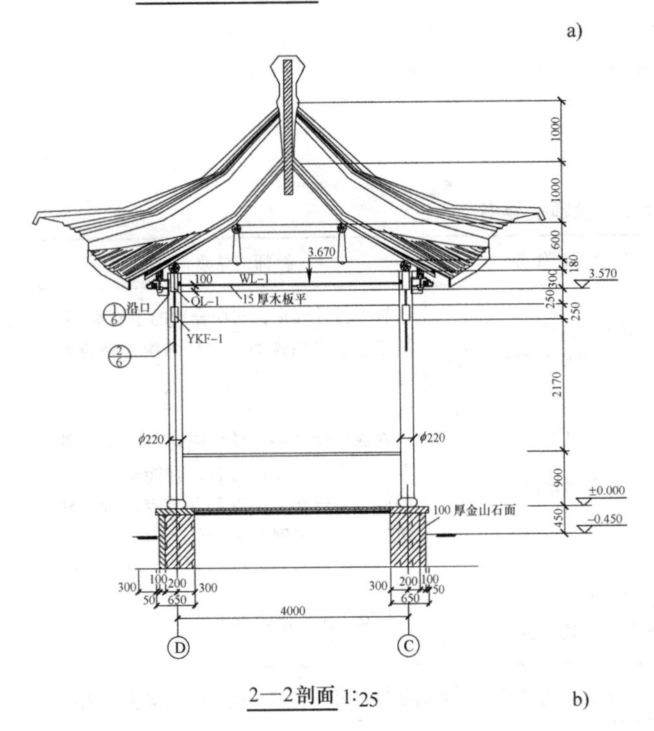

YZφ220　30　115　YZφ220
±0.000
YZφ220　YZφ220
350　1000　300　300　300　2000　4000　300　1000　350
350　4000　350
D　C　5　6

四角亭平面 1:25

b)

图5-51　四角亭

a）立面图　b）剖面图及平面图

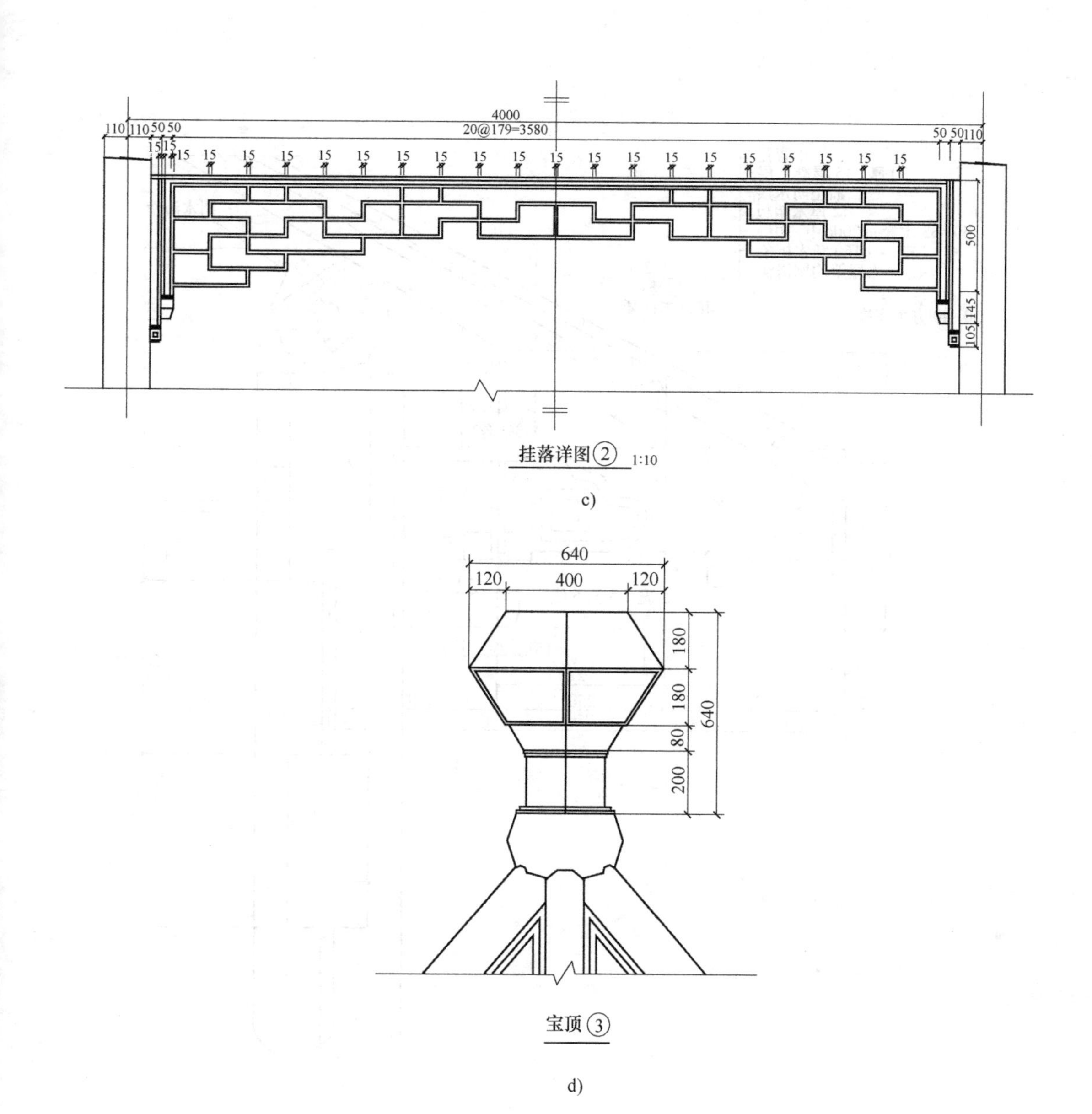

设计施工图

c）挂落详图　d）宝顶

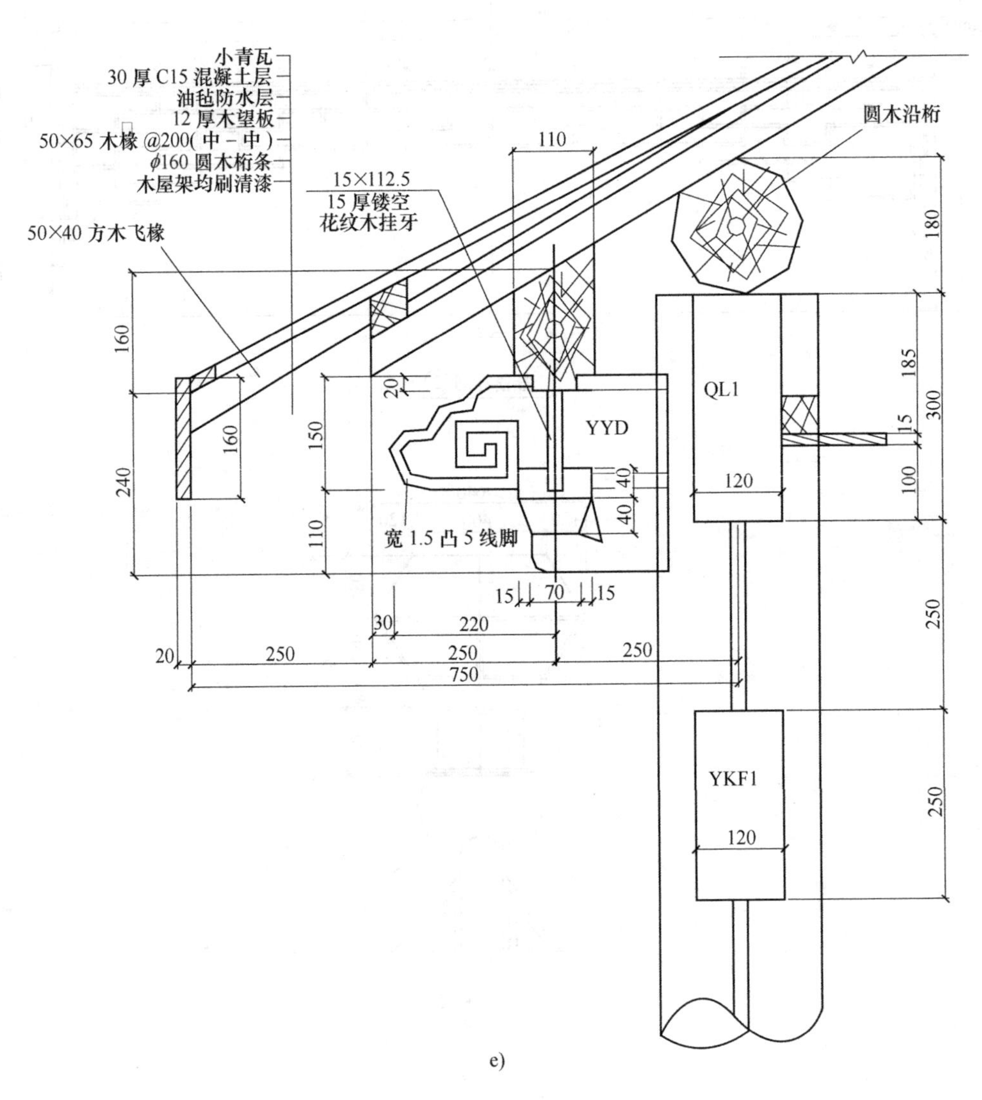

e)

图 5-51　四角亭设计施工图（续）

e）檐口大样

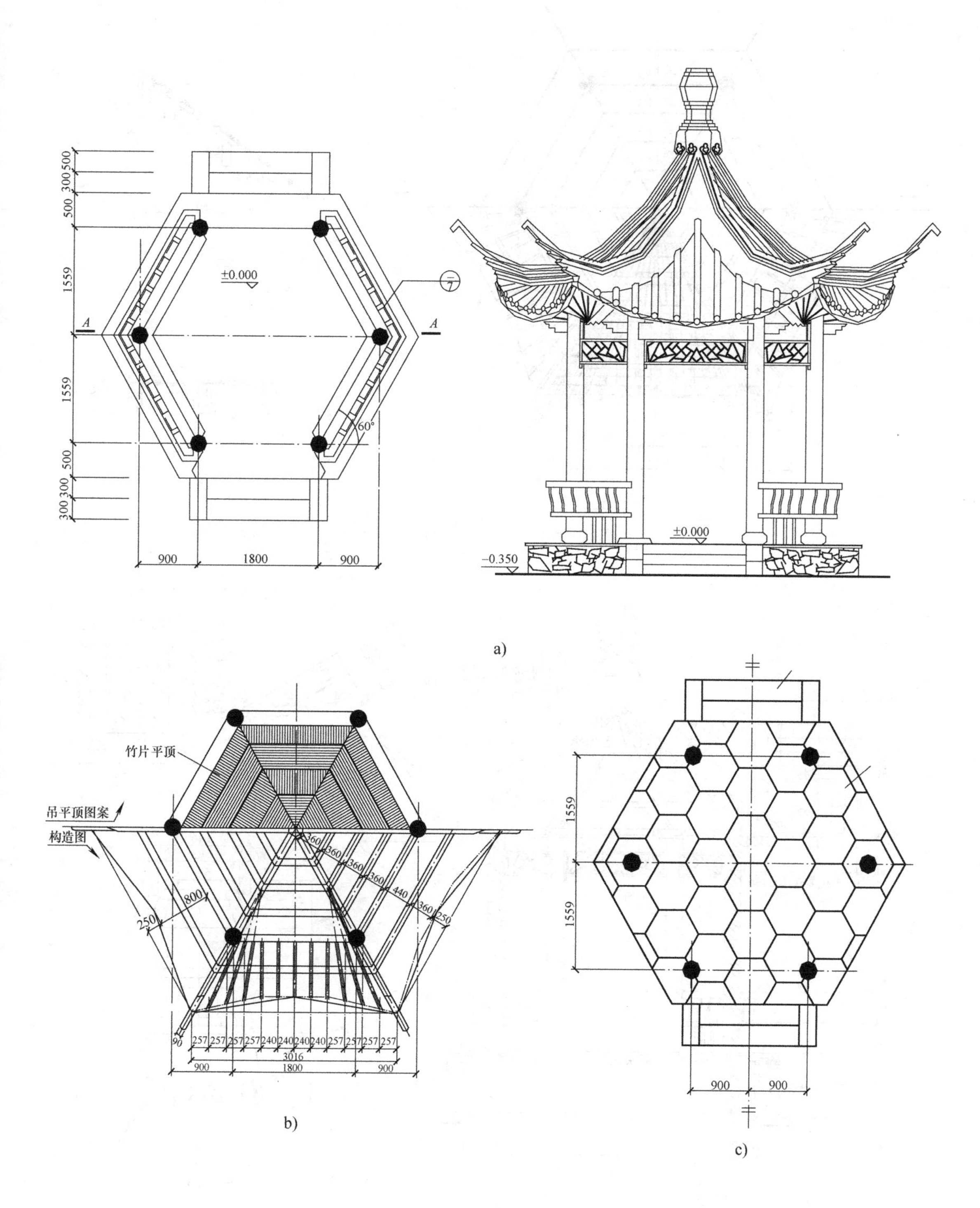

图5-52　六角亭设计施工图

a）平面图及立面图　b）仰视图　c）平台铺装

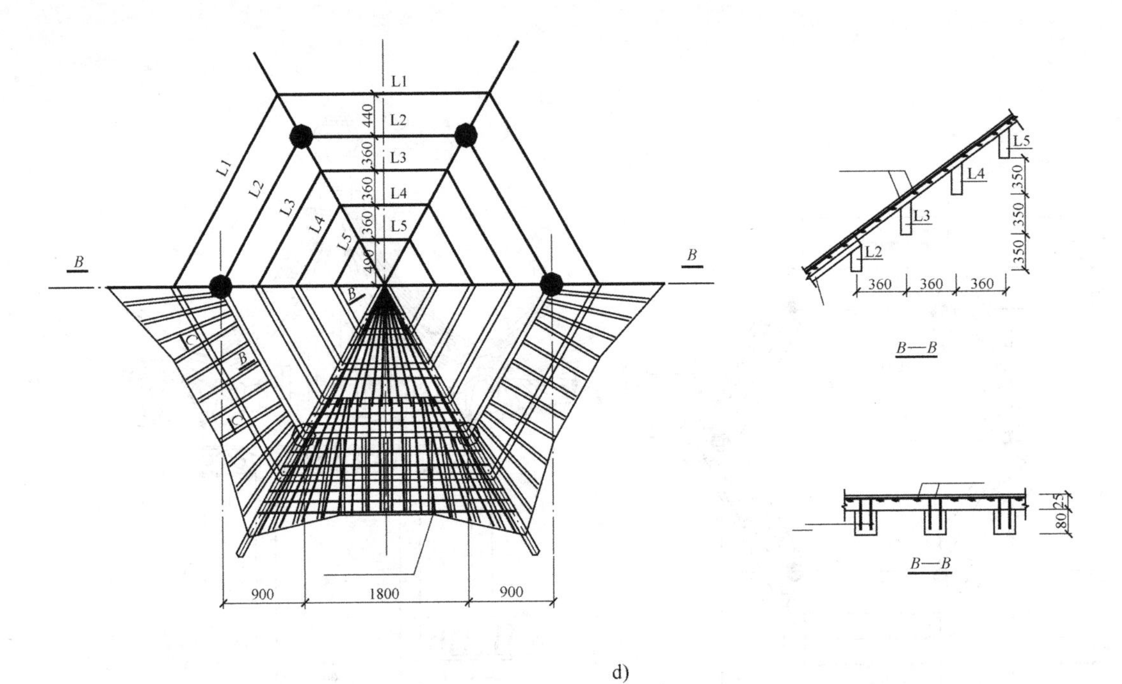

d)

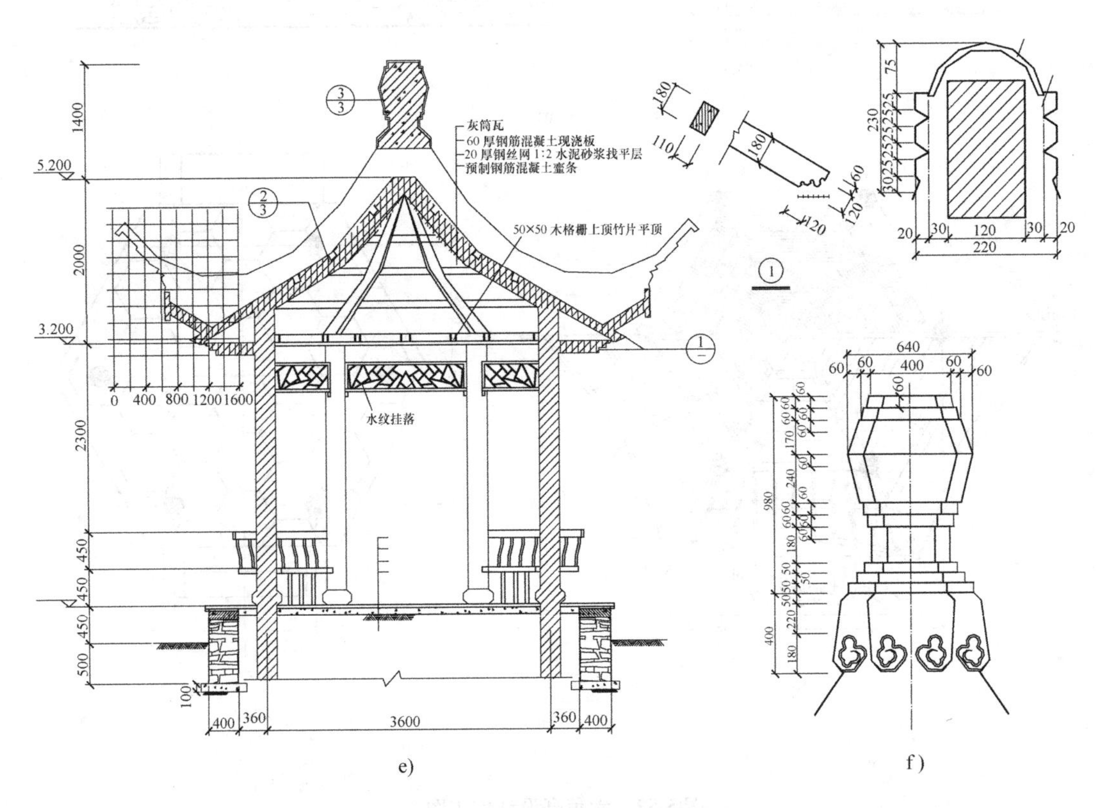

e)

f)

图5-52　六角亭设计施工图（续）

d）结构布置图　e）*A—A* 剖面图　f）宝顶大样图

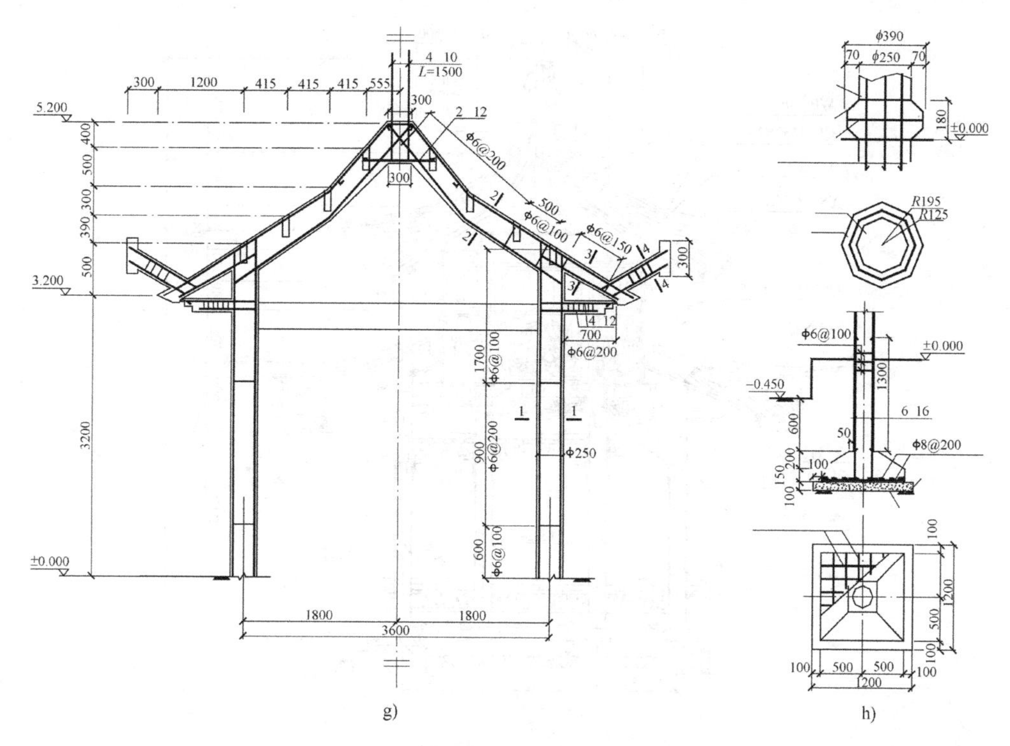

g)　　　　h)

图 5-52　六角亭设计施工图（续）

g）*B—B* 剖面图　h）基础

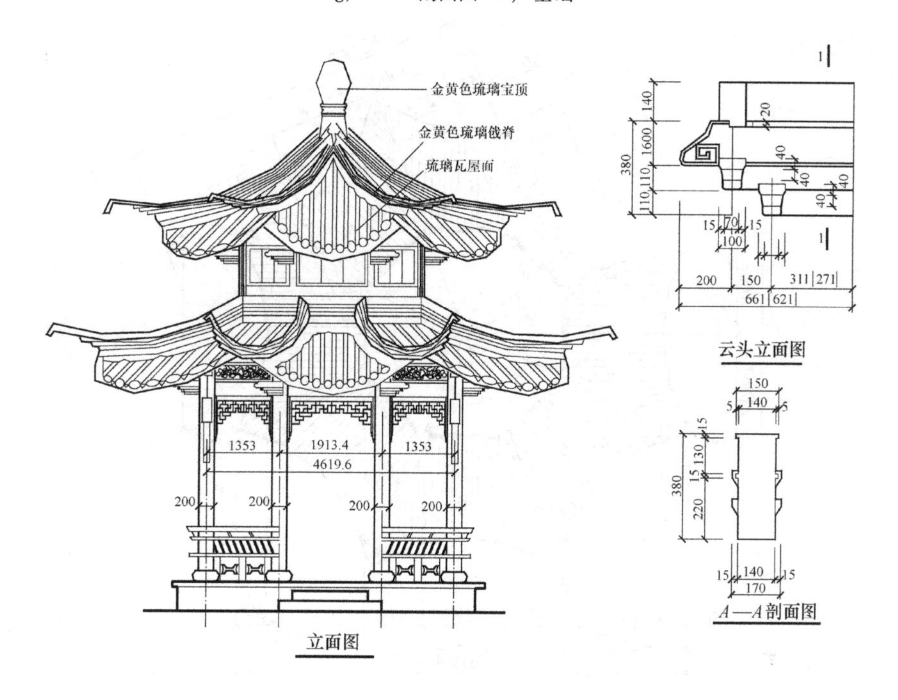

a)

图 5-53　重檐八角亭设计施工图

a）立面图

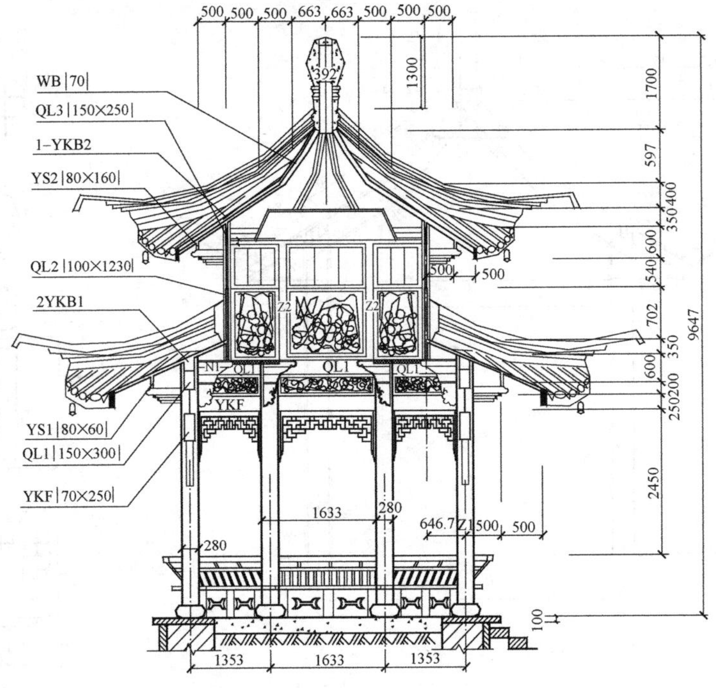

b)

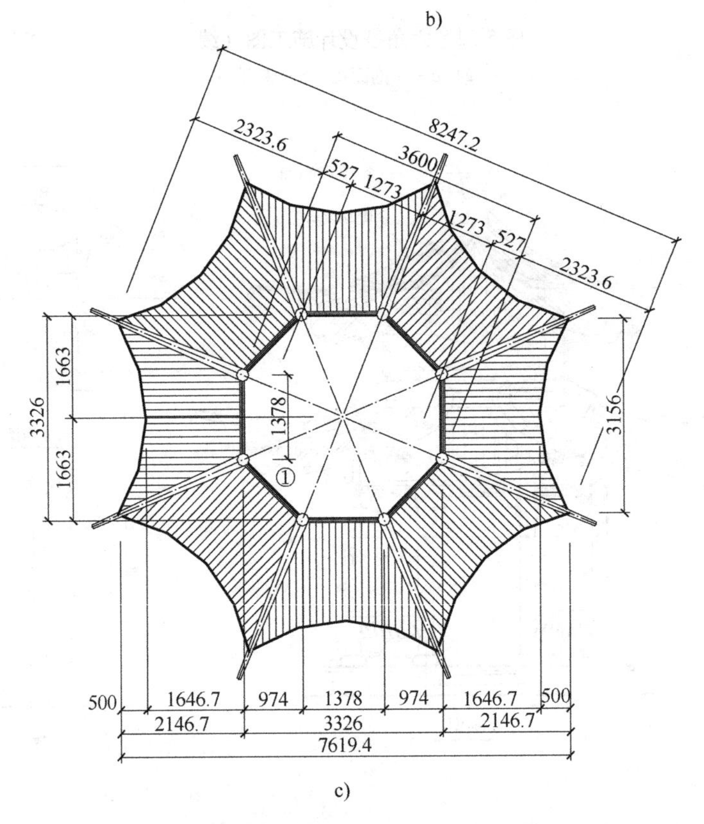

c)

图 5-53　重檐八角亭设计施工图（续）

b）剖面图　c）平面图

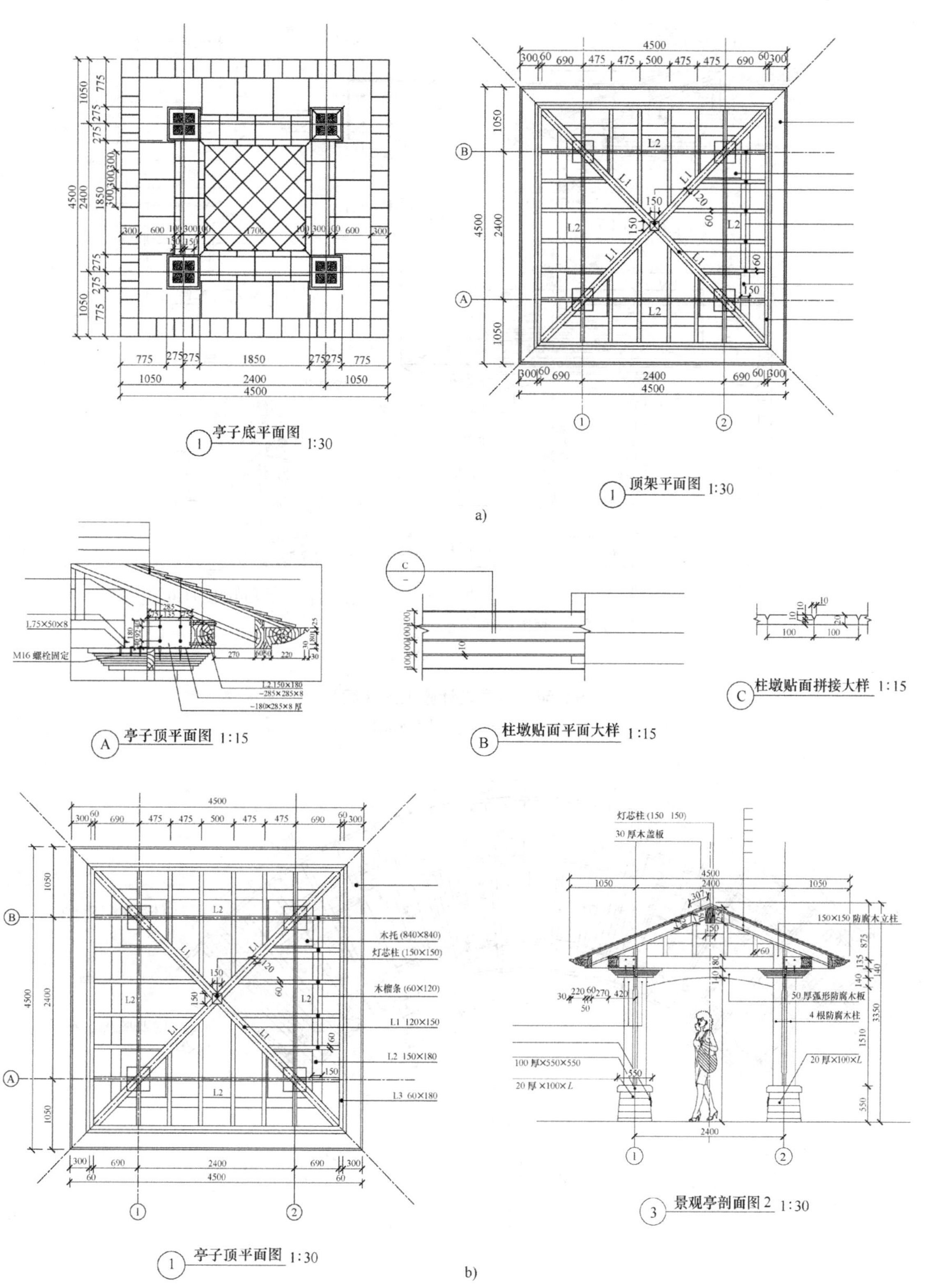

图 5-54　方亭设计施工图

a）底层平面图和屋架平面图　b）大样详图、屋顶平面图和立面图

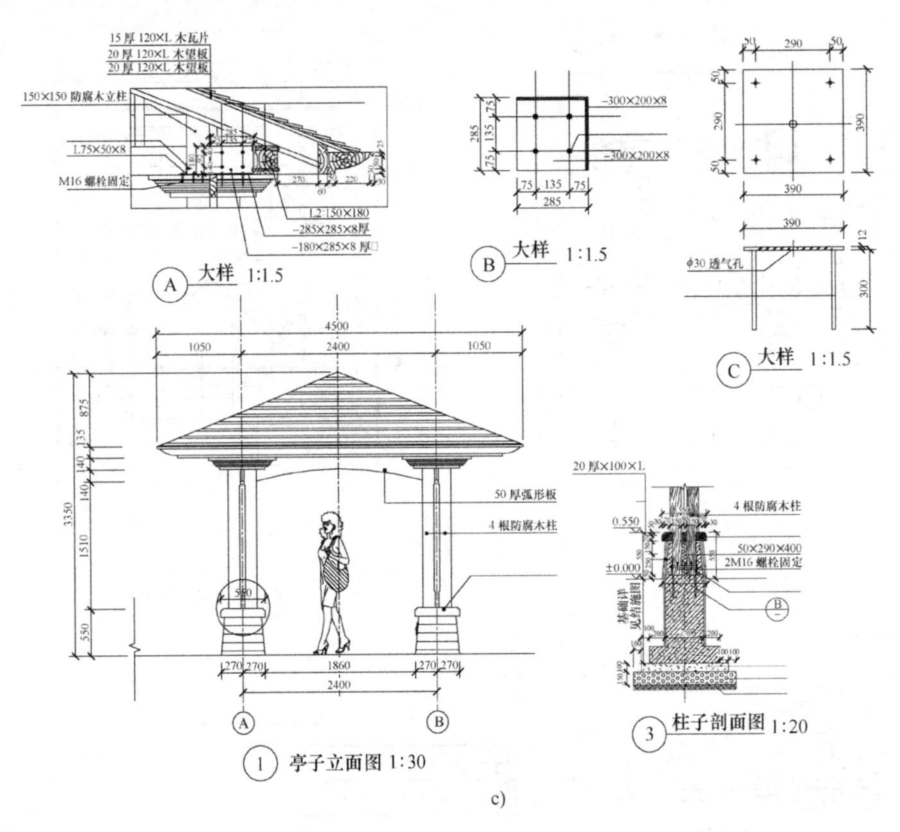

c)

图5-54　方亭设计施工图（续）

c）亭子剖面及大样详图

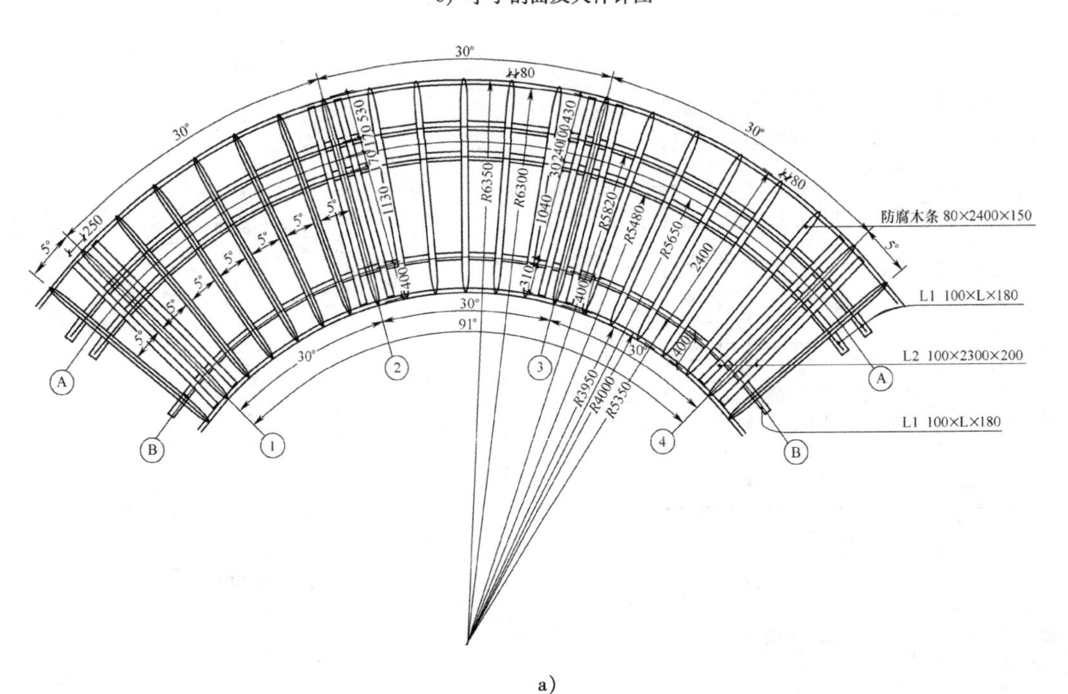

a）

图5-55　弧形花架

a）屋顶平面图

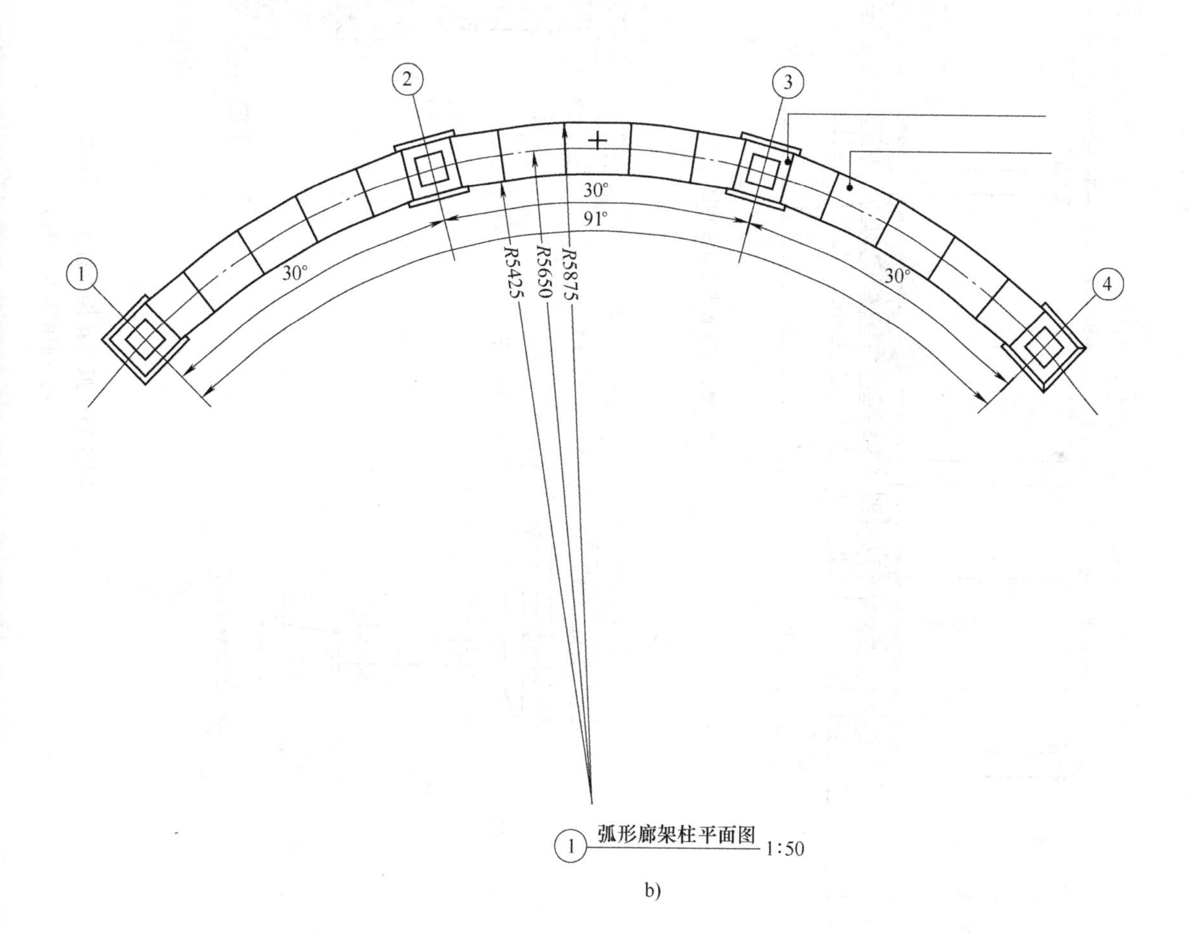

b)

设计施工图（续）

b）底层廊架平面图

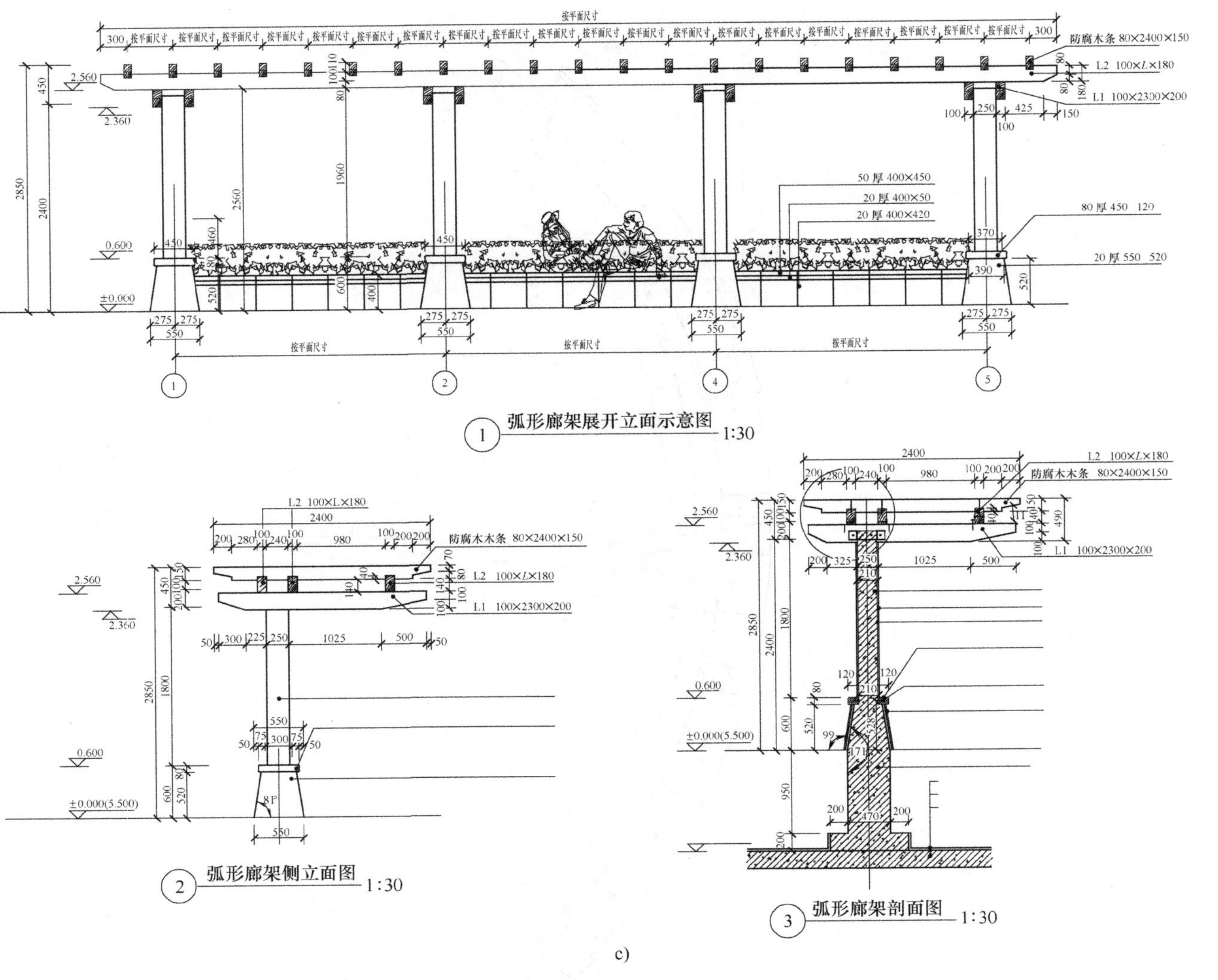

c)

图5-55　弧形花架设计施工图(续)

c)立面图及大样详图

2. 设计过程管理评价

接受设计任务	**优秀**	**良好**	**一般**	**较差**	**很差**
❖ 了解设计条件	□	□	□	□	□
❖ 查找相关资料	□	□	□	□	□
❖ 建筑造型设计	□	□	□	□	□
❖ 平面初步设计	□	□	□	□	□

草图绘制	**优秀**	**良好**	**一般**	**较差**	**很差**
❖ 立面深化设计	□	□	□	□	□
❖ 平面深化设计	□	□	□	□	□

正图绘制	**优秀**	**良好**	**一般**	**较差**	**很差**
❖ 图纸按时完成	□	□	□	□	□
❖ 图面表达完整无误	□	□	□	□	□

图纸评价	**优秀**	**良好**	**一般**	**较差**	**很差**
❖ 正确处理建筑和环境的关系	□	□	□	□	□
❖ 整体及部分尺度和比例恰当	□	□	□	□	□
❖ 正确选择亭廊造型	□	□	□	□	□
❖ 制图规范，表达准确	□	□	□	□	□

3. 本章理论知识点提示

（1）亭的平面形式

（2）亭顶的类型

（3）亭的体量和比例

（4）亭位置的选择

（5）廊的基本类型

（6）廊的典型构造做法

（7）廊的立面设计

（8）廊的体量

（9）榭、舫的含义

4. 教学效果反馈

	是	否
❖ 是否掌握亭、廊设计的理论知识	□	□
❖ 是否掌握亭、廊设计方法和步骤	□	□
❖ 是否能独立完成亭、廊设计	□	□
❖ 你觉得本章节内容编排是否合理	□	□
❖ 你觉得本章节的知识点是够能满足亭廊设计的需要	□	□

❖ 你觉得本章内容是否有需要修改的地方，或者有更好的建议，请写出来________

____

思　考　题

5-1　按屋顶形式分，园林建筑中的亭分为哪几类？

5-2　在亭廊设计中应注意哪些设计要点？

5-3　在园林建筑中，廊的作用有哪些？

5-4　在园林建筑中，榭、舫的特点各是什么？

园林服务性建筑设计

学习目标

通过本章学习，了解园林大门、园林公厕、园林茶室、小卖部、游船码头等园林服务性建筑的特点、作用、分类，熟悉相关的设计规范，掌握其设计方法。

6.1 园林大门及入口设计

园林的大门作为整个园林的起始点，是园林中最为突出醒目的建筑之一，它体现了园林的性质、特点、规模大小，并具有一定的文化色彩。每一个园林的大门形象应各具个性，并成为园林中乃至城市中富有特色的标志性建筑。

6.1.1 园林大门位置选择

1. 影响园林大门位置选择的因素

园林大门的位置首先应考虑园林总体规划，按各景区的布局、游览路线及景点的要求等来确定其大门的位置。由于园林大门的位置与园内各种活动安排、人流量疏密及集散、游人对园内某些景物的兴趣以及各种服务、管理等均有密切关系，所以，应从公园总体规划着手考虑大门位置（图6-1）。

一般来说，各个园林的园址形状、游人量及主景区位置是确定大门位置和出入口数量、位置首先要考量的因素。

如图6-1a所示，矩形园址，长向宜多设景区，长边游人量大，一般长边可设1~2个出入口，再结合主景区的位置确定其主次出入口。如图6-1b所示，三角形园址，一般三个角部及中部为景区所在，游人量可均布，故可三向均设出入口，再结合主景区的位置确定其主要出入口。如图6-1c所示，方形园址，可四面均设入口，游人量均布。结合主次景区位置，确定主次出入口。如图6-1d所示，任意形园址，主要出入口宜设在接近主要景区一侧结合园内人流分布及集散，选择适宜边设置主要入口。

其次，园林大门位置要根据城市的规划要求确定，要与城市道路取得良好关系，要有方便的交通，应考虑公共汽车路线与站点的位置，附近主要居民区的位置，以及主要人流量的来往方向（图6-2、图6-3）。

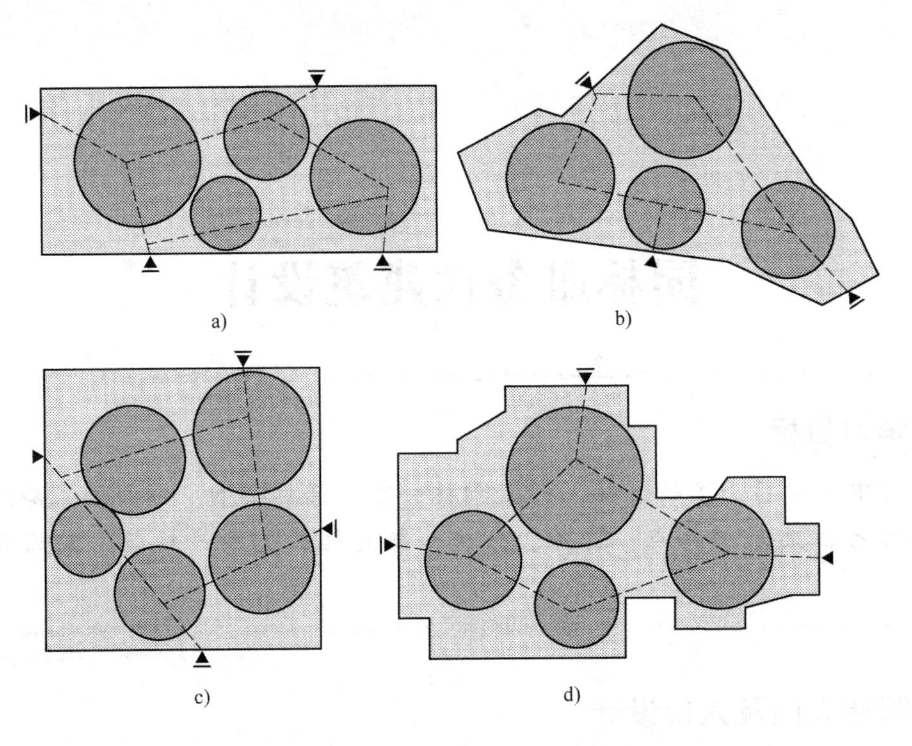

图 6-1　不同形状园址对园林大门出入口位置选择的影响

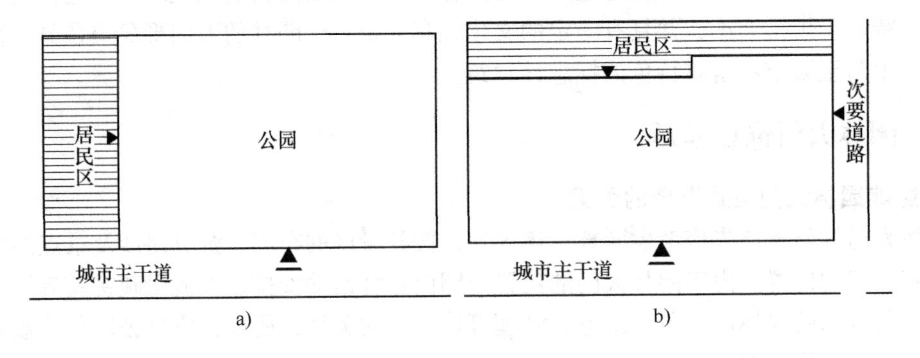

图 6-2　城市主、次干道对园林大门出入口位置选择的影响

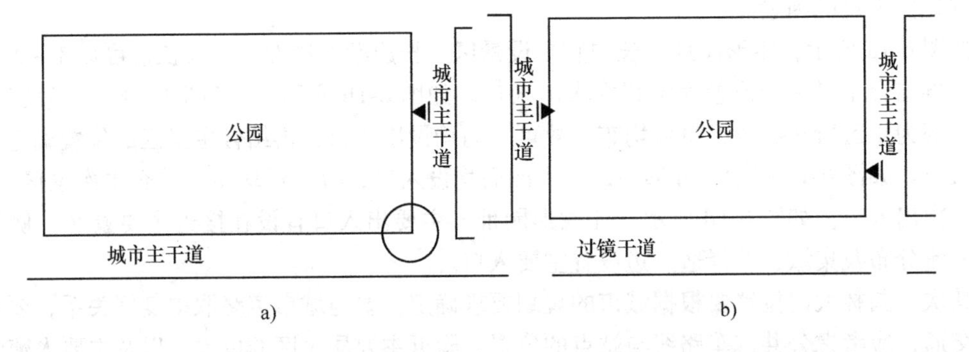

图 6-3　城市主干道、过境干道对园林大门出入口位置选择的影响

如图6-2a、图6-2b所示，公园主出入口，一般宜设在城市主干道一侧，居民区一侧宜设次要入口。设次要出入口。如图6-3a所示，城市主干道交叉口一般不宜设公园主出入口。如图6-3b所示，过境干道一侧不宜设公园主出入口。

同时，园林大门位置应考虑周围环境的情况。附近是否有学校、机关、团体以及公共活动场所等，都直接影响公园大门位置的确定。

另外，园林供应物资的运输方向，废物排出方向等，也是选择公园各门位置应考虑的因素。

综合以上各种功能关系及景致要求，可确定出公园各种出入用门的具体位置。

2. 园林大门位置选择实例（图6-4）

1）北京陶然亭公园：考虑到城市道路和主要人流方向，主要入口设在城市主干道上，在次要道路上设置两个次要入口。

2）淄博市街心公园：考虑到过境干道一侧不宜设置公园的主要出入口，因此本公园的主要入口设在其他城市干道上，而仅在过境干道上设置次要入口。

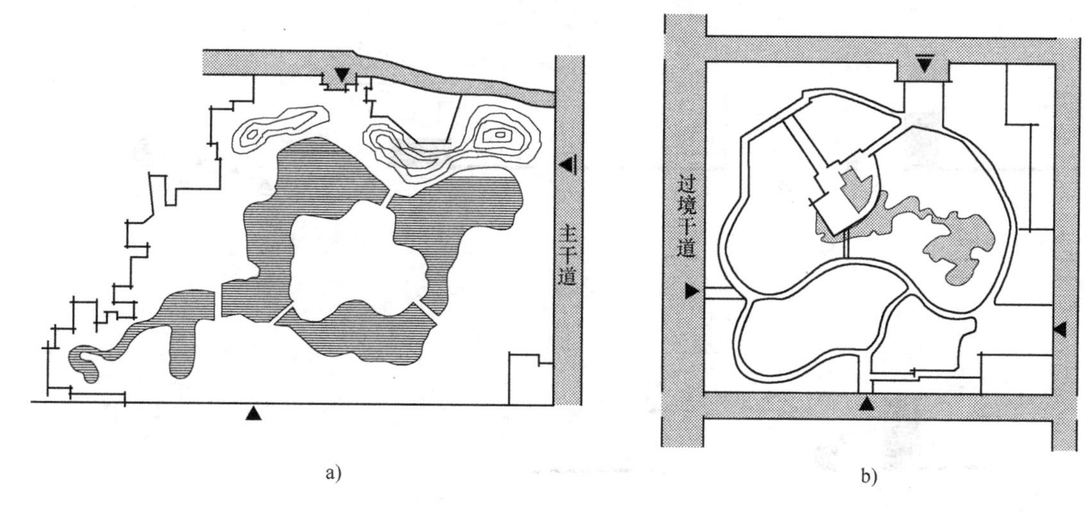

图6-4　园林大门位置选择实例
a）北京陶然亭公园　b）淄博市街心公园

3. 园林大门的种类

一般大、中型的园林有三类大门，即园林主要大门、次要门及专用门。

（1）园林主要大门　园林主要大门作为园林主要的、大量的游人出入用门，设备齐全，联系城市主要交通路线，是园林主要游览路线的起点。

（2）园林次要门　园林次要门作为园林次要的、局部的人流出入用门，一般供附近居民区、机关单位的游人就近出入。

（3）园林专用门　园林专用门是为了满足园林管理上的需要，货物运输或供园内特殊活动场地独立开放而设。

6.1.2　园林大门出入口主要类型

按照园林大门出口和入口的关系及结合程度，可将园林大门的出入口分为以下几种类型。

如图6-5a所示，大小出入口合一，人流、车流不分，适用于人流量不大的小型公园或大公园的次要入口、专用门。如图6-5b所示，入口门与出口门分开设置，入口紧连游览路线起点，出口在游览路线的终点，适用于大型公园。如图6-5c所示，大小出入口分开，售票管理用房设在小出入口一侧，适用于一般公园大门。如图6-5d所示，出入口对称布局，大小出入口分开，中轴两侧设相同内容，适用于大型公园。如图6-5e所示，大小出入口分开，收票室设在大小入口之间，兼顾两侧收票，以便于适应平日、假日人流量不同时使用。

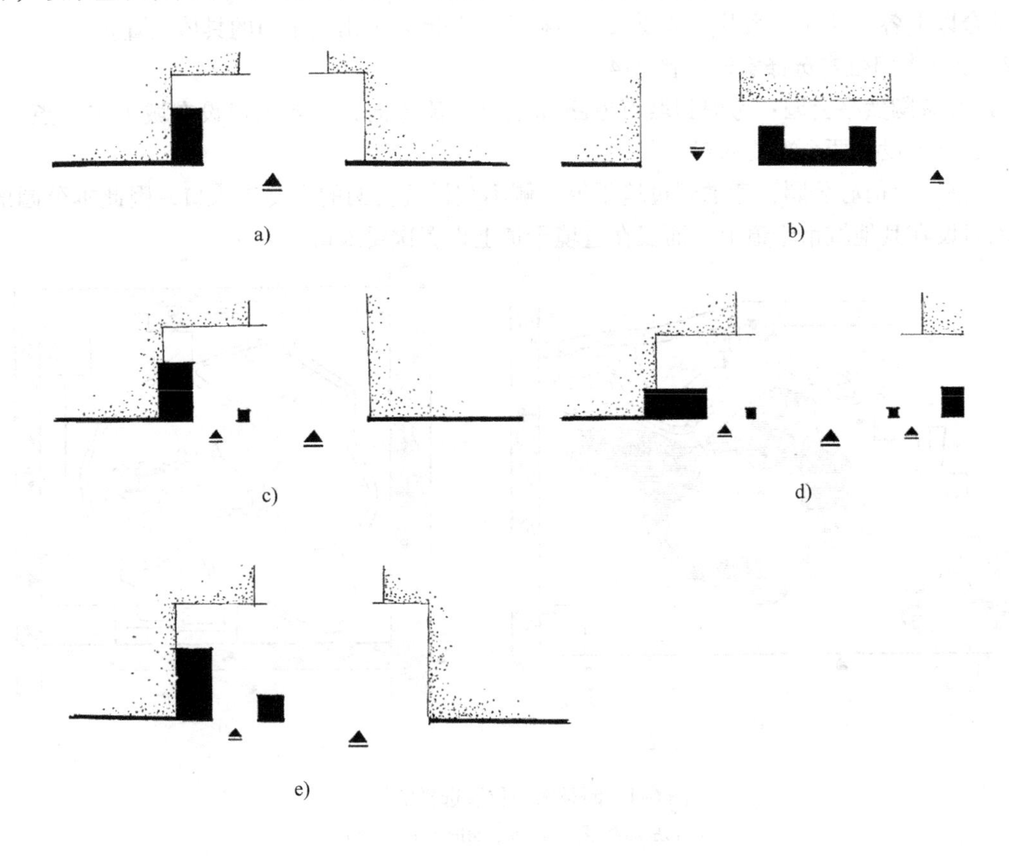

图6-5　园林大门出入口的主要类型

6.1.3　园林大门的基本组成

1. 园林大门基本组成概述

园林大门的主要功能为交通集散、人流疏导、门卫管理以及小型服务。因此其基本组成主要包括大门主体建筑、售票室、收票室、门卫管理处、小型服务用房以及公共厕所等。室外空间上有：大门内外广场，游人、车辆出入口，游人休息等候空间，停车场以及必要的装饰性小品等。

从园林的规模、性质、所处地点等因素来考虑，其基本组成可作必要的删减或增加（图6-6），有的大门可附属小卖部及其他服务设施。

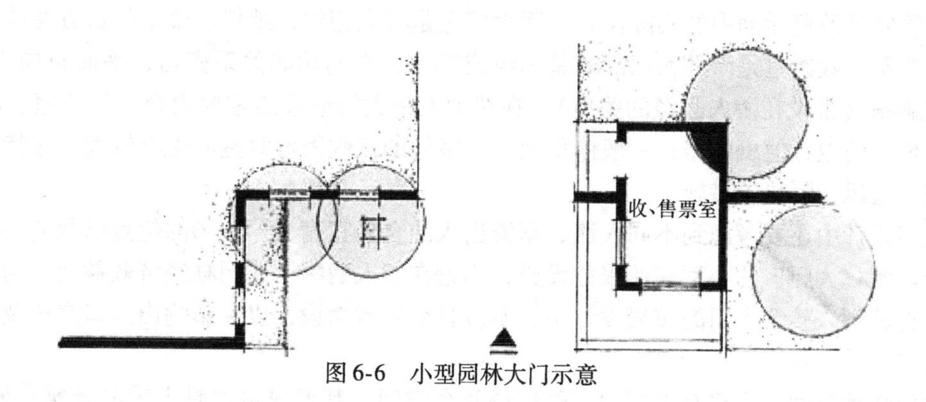

图 6-6　小型园林大门示意

2. 园林大门基本组成实例介绍

1）北京柳荫公园：较小型的园林大门，出入口分开设置，设收票室（图 6-7）。

2）南京古林公园：较大型的园林大门，集合了较多的功能空间，入口空间较为开敞，设售、收票室以及小卖部（图 6-8）。

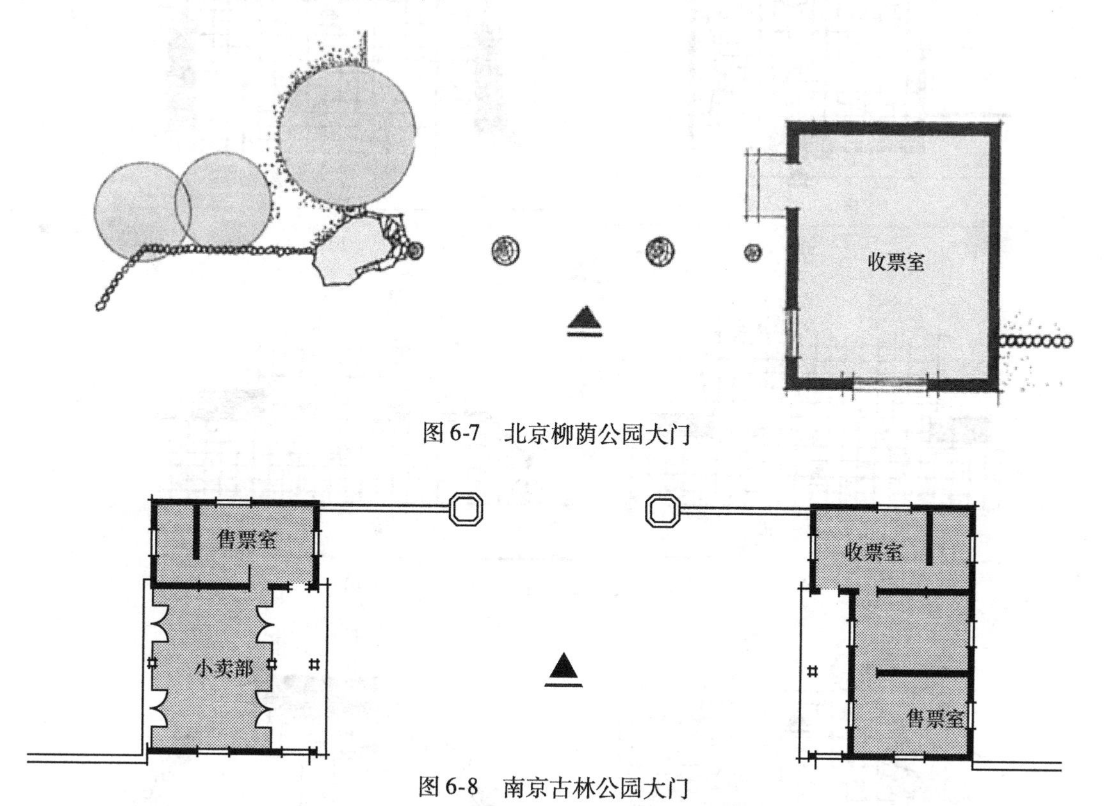

图 6-7　北京柳荫公园大门

图 6-8　南京古林公园大门

6.1.4　园林入口环境空间的形成

大门内外广场的布局、形式、规模、景观设置等应作精心设计，其在空间上互相渗透、互相协调、互相对比，相继相融，引人入胜。

游人休息等候空间是园林大门的必备空间，游人经常是相伴同游，出入时间参差不齐。

休息、等候是游览活动中的实际需要，而大门正是有人相约、结伴、聚集的最方便的地点。

售票室、收票室是园林大门的最基本组成部分，它们功能关系密切，平面布局应合理，路线应顺畅（常设在游人必经的关口）；在造型上是大门形象的重要内容。售票室、收票室以及管理、门卫、值班用房，一般体积较小，室外的气候因素对室内影响较大，应特别重视其遮阳、通风、隔热等措施。

大门设计中还要考虑到不同人流、车流出入的合理宽度、停车场的位置以及公共厕所等的安排。园林大门口的小型商业服务设施，不论在游人购物上或园林经济效益上，均日益重要，应将其列入整个大门的布局设计中，不应日后随意增设，以免影响出入口交通及环境景观效果。

大门环境空间，主要有大门内、外广场两个空间，其形成可以是人工的建筑，如围墙、旗杆及其他优美的园林建筑等，也可以是自然物，如林木、花草、山石、水体等，出入口环境空间除应适合功能要求外，还应具有优美的景观特色及一定的文化内涵。

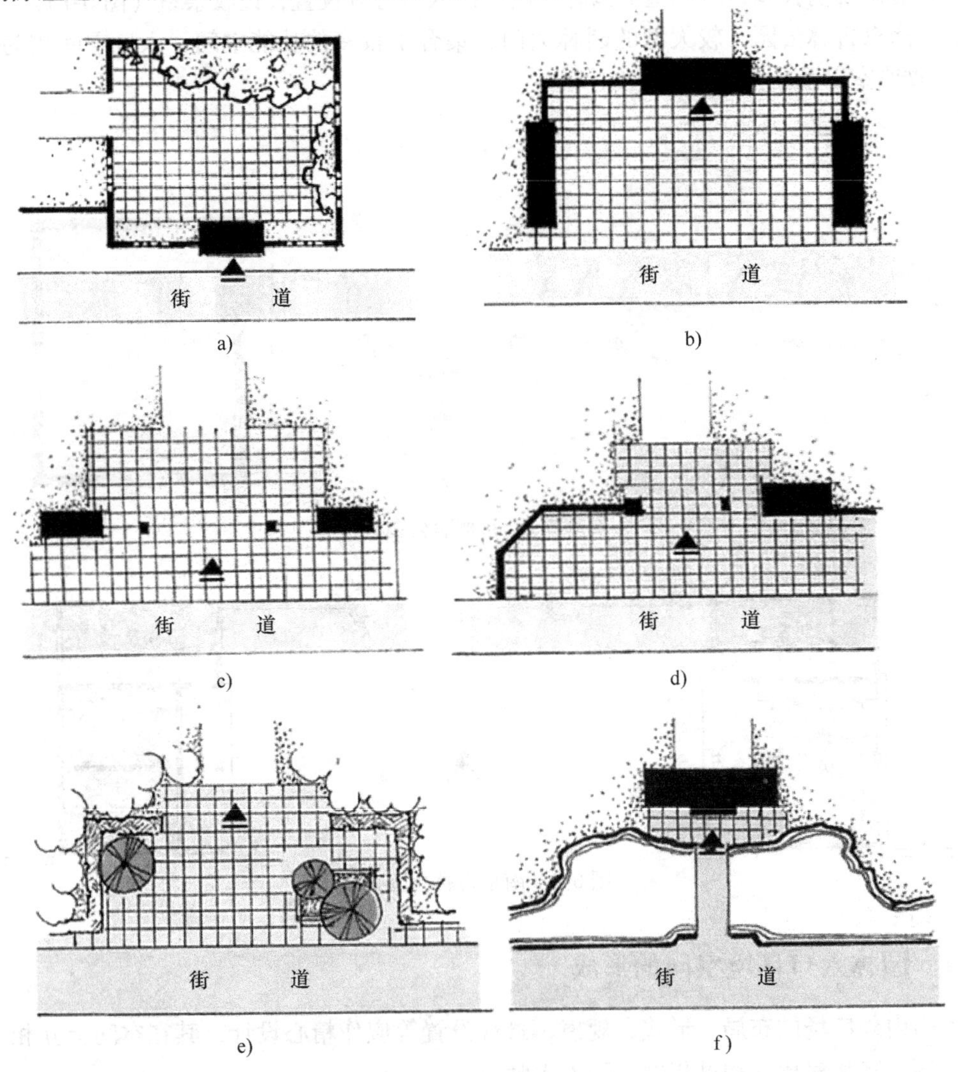

图6-9　园林入口环境空间的形成

如图 6-9a 所示，广场四周以围墙围合，形成封闭式的大门空间，类似庭院布局，空间活泼。如图 6-9b 所示，广场三面以建筑物围绕，形成半封闭式的大门空间，中轴对称气氛严肃。如图 6-9c 所示，以门墩形成大门空间，视线通透，空间开朗。如图 6-9d 所示，以门墩、花格、栏杆围合大门空间，形式轻松活泼。如图 6-9e 所示，以树木绿化围合的大门空间，富有自然情趣。如图 6-9f 所示，以水体形成的大门空间，明朗开阔，景物倍增。

6.1.5　园林大门的建筑形式

园林大门按其建筑形式主要可以分为以下几类：

1. 柱墩式大门

柱墩是由古代石阙演化而来的，在现代园林大门中广为适用，一般作对称布置，设 2 ~ 4 个柱墩，分大小出入口，在柱墩外缘连接售票室或围墙。柱墩式大门如图 6-10 所示。

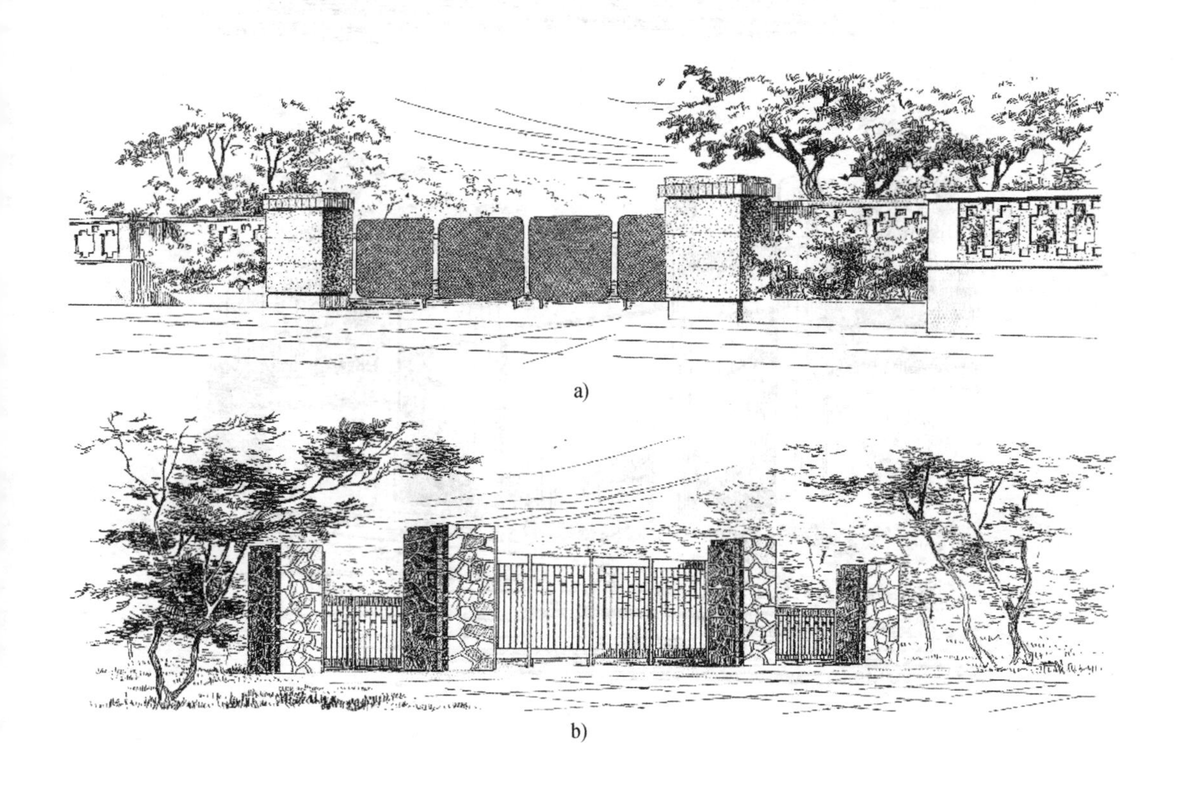

a)

b)

图 6-10　柱墩式大门

2. 牌楼、牌坊门

牌坊是我国古代建筑上很重要的一种门，在牌坊上安放门扇即成牌坊门。牌坊门有一、三、五间之别，以三间最为常见。牌楼式大门如图 6-11 所示。

a)

b)

图 6-11　牌楼式大门

a）北京颐和园排云门　b）广州烈士陵园南门

3. 屋宇式门

屋宇式门是我国传统大门形式，门的进深称为架，如二架、三架、四架、五架、七架等；门的开间称为间，如五间、七间等，在古典园林中，常采用五间、七间的两层楼房，做成外观壮丽的门楼。屋宇式门如图 6-12 所示。

a)

b)

图6-12 屋宇式门

a）济南趵突泉公园大门 b）杭州花港观鱼

c)　　　　　　　　　　d)

图6-12　屋宇式门（续）

c）广州勐苑大门　d）北京北海公园垂花门

4. 门廊式

门廊式是由屋宇式门演变而来，一般屋顶多为平顶、拱顶、折板，也有采用悬索等新结构。门廊式造型活泼、轻巧，可用对称或不对称构图，目前在各处园林及公园中普遍采用。上海黄浦江隧道入口（门廊式）如图6-13所示。

图6-13　上海黄浦江隧道入口（门廊式）

5. 墙门式

墙门式是我国住宅、园林中较常采用的样式之一，通常是在院落隔墙上开的随便小门，较为灵活和简洁，也可用在园林住宅的出入口大门。墙门式大门如图6-14所示。

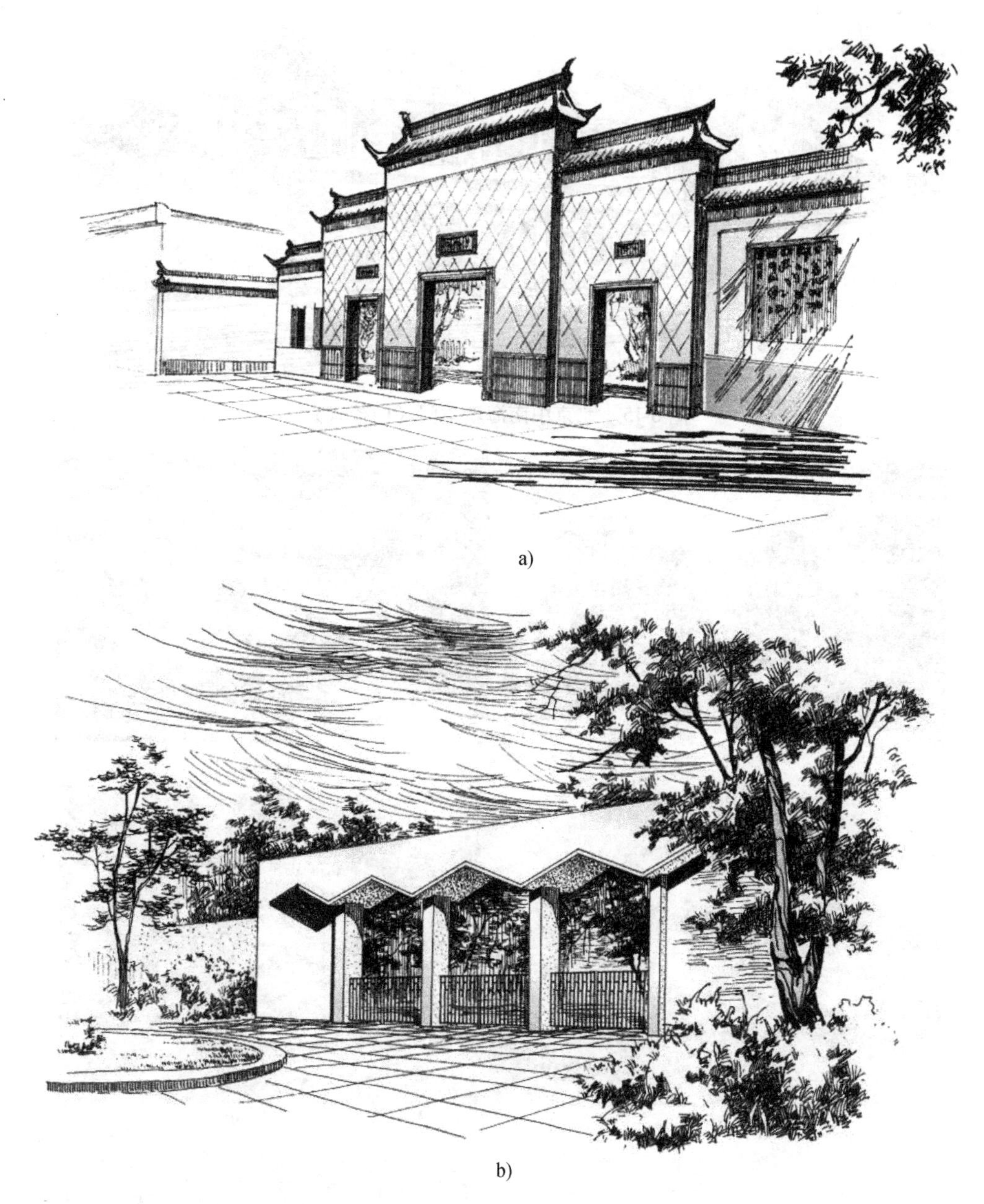

a)

b)

图 6-14　墙门式大门
a）苏州拙政园大门　b）广州流花公园大门

6. 门楼式

门楼式为二层或三层的屋宇式建筑，底层开洞口作为园林入口，上层可以观景远眺。北京中南海新华门（门楼式）如图 6-15 所示。

7. 其他形式的大门

近年来由于园林类型的增多，建筑造型随之丰富，各种形式的园林大门层出不穷。公园大门常用各种高低的墙体、柱墩、花盆、亭、花格组合成各具特色的大门。如儿童公园常采用动物造型的各类雕塑作为大门标志；最常见的花架门也广泛运用在园林中。其他形式的大门如图 6-16 所示。

图 6-15　北京中南海新华门（门楼式）

图 6-16　其他形式的大门

a）张家界国家森林公园大门　b）住友宝莲花园大门

c）珠山国家森林公园动物园大门　d）杭州西溪国家湿地公园入口　e）珠江公园大门　f）锦屏公园大门

6.1.6　园林大门实例介绍

1. 北京雕塑公园大门

北京雕塑公园大门如图 6-17 所示，大门采用一组廊亭相组合的形式，布局自由活泼，广场与小院落交错、对比，建筑立面采用虎皮石装饰，形式新颖，色彩明快。其缺点也较为明显，水中的小方亭与外广场位置较远，缺少必要联系，限制了游人使用。

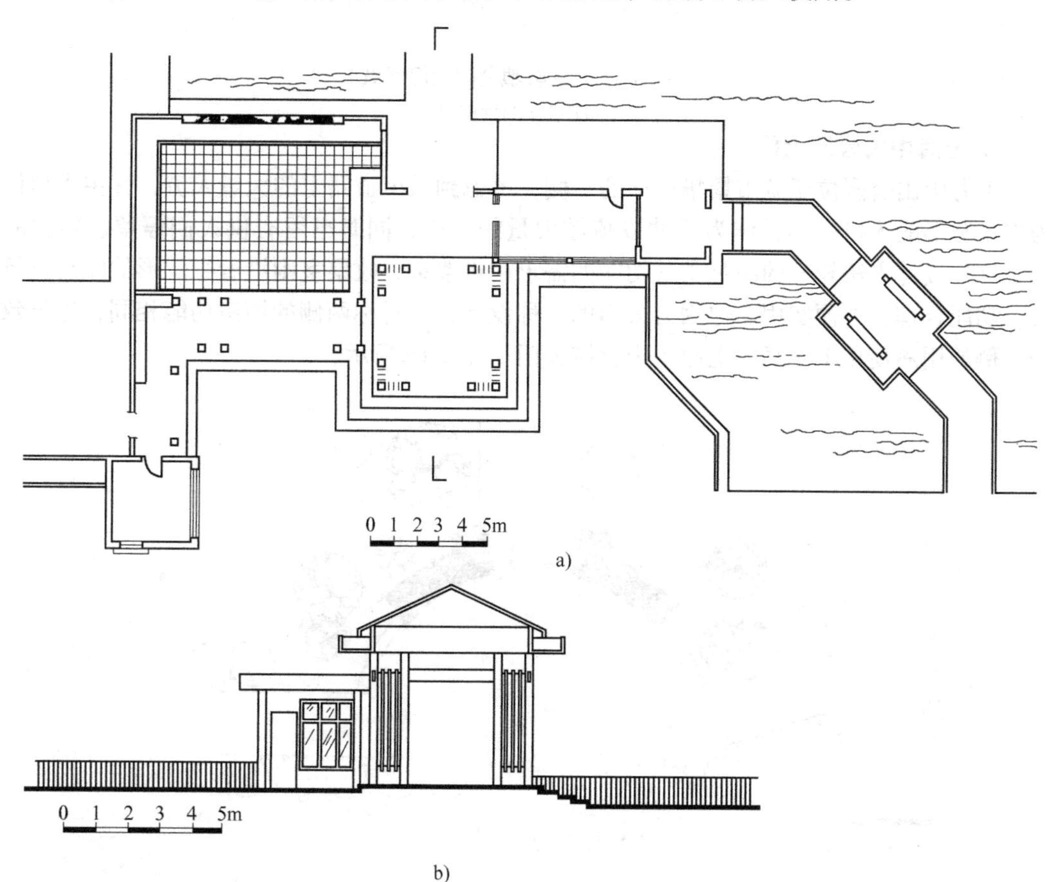

a)

0 1 2 3 4 5m

b)

c)

图 6-17　北京雕塑公园大门

a）大门平面图　b）大门剖面图　c）入口透视图

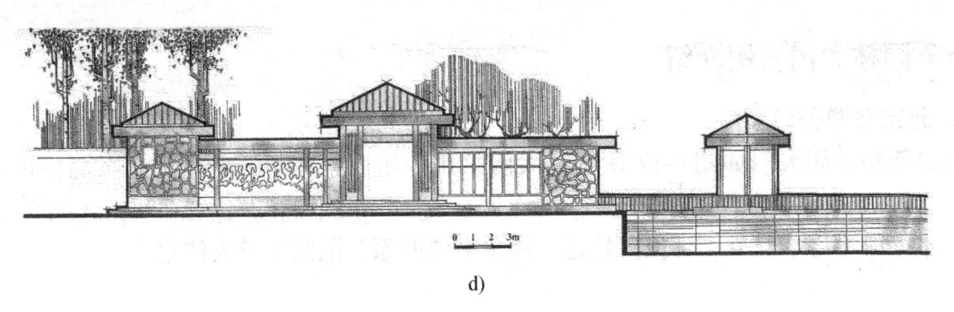

d)

图6-17　北京雕塑公园大门（续）

d）主入口立面图

2. 上海中山公园大门

上海中山公园位于城市繁华街道的一侧，考虑到城市道路上的大量人流，其主入口设计为以半圆形的入口广场，作为缓冲以疏散大量的人流，同时也留有供人们停留、集散的空间，这种设计方法较好的满足了其功能的需求；售票室、收票室则沿着半圆形的弧线进行布置，功能合理，方便实用。但因为大门的对称设计，其对称两侧的用房功能相同，这导致其中一侧的用房使用率不高。上海中山公园大门如图6-18所示。

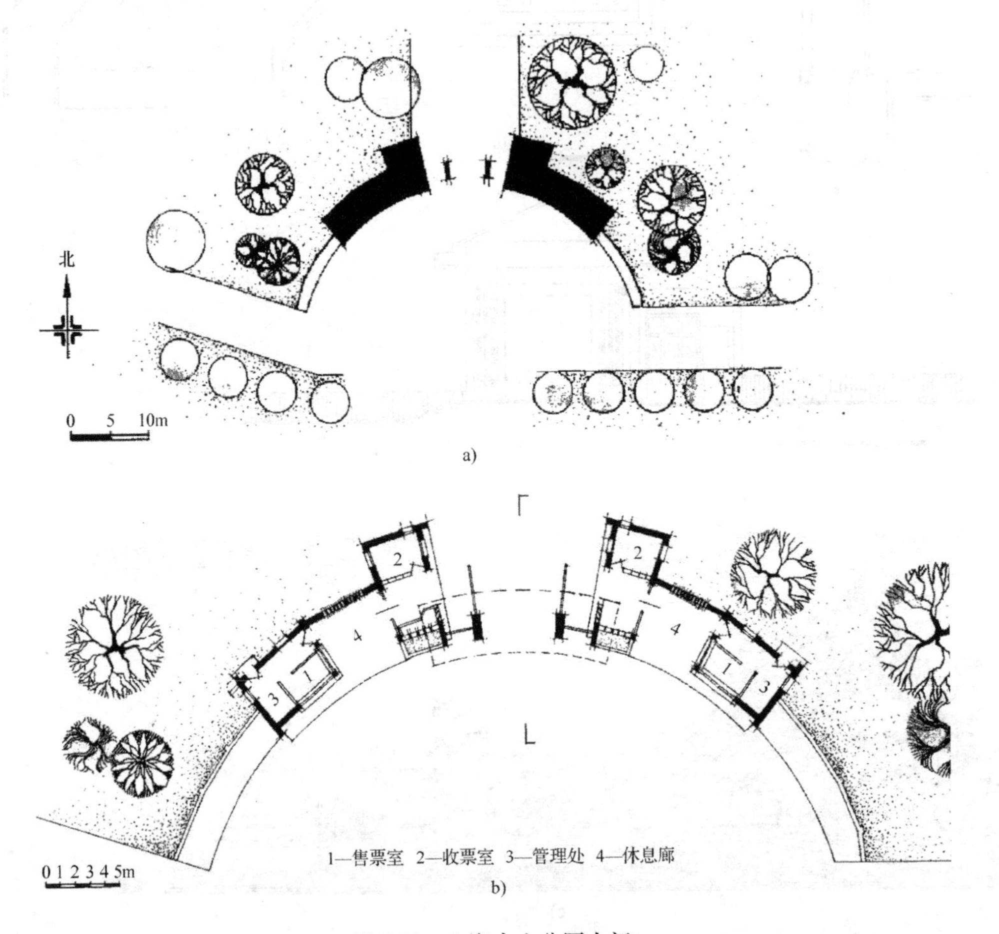

图6-18　上海中山公园大门

a）总平面图　b）大门平面图

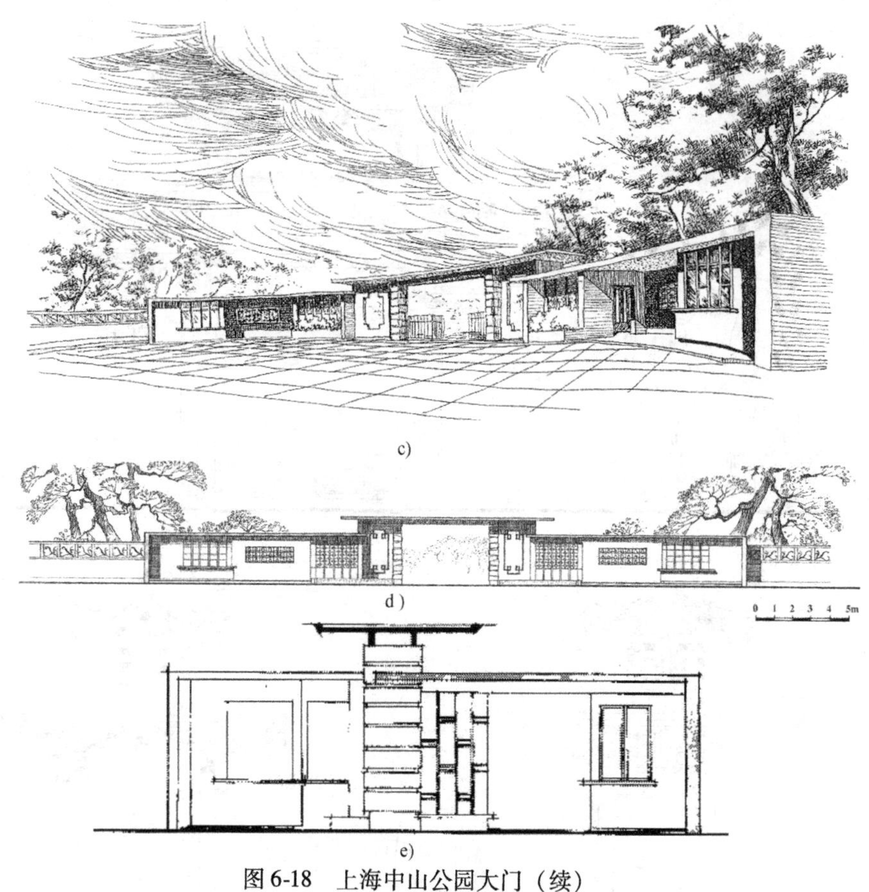

图 6-18　上海中山公园大门（续）

c）入口透视图　d）大门立面图　e）大门剖面图

3. 小型园林大门设计实例

某森林公园的南大门，大门形式为仿古建筑，一开间，设值班室，如图 6-19 所示。

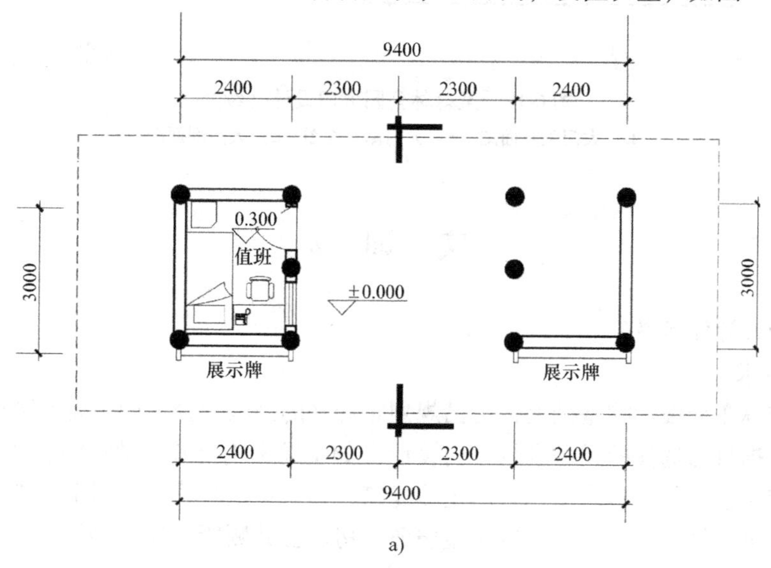

图 6-19　某森林公园大门设计

a）大门平面图

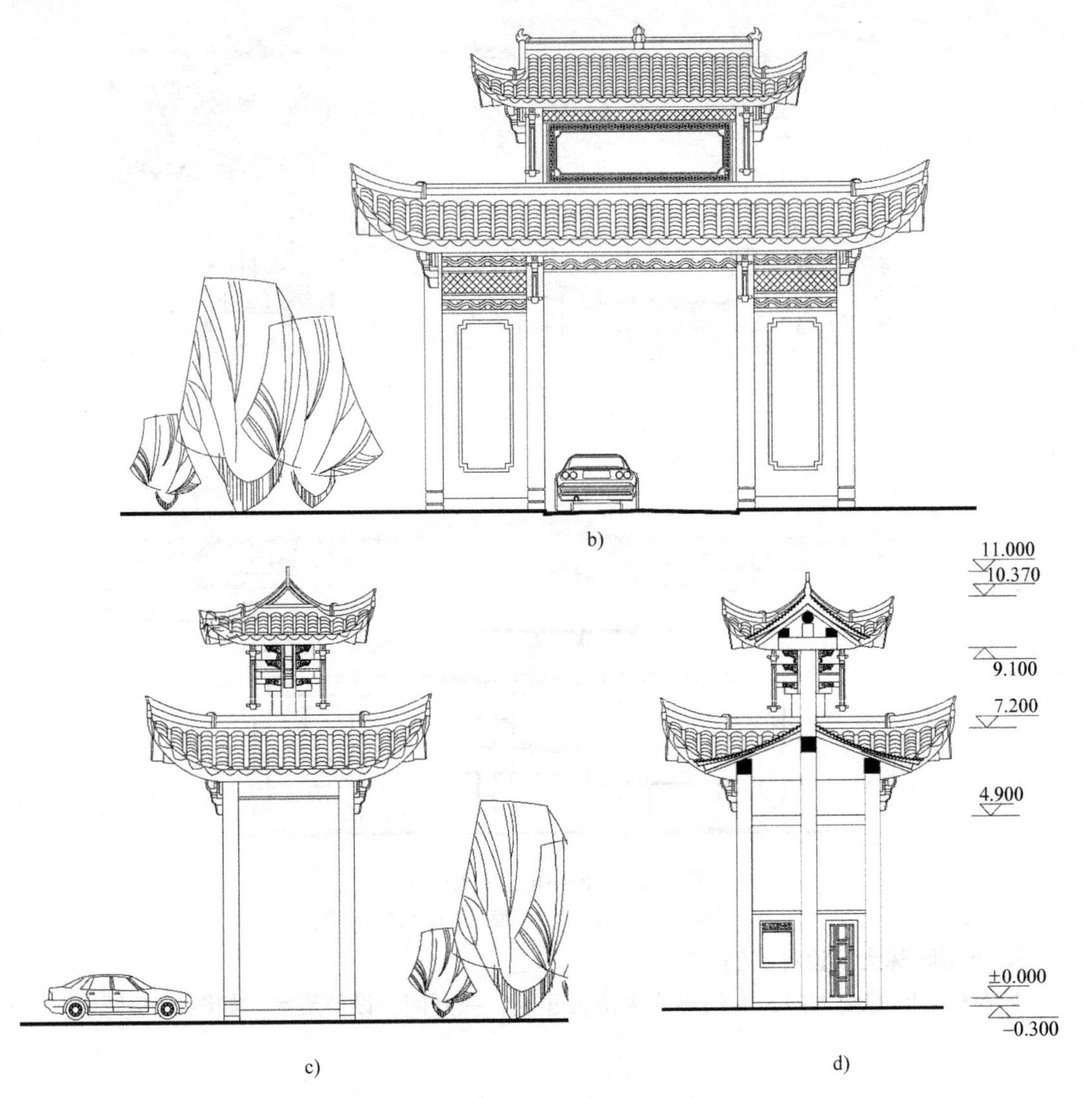

图6-19　某森林公园大门设计（续）
b）大门正立面图　c）大门侧立面图　d）大门剖面图

实　训　2

一、大门设计任务书

1. 设计要求

在学习园林布局设计的基础上，为已规划布局好的公园选择大门位置。公园类型可以自由选择，并根据自己选择的类型进行大门设计（如主题文化公园、动物园、植物园等）。

设计内容需包括：入口广场、大门主体建筑、售票室、收票室、门卫管理处、游人休息等候处等。也可根据自己的设计设置小型服务用房、公共厕所、停车场等。

2. 时间安排

第1~2周，草图设计阶段；第3~4周，设计深化阶段；第5~6周，出图阶段。

3. 图纸内容及设计要求

1）图纸规格：A2 幅面，比例自定，表达方式要求手绘。

2）图纸内容：总平面图、主体建筑平面图、立面图 2 个、透视图 1 个、设计说明。

4. 评分标准

1）构思新颖，且必须与自己选择的公园类型相协调。

2）大门位置选择合理，考虑人流和车流的组织。

3）平面功能组织合理。

4）图纸表达清晰、完整。

二、大门设计图纸识读

1. 某森林公园大门设计施工图识读（图 6-20）

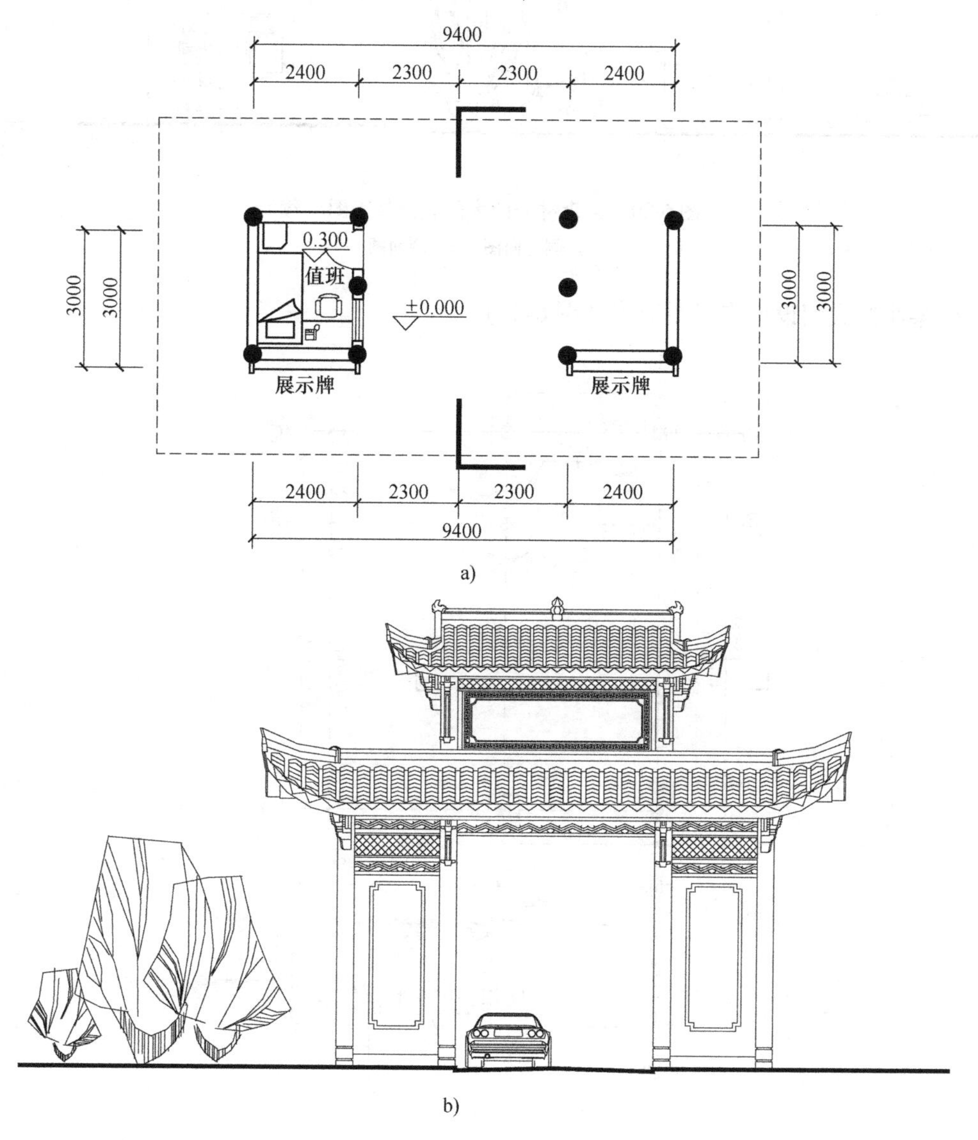

图 6-20 某森林公园大门设计施工图

a）平面图 b）正立面图

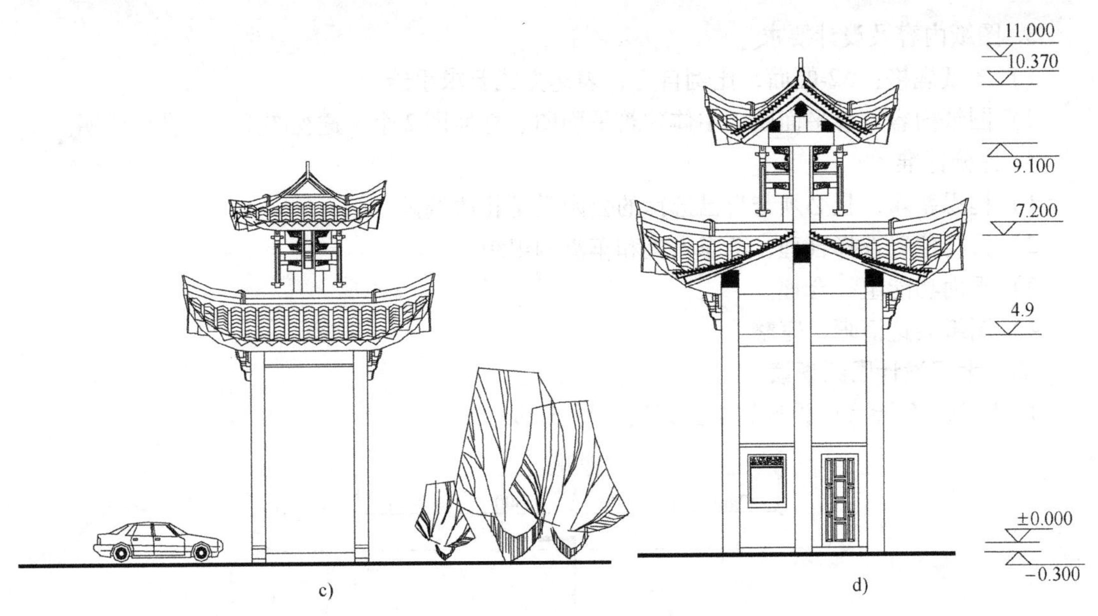

图 6-20　某森林公园大门设计施工图（续）

c）侧立面图　d）剖面图

2. 某小区大门设计施工图识读（图 6-21）

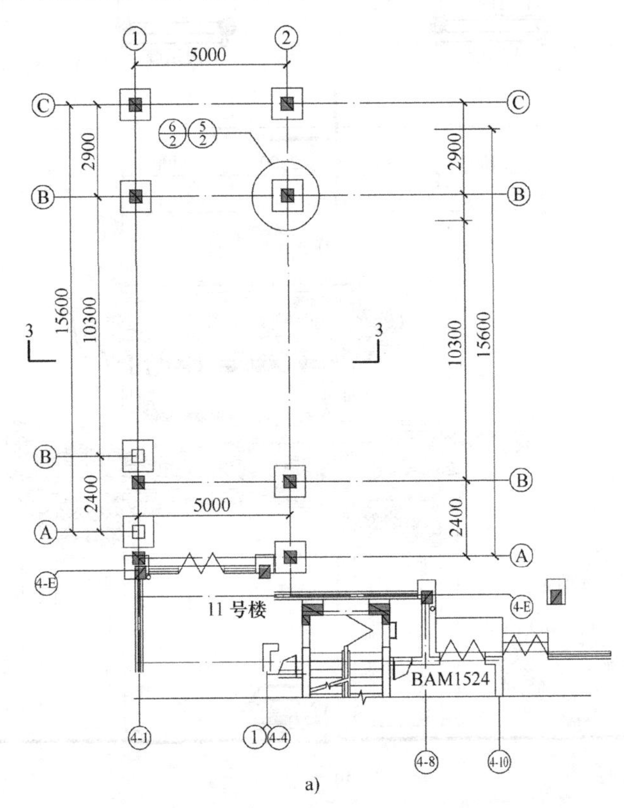

图 6-21　某小区大门设计施工图

a）柱位平面图

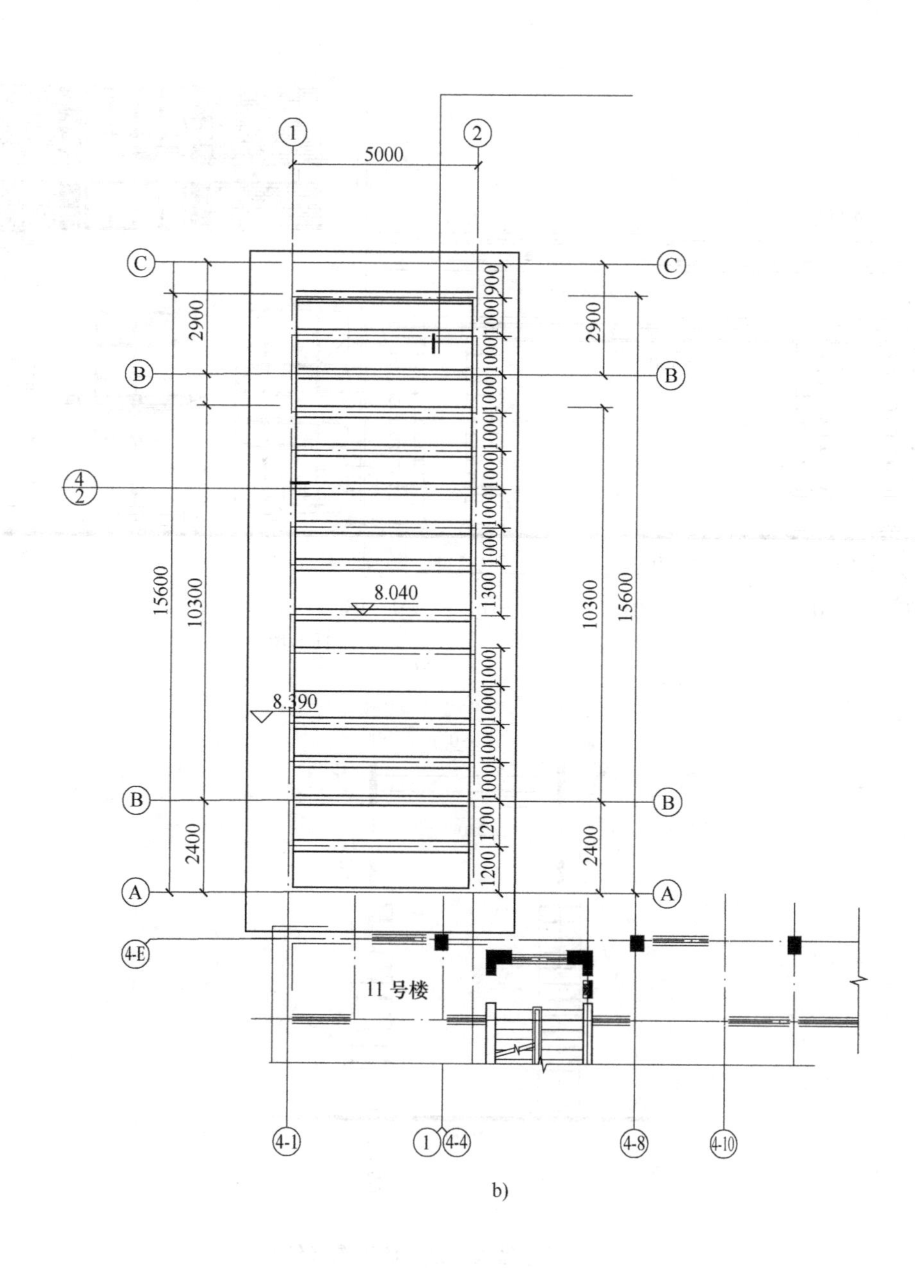

b)

图6-21　某小区大门设计施工图（续）

b）大门架顶平面图

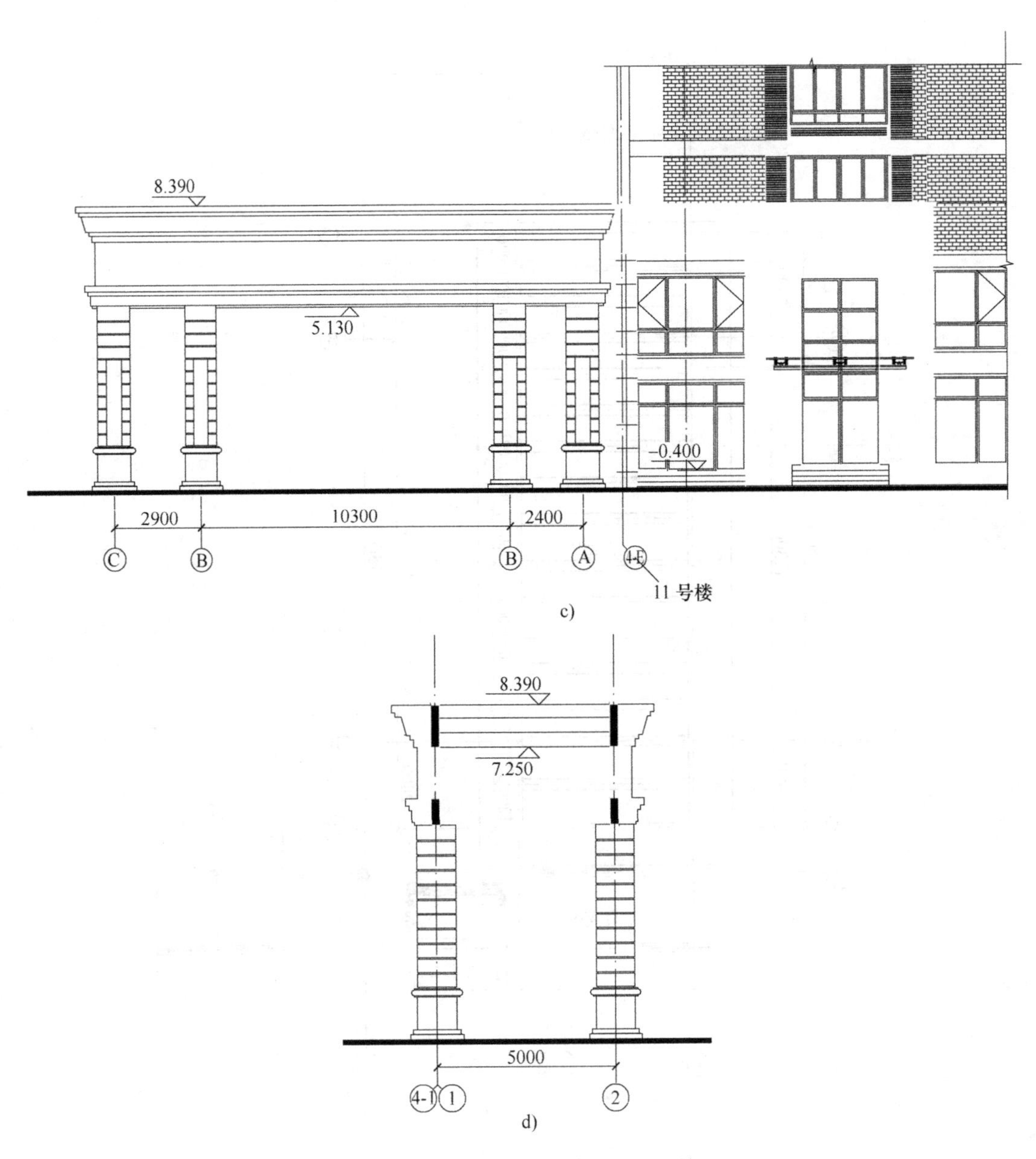

图6-21　某小区大门设计施工图（续）
c）大门架构立面图　d）大门3-3剖面图

3. 蛟山中学大门设计施工图识读（图6-22）

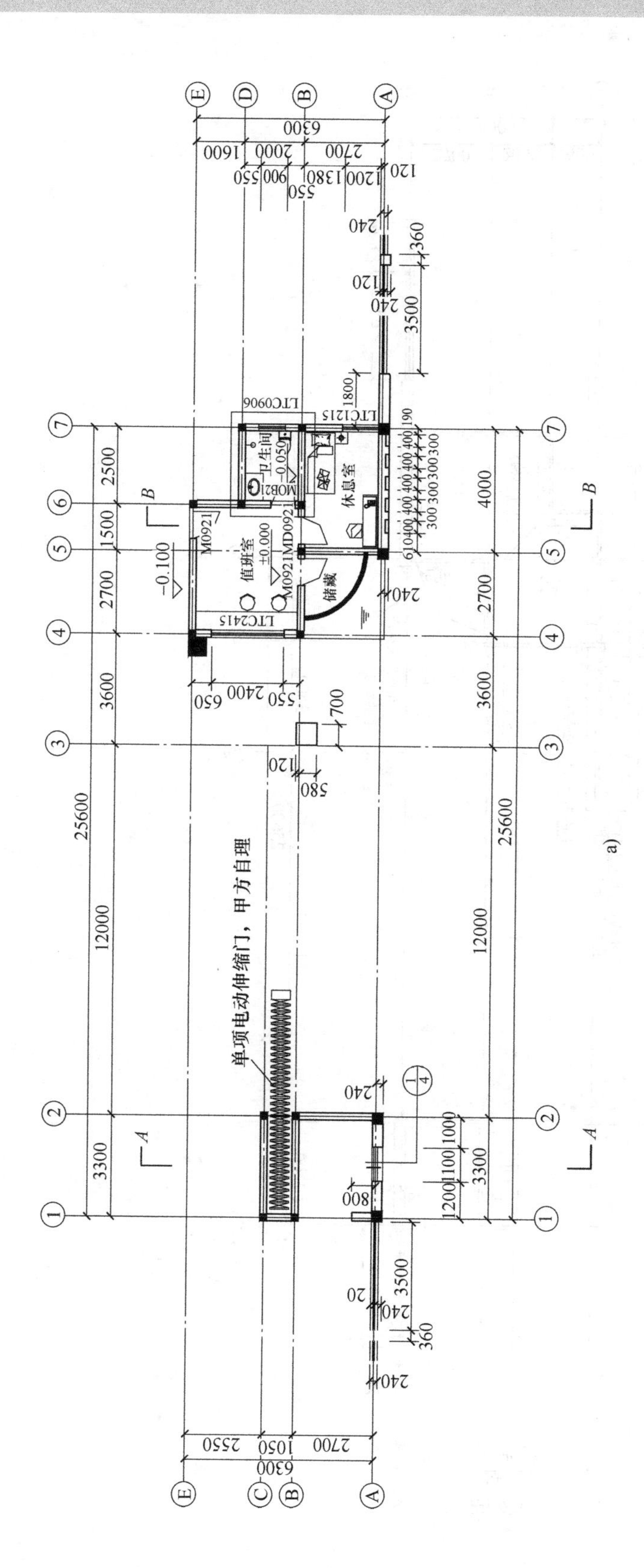

图 6-22　峧山中学大门设计施工图
a）一层平面图

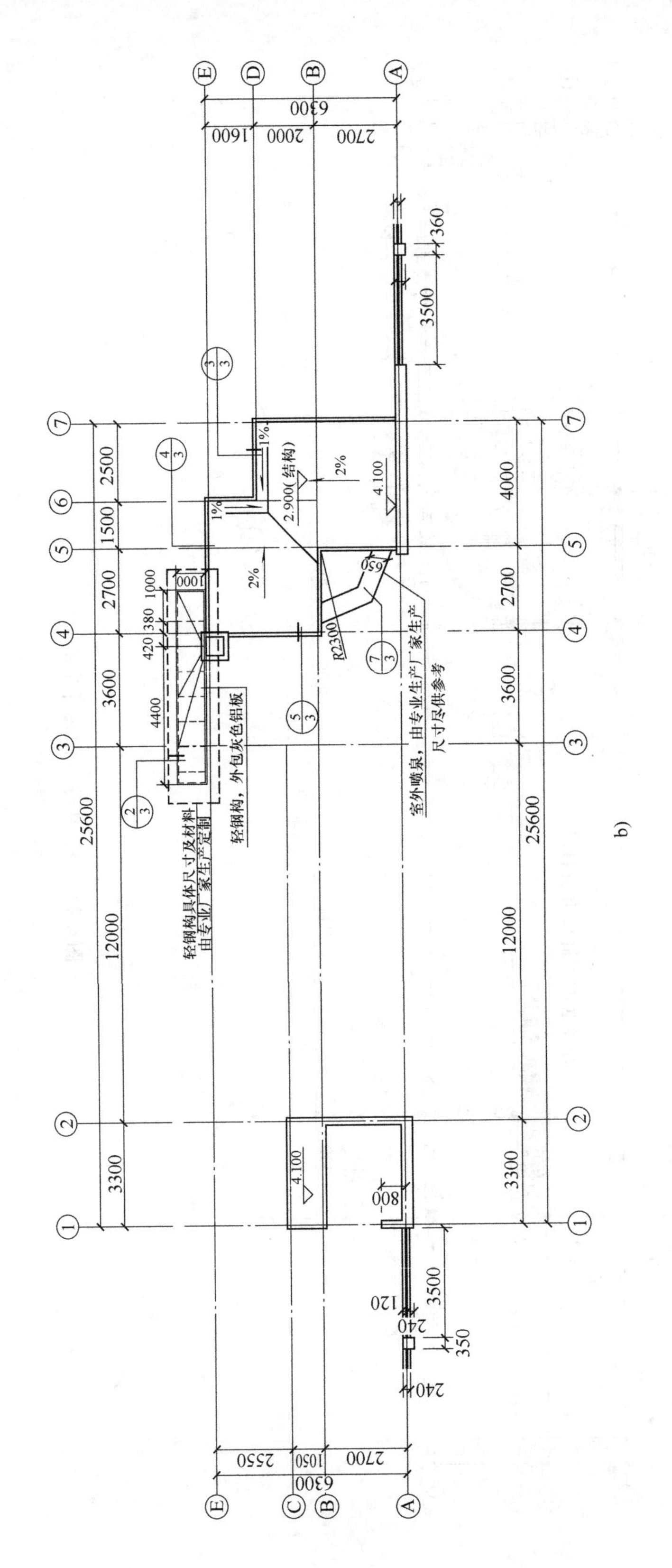

轻钢构具体尺寸及材料
由专业厂家生产定制
轻钢构，外包灰色铝板
室外喷泉，由专业生产厂家生产
尺寸仅供参考
2.900(结构)
4.100
25600
12000
3300
3600
2700
4000
6300

b)

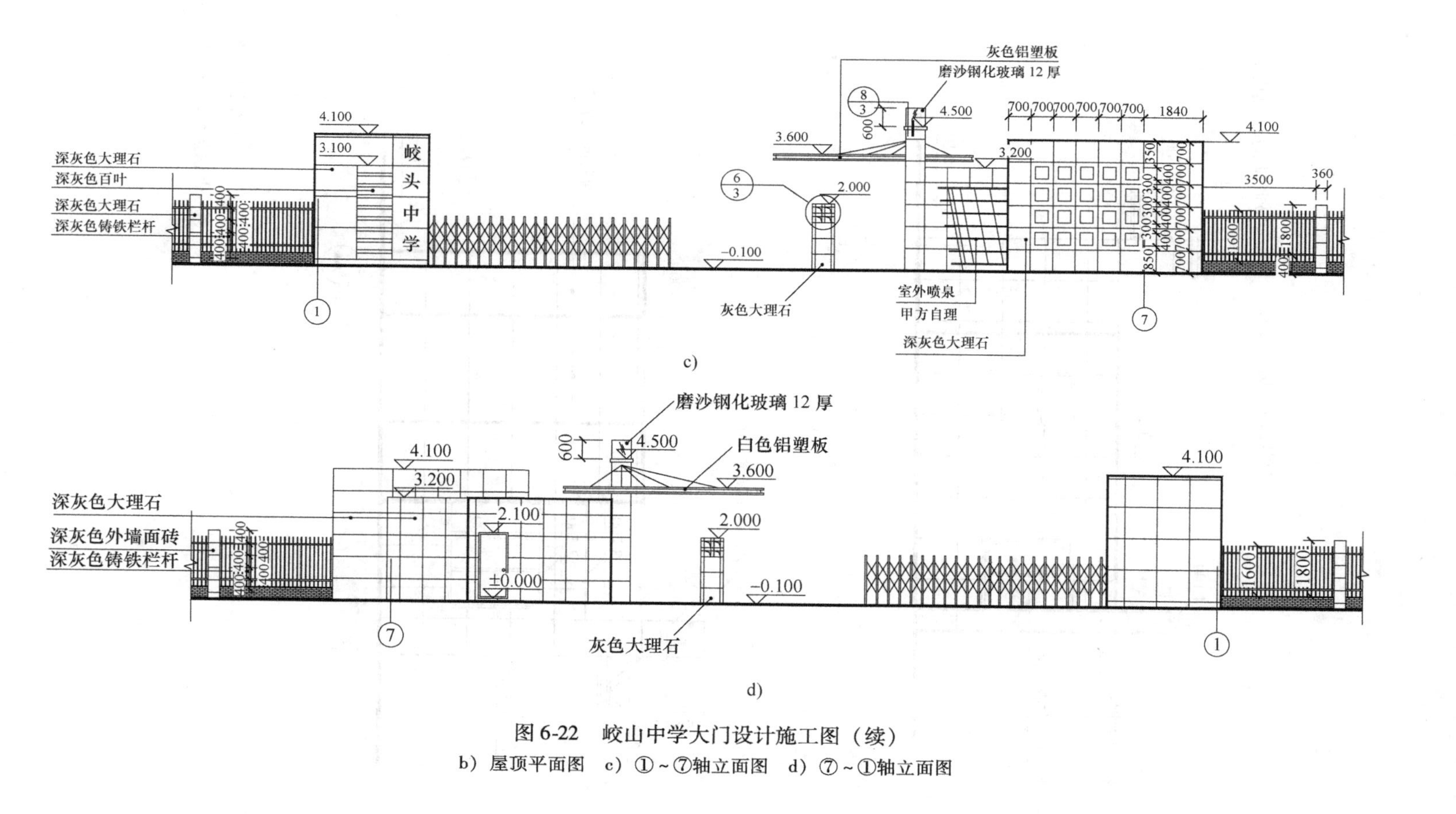

图 6-22　峧山中学大门设计施工图（续）

b）屋顶平面图　c）①～⑦轴立面图　d）⑦～①轴立面图

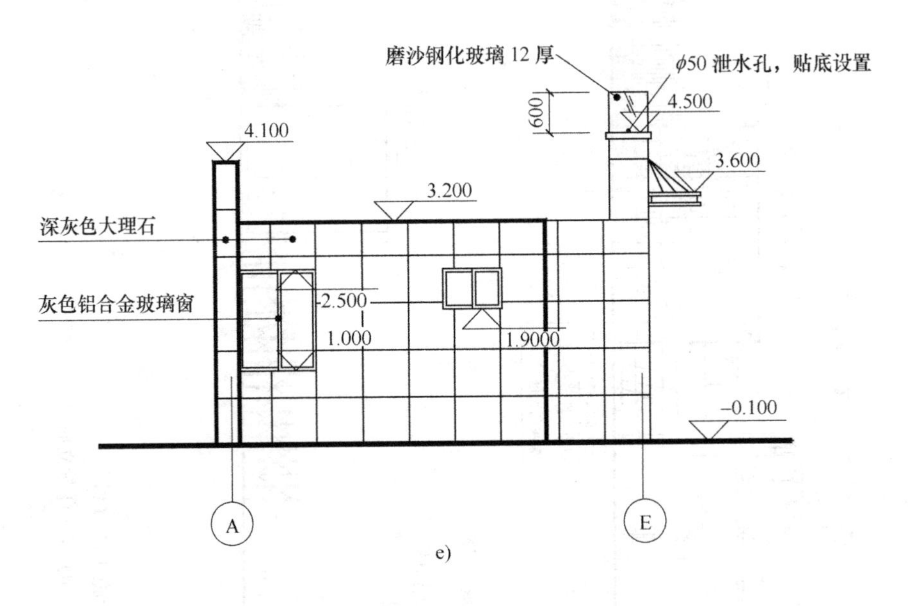

e)

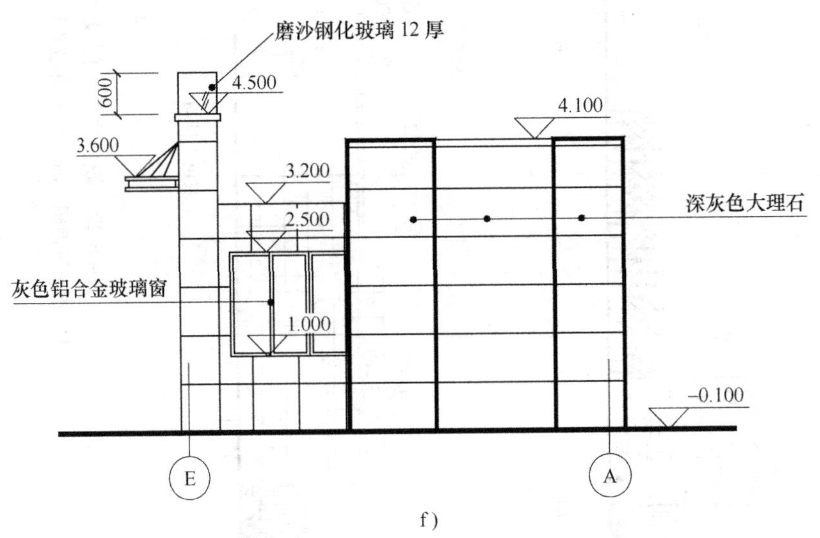

f)

图 6-22　皎山中学大门

e) Ⓐ ~ Ⓔ轴立面图　f) Ⓔ ~ Ⓐ轴立面图

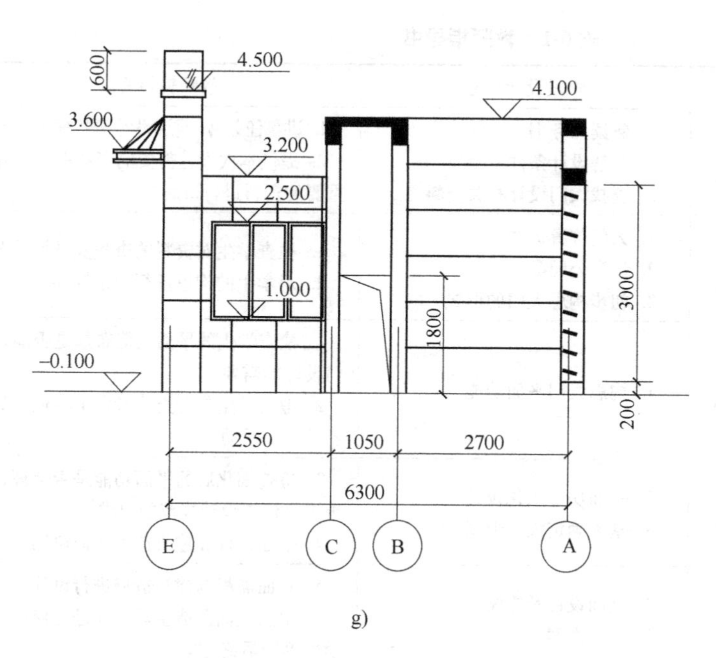

g)

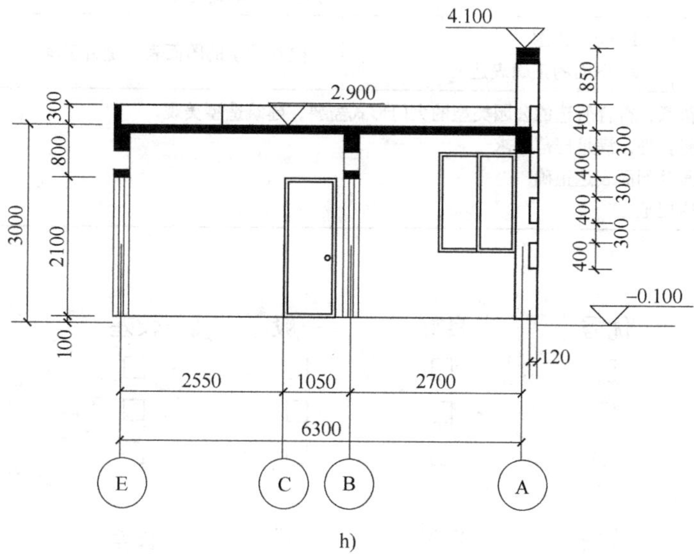

h)

设计施工图（续）

g）*A-A* 剖面图　h）*B-B* 剖面图

三、大门设计过程管理

1. 教师指导书（表6-1）

表6-1　教师指导书

	设计阶段	起止时间	阶段设计任务	教师辅导要点
1	任务书下达	第1周 （年/月/日）	1. 熟读任务书 2. 了解设计条件 3. 查找大门设计相关资料	1. 讲解任务书，帮助学生分析任务书要求 2. 提供本次设计需要的资料书目，并对重要的资料进行讲解
2	草图构思	第2周 （年/月/日）	1. 大门位置选择 2. 设定公园类型 3. 初步构思大门的形式	1. 检查学生对资料的查找及掌握情况 2. 对学生的构思进行个别辅导
3	草图绘制及辅导	第3周 （年/月/日）	1. 构思大门平面功能	1. 检查学生的平面功能布局是否满足大门设计的需要 2. 考察学生是否充分考虑了参观人流的各种流线活动
		第4周 （年/月/日）	2. 平面功能细化设计 3. 基本确定大门形式	3. 检查细化后的平面功能是否合理，是否满足建筑设计规范的要求 4. 平面设计和建筑造型如何协调
		第5周 （年/月/日）	4. 立面设计及绘制 5. 确定方案	5. 立面需根据建筑造型进行设计 6. 根据立面及造型对平面进行修改，帮学生确定最终方案
4	正图绘制及辅导	第6周 （年/月/日）	1. 绘制正图 2. 图面的正确表达	检查学生的图面表达是否正确
5	图纸评价（评图标准）	1. 构思有新意，符合所选的公园类型的大门形式需要，建筑造型美观 2. 平面功能合理，满足规范要求 3. 建筑立面及剖面表达正确 4. 图面表达规范		

2. 设计过程管理评价

接受设计任务	优秀	良好	一般	较差	很差
❖ 熟读任务书	☐	☐	☐	☐	☐
❖ 了解设计条件	☐	☐	☐	☐	☐
❖ 查找相关资料	☐	☐	☐	☐	☐

草图构思	优秀	良好	一般	较差	很差
❖ 大门位置选择	☐	☐	☐	☐	☐
❖ 设定公园类型	☐	☐	☐	☐	☐
❖ 初步构思大门形式	☐	☐	☐	☐	☐

一草绘制	优秀	良好	一般	较差	很差
❖ 构思平面功能	☐	☐	☐	☐	☐
❖ 大门造型设计	☐	☐	☐	☐	☐

二草绘制	优秀	良好	一般	较差	很差
❖ 平面细化	□	□	□	□	□
❖ 确定大门造型	□	□	□	□	□

三草绘制	优秀	良好	一般	较差	很差
❖ 立面设计	□	□	□	□	□
❖ 剖面设计	□	□	□	□	□

正图绘制	优秀	良好	一般	较差	很差
❖ 图纸按时完成	□	□	□	□	□
❖ 图面表达完整无误	□	□	□	□	□

图纸评价	优秀	良好	一般	较差	很差
❖ 构思有新意，造型美观	□	□	□	□	□
❖ 平面功能合理	□	□	□	□	□
❖ 立面及剖面表达正确	□	□	□	□	□
❖ 制图规范，表达准确	□	□	□	□	□

3. 本章理论知识点提示

（1）大门的主要功能

（2）大门的主要类型

（3）大门位置选择

4. 教学效果反馈

	是	否
❖ 是否掌握大门设计的理论知识	□	□
❖ 是否掌握大门的设计方法和步骤	□	□
❖ 是否能独立完成大门设计	□	□
❖ 你觉得本章节内容编排是否合理	□	□
❖ 你觉得本章节的知识点是够能满足大门设计的需要	□	□

❖ 你觉得本章内容是否有需要修改的地方，或者有更好的建议，请写出来__________

____

____

____

6.2　园林公共厕所设计

公共厕所是园林服务建筑中的一个重要组成部分，也是旅游经济中不可忽视的重要环节。营造出卫生、舒适、文明的公厕环境是对人的尊重，更是对人性化更深层次的关照。因而，随着旅游业的发展，应该更加关注园林中公共厕所的规划与设计。

6.2.1　园林公共厕所位置选择

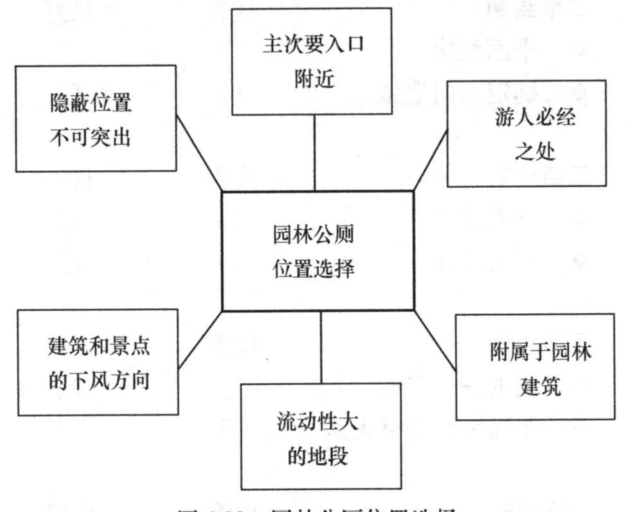

图6-23　园林公厕位置选择

园林公共厕所位置选择以不影响主景点的游览观光效果，不影响自然与人文景观的整体性，对环境不造成污染为原则。园林公厕位置选择，具体有以下几点，如图6-23所示。

1）园林公共厕所视具体的游客人群流动方向与分布规模以及行为习惯，确定具体位置。园林公共厕所应布置在园林的主次要入口附近，并且均匀分布于全园各区，彼此间距200～500m，服务半径不超过500m，一般而言，应位于游客服务中心地区、风景区大门口附近地区、活动较集中的场所。停车场、各展示场旁等场所的厕所，可采用较现代化的形式；位于内部地区或野地的厕所，可采用较原始的意象形式来配合。

2）选址上应避免设在主要风景线或轴线、对景处等位置，位置不可突出，离主要游览路线要有一定距离，并设置路标以小路连接。要巧借周围的自然景物，如石、树木、花草、竹林或攀缘植物，进行掩蔽和遮挡。

3）要注意常年风向以及小地形对气流方向的影响，最好设在主要建筑和景点的下风方向。

4）无论在什么地方布置营建的公共厕所不得污染任何用水源。

6.2.2　园林公共厕所设计要点

1. 园林公共厕所的类型设计

园林公共厕所按建筑结构分类，可分为砖混结构、钢结构、木结构、砖木结构和简易结构等几类（图6-24）。

砖混结构

钢结构

图6-24　几种公厕结构

砖木结构

木结构

图 6-24　几种公厕结构（续）

砖混结构公厕由钢筋混凝土与砖石材料建成，其特点是结构牢固，取材方便，是目前公厕较为普遍采用的结构形式。钢结构公厕由钢材为主要结构材料，其特点是结构轻盈，适合地基条件、荷载要求有限制、工程进度要求较紧的情况，但造价较为昂贵。木结构公厕在我国南方气候炎热城市和一些景点地区使用较为普遍，结构简单、实用。砖木结构和简易结构公厕多数为建设年代久远的公厕建筑，在一些中小城市还存在，随着城市改造和公厕改造不断深入，正在逐步被淘汰。

2. 园林公共厕所的景观设计

园林公共厕所的景观设计，完全可以作为一个大的课题来总结和研究。在园林中设计公共厕所的景观，面临的困难是如何处理大尺度的自然景观与小体积的公厕结合的矛盾，绿色文化与“排泄”、“臭”观念的矛盾，人造设施与自然景观的矛盾，客观需求与管理困难的矛盾。因此在体积、大小、颜色、形状上的设计是公共厕所景观设计的要诣。园林公共厕所景观设计，在体积大小上，宜小不宜大，以小衬园林之大；宜亮不宜暗，亮可明目，更衬园林之深遂；色彩宜柔不宜刚，人工之柔可与林木天然之柔相呼应。形状应视具体位置，变化多样，以衬园林景观变化之不足，尤其是人工造景的不足。不同的景区，根据游径不同，游客人群不同，其景观设计要求不一。

公共厕所是一个特殊建筑类型，它涉及技术问题、设备问题、经济问题，更有建筑艺术问题，反映一个社会一个地方的文明程度。

为了让公共厕所与自然协调，也可以采用迷彩设计，但这种公共厕所虽然形状色彩与自然协调一致，但是游人难以找到。

打破传统公共厕所统一的“火柴盒”式外形和古板单一的颜色，将古典艺术、园林风景和现代建筑风格巧妙地融进公共厕所的建设中，做到“一厕一景”、“一景一厕”，让公共厕所成为一道亮丽的公园景观。

3. 园林公共厕所的建筑设计

园林公共厕所的定额根据公园规模的大小和游人数量而定。建筑面积一般为每公顷 6 ~ 8m^2；游人较多的公园可提高到每公顷 15 ~ 25m^2。每处厕所的面积约在 30 ~ 40m^2，男女蹲位一般 3 ~ 6 个，男女蹲位的数量比例以 1∶2 或 2∶3 为宜，男厕内还需配小便槽。

根据《城市公共厕所规划和设计标准》（DG/TJ 08—401—2007）的要求，每个大便蹲位尺寸为1.00～1.20m×0.85～1.20m，每个小便站位尺寸（含小便池）为0.70m(深)×0.65m(宽)。独立小便器间距为0.80m。厕内单排蹲位外开门走道宽度以1.30m为宜；双排蹲位外开门走道宽度以1.50m为宜；蹲位无门走道宽度以1.20～1.50m为宜。各类公共厕所蹲位不应暴露于厕所外视线内，蹲位之间应有隔板，隔板高度自台面算起，应不低于0.9m。厕所设备组合尺寸、布置形式如图6-25、图6-26、图6-27所示。

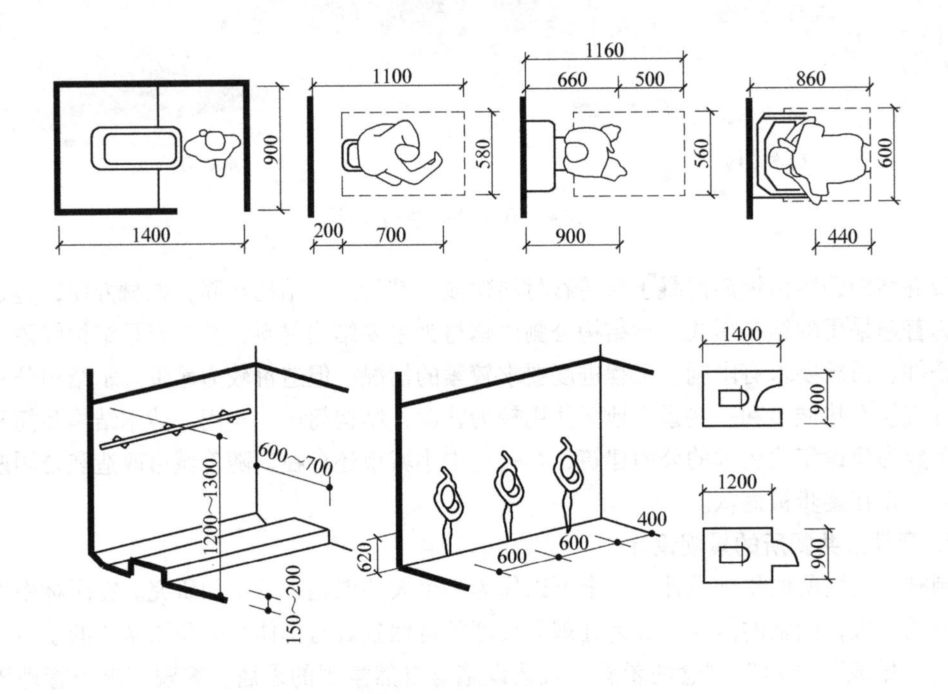

图6-25　厕所设备

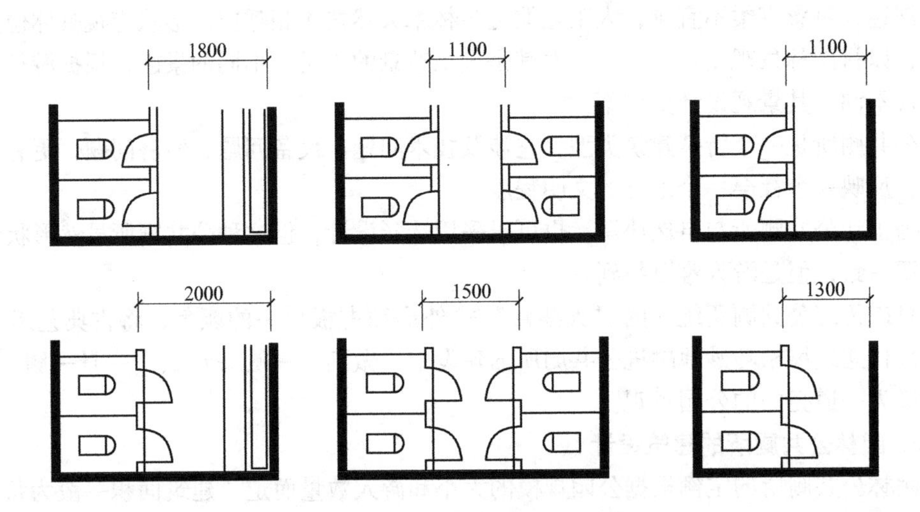

图6-26　厕所设备组合尺寸

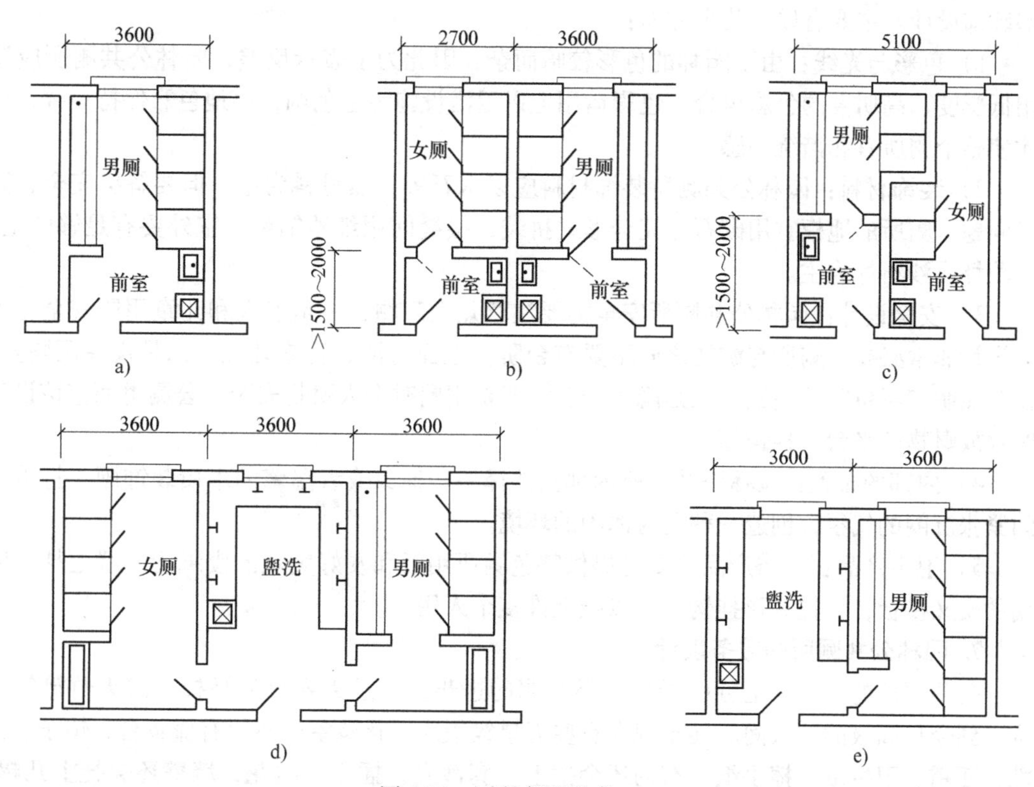

图 6-27 厕所布置形式

4. 园林公共厕所的标志设计

园林公共厕所标志设计既要简单明了，满足标志指引的功能，同时又要有创意，富含文化功能，体现绿色文明。因此，要采用大众文化所接受的公共厕所标志及男女分辨标志。过去男女分辨标志大多在公厕入口墙面上，现在也可尝试在入口处采用不同的方式如雕塑来分辨男女。当然柔和的语音指示在有条件的公厕也可采用。总之要采用多种形式来进行公厕与男女分别的标志。

5. 园林公共厕所的文化设计

公共厕所也是一种文化，公共厕所文化是文化观念的一种表征，和民族的历史心理积淀密切相关，东西方不同的文化导致了东西方公共厕所文化不同的情态特征。

随着时代的发展，人们对公共厕所有了新的认识，很多城市新建的公共厕所也越来越具有一种文化美感和人文关怀。

目前某些公共厕所也在一定程度上体现了这种人文关怀。体现园林公共厕所的文化主要应在“绿色环保”、“高雅文明”上做文章。在材料上尽可能采用园林产品，如原木、岩石等。在形状上尽可能多样性，与园林结构生物多样性一致。在色彩上以柔和为主，在入口处可以雕刻多种对联，木刻木贴面，陈列少许根、木雕艺术品，播放园林乐曲与仿大自然如溪流、鸟鸣乐曲，提供木浆环保卫生纸。

6. 园林公共厕所的内部装饰设计

园林公共厕所的内部装饰设计，以往国内外都非常鲜见。然而从做小处见概貌。从旅游角度上，任何细小的环节都可能影响旅游者和旅游质量。因此，必须重视园林公共厕所的内部装饰设计。主要有以下几个方面：

1）色彩与光线：由于园林的色彩较暗而杂，因此为了表示反差，园林公共厕所应该采用低彩度、高明度的色彩组合，色彩运用上以卫浴设施为主色调，墙地色彩保持一致，这样才使整个厕所有和谐统一感。

2）装饰材料：园林公共厕所装饰材料应以木石等自然材料为主，但要解决安全、防潮等问题。厕所的地板宜用砌石非完全形式拼装，接缝间用细沙铺垫。室外要有足够的空间，以草坪或沙石坪为主。

3）安全设计：园林公共厕所安全需要注意几大问题：一是老人和儿童用厕安全，无障碍设计非常必要。厕所与游径之间不要有台阶，地面防滑、防冻处理。二是夜晚用厕安全，夜晚照明和毒虫防治措施。三是隐私安全。四是用厕时个人财物安全，公厕里面应该设计暂时存放财物的平台、挂钩等。

4）内部的布置：园林公共厕所内部宜选择一些抽象或者温馨的木质装饰画，打破卫生间紧张沉闷的气氛，创造一种更为休闲的环境。

5）卫浴产品：卫浴产品主要是提供特色厕所用纸和友好美观的废纸篓。墙上挂上园艺用的交叉横板，加挂S形挂钩，可以挂上许多个人用品。

7. 园林公共厕所的服务设计

公共厕所的演进，也可以看出人类文明的进步。从过去乡村的马桶、露天竹篱笆的茅坑，到今日高级的化妆间。甚至现在有些五星级饭店，化妆室内不但有梳妆台、镜子、沐浴乳、面霜、卫生纸、擦手纸，有的还会摆上一套沙发，插上一盆花，墙壁还会挂上几幅画。当然，园林公共厕所要达到这一要求还为时过早，但是称心、舒适、周到的服务会给园林旅游平增不少色彩。园林公共厕所一般是无人管理厕所，也是不收费厕所，但仍可改进增加一些服务项目，如友好标志提示服务，关上门，电灯自动开启，门外则显示“正在使用”的字样。四周的墙壁上，挂几幅小画，洗手台上摆几盆小花，小便池前的墙上贴几句格言。女用盥洗室要有专门的化妆台。

6.2.3　园林公共厕所设计方案类型

园林公共厕所的设计方案不仅仅要满足人们生理功能的同时，还要考虑其社会和文化传播功能，并注重与周围环境的协调统一，此外还应该考虑到文化背景及地域特色等因素的影响，才能创造出功能完善、环境优美、建筑风格独特的现代化公共厕所，下面对几种典型的设计方案做简单介绍。

1. 扇面组合方案

扇面组合方案形象活泼、轻巧，如图6-28所示。

2. 环面组合方案

环面组合方案外部设计具有我国南方建筑气息和园林建筑小品的特点，较适宜于园林的风景绿化用地中，如图6-29所示。

3. 方形公厕方案

该方案造型简练而富有新意，具有趣味性，如图6-30所示。

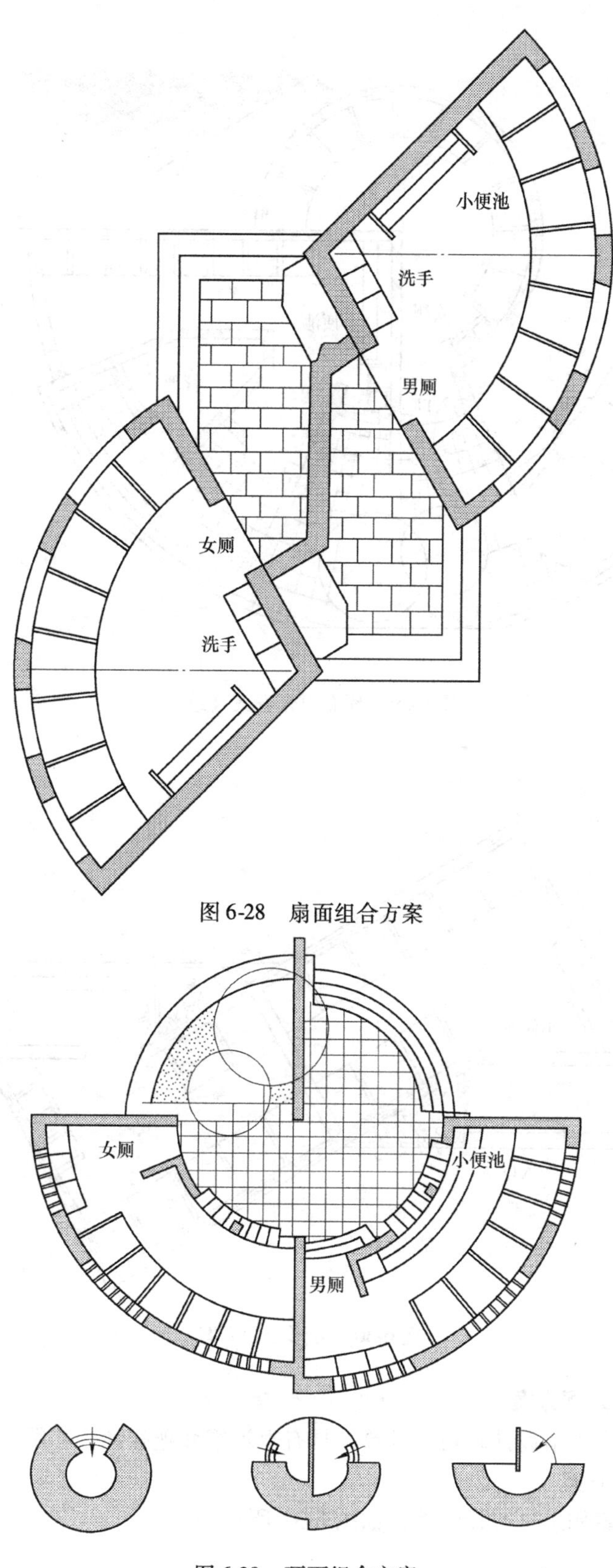

图 6-28　扇面组合方案

图 6-29　环面组合方案

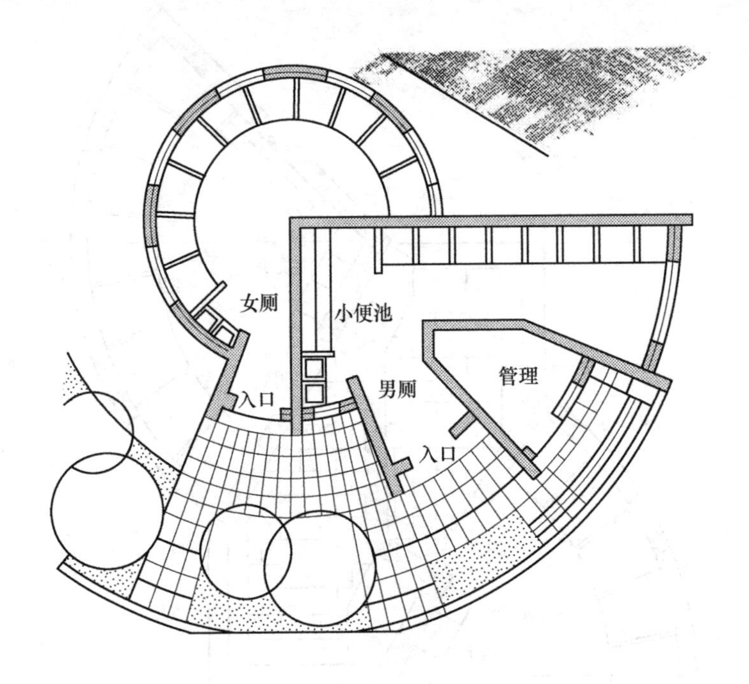

图6-29　环面组合方案（续）

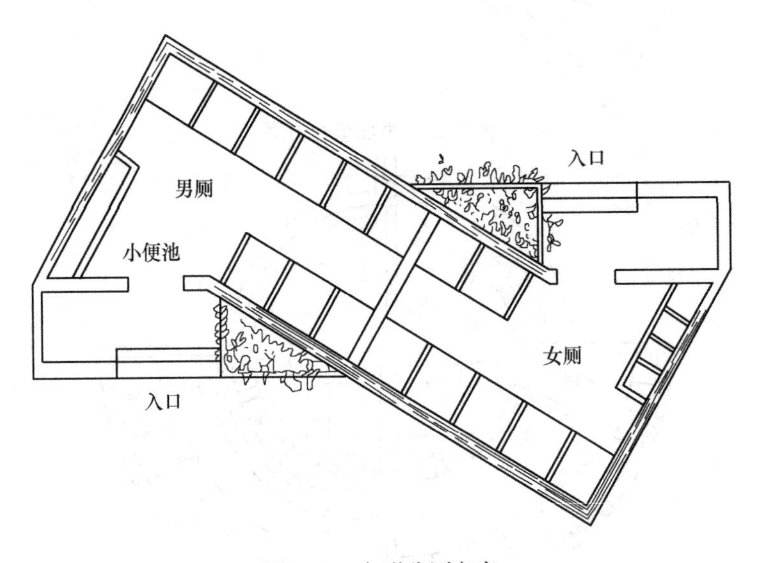

图6-30　方形公厕方案

4. 六边形平面公厕方案

六边形平面公厕方案设计轻巧、雅致，具有雕塑感和趣味性，如图6-31所示。

5. 附属式公厕方案

附属式公厕方案构思具有趣味性，如图6-32所示。

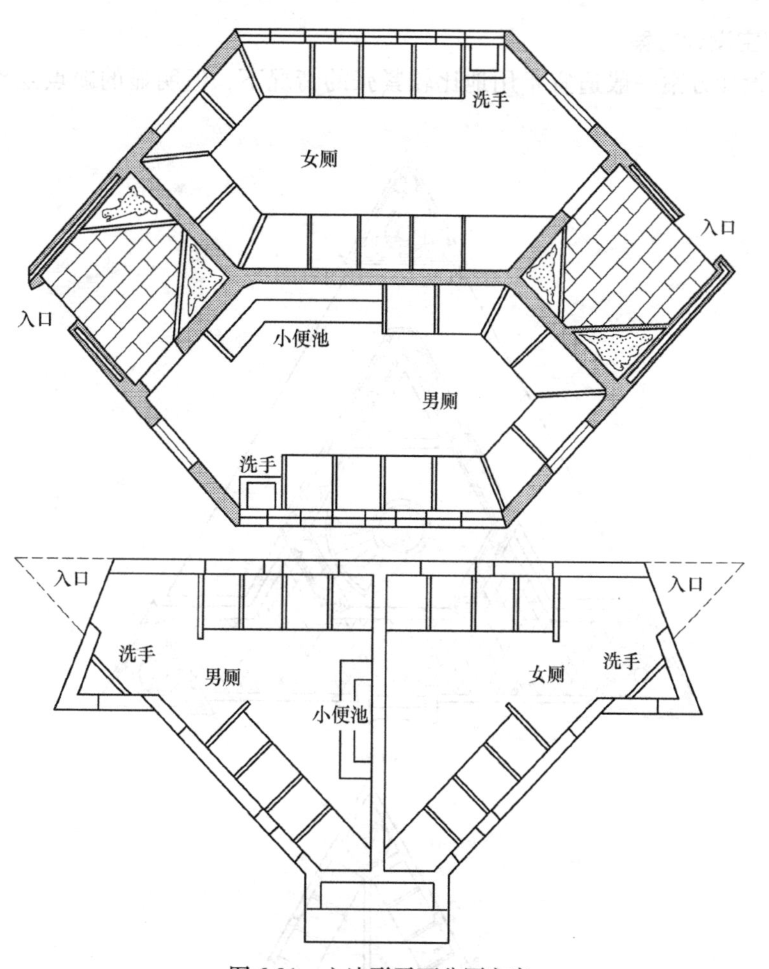

图 6-31　六边形平面公厕方案

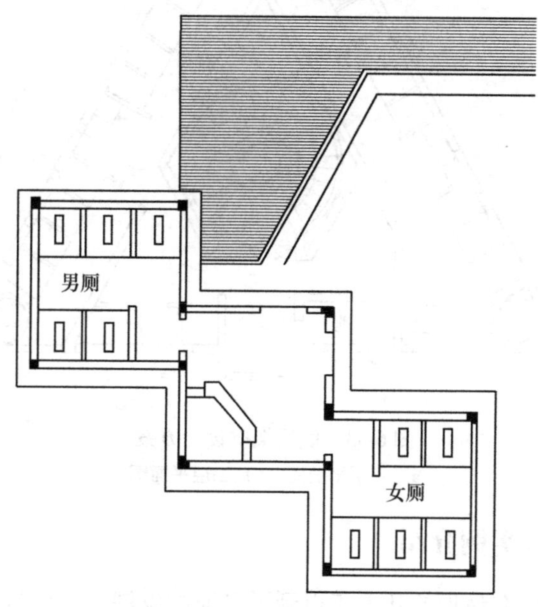

图 6-32　附属式公厕方案

6. 底层架空设计方案

底层架空设计方案一般适宜于用地比较紧张的情况下，但明显的缺点是投资偏高，如图6-33所示。

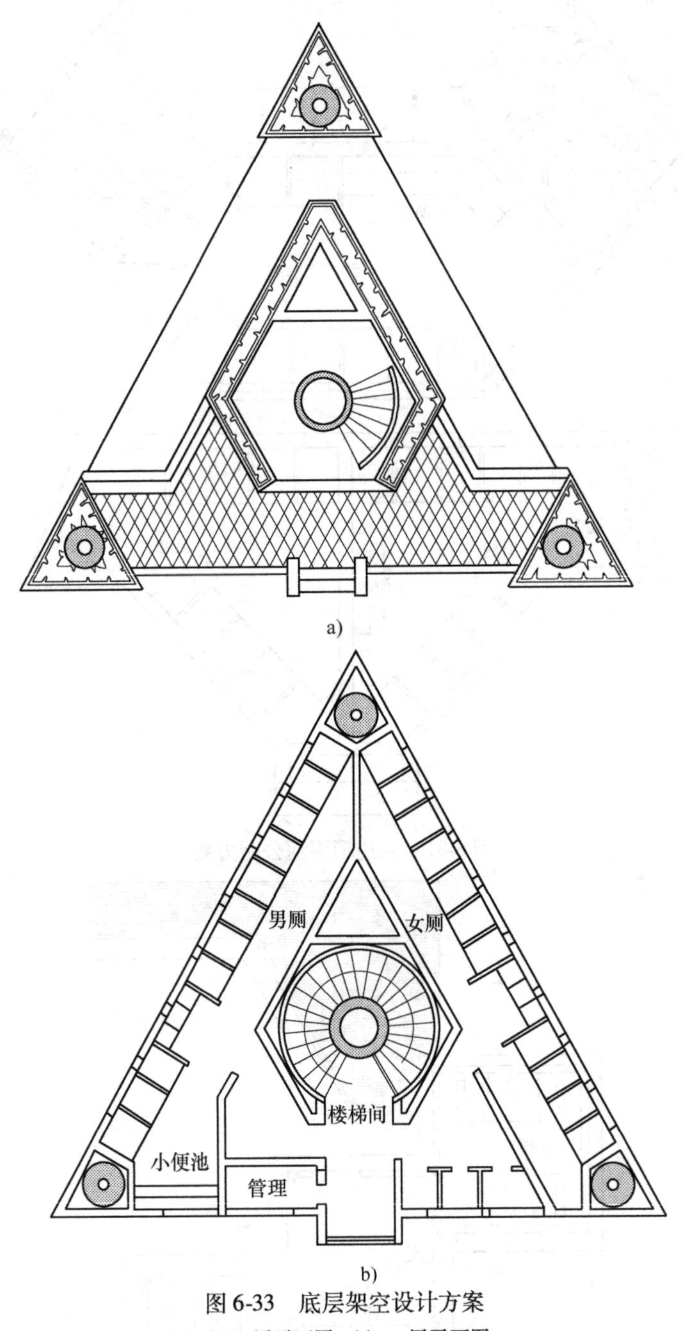

图6-33　底层架空设计方案

a）一层平面图　b）二层平面图

6.2.4　园林公共厕所实例介绍

日本的公共厕所设计在最近的几十年得到了迅速的发展，下面从日本优秀公共厕所设计方案中选出具有代表性的一个方案做简单介绍（图6-34）。

a)

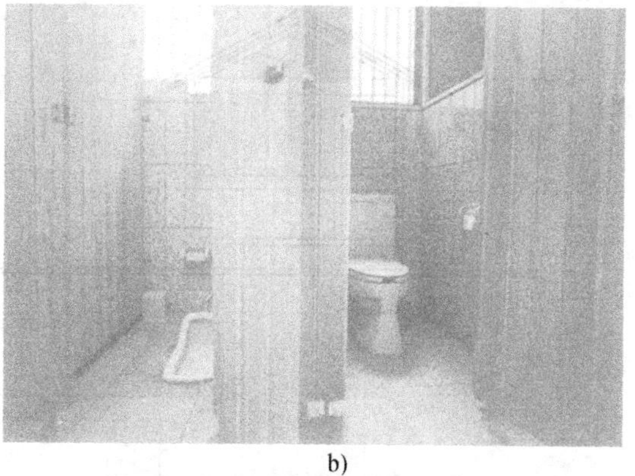

b)

c)

d)

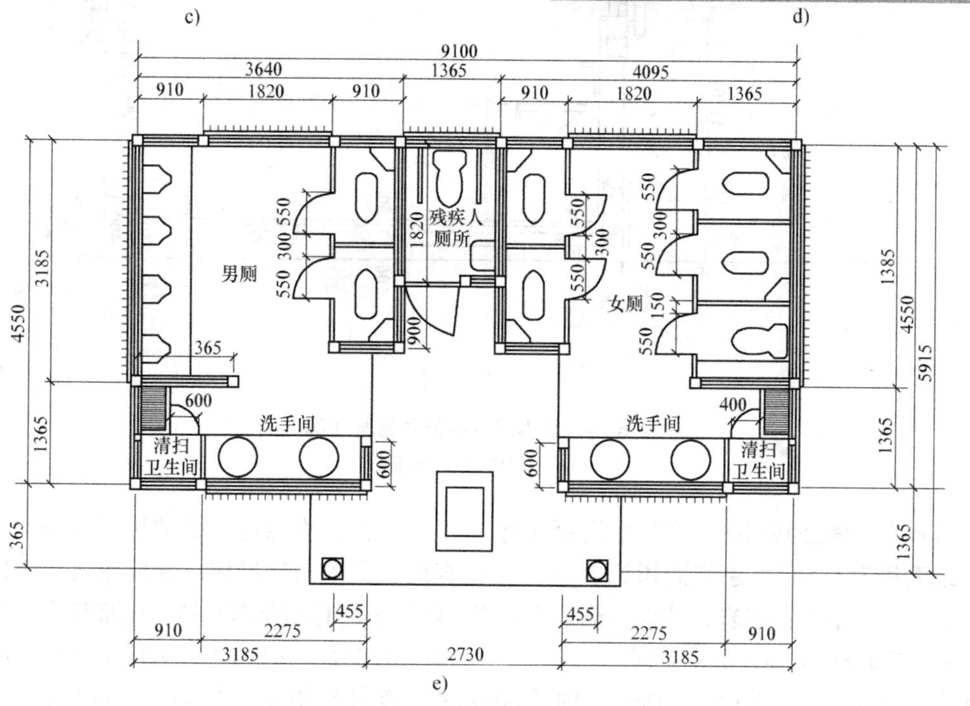

e)

图 6-34　日本净身庵公共厕所

a）厕所实景图　b）女厕内部设计　c）男厕小便器　d）残疾人专用厕所　e）平面图

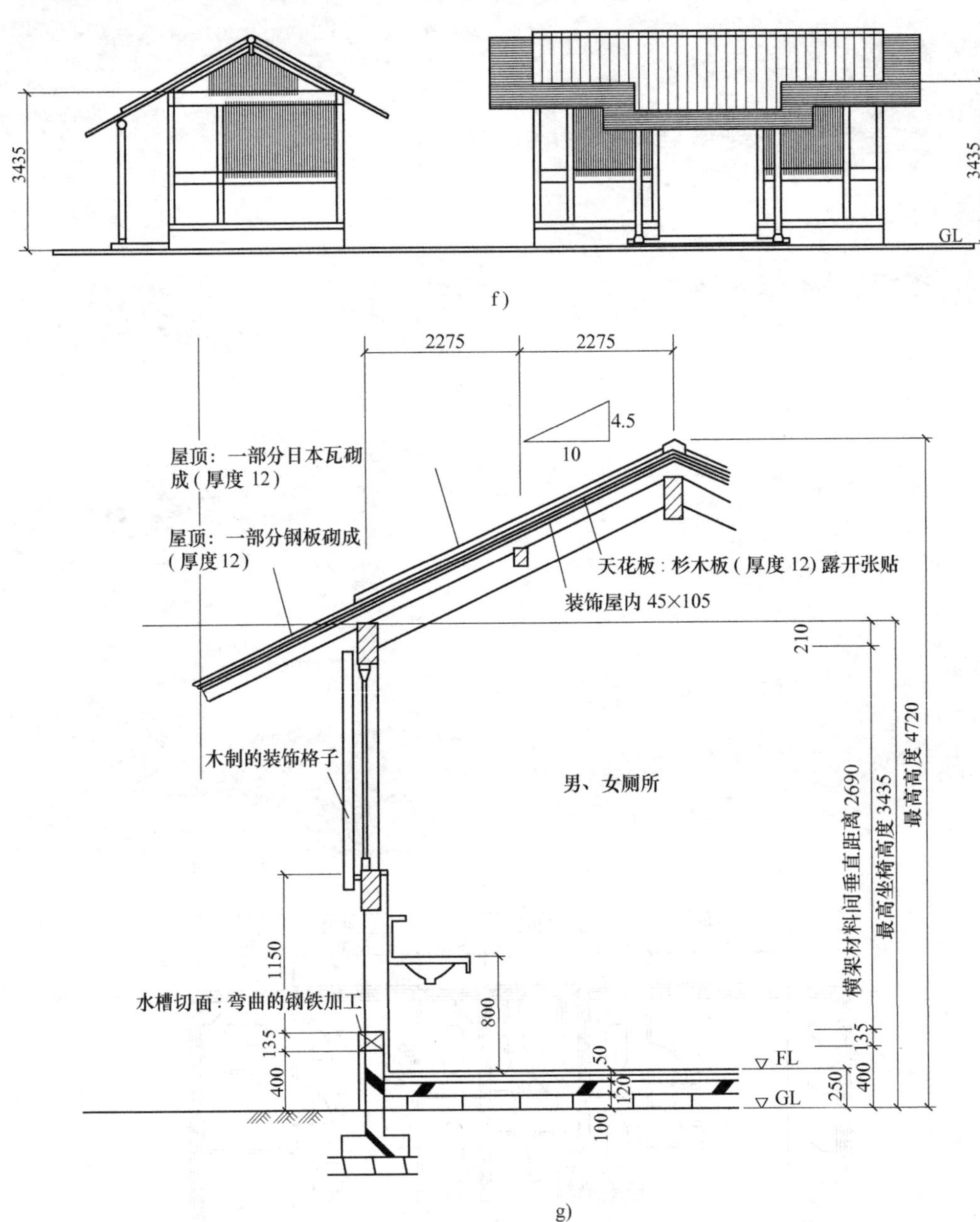

图6-34　日本净身庵公共厕所（续）
f）立面图　g）剖面图

日本净身庵公共厕所，全年平均每月有2500人使用，在旅游高峰使用者达到4000人。其占地面积为175m²，建筑面积为50.3m²，建筑构造采用木质屋体、铜板屋顶，部分采用瓦构造，地板采用花岗岩，墙壁装饰采用油漆，隔板采用杉木材料构造。内部设有女用隔间5间（1.37m×0.96m、西式1间），男用大便2间（1.35m×0.91m），男用小便器4间，残疾人专用1间（1.37m×2.30m），内部配置的设施包括厕纸、行李台、垃圾桶、肥皂、镜子。

1. 设计理念

出于对佛都及相应“心灵净化”形象的考虑，为了给人以“信仰、乡情、身延”的印象，设计了日本风格的屋体。铜板屋顶的一部分用瓦砌成，正面的立柱采用了“圣地”身延的巨型杉木。采用了木格的窗户、天窗，并做了特色的装饰，通风采用自然换气法，地板和墙腰处都使用了花岗岩做装饰材料。

2. 环境保护

为了消除臭味，在远离厕所的位置设置了一个88人便器的合并处理装置。室内的换气方法采用了天花板的自然换气方法。

3. 安全性的考虑

建筑材料采用巨型杉木，并用水溶性防蚁剂加工，另外给排水管安装了防冻装置，可以应对寒冷。

4. 对行动不便者的考虑

在正面中央位置，为行动不便者设计了 $3.3m^2$ 的足够活动空间，并且可以使用轮椅。

5. 标志设计

在厕所入口处设置了手绘的木质小型公园路牌，男女标记都是手绘的人形图标，让游客感到清洁和舒适。

6. 其他独特的概念和方法

厕所正面有拜请来的被称作可以“除灾立德”的守护神“乌枢沙魔明王”，洗手处有南天山的自然净水常年流出，另外出于对身延山自然气息的考虑，把野鸟的鸟鸣声作为背景音乐，起到“净化心灵”的效果。

实　训　3

一、设计任务书

1. 基地状况

该公厕拟修建在杭州钱江新城主题公园内，钱江新城环境优美，场地较为平坦，由于平日园中游客数量较多，为满足众多游客的如厕需要，公园决定增设一个公厕，地形自选。

2. 建筑内容（总建筑面积不超过 $200m^2$）

男厕（蹲位数量自定）；女厕（蹲位数量自定）；残疾人蹲位（1～2个）；管理用房；休息厅；其他：包括联廊、交通、小卖部等自定。

3. 设计要求

厕所风格自定，但要与周围环境相协调；考虑无障碍设计；平面功能合理，各卫生设备尺寸准确；可与小卖部、休息亭廊等相结合，丰富建筑功能。

4. 时间安排

第1周，布置任务书；第2周，草图构思；第3～5周，草图绘制；第6周，正图绘制。

5. 图纸内容

总平面图（含环境设计）；平面图（布置卫生设备）；立面图2个；剖面图2个；彩色鸟瞰图或外观效果图1幅；主要技术经济指标和简要文字说明；图纸规格：1号图纸一张，

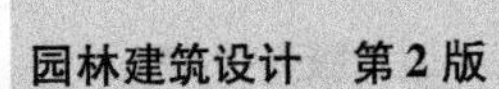

比例自定；各图表现形式自选。

二、公共厕所施工图纸识读

1. 公共厕所施工图1（图6-35）

本项目位于舟山市六横的龙山特色街，属于辅助用房，建筑面积68.1m²，占地面积68.1m²。设计结合整体环境的特点及功能定位，添加了一些欧式元素，使之与特色街的建筑风格相协调，更好的体现了海滨城市所特有的特色。

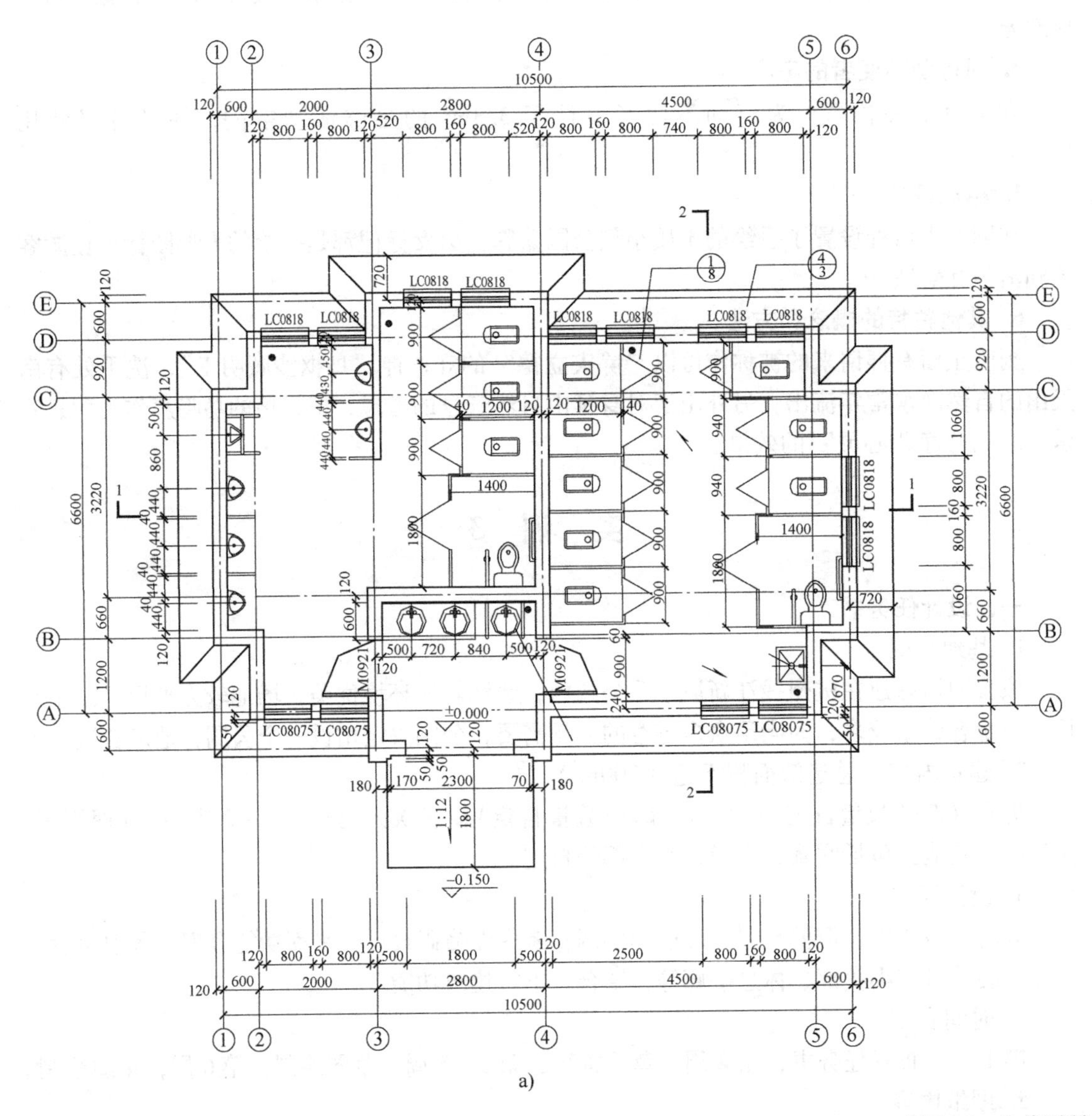

a)

图6-35　公共厕所

a）一层平面图

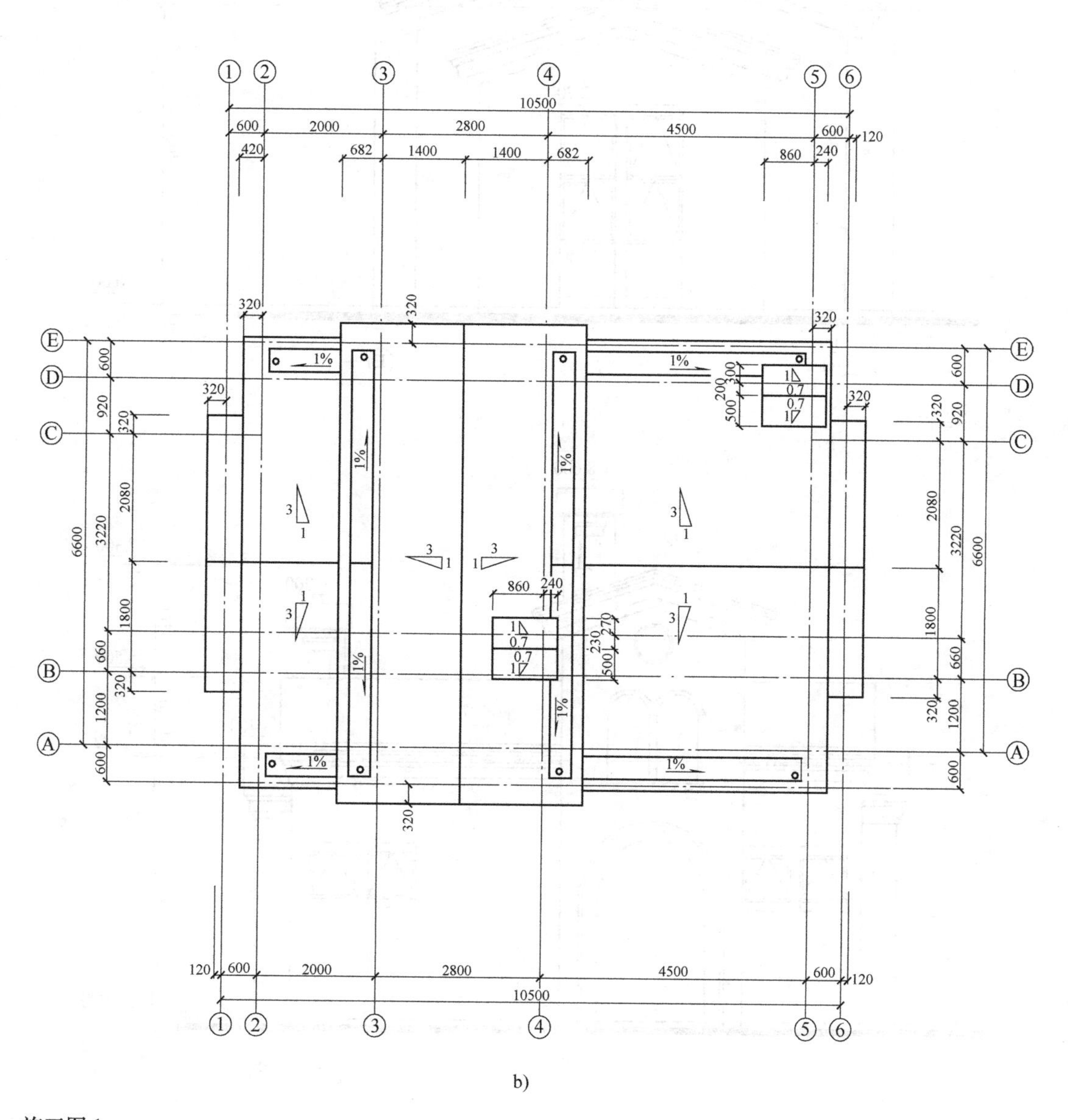

b)

施工图 1

b）屋顶平面图

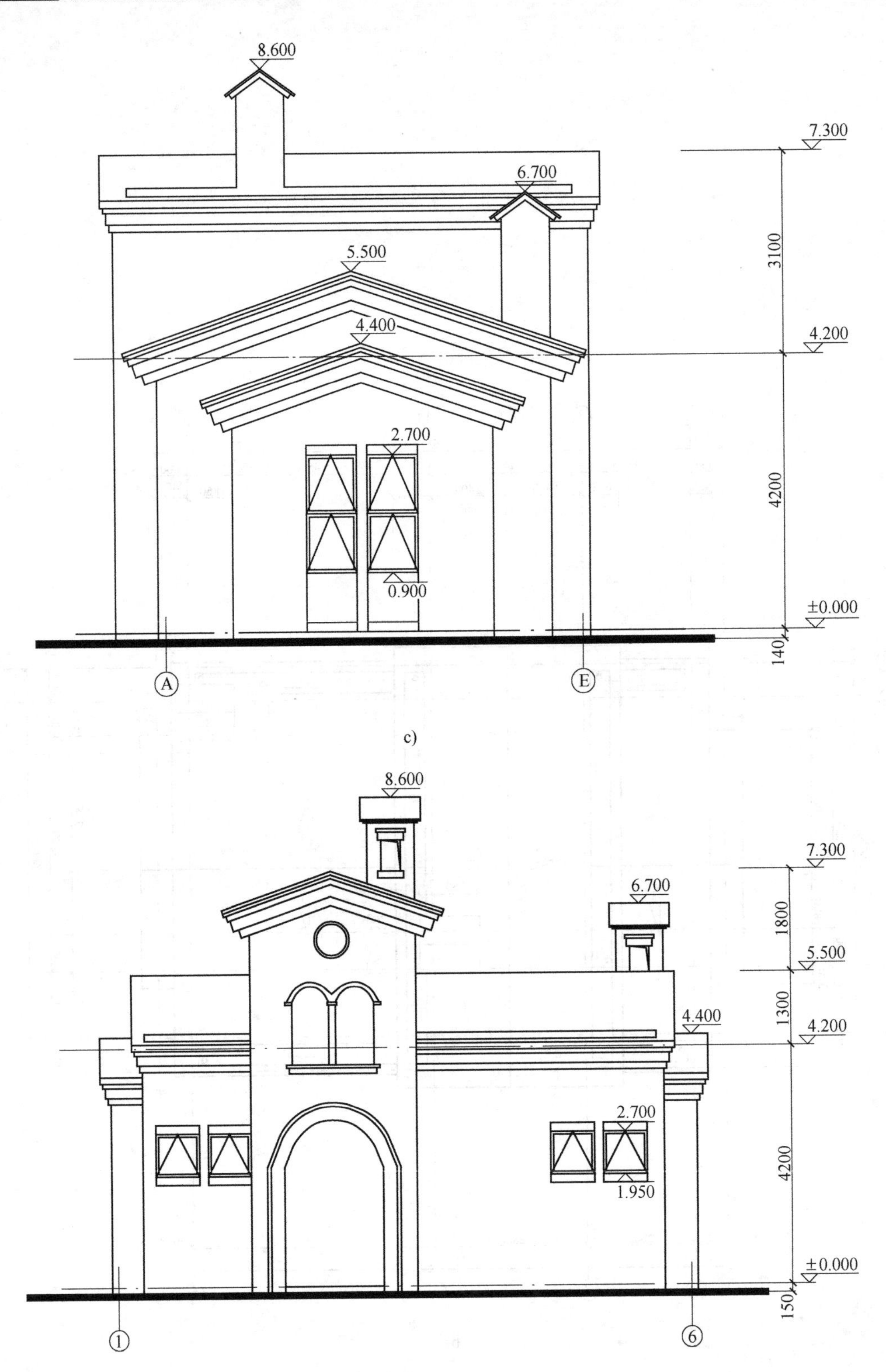

图 6-35　公共厕所

c）Ⓐ～Ⓔ轴立面图　d）①～⑥轴立面图

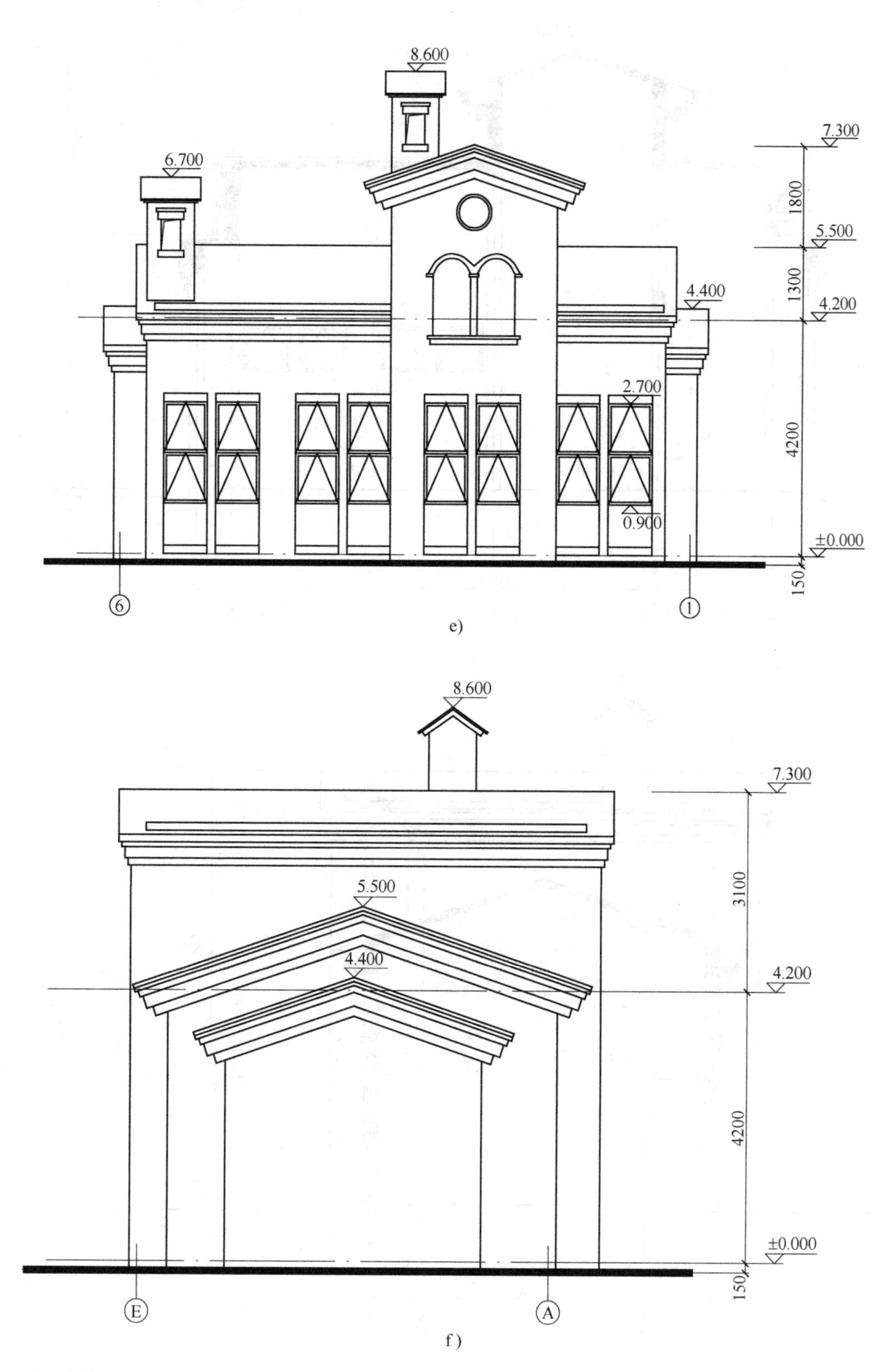

施工图 1（续）

e）⑥～①轴立面图　f）Ⓔ～Ⓐ轴立面图

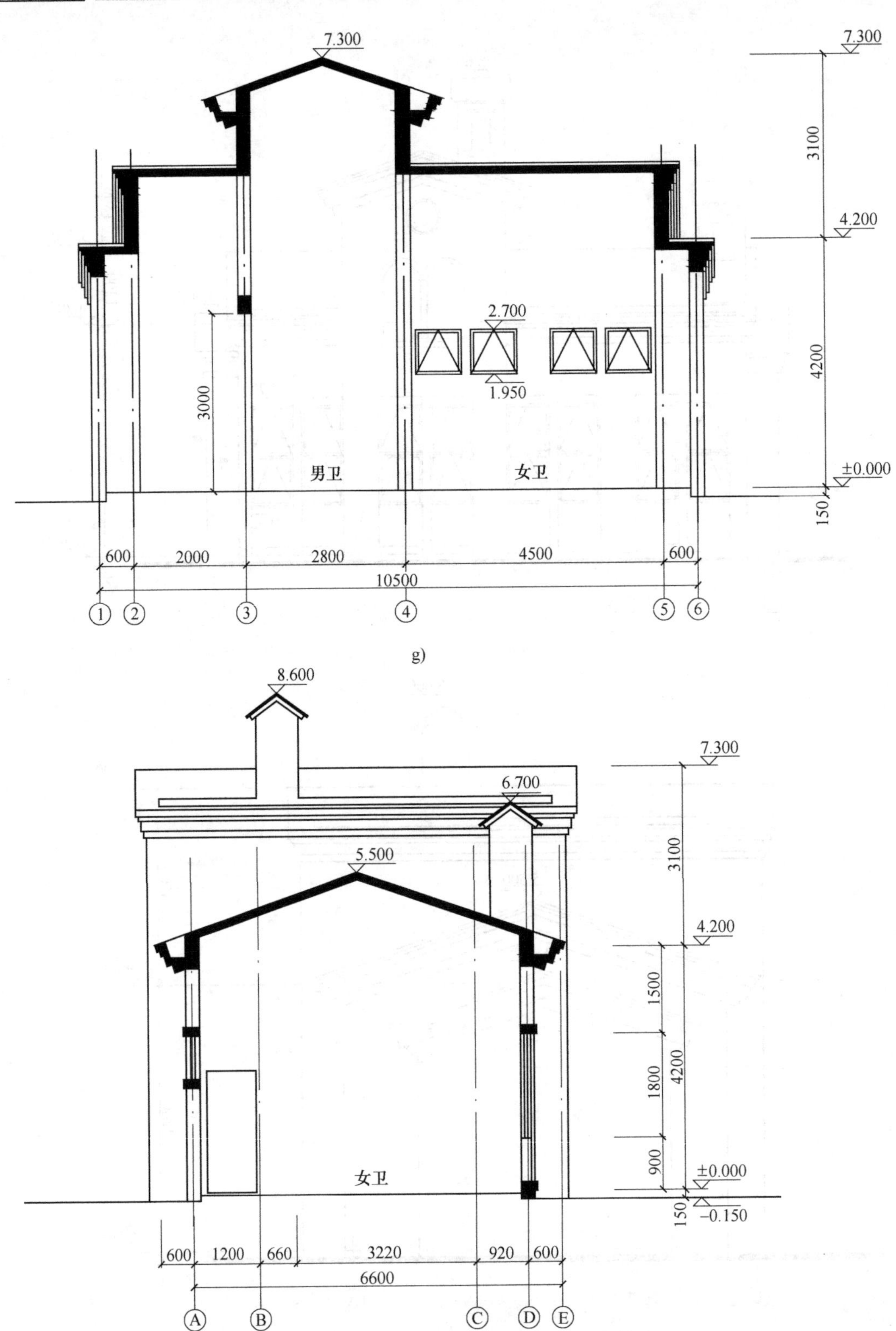

图 6-35　公共厕所施工图 1（续）

g)、h) Ⓔ～Ⓐ轴立面图

2. 公共厕所施工图2（图6-36）

1）项目概况：本工程为肥西县派河森林公园景观设计厕所。

2）设计依据。

①中华人民共和国《工程建设标准强制性条文（房屋建筑部分)》。

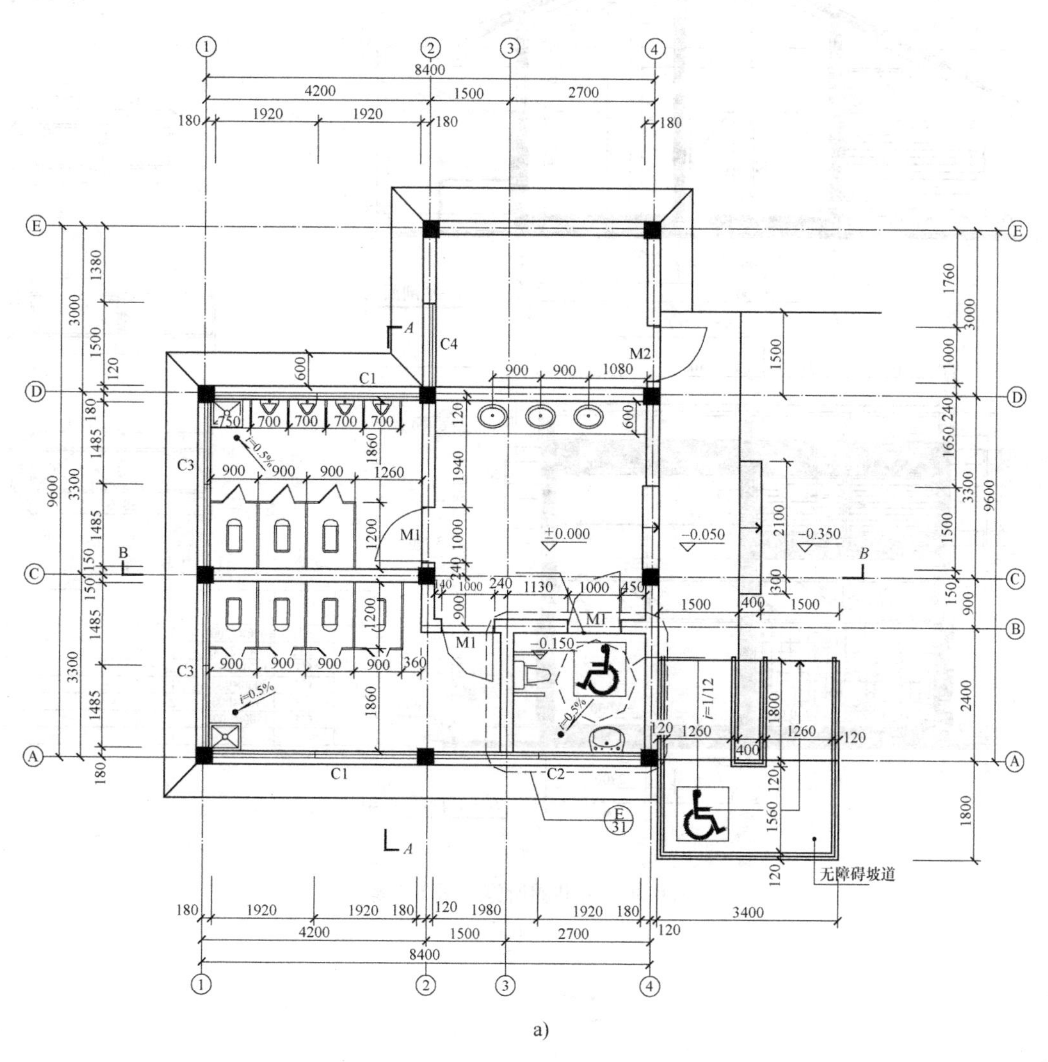

a)

图6-36　公共厕所施工图2

a）一层平面图

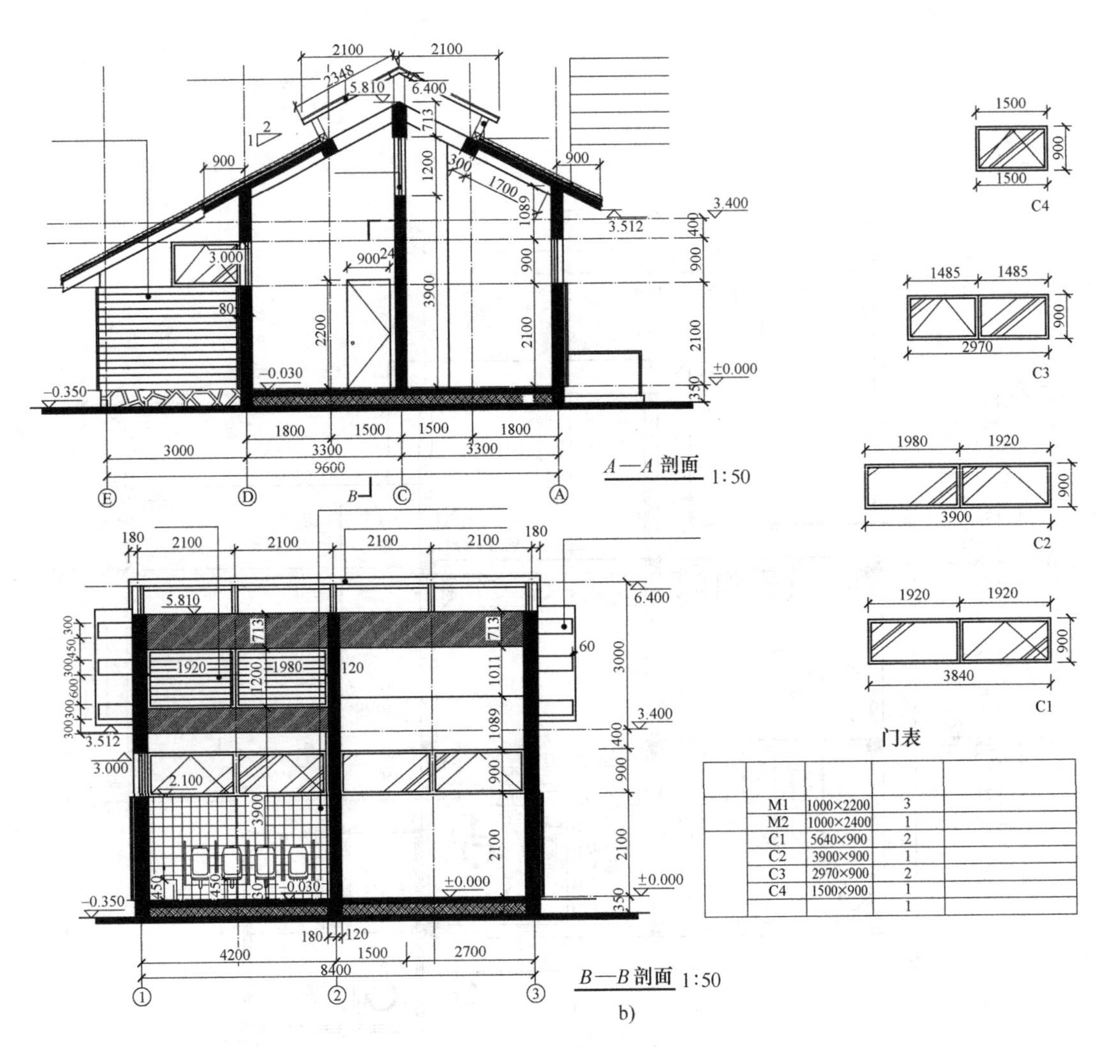

门表

	M1	1000×2200	3	
	M2	1000×2400	1	
	C1	5640×900	2	
	C2	3900×900	1	
	C3	2970×900	2	
	C4	1500×900	1	
			1	

图6-36　公共厕所施工图2（续）

b）剖面图

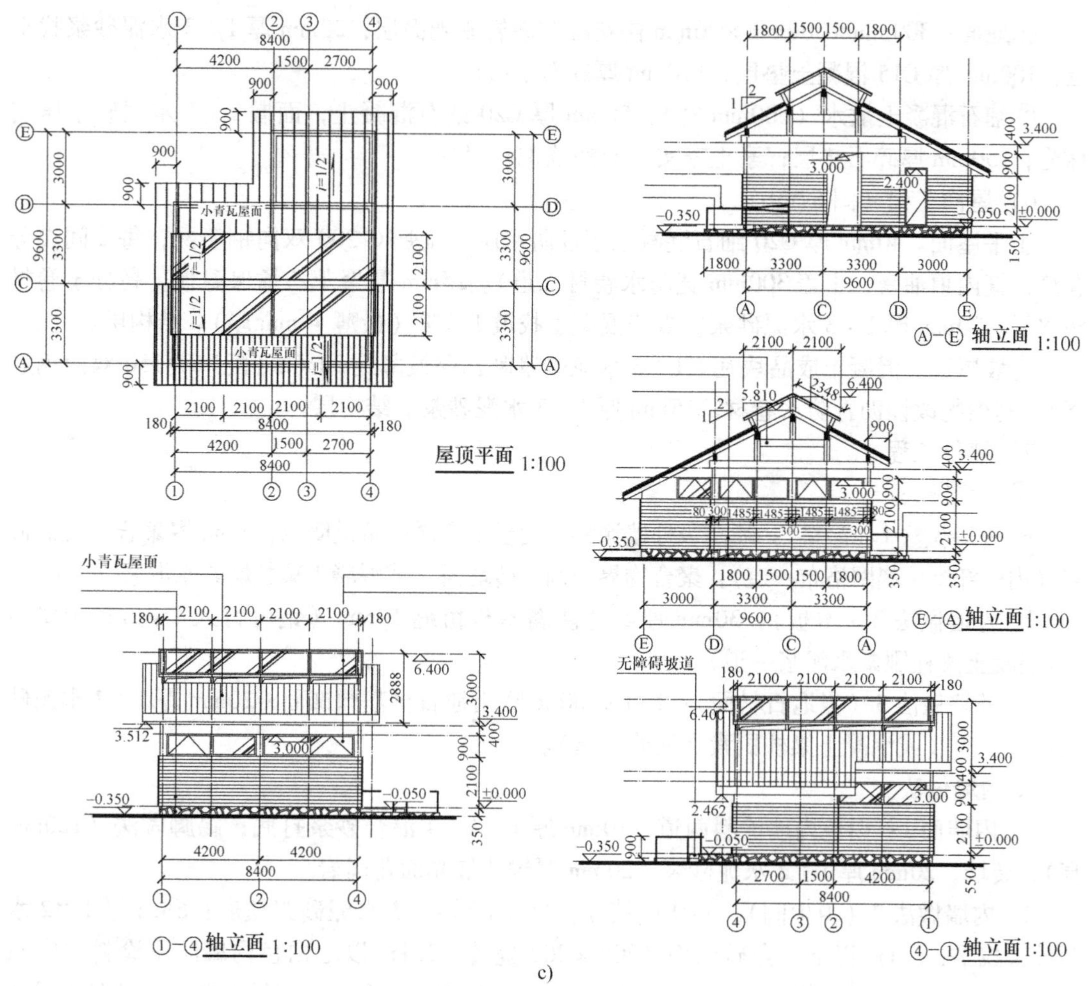

c)

图6-36　公共厕所施工图2（续）

c）屋顶平面图及立面图

②《肥西县派河森林公园景观设计设计方案》。

③《建筑设计防火规范》（GB 50016—2006），《建筑地面设计规范》（GB 50037—1996），《民用建筑设计通则》（GB 50352—2005），《屋面工程技术规范》（GB 50345—2012），《砖墙建筑构造》（04J101）等有关建筑设计规范。

④本工程施工及验收须严格执行以下规范：《建筑工程施工质量验收统一标准》（GB 50300—2001），《屋面工程质量验收规范》（GB 50207—2012），《建筑地面工程施工质量验收规范》（GB 50209—2010），《建筑装饰装修工程质量验收规范》（GB 50210—2001）。

⑤本工程施工时必须与总图、结构、工艺等有关专业密切配合施工。

3）总图建筑定位及竖向设计。本工程总图所注室内标高 ±0.000 相当于绝对标高 14.150m。各层地面标高均为建筑饰面标高。

4）尺寸标注。

①单体建筑设计中，标高以米为单位，其余尺寸以毫米为单位。

②门窗所注尺寸为洞口尺寸。

5）楼地面工程。

①地面：300mm×300mm×20mm 樱花红花岗岩亚光面层；20mm 厚 1：3 水泥砂浆找平层；100mm 厚 C15 混凝土垫层；150mm 厚碎石垫层。

②细石混凝土散水（600mm 宽）：50mm 厚 C20 细石混凝土，面撒 1：1 水泥砂子压实抹光；150mm 厚碎石垫层；素土夯实。向外坡 3%～5%。

6）屋面工程（图 6-36b）。

①平屋面。40mm 厚 C20 细石混凝土刚性防水层（配ϕ4@200 双向钢筋网，每2间设分仓缝，缝内填油膏，上盖 300mm 宽防水卷材二道）。25mm 厚聚苯乙烯保温板。高分子卷材防水层。20mm 厚 1：3 水泥砂浆。煤渣混凝土找坡 1.5%（最薄 40mm 厚）。结构层。

②坡屋面。混凝土成品块瓦。1：3 水泥砂浆卧瓦层最薄处 20mm（配ϕ6@150 双向钢筋网）。高聚物改性沥青防水卷材。15mm 厚 1：3 水泥砂浆。结构层。

7）墙体工程

①外墙做法。

a. 外墙做法 1（涂料）：喷高级外墙涂料，面层工序详产品说明书；5mm 厚聚合物抗裂砂浆（内嵌纤维玻璃网格布一道）；聚合物界面剂；砖墙面（或混凝土梁柱刷素水泥浆一道）。

b. 外墙做法 2（木板）：30mm 厚红色防腐木板留缝 10mm（钢钉钉入墙内）；砖墙面（或混凝土梁柱刷素水泥浆一道）。

c. 外墙做法 3（当地石材面）：150×300×20 当地石材基脚饰面；20mm 厚 1：2 水泥砂浆；砖墙面（或混凝土梁柱刷素水泥浆一道）。

②内墙做法。

a. 内墙面 1：白色内墙涂料两道，10mm 厚 1：1：4 混合砂浆打底；踢脚做法（120mm 高），砖墙，20mm 厚 1：2 水泥砂浆，20mm 厚樱花红光面花岗岩。

b. 内墙做法 2（卫生间）：厕所内墙面，15mm 厚 1：3 水泥砂浆糙底；6mm 厚 1：2 水泥砂浆找平；2.1m 以下白瓷砖贴面（200×200 瓷砖，2.1m 以上白色内墙防腐涂料二度）；厕所间隔断采用抗倍特板，高 2m，门板 12mm、立柱 12mm 系统，胡桃木花纹；墙身水平防潮层，在室内地面以下 60mm 处墙身抹 20mm 厚 1：2 水泥砂浆（内加 3%～5% 防水剂）。

8）木装修工程。

①所有木构件均采用防腐木制作。

②所有木装修构件用材不允许有腐朽材料和虫蛀、死节现象。

③方材：截面短边在 100mm 以内，活节单个直径不超过截面短边的 1/4，榫卯处不允许木节；任何延长米木节数不超过 2 个；裂缝深度不超过截面短边的 1/6，长度不大于长边的 1/5；斜纹斜率不大于 4%；含水率小于 15%。截面短边在 100mm 以上，活节单个直径不超过截面短边的 1/4，榫卯处不允许木节；任何延长米木节数不超过 3 个；裂缝深度不超过截面短边的 1/6，长度不大于长边的 1/5；斜纹斜率不大于 6%；含水率小于 18%。

④板材：厚度在 22mm 及以下，活节单个直径不超过 20mm，任何延长米木节数不大于 2 个；斜纹斜率不大于 10%；裂缝深度不大于板厚的 1/5，长度不大于板宽的 1/4；含水率小于 15%。厚度在 22mm 以上，活节单个直径不超过 30mm，任何延长米木节数不大于 3 个；斜纹斜率不大于 15%；裂缝深度不大于板厚的 1/5，长度不大于板宽的 1/4；含水率小于 18%。

9）本图纸未尽之处均按国家有关施工规范及规定执行，有不明之处请及时与设计人员协商解决。

三、公共厕所设计过程管理

1. 教师指导书（表 6-2）

表 6-2　教师指导书

	设计阶段	起止时间	阶段设计任务	教师辅导要点
1	任务书下达	第 1 周（年/月/日）	1. 熟读任务书 2. 了解设计条件 3. 查找公共厕所设计相关资料	1. 讲解任务书，帮助学生分析任务书要求 2. 提供本次设计需要的资料书目，并对重要的资料进行讲解
2	草图构思	第 2 周（年/月/日）	1. 选择场地 2. 初步构思厕所的造型 3. 掌握厕所内洁具的布置方式及相关尺寸	1. 检查学生对资料的查找及掌握情况 2. 对学生的构思进行个别辅导
3	草图绘制及辅导	第 3 周（年/月/日）	1. 构思厕所平面功能布局及进行平面设计	1. 检查学生的平面功能布局是否合理
		第 4 周（年/月/日）	2. 平面功能细化设计 3. 基本确定平面及厕所造型	2. 检查添加卫生洁具后的平面是否合理，是否满足规范的设计要求 3. 平面设计和建筑造型是否符合
		第 5 周（年/月/日）	4. 立面设计及绘制 5. 确定方案	4. 立面需根据建筑造型进行设计 5. 根据立面及造型对平面进行修改，帮学生确定最终方案
4	正图绘制及辅导	第 6 周（年/月/日）	绘制正图	检查学生的图面表达
5	图纸评价（评图标准）	1. 构思有新意，建筑造型美观 2. 平面功能合理，卫生洁具布置正确，满足规范要求 3. 建筑立面及剖面表达正确 4. 图面表达规范		

2. 设计过程管理评价

接受设计任务	优秀	良好	一般	较差	很差
❖ 熟读任务书	□	□	□	□	□
❖ 了解设计条件	□	□	□	□	□
❖ 查找相关资料	□	□	□	□	□

草图构思	优秀	良好	一般	较差	很差
❖ 场地设计	□	□	□	□	□
❖ 构思厕所造型	□	□	□	□	□
❖ 掌握洁具尺寸及布置方式	□	□	□	□	□

一草绘制	优秀	良好	一般	较差	很差
❖ 构思功能布局	□	□	□	□	□
❖ 平面草图设计	□	□	□	□	□

二草绘制	优秀	良好	一般	较差	很差

❖ 确定平面布局	□	□	□	□	□
❖ 确定厕所造型	□	□	□	□	□
❖ 平面细化设计	□	□	□	□	□

三草绘制	优秀	良好	一般	较差	很差
❖ 完成平面设计	□	□	□	□	□
❖ 立面设计	□	□	□	□	□
❖ 剖面设计	□	□	□	□	□

正图绘制	优秀	良好	一般	较差	很差
❖ 图纸按时完成	□	□	□	□	□
❖ 图面表达完整无误	□	□	□	□	□

图纸评价	优秀	良好	一般	较差	很差
❖ 构思有新意，造型美观	□	□	□	□	□
❖ 平面功能合理	□	□	□	□	□
❖ 洁具布置正确，满足规范	□	□	□	□	□
❖ 立面及剖面表达正确	□	□	□	□	□
❖ 制图规范，表达准确	□	□	□	□	□

3. 本章理论知识点提示

(1) 厕所的选址

(2) 厕所如何融入周围环境

(3) 厕所外环境的处理

(4) 园林厕所的定额

(5) 卫生洁具尺寸及设备组合尺寸

(6) 厕所布置形式

(7) 无障碍设施与设计要求

4. 教学效果反馈

	是	否
❖ 是否掌握厕所设计的理论知识	□	□
❖ 是否掌握公厕的设计方法和步骤	□	□
❖ 是否能独立完成公厕设计	□	□
❖ 你觉得本章节内容编排是否合理	□	□
❖ 你觉得本章节的知识点是够能满足公厕设计的需要	□	□

❖ 你觉得本章内容是否有需要修改的地方，或者有更好的建议，请写出来__________

____

____

____

6.3　茶室设计

6.3.1　园林茶室位置选择

园林茶室作为园林中重要的园林建筑之一，在景观上更具有点景与赏景的意义，因此其位置选择应具有特色，应因地制宜利于造景。另外，为方便游人应选在交通人流集中活动的景点附近并配合园林大小与总体布局。例如：大的风景园林可分别靠近各主景点设置茶室，并且要与主景点及主路有一定距离或高差，这样既可以做到赏景又不妨碍主景效果。

园林茶室有闹、静之分。热闹区的茶室可选址在游人众多的小广场侧旁、主干道附近，或者在公园出入口处以同时兼顾园林内外使用。在安静区的茶室，以赏景为宜，但位置不可过于偏僻，不可过于偏离人流，适当安静的环境即可。花港观鱼茶室，茶室位于水边，视野开阔，便于欣赏水面景色，如图 6-37a 所示。无锡锡惠公园茶室，茶室位于山腰及山顶，具有高瞻远瞩的优点，较为适合人们休息，如图 6-37b 所示。南昌八一公园茶室，茶室处于平地基址，借侧边山体及围墙，构成休息观赏空间，如图 6-37c 所示。芦笛岩风景点茶室，茶室位于地岸突出处，有多条观景线通向池四周的多处风景点，茶室位于优越的观景点上，如图 6-37d 所示。武汉汉阳公园茶室，茶室位于公园入口近旁，来往人流频繁，环境热闹，是

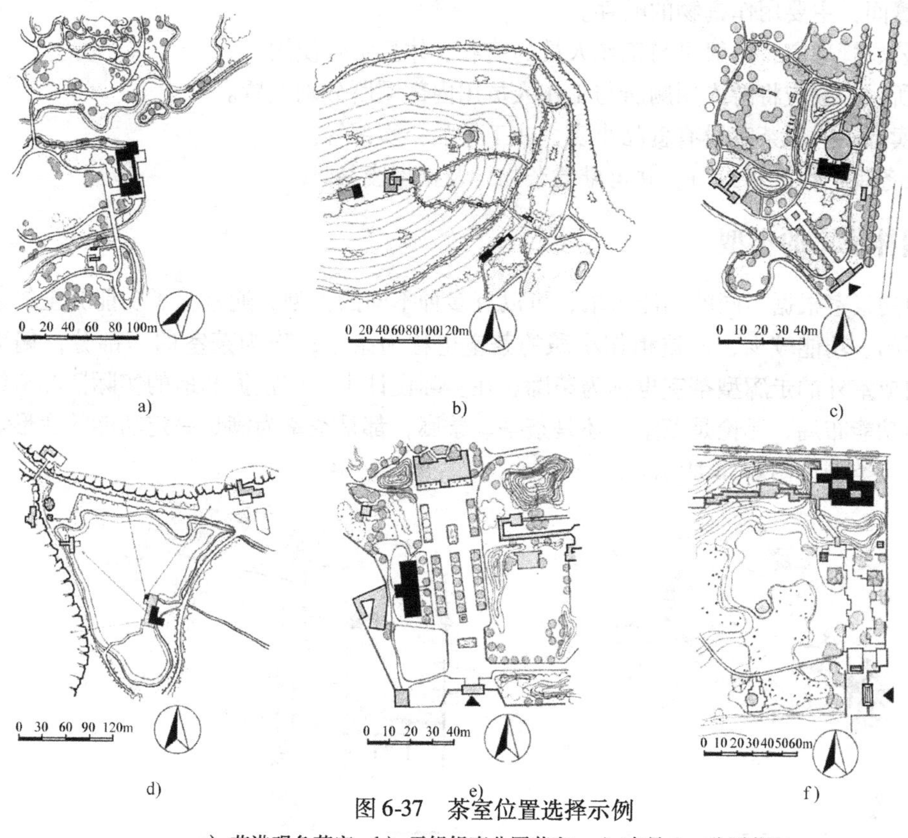

图 6-37　茶室位置选择示例

a）花港观鱼茶室　b）无锡锡惠公园茶室　c）南昌八一公园茶室
d）芦笛岩风景点茶室　e）武汉汉阳公园茶室　f）上海松江公园茶室

公众交流的佳地，如图6-37e所示。上海松江公园茶室，位于公园一隅，并有小山与园内人流稍作隔隐，是良好的舒心畅谈之地，如图6-37f所示。

6.3.2　园林茶室主要功能

（1）营业部分　营业部分是园林茶室的主立面，营业厅既要交通方便又要有好的朝向，并与室外空间相连。茶室营业厅面积约以每座1m^2计算，布置餐桌椅除座位安排外还要考虑客人出入与服务人员送水、送物的通道。两者可共同使用以减少交通面积，但要注意尽可能减少人流交叉干扰。

（2）辅助部分　辅助部分要求隐蔽，但也要有单独的供应道路来运送货物与能源等。这部分应有货品及燃料等堆放的杂物院，但要防止破坏环境景观。

园林茶室的基本组成按营业及辅助用房的需要，一般可由以下房间组成，按不同规模及类型作适当增减：

1）门厅：室内外空间的过渡，缓冲人流，在北方冬季有防寒作用。

2）营业厅：园林茶室营业厅应考虑最好的风景面及室内外同时营业的可能。

3）备茶及加工间：茶或冷、热饮的备制空间，备茶室应有售出供应柜台。

4）洗涤间：用作茶具的洗涤、消毒。

5）烧水间：应有简单的炉灶设备。

6）储藏间：主要用作食物的贮存。

7）办公、管理室：一般可与工作人员的更衣、休息结合使用。

8）厕所：一般应将游人用厕所与工作人员用内部厕所分别设置。

9）小卖部：一般茶室设有食品小卖，或工艺品小卖部等。

10）杂务院：作进货入口，并可堆放杂物，及排出废品。

6.3.3　园林茶室的类型

园林中的茶室根据不同的功能需求，可以有多种不同的类型，通常除了功能齐全的茶室外，较小型的、功能较少、偏重稍作小憩的茶室也称为茶亭；作为茶室的一部分，偏重赏景，或室内或室外的走廊型茶室也称为茶廊。在实际设计中，应根据基地的实际情况来组织茶室的平面功能布局，无论是茶室，还是茶亭、茶廊，都是茶室为满足一定功能的变形。各种茶室组成与类型如图6-38所示。

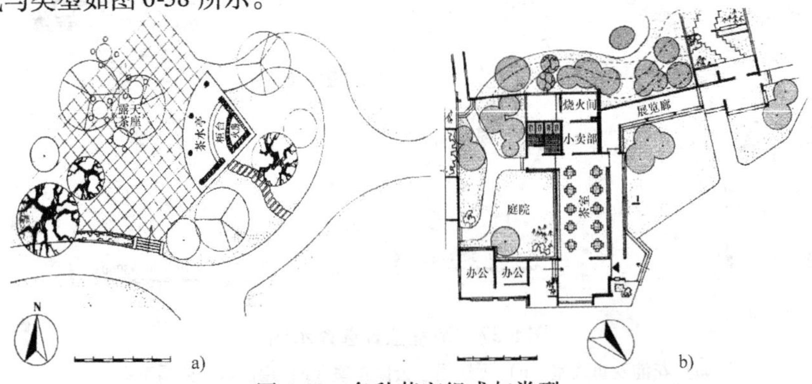

图6-38　各种茶室组成与类型

a）上海动物园茶亭　b）桂林七星岩公园驼峰茶亭

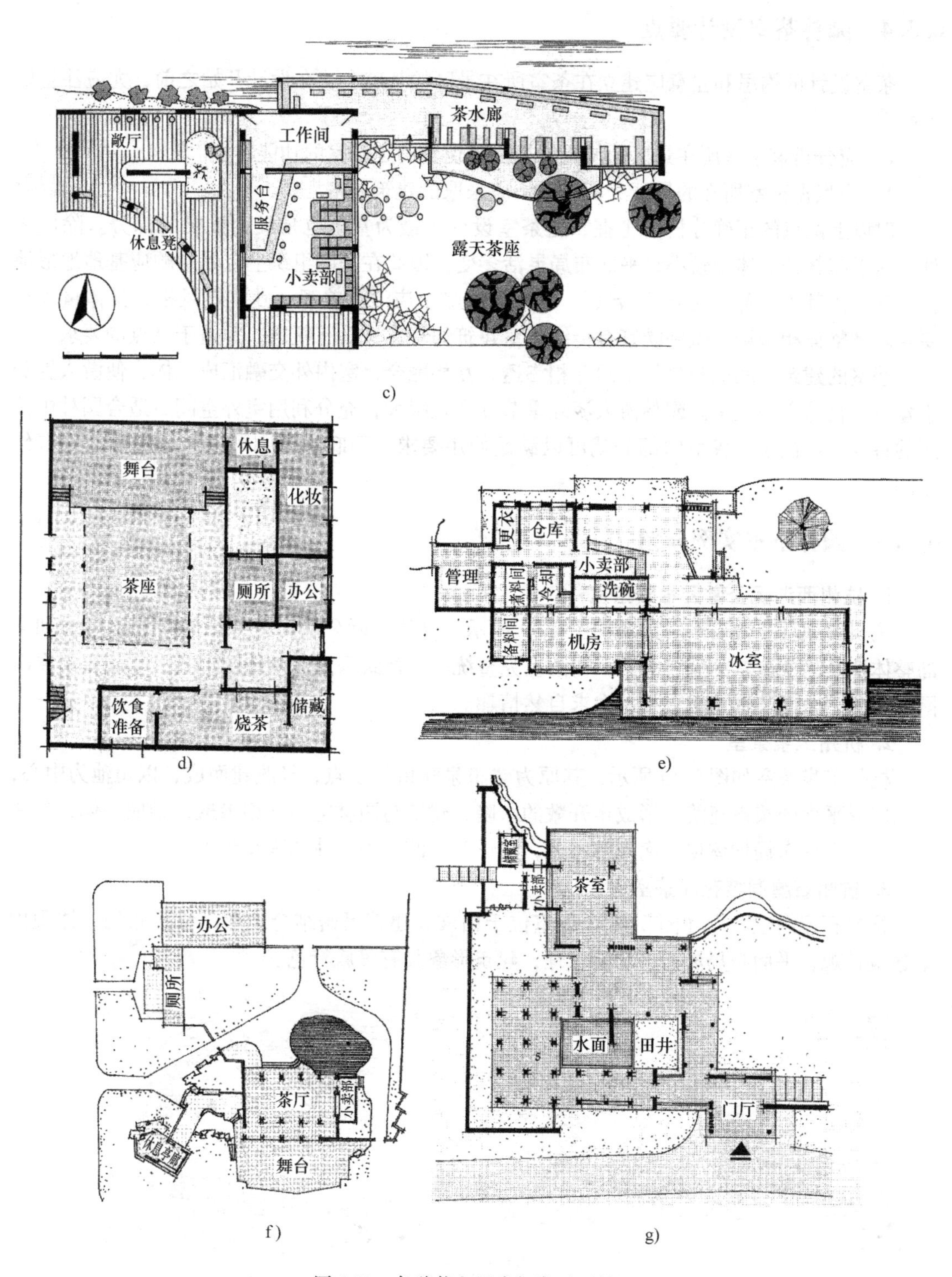

图 6-38　各种茶室组成与类型（续）

c）广东阳春县龙宫岩风景区茶室　d）曲艺茶室　e）广州东郊公园冰室

f）上海静安公园音乐茶座　g）广州百花园冰室

6.3.4　园林茶室设计要点

茶室设计的构思和立意应建立在茶室所在景区的基础上，在设计开始之前，尤应注意以下两点：

1）应分析该茶室所在景区的位置并根据其位置确定茶室的功能特点。

2）应根据茶室所在的景区分析茶室所应采取的建筑风格。

对以上两点的正确分析与把握，是茶室设计中最为基础也是最为重要的部分。除此之外，由于园林茶室体型较小，平面布局灵活多变，因此在功能组织上应尽量顺应基地地形地貌，并保证其主要部分充分“借景”，在建筑造型上应注意美观，其建筑风格，其体量大小要与园林整体相协调，做到既富有传统茶室建筑的特色又具有新意，并适于景点的要求。

茶室的建筑空间应与自然空间互相渗透、互相融合，室内外交融汇成一体，使游人置身于建筑与自然空间之中。园林游人淡旺季节性变化很大，充分利用室外空间更适合园林中使用的特点。如淡季时仅室内部分就可以满足使用要求，而旺季时则可以充分利用室外自然空间。

6.3.5　园林茶室实例介绍

1. 杭州西湖阮公墩云水居茶室

杭州西湖阮公墩云水居茶室如图6-39所示，其位于阮公墩岛上，总体布局上考虑到全岛整体性及岛外诸景的借对关系，构图上完整统一。建筑采用江南传统形式，空间布局突出园林特色，全部装饰均用竹材，力求自然情趣。

2. 杭州玉泉茶室

杭州玉泉茶室如图6-40所示，其原为“玉泉观鱼”景点，经改建而成，以鱼池为中心，围以凹形平面的茶室建筑，形成半开敞的水院，建筑与园林空间互相渗透，融成一体，从建筑形式到空间布局均体现江南园林特色，融饮茶、游憩为一体的理想景点。

3. 杭州石屋洞桂花厅茶室

杭州石屋洞桂花厅（图6-41）茶室位于山坡，建筑紧密结合地形，错落布局，体现山地建筑景观，平面布局灵活，功能合理，建筑形象具有民族特色。

a)

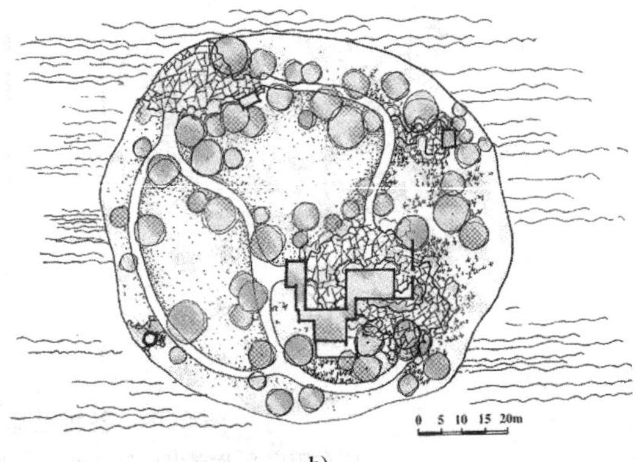

b)

图6-39　杭州西湖阮公墩云水居茶室

a）透视图　b）总平面图

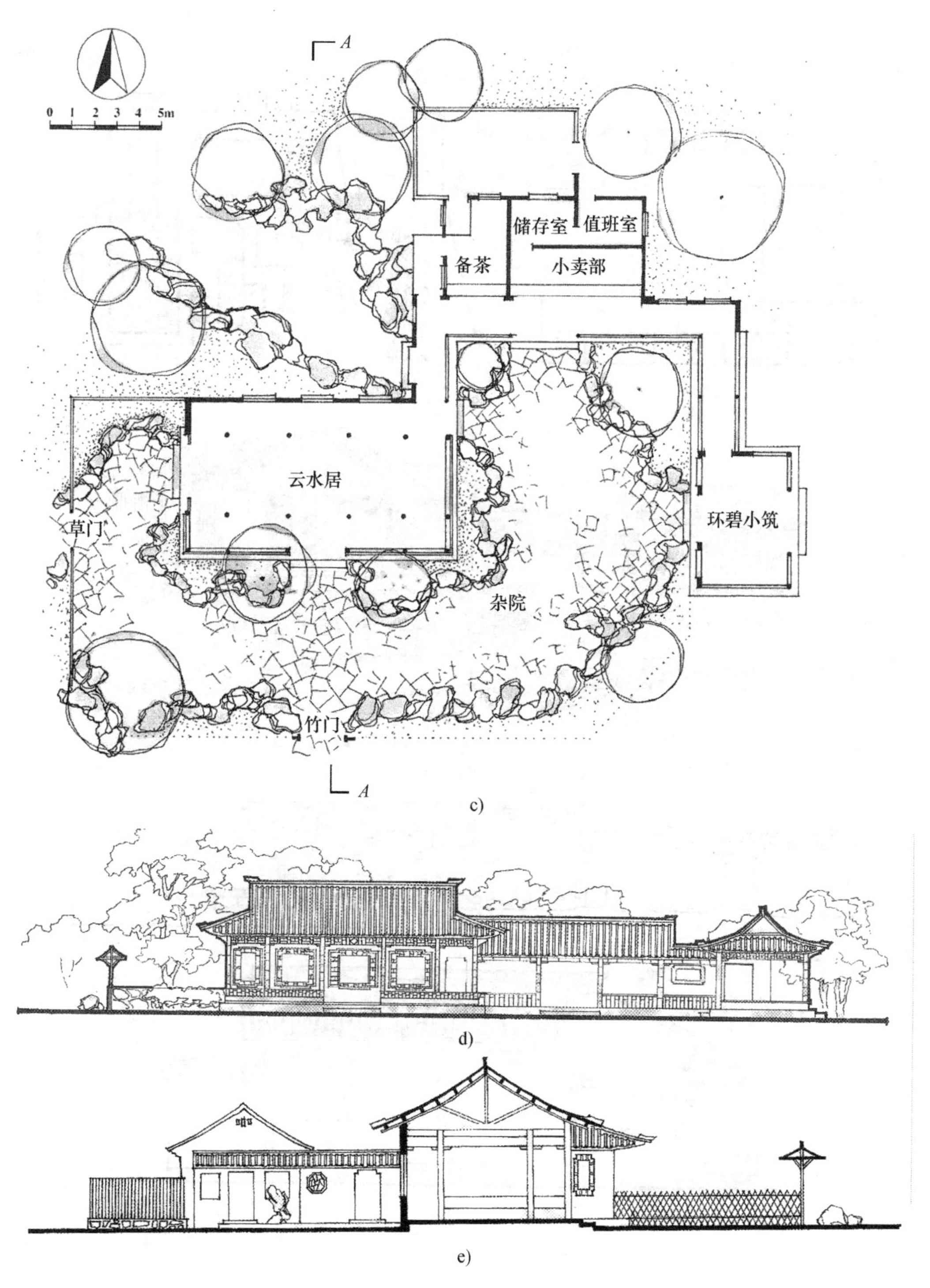

图6-39 杭州西湖阮公墩云水居茶室（续）

c）平面图 d）立面图 e）A-A剖面图

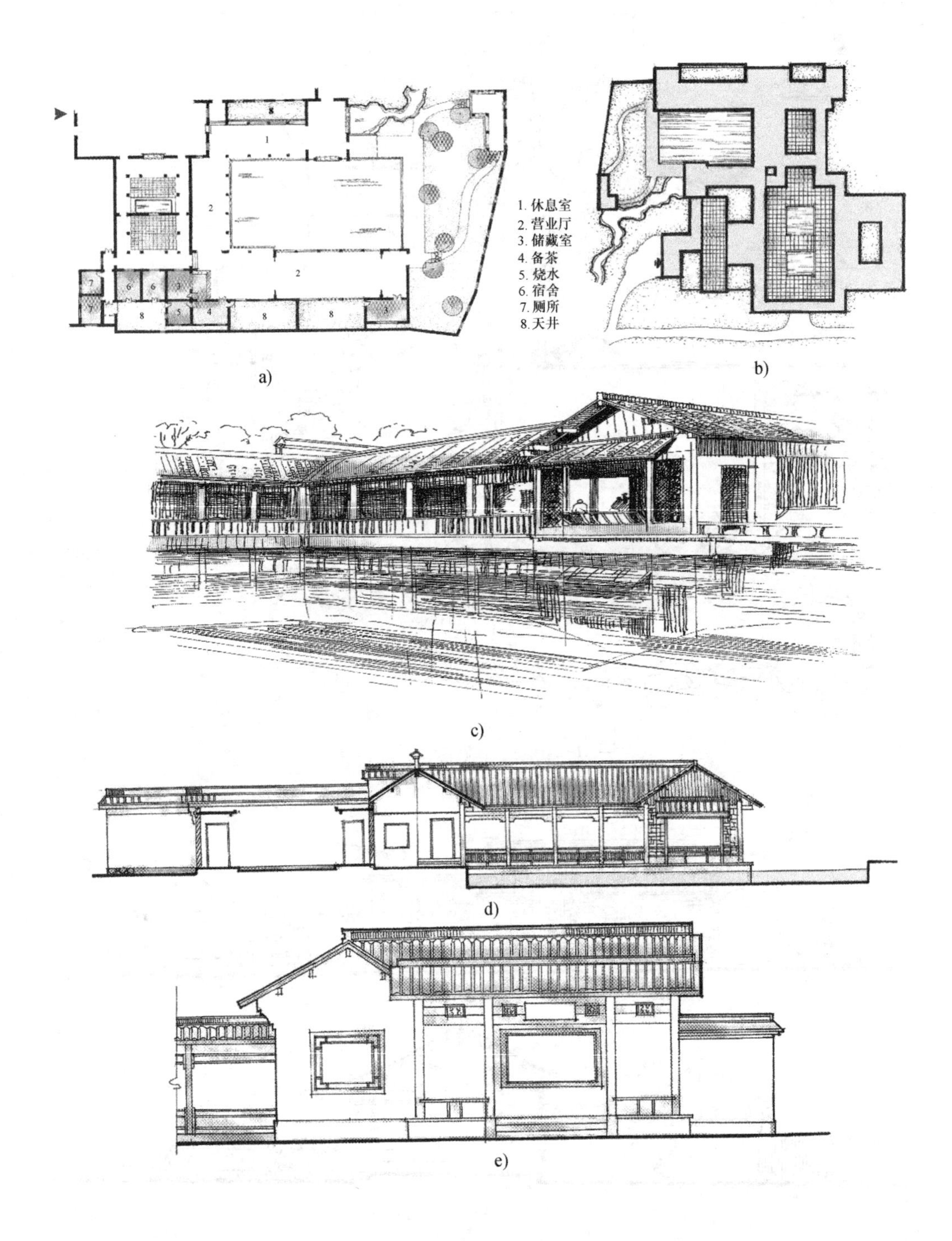

图6-40　杭州玉泉茶室

a）一层平面图　b）总平面图　c）透视图　d）剖面图　e）茶室入口立面图

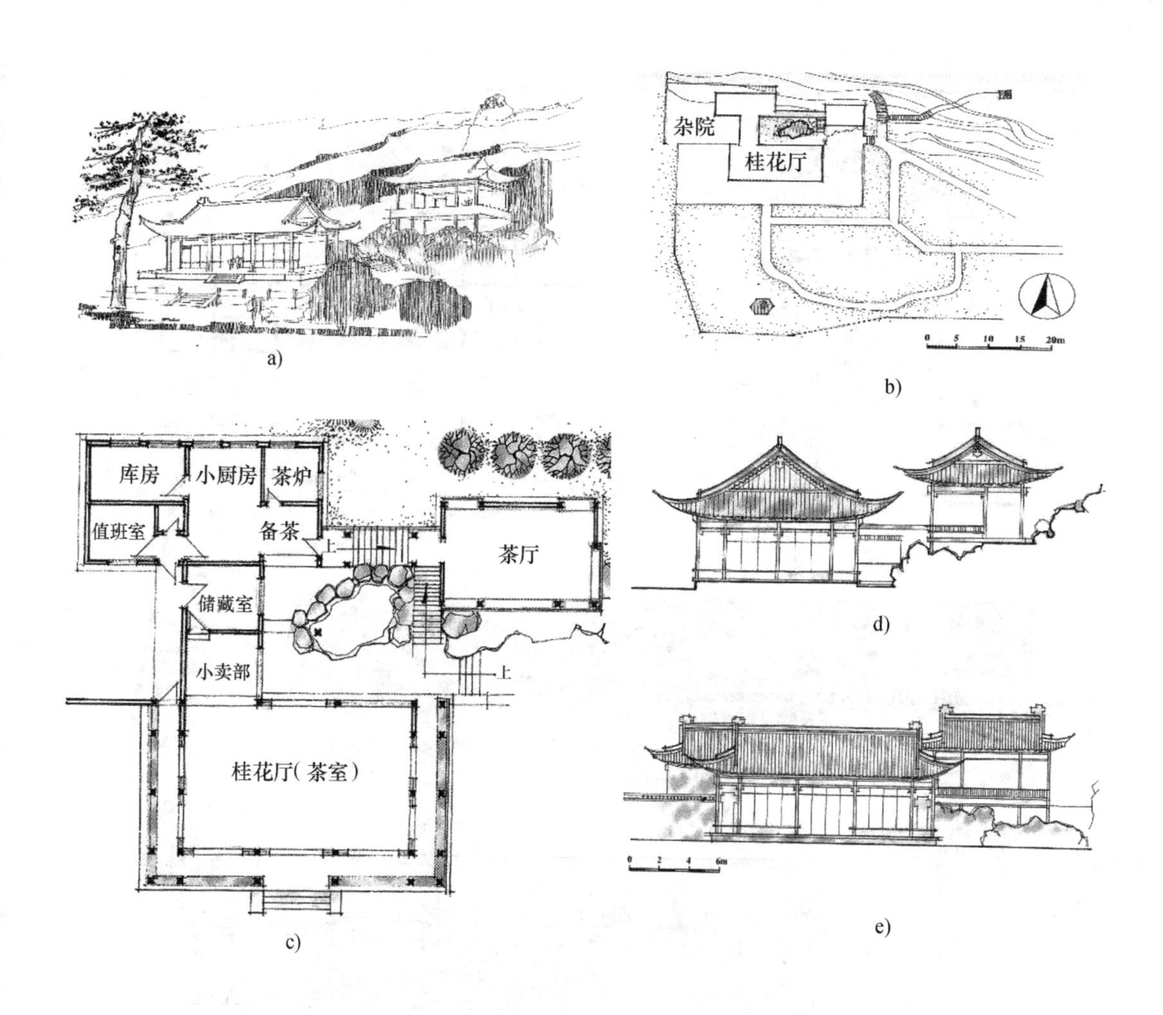

图 6-41　杭州石屋洞桂花厅茶室

a）透视图　b）总平面图　c）一层平面图　d）剖面图　e）立面图

4. 桂林七星岩公园驼峰茶室

桂林七星岩公园驼峰茶室如图 6-42 所示，其选址充分考虑游览路线及周围景物，茶室主厅，以驼峰为对景，内院幽静，便于室外休息，茶室与盆景园紧连，使空间布局更为丰富。

5. 武夷山虎啸岩茶室

武夷山虎啸岩茶室如图 6-43 所示，其依山崖而建，采用传统民居的形式。整个建筑依地势错落跌宕，空间起伏转折。时有岩石穿插于建筑之间，有凌空之势。一层有茶室和烧水服务等辅助用房，二楼茶室视野开阔，凭栏远眺，景色动人。整个茶室与风景区环境结合紧密，有奇险的感觉。

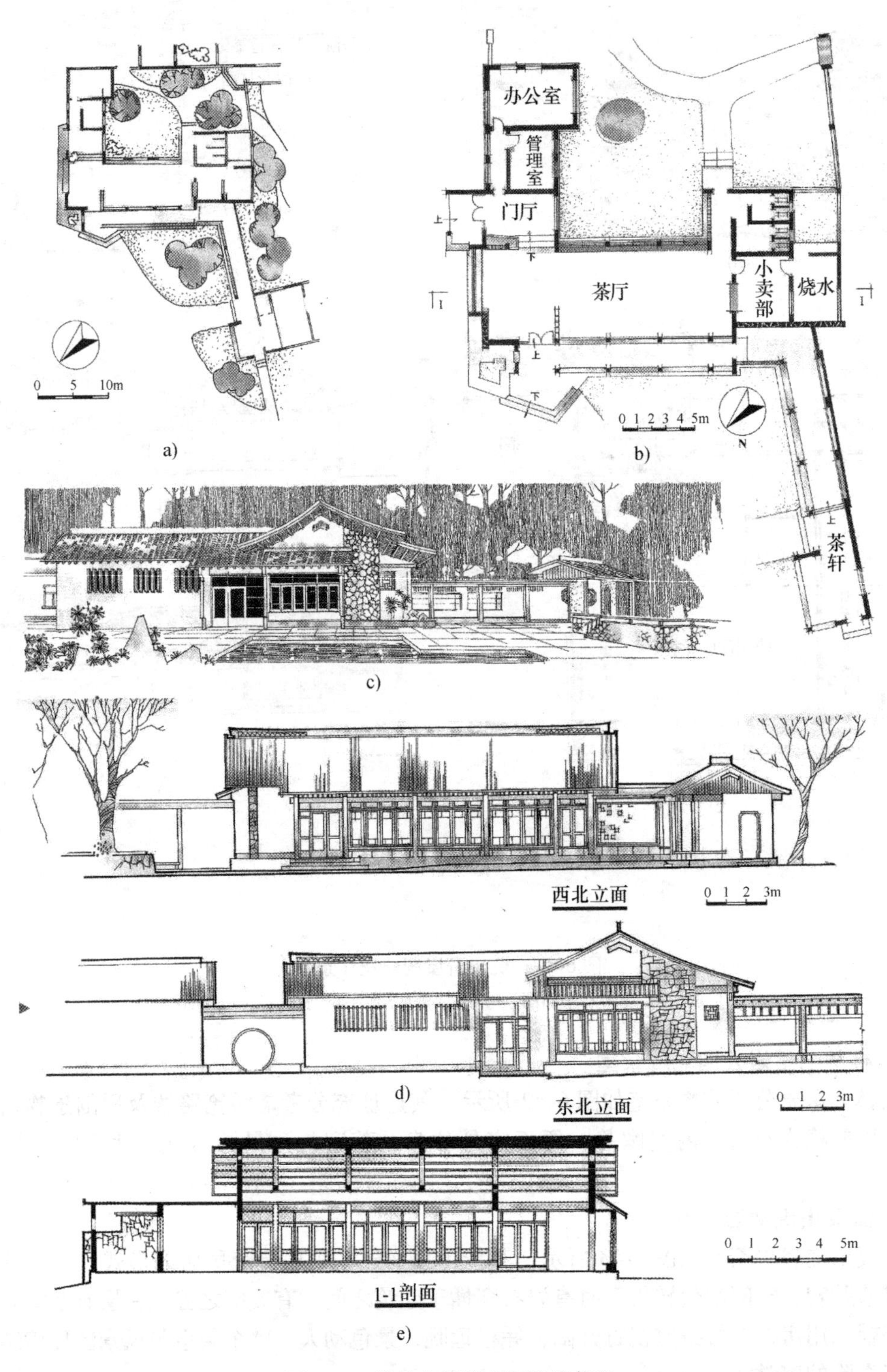

图6-42　桂林七星岩公园驼峰茶室

a）总平面图　b）一层平面图　c）平面和透视　d）立面图　e）剖面图

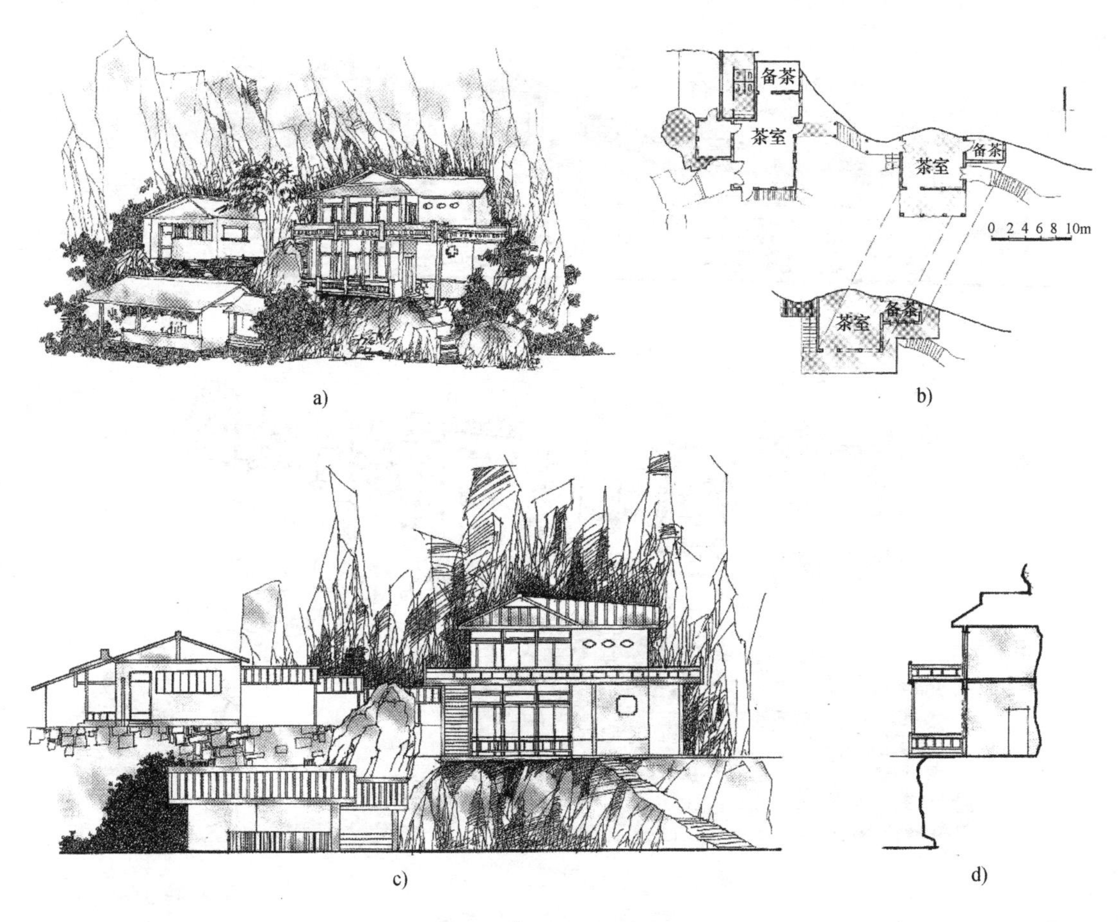

图6-43　武夷山虎啸岩茶室

a）透视图　b）平面图　c）立面图　d）剖面图

6. 济南环城公园玉莲轩茶室

济南环城公园玉莲轩茶室如图6-44所示，其位于南护城河畔，北面临河，南面临街，布局上充分利用地形变化，自然形成三个不同标高的庭院，建筑互相穿插，构成高低错落、迂回曲折、层次丰富的园林景观。

7. 上海植物园茶室

上海植物园茶室如图6-45所示，其位于全园中心，临水而建，平面布局以厅、廊相连组成室内外空间，功能合理，建筑造型在采用江南民居形式的基础上，加以创新，与周围环境协调统一。

8. 广州白云山凌香馆冰室

广州白云山凌香馆冰室如图6-46所示，建筑位于水边并向水体延伸，使建筑尽量靠近水面，取得良好的观水效果，造型轻盈，仿船形，具有园林情趣。

9. 福州西湖公园古堞斜阳茶室

福州西湖公园古堞斜阳茶室如图6-47所示，建筑临水而建，结合地形高低错落，巧妙利用自然山石、水体、巨树等创造优美的园林环境及各具特色的空间。室内空间布局体现游人对各种不同空间的需求。

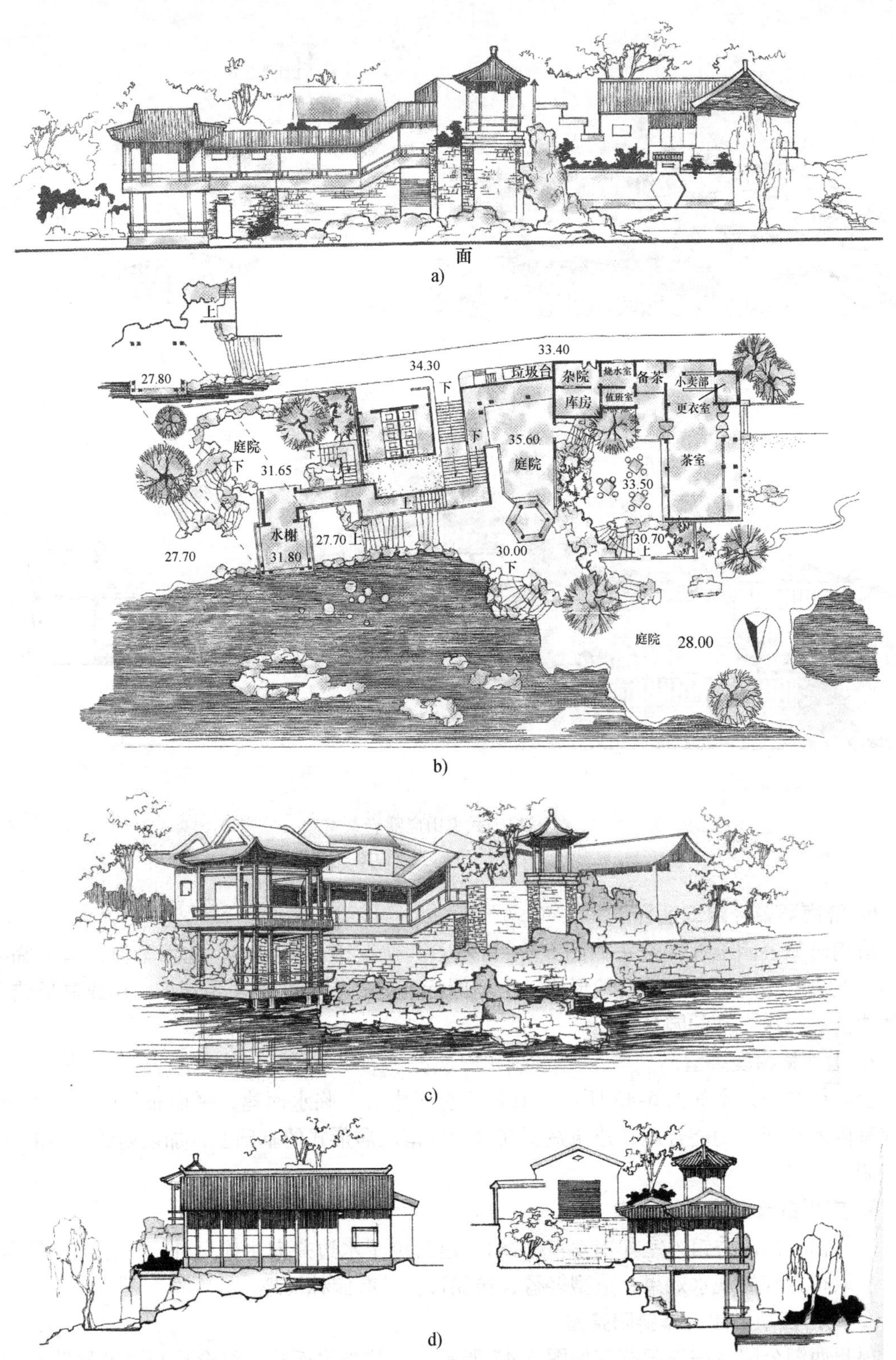

图6-44　济南环城公园玉莲轩茶室

a）北立面图　b）平面图　c）透视图　d）立面图

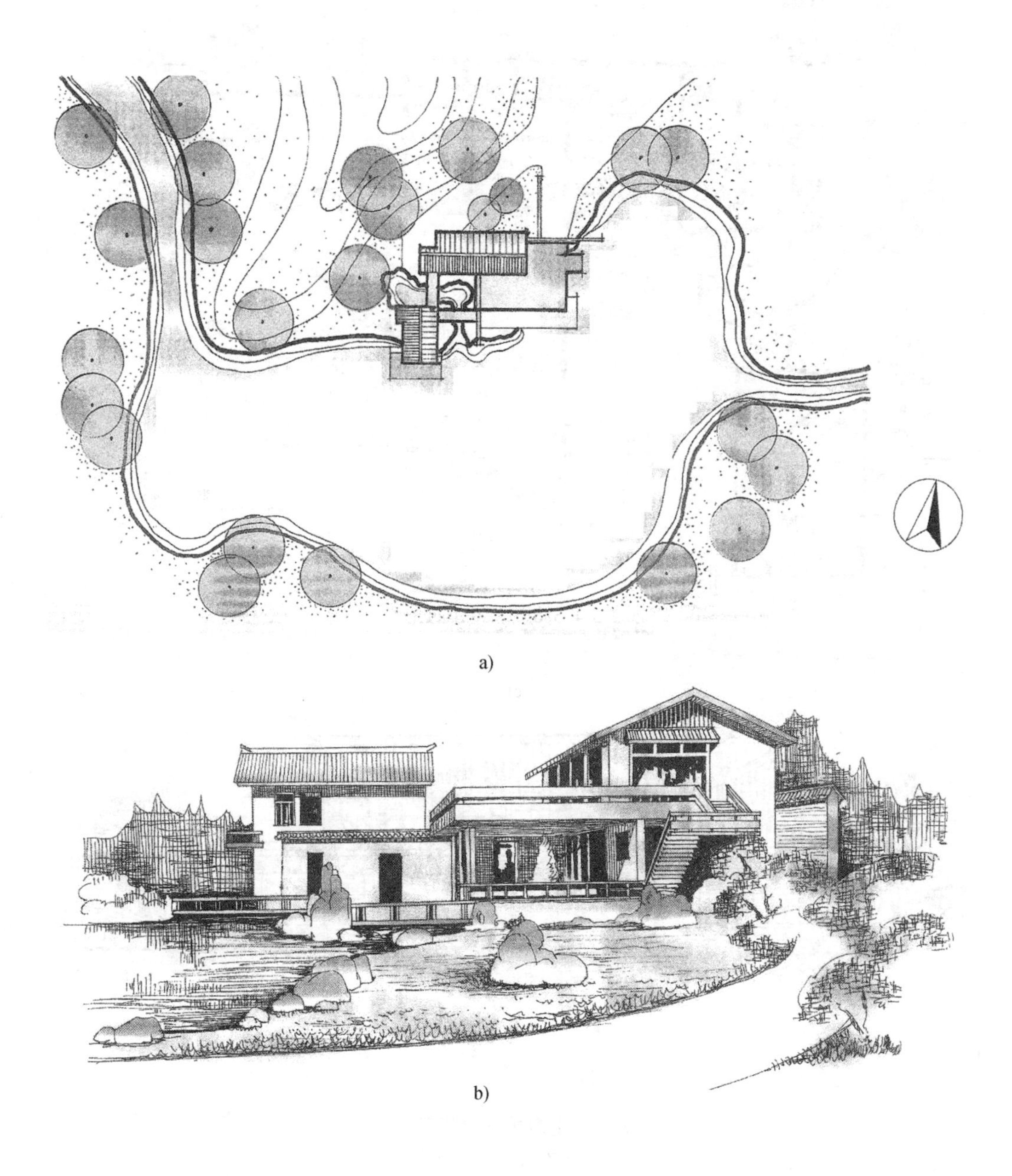

图 6-45　上海植物园茶室
a）总平面图　b）透视图

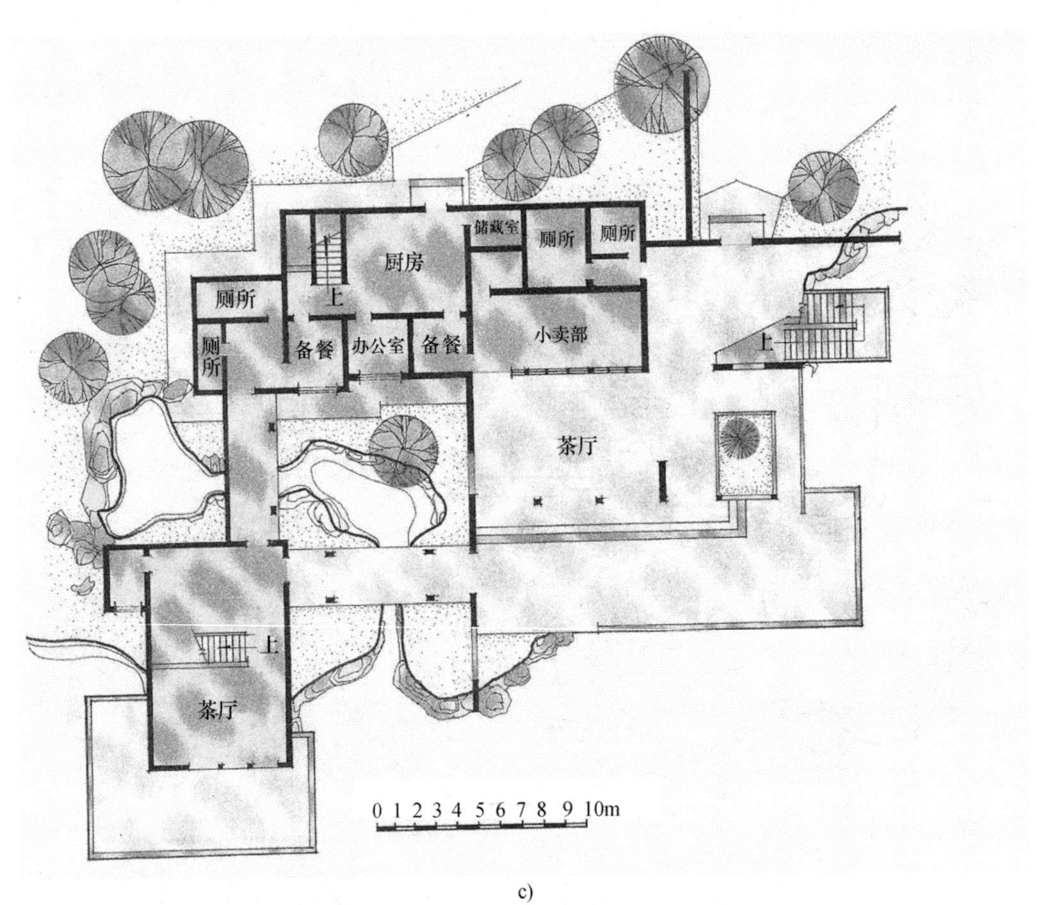

c)

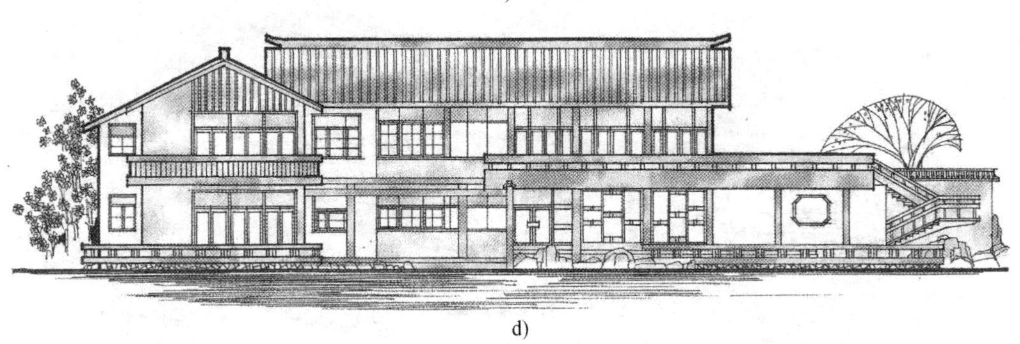

d)

图6-45　上海植物园茶室（续）

c）平面图　d）立面图

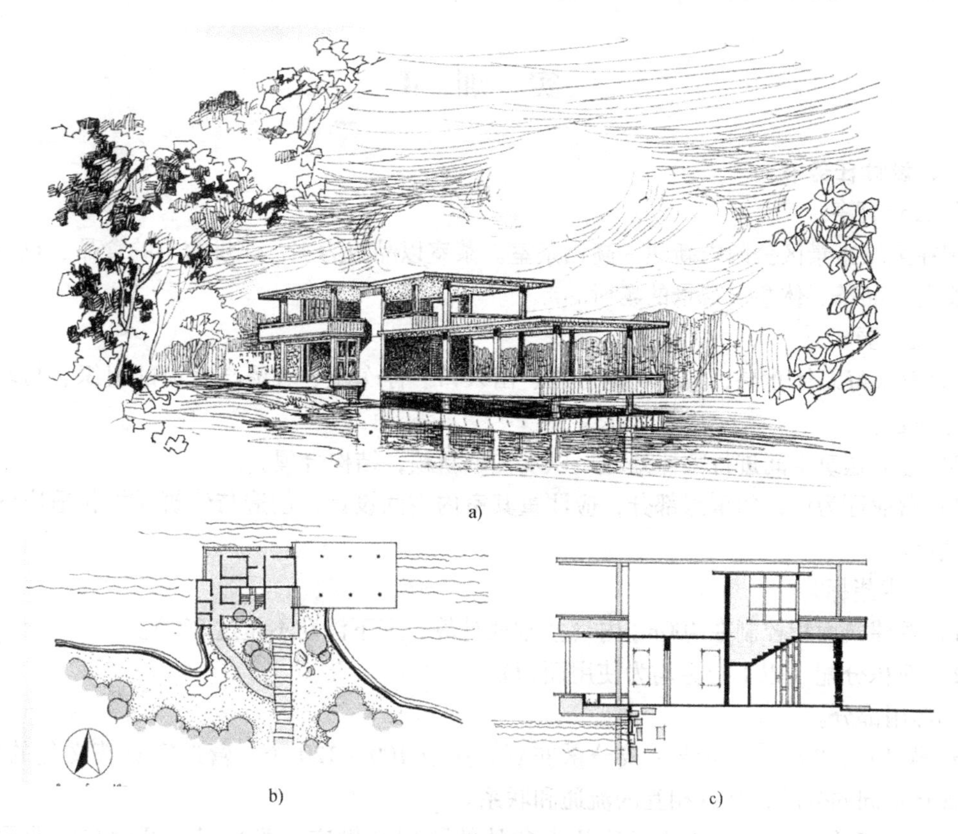

a)

b) c)

图6-46 广州白云山凌香馆冰室

a）透视图 b）总平面图 c）剖面图

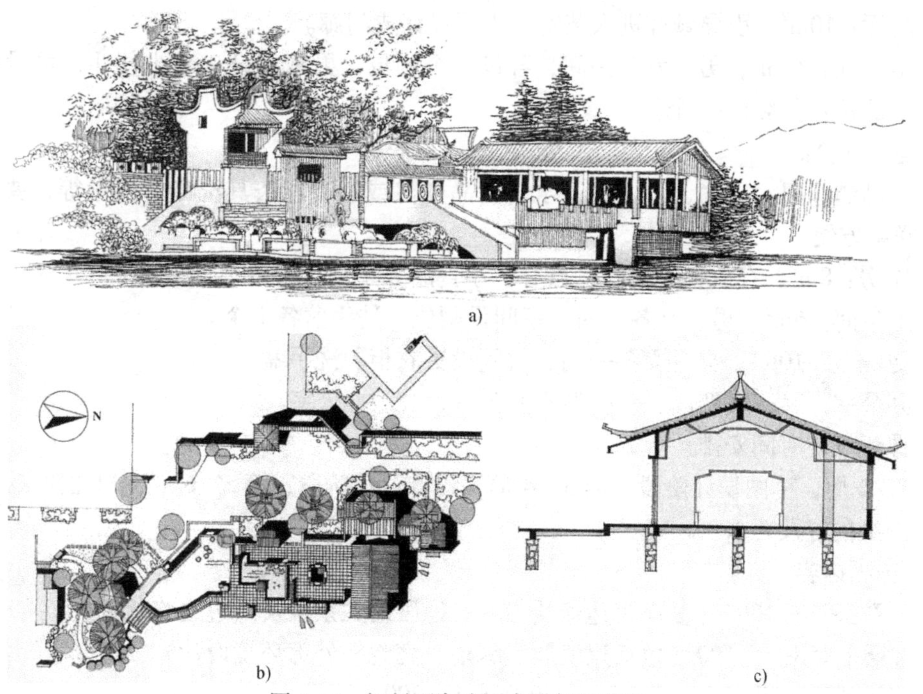

a)

b) c)

图6-47 福州西湖公园古堞斜阳茶室

a）透视图 b）总平面图 c）剖面图

实　训　4

一、设计任务书

1. 设计任务

拟在某城市景区公园内新建一高档茶室。茶室以品茶为主，兼供简单的食品、点心，是客人交友、品茶、休憩、观景的场所。

2. 设计要求

1）解决好总体布局，包括功能分区、出入口、停车位、客流与货流的组织、与环境的结合等问题。

2）应对建筑空间进行整体处理，以求构思新颖，结构合理。

3）营业厅为设计的重点部分，应注重其室内空间设计，创造与建筑风格相适应的室内环境气氛。

3. 技术指标

1）总建筑面积控制在 $400m^2$ 内（按轴线计算，上下浮动不超过5%）。

2）面积分配（以下指标均为使用面积）。

①客用部分。

a. 营业厅：$200m^2$，可集中或分散布置，座位100~120个。营造富有茶文化的氛围，空间既有不同的分隔，又有相互的流通和联系。

b. 付货柜台：$15m^2$，各种茶叶及小食品的陈列和供应，兼收银，可设在营业厅或门厅内。

c. 门厅：$10m^2$，引导顾客进入茶室，也可设计成门廊。

d. 卫生间：$12m^2$，男、女各一间，各设2个厕位，男厕应设2个小便斗，可设盥洗前室，设带面板洗手池1~2个。

②辅助部分。

a. 备品制作间：$15m^2$，包括烧开水、食品加热或制冷、茶具洗涤、消毒等；要求与付货柜台联系方便。

b. 库房：$8m^2$，存放各种茶叶、点心、小食品等。

c. 卫生间：$6m^2$，男、女各一间，每间设厕位、洗手盆各1个。

d. 更衣室：$10m^2$，男、女各一间，每间设更衣柜、洗手盆。

e. 办公室：$24m^2$，两间，包括经理办公室、会计办公室。

4. 课程设计时间安排

第1~2周，草图设计阶段；第3~4周，设计深化阶段；第5~6周，出图阶段。

5. 图纸内容及要求

1）图纸内容。

①总平面图1：300（全面表达建筑与原有地段的关系以及周边道路状况）。

②首层平面图1：100（包括建筑周边绿地、庭院等外部环境设计）。

③其他各层平面及屋顶平面图1：100或1：200。

④立面图（2个）1：100。

⑤剖面图（1 个）1∶100。

⑥透视图（1 个）或建筑模型（1 个）。

2）图纸要求。

①A1 图幅出图（594mm×841mm），可不画图框。

②图线粗细有别，运用合理；文字与数字书写工整。宜采用手工工具作图，彩色渲染。

③透视图表现手法不拘。

6. 地形图

1）用地条件说明。该用地位于某市湖滨景区，可在地形图上任何位置建造。该用地西侧有旅游专线道路。西北侧为一小山坡。东南面为一淡水湖，湖面平静，景色宜人。用地植被良好，多为杂生灌木，中有高大乔木，有良好的景观价值。

旅游专线道路宽 6m，其中车行道 4m，两侧路肩各为 1m。

2）地形图（图 6-48）。

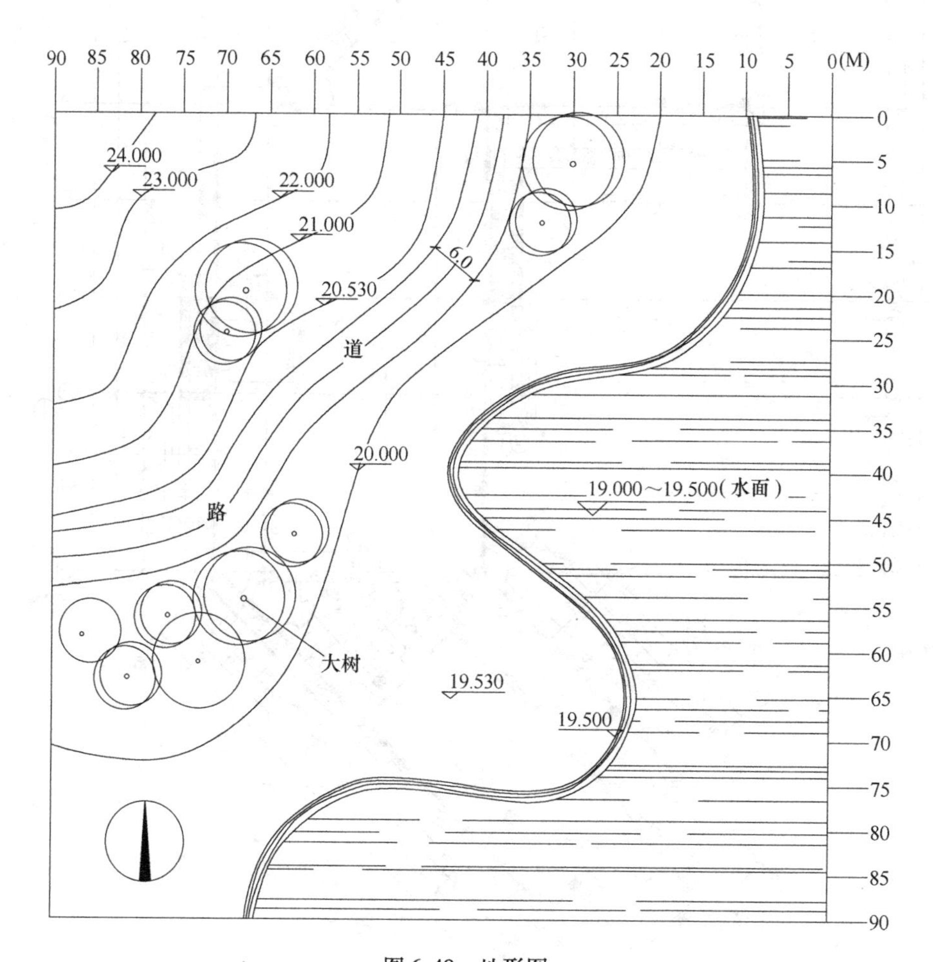

图 6-48　地形图

二、茶室设计图纸识读（图 6-49）

该项目位于云和县滨江南岸景观带之中，建筑面积 835m²，占地面积 500. 7m²。

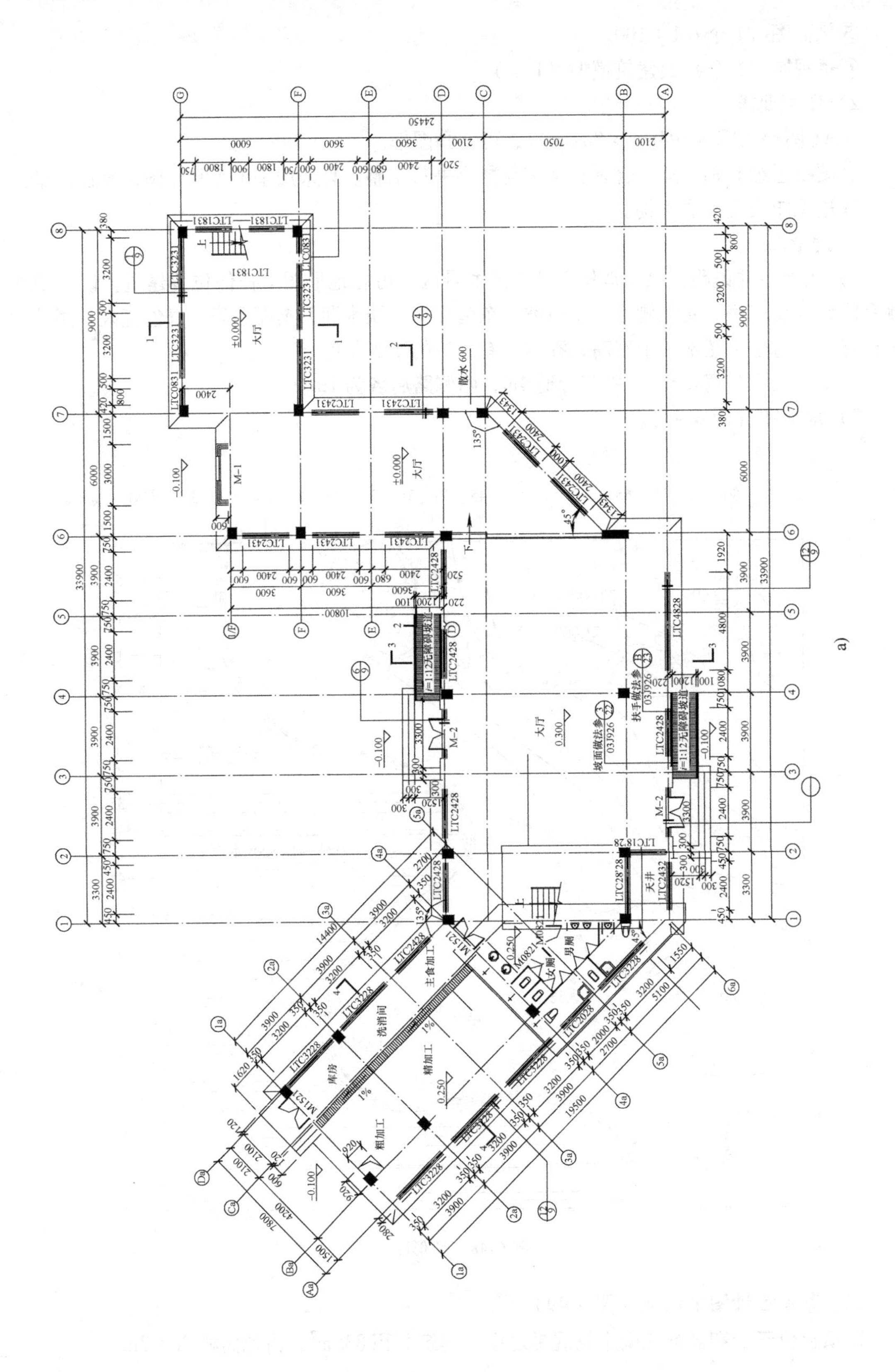

a)

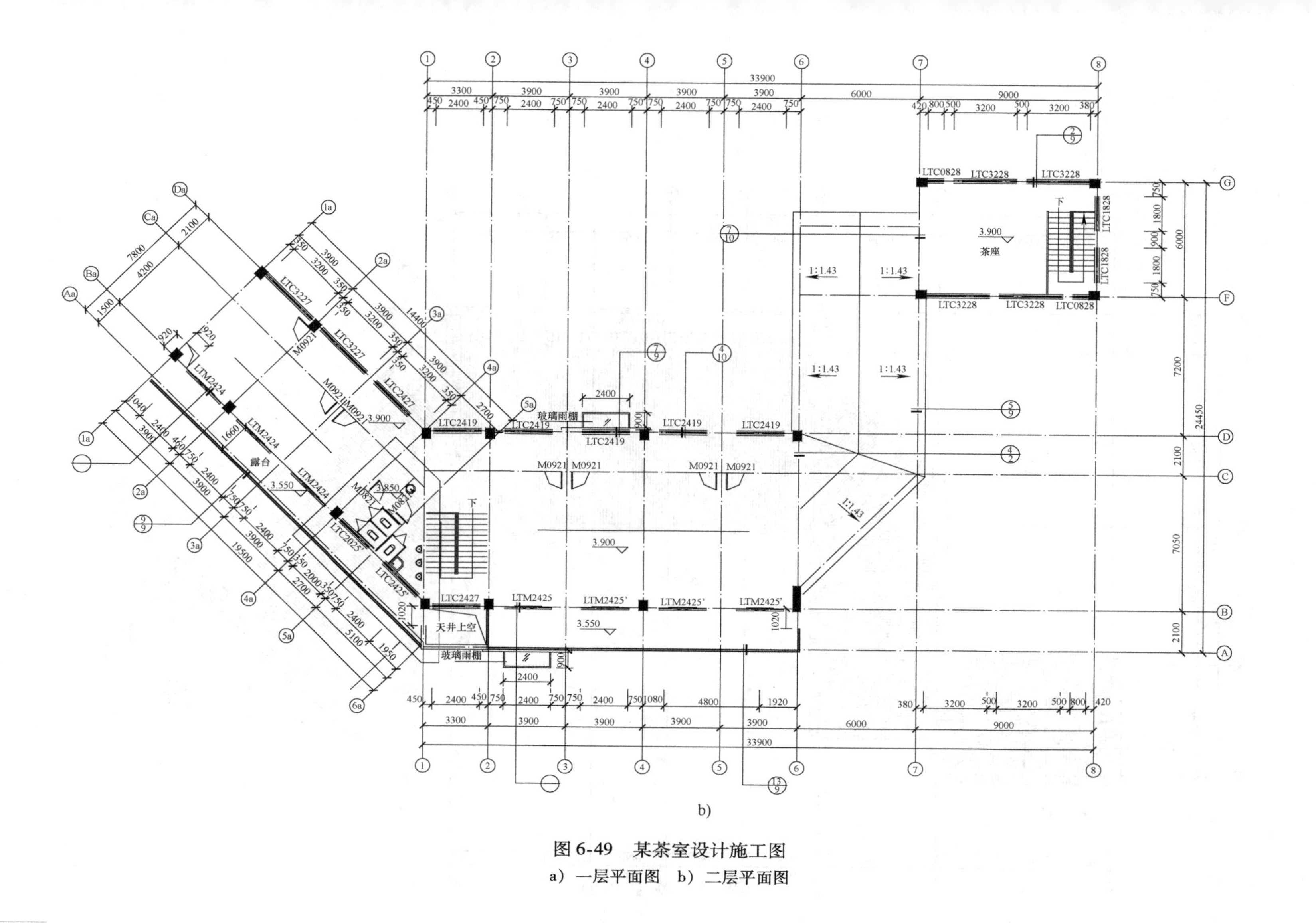

b）

图 6-49 某茶室设计施工图

a）一层平面图 b）二层平面图

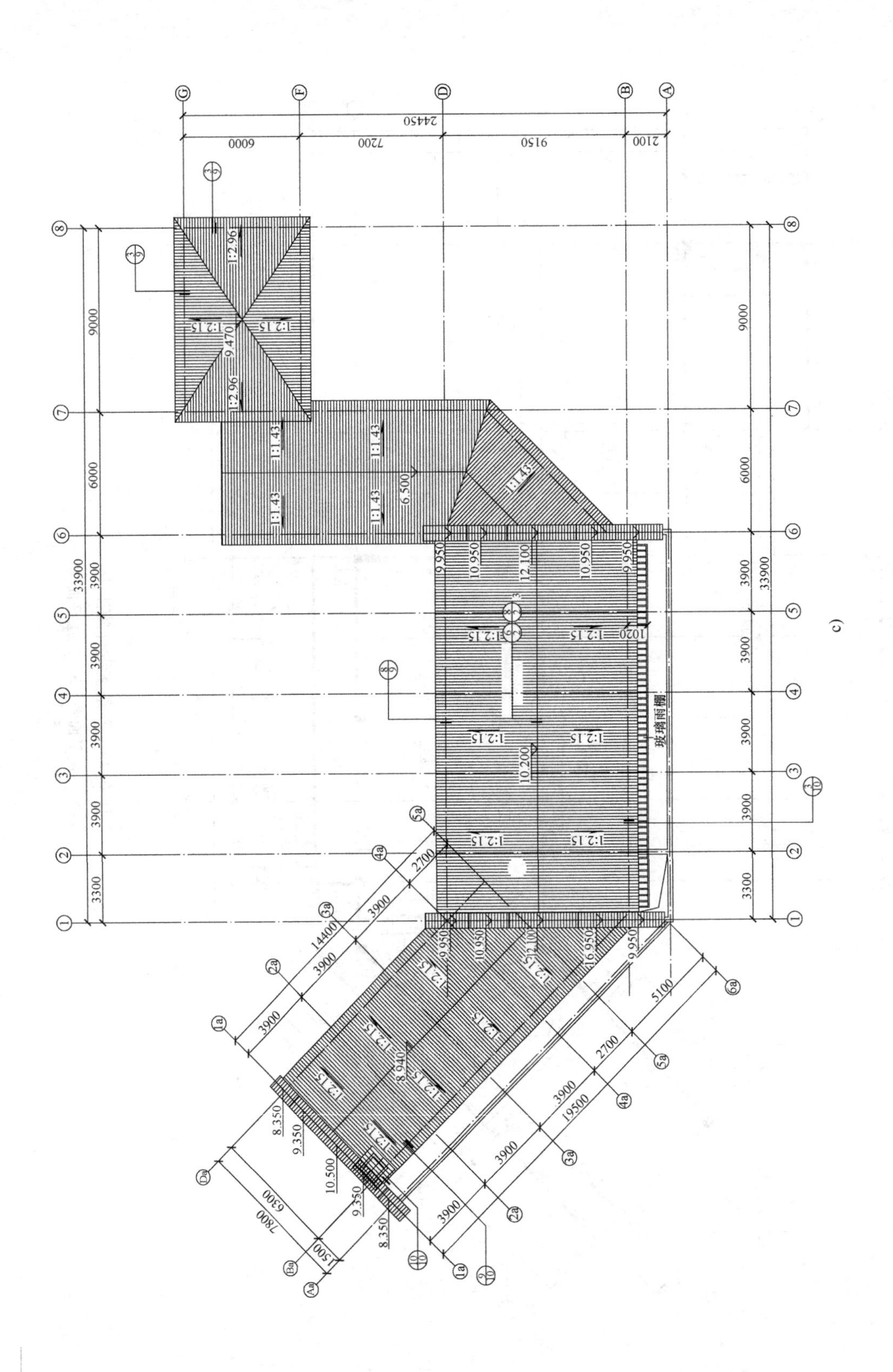

24450
6000
7200
9150
2100
33900
3300
3900
3900
3900
3900
6000
9000
1:2.96
1:2.15
9.470
1:1.43
6.500
9.950
10.950
12.100
10.200
1020
玻璃雨棚
14400
2700
19500
5100
7800
6300
1500
8.350
9.350
10.500
8.940
16.950

c)

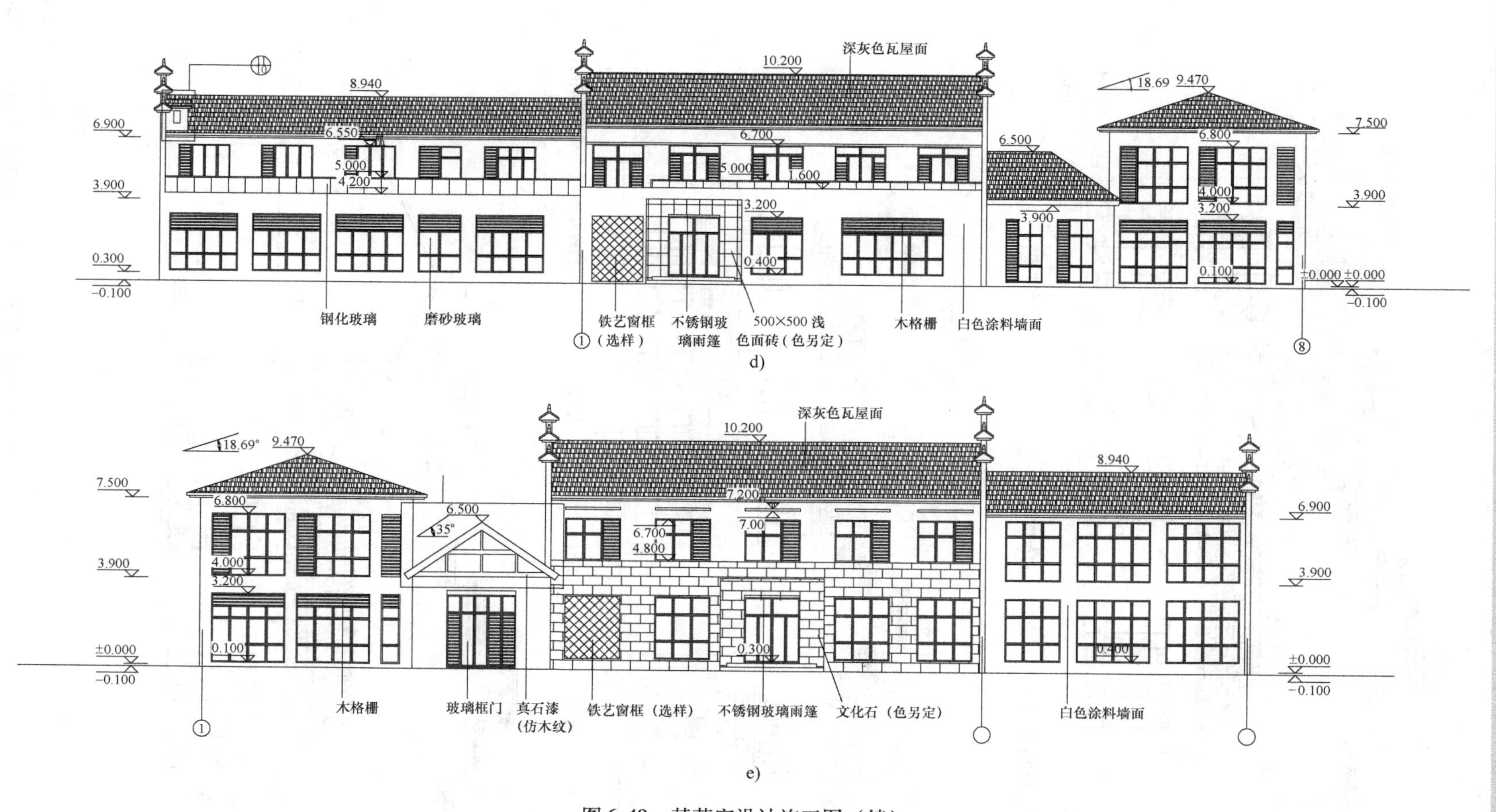

图 6-49　某茶室设计施工图（续）

c）屋顶平面图　d）①～⑧轴展开立面图　e）⑧～①轴展开立面图

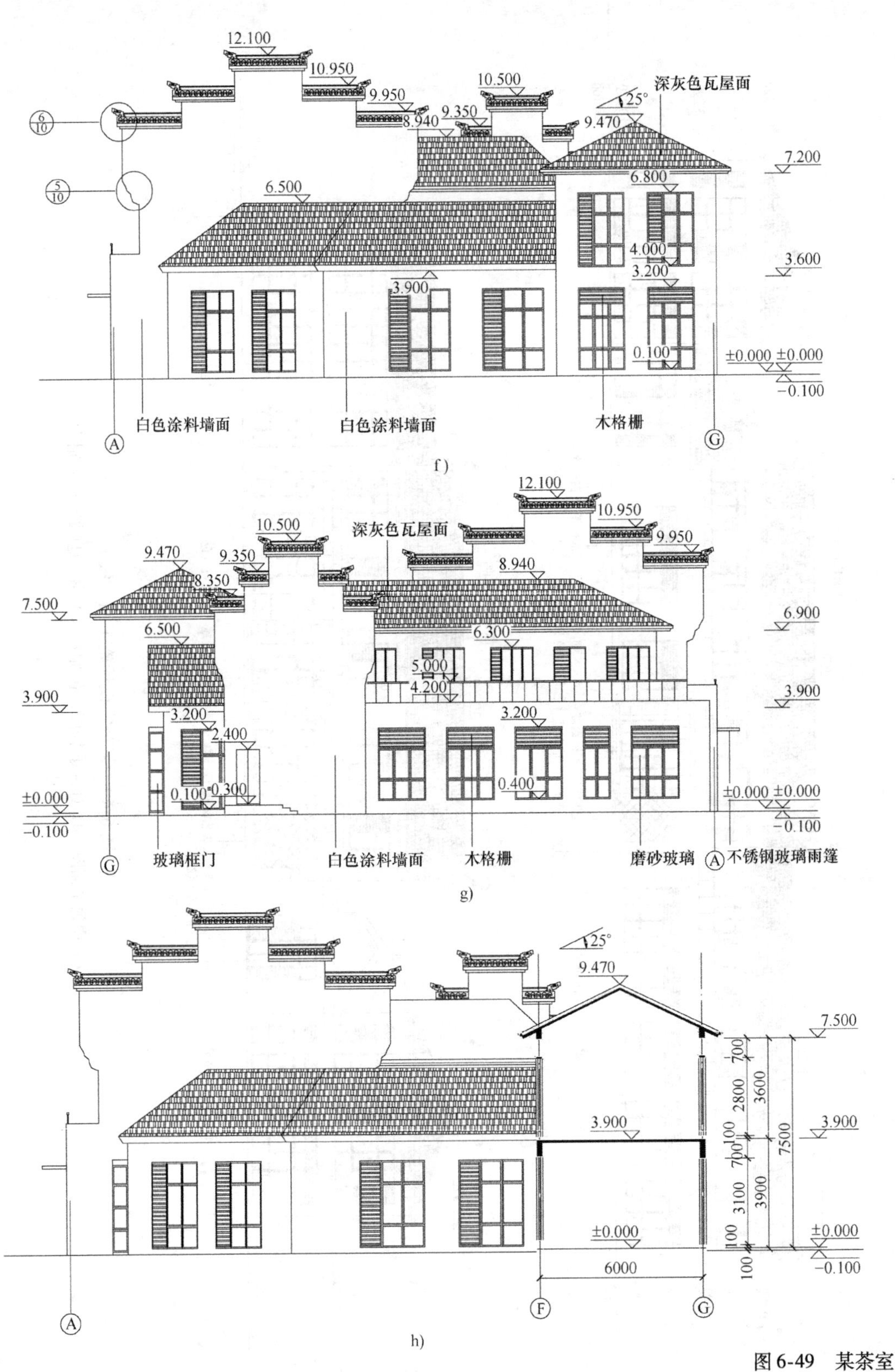

图6-49　某茶室

f) Ⓐ~Ⓖ轴立面图　g) Ⓖ~Ⓐ轴立面图　h) 1-1 剖面图

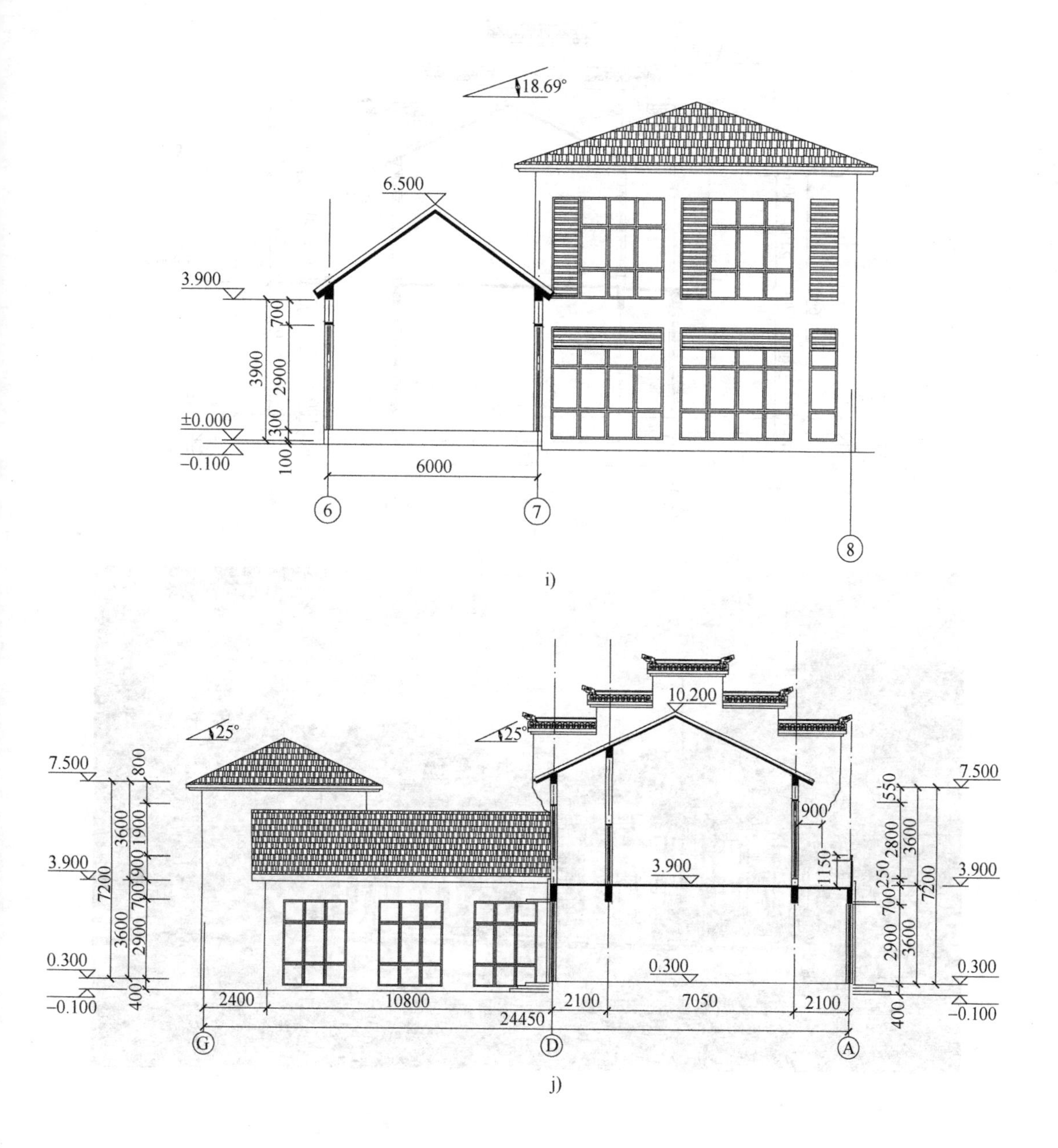

设计施工图（续）

i）2-2 剖面图　j）3-3 剖面图

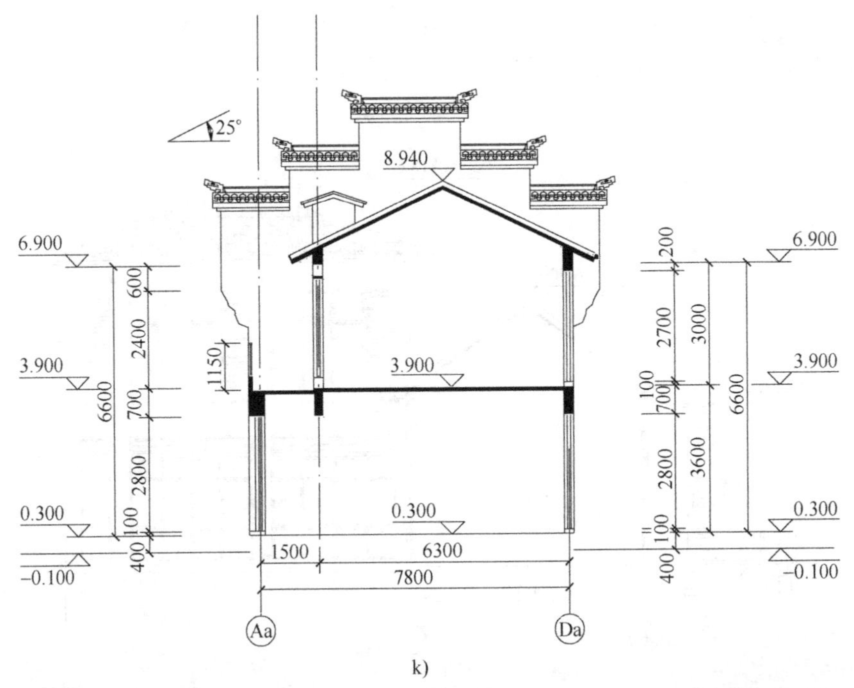

k)

l)

图6-49　某茶室设计施工图（续）

k）4-4剖面图　l）建筑外观效果图

1）平面布置上采用贴合整体景观路线的风格，曲折却又联系紧密。一层平面上采取大空间的设计，空间宽敞明亮。二层采用相对独立的包间形式，具有私密性。在满足不同人群的使用需求的同时，又保证了建筑的整体性。

2）竖向交通依靠两步楼梯形成，分别通向二层的东西两个建筑单独空间，而一楼又相互连通。

3）建筑一层中部大厅为3.3m，一层大厅两侧空间为3.6m，二层为3.6m。

4）建筑体量上，茶室为两层，部分一层，最高处屋脊约10.0m。

5）建筑造型强调体量秀气，建筑呈跌落式，有着浓郁的江南风格，空间上与周边环境相结合。

三、茶室设计过程管理

1. 教师指导书（表6-3）

表6-3 教师指导书

	设计阶段	起止时间	阶段设计任务	教师辅导要点
1	任务书下达	第1周（年/月/日）	1. 熟读任务书 2. 了解设计条件 3. 查找茶室设计相关资料	1. 着重分析任务书的设计要求、面积分配以及分析地形图 2. 讲解茶室设计资料，指导学生进行资料收集
2	草图构思	第2周（年/月/日）	1. 消化任务书要求 2. 选定建筑用地位置 3. 确定立意，进行建筑形体的构思	1. 检查学生对资料的收集及掌握情况 2. 对学生的立意、形体构思进行辅导
3	草图绘制及辅导	第3周（年/月/日）	1. 确定构思的主要方向 2. 确定主要功能布局，进行平面设计	1. 分析功能布局对周围景观因素的考虑是否全面 2. 检查学生的平面功能布局是否合理，是否满足设计要求
		第4周（年/月/日）	3. 平面功能细化设计 4. 平面和建筑形体的协调设计	3. 检查细化后的平面功能是否合理，是否满足建筑设计规范的要求 4. 平面设计和建筑形体如何协调
		第5周（年/月/日）	5. 立面设计及绘制 6. 确定方案	5. 根据建筑平面及建筑形体进行立面设计 6. 考虑立面造型美观，对平面进行修改，确定最终方案
4	正图绘制及辅导	第6周（年/月/日）	1. 绘制正图 2. 图面的正确表达	检查学生的图面表达是否正确
5	图纸评价（评图标准）	1. 构思有新意，充分考虑基地周围的景观要素，建筑造型美观 2. 平面功能合理，满足规范要求 3. 建筑立面及剖面表达正确 4. 图面表达规范		

2. 设计过程管理评价

接受设计任务	优秀	良好	一般	较差	很差
❖ 熟读任务书	□	□	□	□	□
❖ 了解设计条件	□	□	□	□	□
❖ 查找相关资料	□	□	□	□	□

草图构思	优秀	良好	一般	较差	很差
❖ 建筑用地位置选择	□	□	□	□	□
❖ 立意构思	□	□	□	□	□
❖ 建筑形体构思	□	□	□	□	□

一草绘制	优秀	良好	一般	较差	很差
❖ 确定构思方向	□	□	□	□	□
❖ 确定功能布局	□	□	□	□	□
❖ 进行平面设计	□	□	□	□	□

二草绘制	优秀	良好	一般	较差	很差
❖ 平面功能细化	□	□	□	□	□
❖ 平面和建筑造型协调设计	□	□	□	□	□
❖ 平面细化设计	□	□	□	□	□

三草绘制	优秀	良好	一般	较差	很差
❖ 完成平面设计	□	□	□	□	□
❖ 立面设计	□	□	□	□	□
❖ 剖面设计	□	□	□	□	□

正图绘制	优秀	良好	一般	较差	很差
❖ 图纸按时完成	□	□	□	□	□
❖ 图面表达完整无误	□	□	□	□	□

图纸评价	优秀	良好	一般	较差	很差
❖ 构思有新意，造型美观	□	□	□	□	□
❖ 充分考虑基地周围景观因素	□	□	□	□	□
❖ 立面及剖面表达正确	□	□	□	□	□
❖ 制图规范，表达准确	□	□	□	□	□

3. 本章理论知识点提示

（1）茶室位置选择

（2）茶室主要功能

（3）茶室设计要点

4. 教学效果反馈

	是	否
❖ 是否掌握茶室设计的理论知识	□	□
❖ 是否掌握茶室的设计方法和步骤	□	□
❖ 是否能独立完成茶室设计	□	□

❖ 你觉得本章节内容编排是否合理 □ □
❖ 你觉得本章节的知识点是够能满足茶室设计的需要 □ □
❖ 你觉得本章内容是否有需要修改的地方，或者有更好的建议，请写出来__________

____

____

____

6.4　小卖部设计

6.4.1　小卖部主要功能

小卖部是园林中最为普遍、便捷的商业服务设施，满足游人在游园时临时购物、饮食等方面的需求，是游览途中不可缺少的服务。园林小卖部的经营内容非常丰富，一般为糖果、糕点、冷热饮料、土特产品、旅游工艺纪念品、摄影、书报、音像制品等，此类小型商品服务内容在园林中统称为园林小卖部。

6.4.2　小卖部位置选择

一般园林小卖部规模不大，内容较简单，从小型的售货车到单间的小卖亭，以至有多房间的小卖部，在某些大型园林中也常有较大型的综合服务设施。在其组成上主要有：营业厅(包括室内、外营业厅，或只有其中之一)、售货柜台、储藏间、管理室及简单的加工间。小型的小卖部仅在一个房间内分割成不同使用功能的几个空间。此外，游人洗手处、果皮杂物箱更是不可缺少的设施，常被设计者所忽视。在小卖部附近最好有公共厕所以方便使用。

园林小卖部的功用，除提供小型商业服务外，同时还要满足游人赏景及休息之需，故其布局、选址至关重要（图 6-50)。一般园林小卖部宜独立设置，选园林景观优美、有景可赏之处，尤其应注意建造室外优美、舒适的休闲环境，诸如在空间布局上景物安排上乃至坐椅的安排上都应精心设计，以建造有园林特色的环境氛围。因此园林小卖部常与庭院、大树绿荫、开放草地以及休闲小广场、亭、廊、花架等结合。

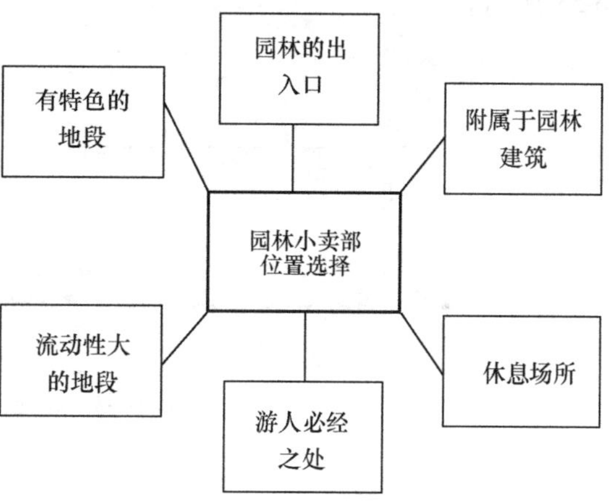

图 6-50　园林小卖部位置选择

为服务方便并结合园林特点，园林小卖部宜疏密有致地分布在全园各处。尤其在游人必经之处及游人量较大的地方，更应增加设点，既满足游人需要，也可保证获得一定的经济效益。

方便的交通、顺畅的运输是小卖部在进货、排污等方面的要求，故在干道之侧、游览路线上常设立小卖部。

为开展各类活动的需要，有的小卖部常与其他较大型的园林建筑结合，如公园大门、影剧场、展览性建筑、公共体育运动设施等，以提供方便的服务。

6.4.3　小卖部实例介绍

1. 简易小卖部

简易小卖部的结构较简单，折装方便，多为可移动的柜台或推车形式。

简易小卖部包括活动式小卖柜、活动式小卖车、活动式书报车、餐饮车、小卖亭、小型小卖部，如图6-51所示。

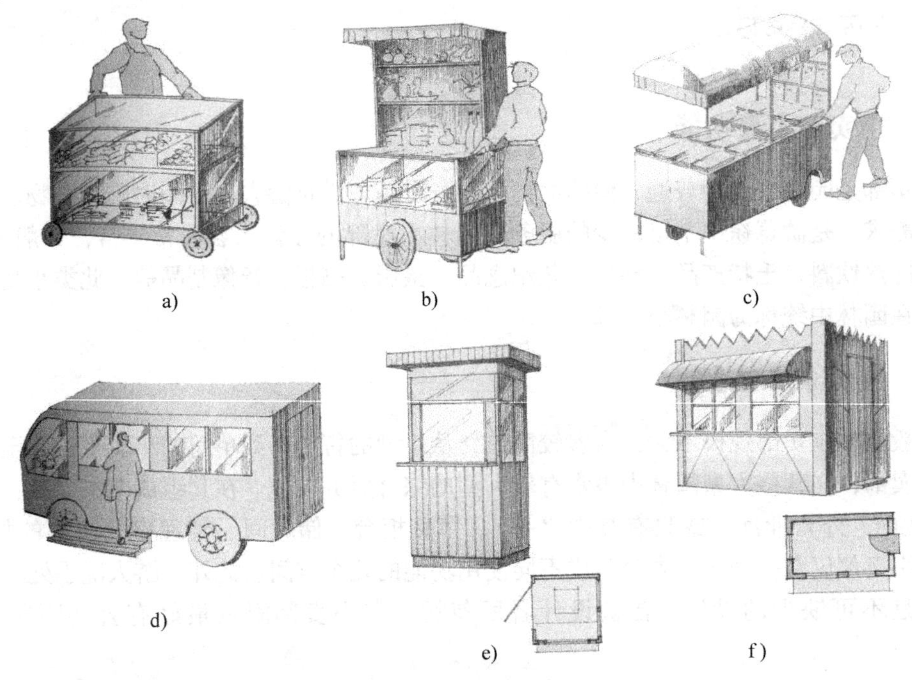

图6-51　简易小卖部

a）活动式小卖柜　b）活动式小卖车　c）活动式书报车　d）餐饮车　e）小卖亭　f）小型小卖部

2. 独立小卖部

独立小卖部是指以买卖商品为功能的独立建筑，其形式多样，体量不定，如图6-52、图6-53所示。

a)

图6-52　越秀公园小卖部

a）立面图

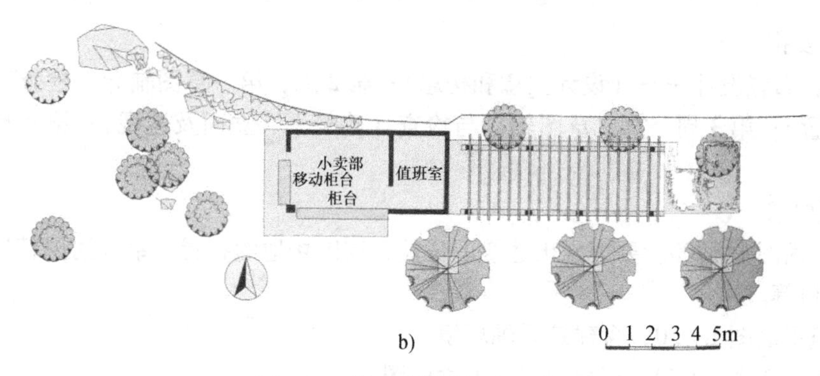

图 6-52　越秀公园小卖部（续）
b）平面图

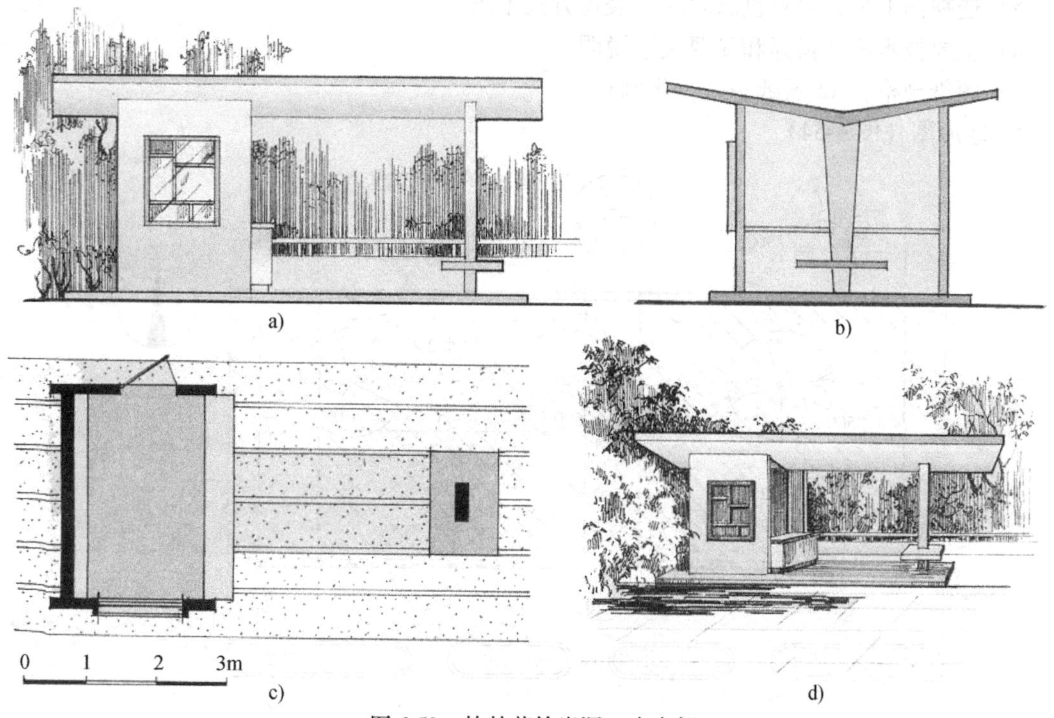

图 6-53　桂林芦笛岩洞口小卖部
a）正立面图　b）侧立面图　c）俯视图　d）透视图

实　训　5

一、小卖部设计任务书

1. 设计要求

为满足游客的需求，杭州西湖边欲增设小卖部若干，小卖部种类自定，设置地块见地形图。

2. 建筑内容

建筑占地面积控制为 10 ~ 15m^2；设计应富有新意，既方便游人的使用，又能体现本地段的特色。

3. 时间安排

第1周，布置设计任务（设计立意和构思）；第2周，第一草图辅导与检查（建筑体型及总平面布置）；第3周，第二草图辅导与检查（建筑平、立面及透视）；第4周，正图绘制与辅导。

4. 图纸要求

1）总平面图1∶200，要表示出建筑的位置，周围场地的布置，室外道路情况，场地及建筑的出入口等。

2）建筑平面图1∶50，含建筑周围环境。

3）立面图2个1∶50，正立面图和侧立面图。

4）剖面图1个1∶50。

5）透视图1个，要求色彩表现，表现方式不限。

6）主要技术经济指标和简要文字说明。

7）图纸规格，A2图纸一张，比例自定。

5. 地形图（图6-54）

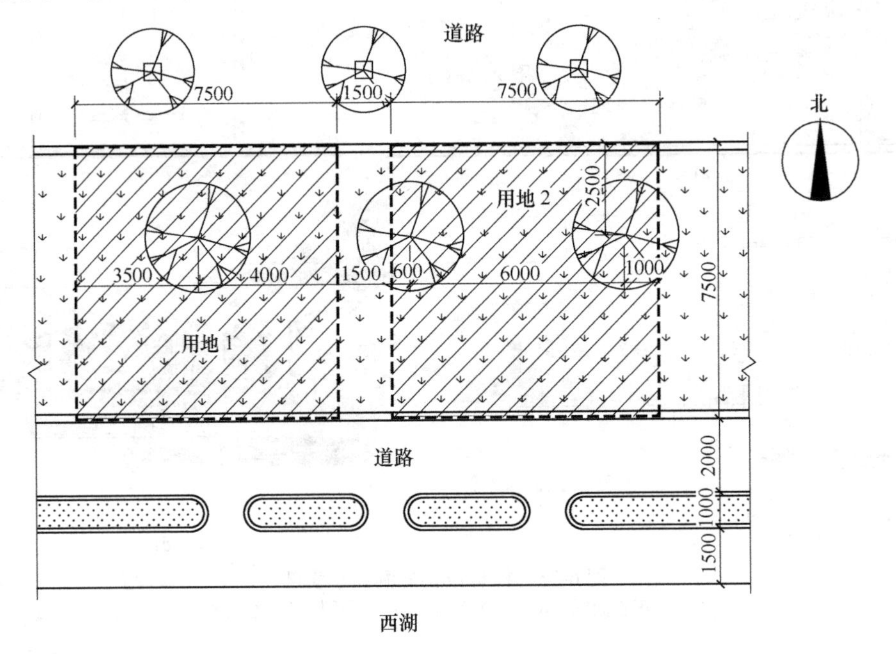

图6-54　地形图

二、小卖部设计过程管理

1. 教师指导书（表6-4）

表6-4　教师指导书

	设计阶段	起止时间	阶段设计任务	教师辅导要点
1	任务书下达及草图构思	第1周（年/月/日）	1. 熟读任务书，了解设计条件 2. 收集资料 3. 建筑立意、造型构思	1. 讲解任务书，对小卖部设计的要求和规范进行讲解 2. 构思应着眼于小卖部的造型及设计创意

（续）

	设计阶段	起止时间	阶段设计任务	教师辅导要点
2	草图绘制及辅导	第 2 周（年/月/日）	1. 建筑造型及平面初步设计	1. 对每位学生的设计构思、立意及造型的草图进行辅导 2. 平面草图和建筑造型应协调一致
		第 3 周（年/月/日）	2. 平面深化设计，立面设计，确定方案	3. 确定建筑造型 4. 确定平面 5. 立面应根据建筑造型和平面进行设计
3	正图绘制及辅导	第 4 周（年/月/日）	1. 绘制正图 2. 图面的正确表达	检查学生的图面表达
4	图纸评价（评图标准）	1. 构思有新意，建筑造型美观 2. 充分利用地块，并能对地块进行合理的环境布置 3. 建筑立面及剖面表达正确 4. 图面表达规范		

2. 设计过程管理评价

接受设计任务	优秀	良好	一般	较差	很差
❖ 了解设计条件	□	□	□	□	□
❖ 查找相关资料	□	□	□	□	□
❖ 立意构思	□	□	□	□	□
❖ 造型设计构思	□	□	□	□	□

一草绘制	优秀	良好	一般	较差	很差
❖ 建筑造型设计	□	□	□	□	□
❖ 平面初步设计	□	□	□	□	□

二草绘制	优秀	良好	一般	较差	很差
❖ 平面深化设计	□	□	□	□	□
❖ 立面设计	□	□	□	□	□

正图绘制	优秀	良好	一般	较差	很差
❖ 图纸按时完成	□	□	□	□	□
❖ 图面表达完整无误	□	□	□	□	□

图纸评价	优秀	良好	一般	较差	很差
❖ 构思有新意，造型美观	□	□	□	□	□
❖ 充分利用地块	□	□	□	□	□
❖ 能对地块进行合理的环境布置	□	□	□	□	□
❖ 建筑立面及剖面表达正确	□	□	□	□	□
❖ 制图规范，表达准确	□	□	□	□	□

3. 本章理论知识点提示

（1）小卖部的功能及种类

（2）小卖部的位置选择

（3）小卖部的设计要点

4. 教学效果反馈

	是	否
❖ 是否掌握小卖部设计的理论知识	□	□
❖ 是否掌握小卖部设计方法和步骤	□	□
❖ 是否能独立完成小卖部设计	□	□
❖ 你觉得本章节内容编排是否合理	□	□
❖ 你觉得本章节的知识点是够能满足小卖部设计的需要	□	□

❖ 你觉得本章内容是否有需要修改的地方，或者有更好的建议，请写出来__________

____

____

____

6.5　游船码头设计

6.5.1　码头主要功能

我国园林布局以山水为骨干，水体常以不同的形式出现在园林之中，尤其城郊风景区常拥有较大的水面，故游览水面景点，进行各项水上活动是园林中常见的内容。游船码头专为组织水面活动及水上交通而设，是园林中水陆交通的枢纽，以旅游客运、水上游览为主，还作为园林自然、轻松的游览场所，又是游人远眺湖光山色的好地方，因而备受游客的青睐。

此外，园林游船码头同样具有点景、赏景及为游人提供休息空间的作用。若游船码头整体造型优美，可点缀美化园林环境。

6.5.2　游船码头位置选择

在园林码头的设计中，最先考虑的问题，应是其位置的选择，应考虑以下几个方面（图6-55）。

1. 周围环境

在进行总体规划时，要根据景点的分布情况充分考虑自然因素，如日照、风向、温度等，确定游船码头位置；设立位置要明显，游人易于发现；交通要方便，游人易于到达，以免游人划船走回头路，应设在园林主次要出入口的附近，最好是接近一个主要大门，但不宜正对入口处，避免妨碍水上景观；同时应注意使用季节风向，

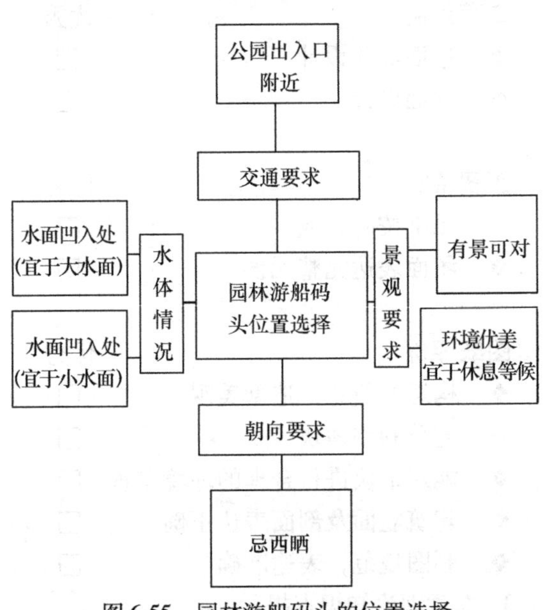

图6-55　园林游船码头的位置选择

避免在风口停靠，并尽可能避免阳光引起水面的反射。

2. 水体条件

根据水体面积的大小、流速、水位情况考虑游船位置。若水面较大要注意风浪，游船码头不要在风口处设置，最好设在避开风浪冲击的湾内，便于停靠；若水体较小，要注意游船的出入，防止阻塞，宜在相对宽阔处设码头；若水体流速较大，为保证停靠安全，应避开水流正面冲刷的位置，选择在水流缓冲地带。

3. 观景效果

对于宽阔的水面要有对景，让游人观赏；若水体较小，要安排远景，创造一定的景深与视野层次，从而取得小中见大的效果。一般来说，游船码头应地处风景区的中心位置或系列景色的起点，以达到有景可赏，使游人能顺利依次完成游宽全程。

6.5.3　游船码头的组成

游船码头可供游人休息、纳凉、赏景和点缀园林环境。根据园林的规模确定码头的大小，一般大、中型码头由七部分组成。

1. 水上平台

水上平台是供游人上船、登岸的地方，是码头的主要组成部分，其长宽要根据码头规模和停船数量而定。台面高出水面的标高主要看船只大小、上下方便以及不受一般水浪淹没为准。水上平台高出水面约300~500mm为宜。若为大型码头或专用停船码头应设拴船环与靠岸缓冲调节设备；若为专供观景的码头，可设栏杆与坐凳，既起到防护作用，又可供游人休息、停留，观赏水面景色，同时还能够丰富游船码头的造型。

2. 蹬道台阶

台阶是为平台与不同标高的陆路联系而设的，室外台级坡度要小，其高度和宽度与园林中的台阶相同。每7~10级台阶应设休息平台，这样既能保证游人安全，又为游客提供不同高度的远眺。台阶的布置要根据湖岸宽度、坡度、水面大小安排，可布置成岸线或平行岸线的直线形或弧线形。码头上为了安全常设置栏杆、灯具等，这也是码头轮廓线的主要构筑物。此外，在岸壁的垂直面结合挡土墙，在石壁上可设雕塑等装饰，以增加码头的景观效果。

3. 售票室

售票室主要出售游船票据，还可兼回船计时、退押金或收发船桨等。

4. 检票口

检票口在大中型游船码头上，若游客较多，可按号的顺序经检票口进入码头平台进行划船，有时可作回收、存放船桨之处。

5. 管理室

管理室一般设置在码头建筑的上层，以供播音、眺望水面情况，同时可供工作人员休息、对外联系等。

6. 候船空间

候船空间可结合亭、廊、花架、茶室等建筑设置，其既可作为游客候船的场所，又可供游人休息和赏景，同时还可丰富游船码头的造型，点缀水面景色。

7. 集船柱桩或简易船场

集船柱桩或简易船场供夜间收集船只或雨天保管船只用的设施，应与游船水面有所隔离。

6.5.4 游船码头的形式

游船码头大致可分为以下三种形式。

1. 驳岸式

城市园林水域不大，结合驳岸修建码头，经济、美观、实用，可结合灯饰、雕刻加以点缀成景，是园林中最常用的形式。

2. 伸入式（挑台式）

一般设置在水面较大的风景区，不修驳岸，停泊的船吃水较深，而岸边水深较浅，可将平台伸入水面。这种码头可以减少岸边湖底的处理，直接把码头伸入水位较深的位置，以便于停靠。

3. 浮船式

这种码头适用于水位变化大的水库风景区。浮船码头可以适应高低不同的水位，保持一定的水位深度。夜间不需要管理人员，利用浮船码头可以漂动位置的特点，停放时将码头与停靠的船只一起固定在水中，以保护船只。

如图6-56d所示，此种浮船式码头常用于水位多变的但变化不大的地方；如图6-56e所示，该种浮船式码头常用于水位多变化且变化较大之处。

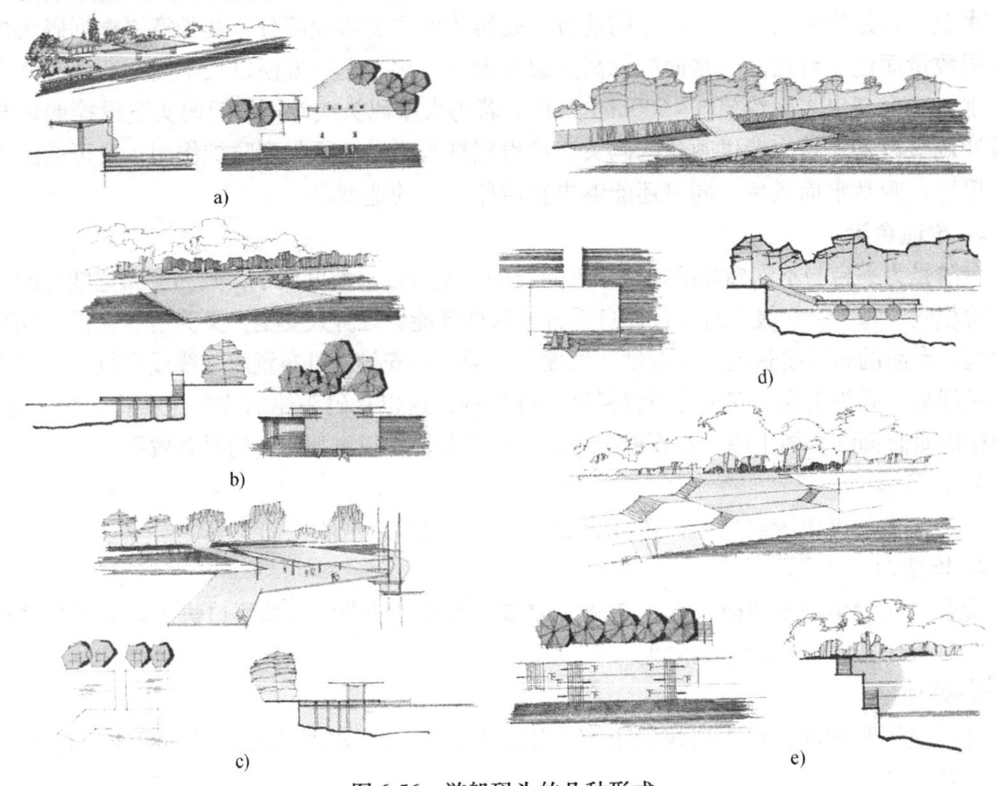

图6-56　游船码头的几种形式

a）驳岸式　b）挑台式　c）伸入式　d）浮船式Ⅰ　e）浮船式Ⅱ

6.5.5 游船码头设计要点

游船码头的基地正处在水陆交接之处。在建筑空间上要做到水陆交融，充分体现亲水建筑的特色。在建筑造型上，要轻盈、舒展、高低错落、轮廓丰富，尤其水面倒影使虚实相

生，构成一脉临水建筑景观。游船码头一般位置突出，视野开阔，既是水边各方向视线交点，又是游人赏景佳地。

游船码头的设计应遵照适用、经济、美观的原则，使岸体与水体间各设施相互协调统一，具体应注意以下几点：

1）设计前首先要了解湖面的标高、最高和最低水位及其变化，来确定码头平台的标高，以及水位变化时的必要措施。

2）在设计时建筑形式应与园林的景观和整体形式协调一致，并形成高低错落、前后有致的景观效果，使整个园林富有层次变化。

3）平台上的人流路线应顺畅，避免拥挤，应将出入人流路线分开，以便尽快疏散人流，避免交叉干扰。

4）在设计时应综合考虑湖岸线的码头，要避免设在风吹飘浮物易积的地方，否则既对船只停泊有影响，又不利于水面的清洁。

5）码头平台伸入水面，夏季易受烈日曝晒，应注意选择适宜的朝向，最好是周围有大树遮阳或采取建筑本身的遮阳措施。

6）靠船平台岸线的长度，应根据码头的规模、人流量及工作人员撑船的活动范围来确定，其长度一般不小于4m，进深不小于2～3m。

6.5.6　码头实例介绍

1. 福建武夷山兴村码头

福建武夷山兴村码头如图6-57所示，其是由码头、接待及小型旅社组合成的一组建筑。码头部分，平面组成功能合理，并与休息亭、密及庭园结合，布局灵活，具园林特色，建筑造型采用当地民居形式，清新素雅。

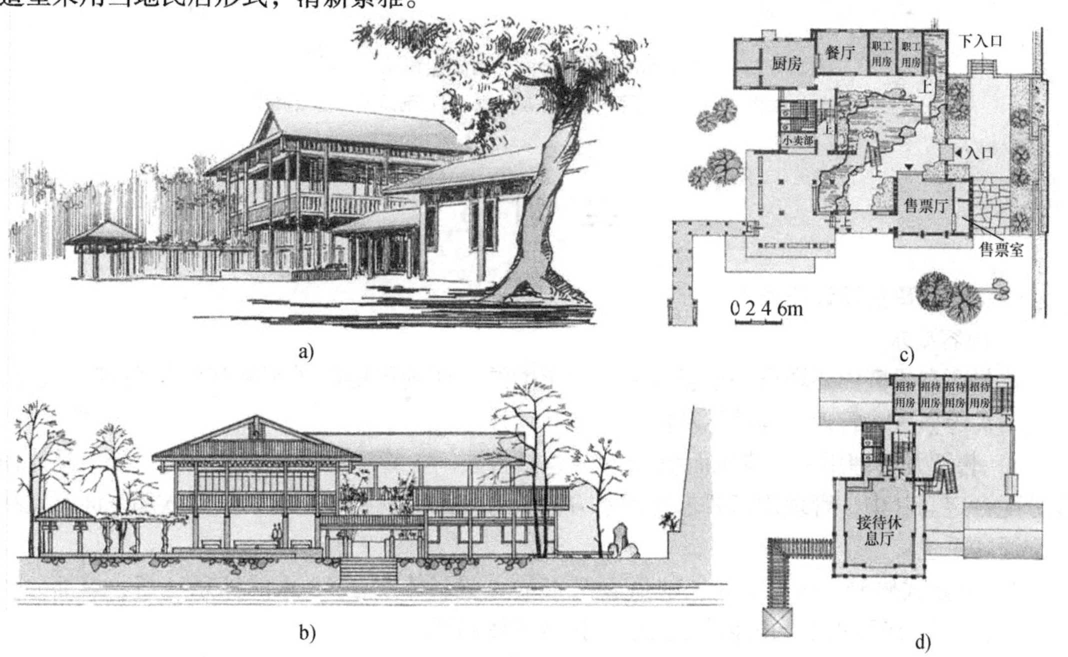

图6-57　福建武夷山兴村码头

a）透视图　b）立面图　c）一层平面图　d）二层平面图

2. 北京紫竹公园游船码头

北京紫竹公园游船码头如图6-58所示，其利用湖岸水陆高差较大的特点，设计成二层建筑，面水一边为二层，面陆地一边为一层。上层作游人休息，等候空间，下层售票及设靠船平台，交通流线合理，建筑具园林特色。

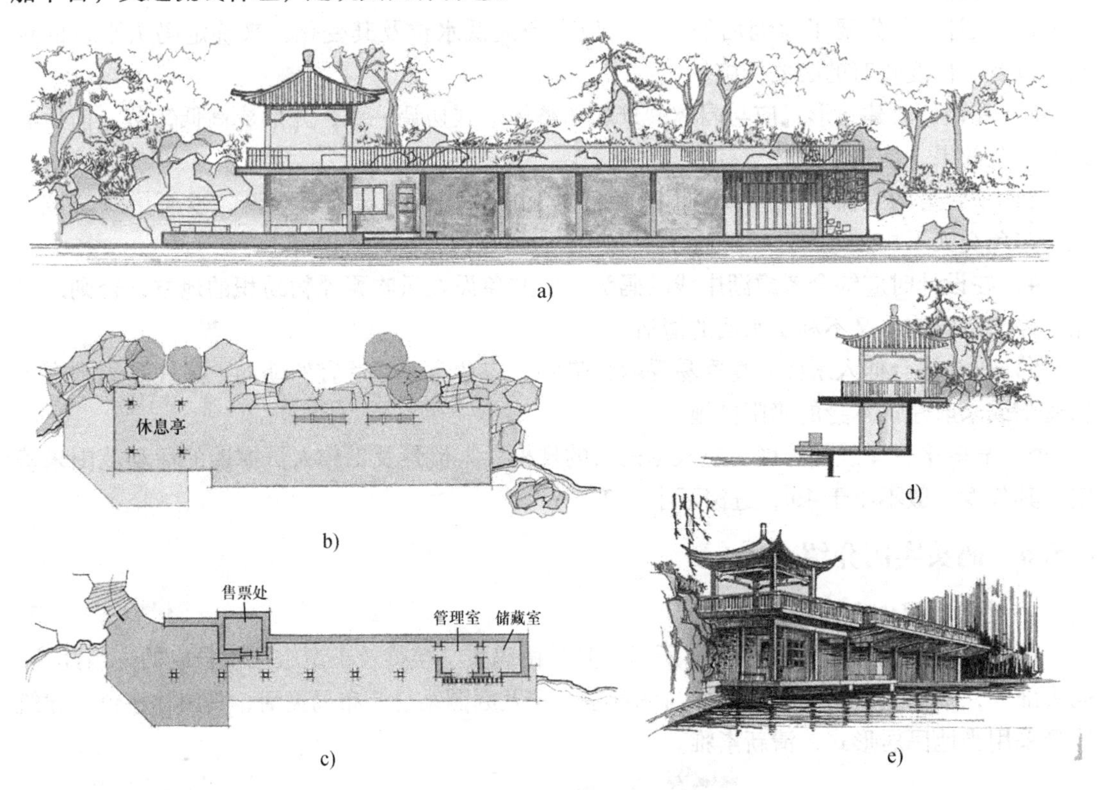

图6-58　北京紫竹公园游船码头

a）立面图　b）二层平面　c）一层平面　d）剖面图　e）透视图

实　训　6

一、游船码头设计任务书

1. 内容要求

杭州西湖景区内要增设一游船码头，要求能结合西湖周围的景观和建筑特色进行设计，具有码头等候区、管理区等基本功能。

1）售票及管理用房：建筑面积25m^2，包括售票间、管理用房和储藏间三部分，具体面积分配自定。其中，管理用房要求在面水方向具有开阔的视野，并与码头及候船空间有直接的交通联系。

2）开敞式候船及休息空间：带顶面积35m^2，设计不少于15人的休息座椅。该部分要求具有良好的景观朝向，并能满足候船、排队等使用要求。

3）码头岸线的设计应满足小划船及大划船的停发之动线要求。允许方案对现状岸线进行适度改造。

2. 时间安排

第 1 ~2 周，草图设计阶段；第 3 ~4 周，设计深化阶段；第 5 ~6 周，出图阶段。

3. 图纸要求

1）总平面图 1 : 500，能体现出码头周围环境，特别是与周围景区及主要建筑物的关系。

2）平面图 1 : 100，周围环境，各房间、码头平面布局。

3）立面图 1 : 100，主要立面和次要立面。

4）剖面图 1 : 100，能反映湖岸、码头和水池的整体剖面。

5）透视图 1 张，彩色表现，要能反映出码头周围建筑和环境。

6）图纸规格：A1 图幅

4. 地块选择

如图 6-59、图 6-60 所示，地块一、地块二任选。

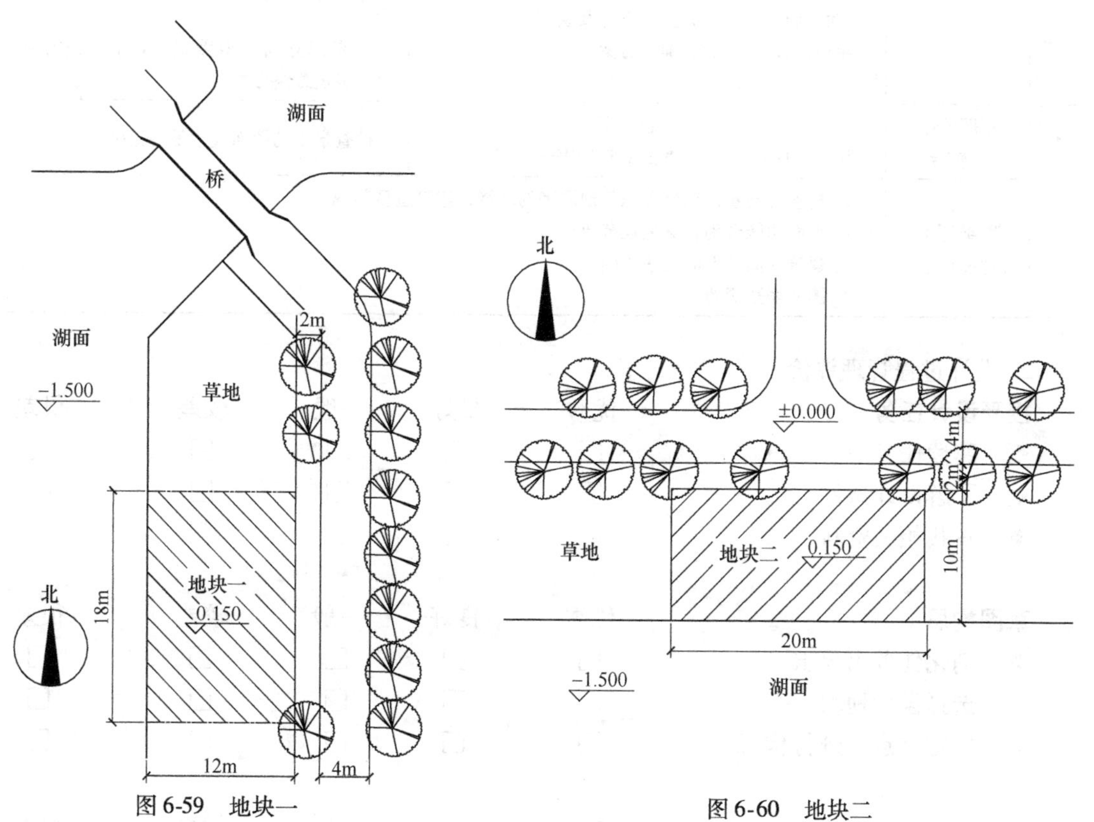

图 6-59　地块一　　图 6-60　地块二

二、游船码头设计过程管理

1. 教师指导书（表 6-5）

表 6-5　教师指导书

	设计阶段	起止时间	阶段设计任务	教师辅导要点
1	任务书下达	第 1 周 (年/月/日)	1. 熟读任务书 2. 了解设计条件 3. 查找游船码头设计相关资料	1. 着重分析任务书的设计要求、功能组成及游船码头的设计特点 2. 对部分设计资料进行讲解

（续）

	设计阶段	起止时间	阶段设计任务	教师辅导要点
2	草图构思	第2周 （年/月/日）	1. 消化任务书要求 2. 选定地块 3. 确定立意，进行建筑形体的构思	1. 检查学生对资料的收集及掌握情况 2. 对学生的立意、形体构思进行辅导
3	草图绘制及辅导	第3周 （年/月/日）	1. 确定构思的主要方向 2. 确定主要功能布局，进行平面设计	1. 分析功能布局对周围景观因素的考虑是否全面 2. 检查学生的平面功能布局是否合理，是否满足设计要求
		第4周 （年/月/日）	3. 平面功能细化设计 4. 平面和建筑形体的协调设计	3. 检查细化后的平面功能是否合理，是否满足建筑设计规范的要求 4. 平面设计和建筑形体如何协调
		第5周 （年/月/日）	5. 立面设计及绘制 6. 确定方案	5. 根据建筑平面及建筑形体进行立面设计 6. 考虑立面造型美观，对平面进行修改，确定最终方案
4	正图绘制及辅导	第6周 （年/月/日）	1. 绘制正图 2. 图面的正确表达	检查学生的图面表达是否正确
5	图纸评价（评图标准）	1. 构思有新意，充分考虑基地周围的环境，建筑造型美观 2. 平面功能合理，满足规范要求 3. 建筑立面及剖面表达正确 4. 图面表达规范		

2. 设计过程管理评价

接受设计任务	优秀	良好	一般	较差	很差
❖ 熟读任务书	☐	☐	☐	☐	☐
❖ 了解设计条件	☐	☐	☐	☐	☐
❖ 查找相关资料	☐	☐	☐	☐	☐

草图构思	优秀	良好	一般	较差	很差
❖ 消化任务书要求	☐	☐	☐	☐	☐
❖ 选择设计地块	☐	☐	☐	☐	☐
❖ 确定立意，进行构思	☐	☐	☐	☐	☐

一草绘制	优秀	良好	一般	较差	很差
❖ 构思功能布局	☐	☐	☐	☐	☐
❖ 平面草图设计	☐	☐	☐	☐	☐

二草绘制	优秀	良好	一般	较差	很差
❖ 确定平面布局	☐	☐	☐	☐	☐
❖ 平面和建筑形体协调设计	☐	☐	☐	☐	☐
❖ 平面细化设计	☐	☐	☐	☐	☐

三草绘制	优秀	良好	一般	较差	很差
❖ 完成平面设计	□	□	□	□	□
❖ 立面设计	□	□	□	□	□
❖ 剖面设计	□	□	□	□	□

正图绘制	优秀	良好	一般	较差	很差
❖ 图纸按时完成	□	□	□	□	□
❖ 图面表达完整无误	□	□	□	□	□

图纸评价	优秀	良好	一般	较差	很差
❖ 构思有新意，造型美观	□	□	□	□	□
❖ 平面功能合理	□	□	□	□	□
❖ 立面及剖面表达正确	□	□	□	□	□
❖ 制图规范，表达准确	□	□	□	□	□

3. 本章理论知识点提示

（1）游船码头的功能

（2）游船码头的组成

（3）游船码头的形式

（4）游船码头的位置选择

（5）游船码头的设计要点

4. 教学效果反馈

	是	否
❖ 是否掌握游船码头设计的理论知识	□	□
❖ 是否掌握游船码头设计方法和步骤	□	□
❖ 是否能独立完成游船码头设计	□	□
❖ 你觉得本章节内容编排是否合理	□	□
❖ 你觉得本章节的知识点是够能满足游船码头设计的需要	□	□

❖ 你觉得本章内容是否有需要修改的地方，或者有更好的建议，请写出来__________

____

____

____

思　考　题

6-1　园林服务性建筑包括哪些种类？

6-2　公共厕所的设计要点有哪些？

6-3　园林茶室在选址时应注意哪些方面的因素？

6-4　游船码头在选址时应注意哪些方面的因素？

6-5　游船码头的设计要点有哪些？

园林建筑小品

学习目标

通过本章学习，了解园林建筑小品在园林中的地位和作用，园林建筑小品的分类。通过对景墙、地面铺装、凉亭、棚架、雕塑、水景、绿化、照明等十种园林建筑小品的具体分析，帮助学生进一步掌握园林建筑的设计内容和要求。

7.1　园林建筑小品在园林中的地位和作用

7.1.1　园林建筑小品在园林中的地位

园林建筑小品通常指园林中依附于建筑或独立存在的景墙、隔断、门洞、花窗、花架、花池、雕塑、栏杆、铺地、标牌等设施。

园林建筑小品在园林中和亭、廊、榭、堂等园林建筑相比虽体量、规模相对较小，所处位置相对从属，但其在园林中除了程度不同的使用功能外，更重要的是在组织空间、引导游览、赏景、成景、点景、增景、丰富园林意蕴、提高园林整体观赏价值等方面有着举足轻重的作用。

园林小品作为风景园林环境的组成部分，已成为风景园林建筑不可或缺的整体化要素，它与建筑、山水、植物等共同构筑了园林环境的整体形象，表现了园林环境的品质和性格。园林小品不仅仅是园林环境中的组成元素、环境建设的参与者，更是环境的创造者，在园林空间环境中起着非常重要的作用。由于园林小品的存在，为环境空间赋予了积极的内容和意义，使潜在的环境也成了有效的环境。因此，在风景园林建筑的建设中，不断创造优质的环境小品，对丰富与提高环境空间的品质具有重要的意义。

在“以人为本”作为设计理念的现代社会，人们衡量一个设计作品的成功与否，往往会从设计是否具有人性化的角度去评判，园林小品作为环境中一员，与人的接触最为直接、密切，试想室外座椅的舒适度、园林灯光的功效、台阶踏步的尺度把握等方面无不时时刻刻检验着人们对整体环境的印象。因此，园林小品不但为环境提供了各种特殊的功能服务，而且也反映了整体设计中对人性关怀的细致程度。尽管环境小品的发展历史较短，但也迅速走到了“关注人的设计”这一步，在风景园林建筑的建设中，建筑、园林小品、人三者之间形成了有机平衡关系，环境小品、建筑共同为人的需要服务。由此，我们不能不说园林小品

在整体环境中，不但是重要的而且是不可或缺的。

7.1.2　园林建筑小品在园林中的作用

园林作为一种物质财富满足了人们的生活要求，作为一种艺术的综合体又满足了人们精神上的需要，它把建筑、山水、植物融为一体，在有限的范围内，利用自然条件，模拟大自然的美景，经过人为的加工、提炼和创造，源于自然而高于自然，把自然美和人工美在新基础上统一起来，形成赏心悦目、丰富变幻的环境。

1. 组景

园林建筑在园林空间中，除具有自身的使用功能要求外，一方面作为被观赏的对象，另一方面又作为人们观赏景色的所在。因此，设计中常常使用建筑小品把外界的景色组织起来，使园林意境更为生动，画面更富诗情画意。园林建筑小品在造园艺术中的一个重要作用，就是从塑造空间的角度出发，巧妙地用于组景。对园林景观组织的影响主要体现在以下几个方面：

首先，在风景园林建筑中，园林小品是作为园林主景的有机组成部分而存在的，如台阶、栏杆、铺地等本身就是各类园林建筑不可分割的一部分。

其次，园林小品是园林配景的组成部分。园林小品巧妙运用了对比、衬托、尺度、对景、借景和小中见大、以少胜多等种种造园技巧和手法，将亭台楼阁、泉石花林组合在一起，在园林中创造出自然和谐的环境。苏州拙政园的云墙和“晚翠”月门，无论在位置、尺度和形式上均能恰到好处。自松枢园透过月门望见池北雪香云蔚亭掩映于树林之中。云墙和月门加上景石、兰草和卵石铺地形成的素雅近景，两者交相辉映，令人神往。

再者，园林小品对游人起到很好的导向作用，通过对园林小品的合理空间配置，有效地组织了游人的导向。如在开阔处布置园林小品使人流停留，而在狭窄的路边却不布置小品，使人流能及时分流。较为典型的如铺地、小桥、汀步等，本身的铺设方向就是一种暗示（图 7-1、图 7-2）；坐凳的设置也对游人有一定的导向作用，在园路旁及主要景点边间隔一定的距离配置美观舒适的坐凳，可以提供给游人长时间逗留的休息设施，从而使游人能更好地观赏景色。

图 7-1　沧浪亭前分流的卵石路面

图 7-2　随路线弯曲布置的石板路和水道

2. 装饰

园林建筑小品的另一个作用，就是运用小品的装饰性来提高园林建筑的可观赏性。杭州西湖的“三潭印月”就是一种以传统的水庭石灯的小品形式“漂浮”于水面，使月夜景色更为迷人。

3. 传达情感

园林建筑小品除具有对园林景观进行组织和装饰的作用外，还常常把那些以实现功能作用作为首要任务的小品，如室外家具、铺地、踏步、桥岸以及灯具等予以艺术化、景致化，使那些看起来毫无生机的小品通过本身的造型、质地、色彩、肌理向人们展现其自身的艺术魅力并借此传达某种情感特质。如地面铺装，其基本功能不过是提供便于行走的道路或便于游戏的场地，但在园林建筑中，不能把它作为一个简单的地面施工去处理，而应充分研究所能提供材料的特征，以及不同道路与地平所处的空间环境来考虑其必要的铺装形式与加工特点。如在草坪中的小径，可散铺片石或嵌鹅卵石，疏密随宜；较为重要的人流通道或室外地坪、广场，则多以规整石块或广场砖铺就，并注意在其分块形式、色块组合以及表面纹样的变化上多作推敲（图 7-3、图 7-4）。

图 7-3　澳门圣宝罗教堂前青砖铺地

图 7-4　古巴的水磨石铺地

4. 创造意境

通过不同风格的园林小品创造不同的园林意境。好的园林小品能达到咫尺之内再造乾坤的效果。园林小品所占面积往往不大，但采用变换无穷、不拘一格的艺术手法。在中国传统园林中，以中国山水花鸟的情趣，寓唐诗宋词的意境，在有限的空间内点缀假山、树木，安排亭台楼阁、池塘小桥，使园林环境以景取胜，景因园异，给人以小中见大的艺术效果。

5. 反映地域文化内涵

园林建筑小品通过自身形象反映一定地域的审美情趣和文化内涵。自然环境、建筑风格、社会风尚、生活方式、文化心理、民俗传统、宗教信仰等构成了地方文化的独特内涵。园林小品的设计在一定程度上也反映出了不同的文化内涵，它的创造过程就是这些内涵的不

断提炼、升华的过程。一般来讲，不管是园林建筑还是园林小品都是以其外在形象来反映其文化品质的，园林建筑可以依据周围的文化背景和地域特征而呈现出不同的建筑风格，园林小品也是如此。在不同的地域环境及社会背景下，园林小品呈现出不同的风貌，为整体环境的塑造起到了烘托和陪衬的作用，使得骨骼明晰的园林环境变得更加有血有肉，更为丰满深刻。

7.2　园林建筑小品的分类

建筑小品的形式丰富多样。根据不同的情况，建筑小品的分类方法也有所不同。比如，根据建筑小品所处的空间位置可分为室内建筑小品、室外建筑小品；根据建筑小品的功能可分为纯景观功能的建筑小品和兼使用及景观功能的建筑小品；根据建筑小品的艺术形式，可分为具象建筑小品、抽象建筑小品等；根据时代可划分为古典建筑小品、现代建筑小品等。

7.2.1　按所处空间位置分

1. 室内建筑小品

室内建筑小品是室内环境的组成部分，建筑小品的设置更是室内设计的重要环节。室内建筑小品的类型丰富多彩，制作手法也多种多样。室内建筑小品主要有室内水景、绿植、雕塑、灯具、织物用品、工艺品等。

各类室内建筑小品的形态、色彩、材质及光线的设计，最终都是为了创造高品质、高舒适感、高精神境界的室内环境。所以，建筑小品的设计和配置必须在室内整体环境的约束下进行，根据不同建筑、不同功能和对环境建筑小品的不同要求来选择合适、科学的建筑小品。香港机场候机厅内，高大的绿植下依偎着两个小小的售卖亭，造型醒目新颖，成为大厅视觉的中心，如图 7-5 所示。奥地利机场到达厅，发散式的天棚造型与天棚下抽象的雕塑共同构成大厅的景观，使大厅极富趣味，如图 7-6 所示。

图 7-5　香港机场候机厅

图 7-6　奥地利机场到达厅

总之，为适应不同性质的室内空间，建筑小品的设计和设置都应经过仔细推敲、精心布置，做到得体、适度，保持建筑小品与室内整体环境的协调统一。

2. 室外建筑小品

室外建筑小品按其在城市中所处位置的不同可分为小区建筑小品、广场建筑小品、街道建筑小品、公共建筑小品、园林建筑小品、水面建筑小品、绿地建筑小品等。

在不同地理位置、不同空间环境下，环境建筑小品各自所具有的特点也不同。比如在小区环境中，为适应居民休息、交往、娱乐等不同需要，而设置各种不同类型的环境建筑小品。这些室外小品包括满足休憩、游览、漫步的环境建筑小品，如座椅、廊亭、硬质地铺、绿植等（图7-7）；满足儿童游乐、老年健身需要的环境建筑小品，如健身器械、儿童游乐设施等（图7-8）；满足居民文化活动需要的环境建筑小品，如读报栏、舞台场地、书报亭等（图7-9）；街道环境建筑小品，包括能活化空间、调节环境气氛、增加街道情趣的自然环境建筑小品，如草地、树木、水景等（图7-10）；具有一定使用功能，能渲染商业气氛的人工环境建筑小品，如交通指示牌、路灯、广告牌等（图7-11）；另外还有反映城市街道文化，调节街道文化气息的人文环境建筑小品，如文化橱窗、招牌、壁画等（图7-12）。不同类型的室外环境建筑小品为创造具有艺术特色、环境个性的不同环境空间起到了重要的作用。

图7-7　小区中环境优美的休闲场所

图7-8　可以锻炼身体和儿童游乐的运动设施

图7-9　设置在街边的书报亭

图7-10　雾状的喷水

图7-11　园林中的路灯

图7-12　科普宣传栏

7.2.2　按艺术形式分

1. 具象建筑小品

具象建筑小品是建筑小品普遍采用的一种艺术形式，具有形象语言清晰、表达意思确切、容易与观赏者沟通等特点。具象建筑小品有纯观赏性的，如写实的人物、动物、实物等雕塑，如图7-13所示，雕塑运用写实的手法，栩栩如生的展现了一位老者向一位文人表示感谢的情景；也有兼使用功能和景观功能的，如电话亭、坐椅、书报栏等。为了方便使用、增强识别性，首先把使用功能的需求放在首位。具象建筑小品的造型设计基本是写实和再现客观对象，对具象建筑小品也可在满足使用要求、保证真实形象的基础上，进行恰当的夸张变形，以使建筑小品的形象更具有典型性。

2. 抽象建筑小品

抽象建筑小品一般指纯景观功能的建筑小品所采用的艺术表达形式，如雕塑、标志等。抽象建筑小品具有强烈的视觉震撼力，很容易成为视觉中心、几何中心和场地中心。抽象建筑小品也有基本形象，只是造型设计更为大胆、独特，多运用点、线、面等抽象符号加以组合，彻底改变了自然中的真实形象。抽象建筑小品无论从基本构成方式到其表现形式，都具有强烈的现代意识。抽象建筑小品由于几何形体、色彩形象都比较突出，一般都设置在视觉中心或人们经常停留注目的地方，起到活跃环境气氛，增强环境情趣和丰富空间的作用。如图7-14所示，为上海“五卅”纪念碑前的雕塑，其抽象的艺术造型和厚重的结构表现出了一种斗争的力量和不屈不挠的精神。

图7-13　具象小品

图7-14　抽象小品

7.2.3　按功能分

建筑小品包含的内容很多，范围也很广。在城市环境中的建筑小品按功能关系分类，概括起来有两大类，即纯景观功能的建筑小品和兼使用功能及景观功能的建筑小品。

1. 纯景观功能的建筑小品

纯景观功能的建筑小品指本身没有实用性而纯粹作为观赏和美化环境的建筑小品，如雕塑、水景等。这些建筑小品一般没有使用功能，却有很强的精神功能，可丰富建筑空间，渲染环境气氛，增添空间情趣，陶冶人们情操，在环境中表现出强烈的观赏性和装饰性。

纯景观功能的建筑小品的设计和设置必须注意作品的主题是否和整个环境的内容相一致；造型方法是否符合形式美的原则；小品的文化内涵是否为环境创造出恰当的文化氛围；作品的风格是否与环境的整体风格相一致。不适当的建筑小品非但无补于美化环境效果，反而会破坏整个环境的精神品位。

2. 兼使用功能及景观功能的建筑小品

兼使用功能及景观功能的环境小品主要指具有一定实用性和使用价值的环境小品，在使用的过程中还体现出一定的观赏性和装饰作用，如景灯、电话亭、广告栏等。它们既是环境设计的重要组成部分，具有一定实用性，又能起到美化环境、丰富空间的作用。

兼使用功能和景观功能的环境小品按其使用功能的不同，又可分为以下几大类：

（1）交通系统类建筑小品　其主要指以交通安全为目的，满足交通设施需要的建筑小品，包括候车室、地道出入口、地面铺装、自行车存放站、交通隔断等。

（2）服务系统类建筑小品　其包括坐椅、垃圾箱、饮水器、洗手器、售报亭、书报栏等。服务系统类环境小品，可以认为是一个地区、一个国家的文明程度的标志之一，直接关系到空间环境的质量和人们的生活。

（3）信息系统类建筑小品　随着经济的发展，现代城市生活节奏的加快，体现时代性、便利性的信息系统类环境小品，在环境中占有越来越重要的地位。这类环境小品包括公共电话亭、各类标志、邮箱、电子广告屏幕等，作为信息的媒介，对整治交通、传达商品信息、提高人们生活品质发挥着积极的作用。

（4）照明系统类建筑小品　其包括庭院灯、路灯、造型灯等照明系统类环境小品，一方面创造了环境空间的形、光、色的美感，另一方面，通过灯具的造型及排列配置，产生优美的节奏和韵律，对空间起着强化艺术效果的作用。

（5）游乐系统类建筑小品　其包括各类儿童游乐设施、体育运动设施和健身设施，这类环境建筑小品能满足不同文化层次、不同年龄人的需求，是深受人们喜爱的环境建筑小品。

7.3　各类园林建筑小品分析

7.3.1　园林入口建筑小品

风景园林中，位于建筑入口的小品是园林建筑小品的重要组成部分，它们的内容丰富多彩、形式多种多样。

1. 园林入口建筑小品在环境中所起的作用

建筑入口是连接建筑室内外空间的通行口，也是界定室内外空间的标志。为了加强入口的识别功能和装饰效果，常常在各类建筑入口处设置相应的建筑小品。

不同类型的环境空间，其外部形态也具有不同的特征。入口的建筑小品首先为识别不同环境空间的类型和性质提供最强烈的视觉信号，它们是所在场所的性质体现，也是环境景观的标志，起到增强识别性、领域性、归属感的重要作用。如图 7-15 所示，形态自然的石块上镌刻着公园的名称，既有标牌的功能，又有景观的作用。如图 7-16 所示，香港海洋公园的入口小品，三个憨态可掬的雪人站在雪屋下热情欢迎客人的光临。

图 7-15　月牙湖公园入口小品

图 7-16　香港海洋公园入口小品

建筑入口对内外空间起到衔接的作用，同时也赋予人们一种视觉和心理上的转换和引导。因此入口的小品应为这种空间的转换提供视觉上的条件。

另外，入口环境小品也可表现一种文化内涵，这种文化包含了特定环境的时代文化、区域文化和民族文化。

2. 园林入口建筑小品的设计要点

园林入口建筑小品的表现形式很多，除了结合大门的装饰设计外，造型各异的石景、柱廊、亭廊、塔桥等都可作为入口建筑小品。如图 7-17 所示，南京白马公园以弧形排列的石碑、花坛构成富有六朝古都风范的入口景观。如图 7-18 所示，南京玄武湖公园内具有秦汉风格的景观入口，其门柱、雕塑等形体感觉与整个环境的气氛十分和谐。

图 7-17　南京白马公园入口景观

图 7-18　南京玄武湖公园入口景观

无论是居住小区的入口，还是商业街、公园的入口，所处场地周围的环境一般都是多种多样的。因此，入口建筑小品的规划、设计要结合所处的位置和所在区域的历史、社会、文化特征，注重在体量、造型、色彩、材料等方面反映区域特点，与环境和谐统一，充分发挥其对区域景观的活化作用。

另外，入口建筑小品的设计要有独特的构思、新颖的创意，富有个性的造型形象，使得入口空间从周围环境中得到强调，成为环境空间中的视觉中心。

7.3.2　景墙

在园林环境中，园林景墙主要用于分隔空间，保护环境对象，丰富景致层次及控制、引导游览路线等。作为空间构图的一项重要手段，它既有隔断、划分组织空间的作用，也具有围合、标识、衬景的功能，而且在很大程度上是作为景物供人欣赏，所以要求其造型美观，具有一定的观赏性。

在现代风景园林建筑中，景墙的主要作用就是造景，不仅以其优美的造型来表现，更重要的是从其在园林空间中的构成和组合中体现出来，借助景墙使园林空间变化丰富有序，层次分明。各种园林墙垣穿插园中，既分隔空间又围合空间，既通透又遮障，形成的园林空间各有气韵。园林墙垣既可分隔大空间、化大为小，又可将小空间串通迂回，使之呈现小中见大、层次深邃的意境。上海豫园有一水墙，墙体跨水面而建，分隔水体空间，但小河流水不断，穿墙而过，空间虽隔但不断，流水虽障但仍湍流不止，可谓构思巧妙，别具风格（图7-19）。另外，景墙也可独立成景，与周围的山石、花木、灯具、水体等构成一组独立的景物。北京颐和园的灯窗景墙位于昆明湖上，白粉墙上雕镂有各式灯形窗洞，窗面镶有玻璃，夜色降临，宛如盏盏灯笼，湖面上波光倒影，颇有趣意（图7-20）。

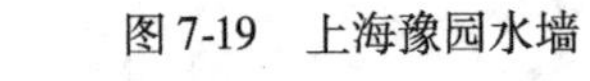
图7-19　上海豫园水墙

图7-20　颐和园灯窗景墙

1. 景墙分类

中国传统园林的围墙，按材料和构造可分为版筑墙、乱石墙、磨砖墙、清水砖墙、白粉墙等。分隔院落空间多用白粉墙，墙头配以青瓦。用白粉墙衬托山石、花卉，犹如在白纸上绘制山水写意图，意境颇佳。此种形式多见于江南园林的围墙（图7-21）。清水砖墙由于它不加粉饰往往使建筑空间显得更为朴实，一般用于室外。在现代园林建筑中为了创造室内外空间的互相穿插和渗透的效果，也常常引用清水砖墙来处理室内的墙面，用以增添室外的自然气氛。在园林建筑中采用石墙容易获得天然的气氛，形成局部空间的切实分割，是处理园林空间获得有轻有重、有虚有实境界的重要手段（图7-22）。

图 7-21　留园——华步小筑

图 7-22　天然石墙

现代风景园林建筑中除沿用一些传统围墙的做法，由于新材料与新技术的不断发展，围墙的形式也是日新月异，主要有以下几种：石砌围墙、土筑围墙、砖围墙、钢管立柱围墙、混凝土立柱铁栅围墙、混凝土板围墙、木栅围墙（图 7-23）。

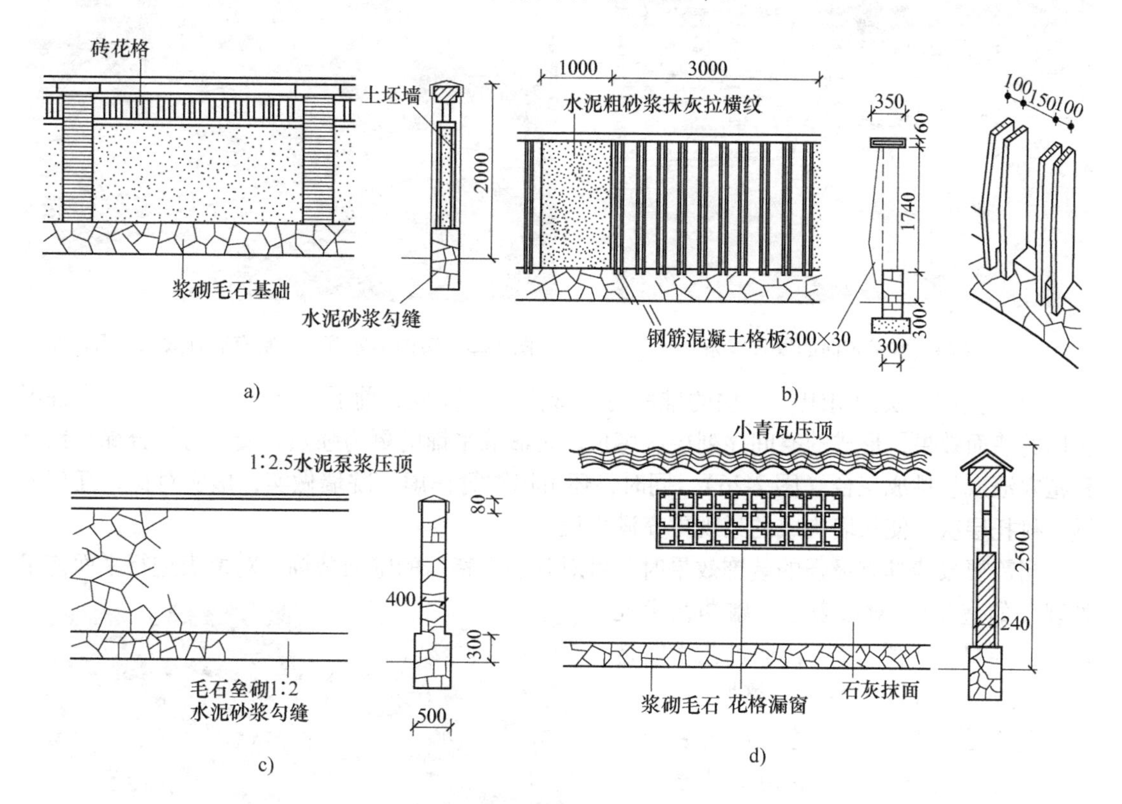

图 7-23　现代围墙形式

a）花格土筑围墙　b）混凝土竖板围墙　c）虎皮墙　d）窗式砖花格

2. 墙饰的特点与手法运用

在围墙设计中，石砌围墙、混凝土围墙、复合石墙等应用广泛，因为材料本身的固有属性使它们具有一定的朴实厚重之感，能激起人们对大自然的向往与追求，并能表现出特定的园林意境，而且通过巧妙的组合搭配，运用一定的构图与装饰手法，如“线条”、“质感”、“色彩”、“光影”“空间层次的组织”等，即可创造出各种不同风格与感觉的园林景墙。以下重点介绍几种常用手法。

（1）线条　线条就是指石的纹理及走向和墙缝的式样。常用的线条有水平划分，以表达轻巧舒展之感（图7-24）；垂直划分，以表达雄伟挺拔之感；矩形和棱锥形划分，以表达庄重稳定之感；斜线划分，以表达方向和动感：曲折线、斜面的处理，以表达轻快、活泼之感。

（2）质感　质感是指材料质地和纹理所给人的触视感觉。它又分为天然和人为加工两类。天然质感多用未经琢磨的或粗加工的石料来表达，而人工质感则强调如花岗石、大理石、砂岩、页岩（虎皮石）等石料加工后所表现出的质地光滑细密、纹理有致，于晶莹典雅中透出庄重肃穆的风格。不同质感的材料所适用的空间环境也是不同的，如天然石料朴实、自然，适用于室外庭院及湖池岸边（图7-25）；而精雕细琢的石材则适用于室内或城市广场、公园等环境。

图7-24　水平走向的纹理线条

图7-25　美国华盛顿——富有肌理效果的石墙面

（3）空间层次的组织　石块的堆叠可形成虚实、高低、前后、深浅、分层与分格各不相同的墙面效果，形成的空间序列层次感也较之满墙平铺的更为强烈。墙上可结合绿化预留种植穴池或悬挑成花台（图7-26），同时，还可用围篱作虚，院墙做实，虚实对比，互相渗透，衬托层次，使景墙构成的景观更充满生机。

当需要景墙具有极强的装饰效果时，可对其进行特殊的壁面装饰：对壁表进行平面艺术处理（如壁画）；对壁表进行雕塑艺术处理（如浮雕）（图7-27）；通过艺术塑造手段形成壁面（图7-28）或格栅。

壁饰是人类最为古老的环境装饰形式，也是现代环境艺术的组成要素。设计师通过综合运用材料、色彩、结构形态等手段，在强调该领域空间特点的同时，对环境氛围予以渲染。

景墙壁画还是调解空间气氛的辅助手段，通过以假乱真的绘画手法，为紧

图7-26　高低错落的花台

张的视觉环境淡出虚拟的内容，注入幽默快乐的气氛，为沉闷单调的环境提升活力和亮度。

壁饰的用材同于雕塑，有现代材料、普通材料和风土材料。

图 7-27　铜制浮雕装饰的围墙

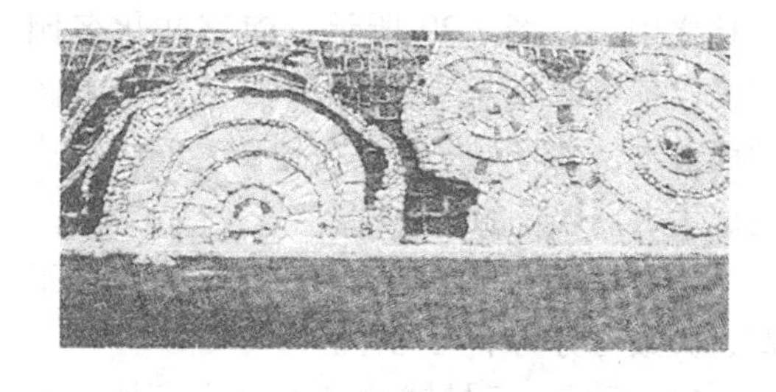

图 7-28　具有平面构成形式的鹅卵石墙面

在景墙上设置壁饰，要结合环境性质、空间特点、交通流线等需要而定。在壁饰材料、色彩以及表现手法和风格的定位方面，需要对环境有准确的把握和理解，以达到提升整体环境艺术氛围的目的。

一件成功的壁饰作品是艺术家、建筑师、园林设计师、景观建筑师以及使用者协作的结果，它集图案、民间艺术、工艺造型、雕塑等大成，使景墙成为风景园林建筑中美化环境的一部分，在园林小品的构成中发挥了特定的艺术功能。

7.3.3　地面铺装

地面铺装是为了适应地面高频度的使用，便于人的交通和活动而铺设的地面，具有防滑耐损、防尘排水、容易管理的性能，并以其导向性和装饰性的地面景观服务于整体环境。

在园林建筑设计及环境景观设计中，铺地作为室内、外地面和路径的处理方式是不可缺少的一个因素。古典园林艺术中的铺地包括厅、堂、楼、阁、亭、榭的室内和室外地面铺装，以及路径的地面铺砌。而在现代环境景观艺术中，铺地主要包括城市广场、街道、庭院、公园的地面铺装，它既要满足行人步行的功能性要求，又要满足色彩、图案、表面质感等装饰性要求，铺地作为空间界面的一部分和山、水、植物、建筑等共同构成园林艺术的统一体。

1. 铺装材料类别

我国古典园林艺术中铺地常用的材料有方砖、青瓦、石板、石块、卵石，以至砖瓦碎片等。在现代园林及环境景观设计中，除继续沿用这些硬质铺装材料外，水泥、混凝土材料、沥青结合料等正以各种不同的处理形式，为造园家广泛采用。另外，塑胶、塑料、混合土等软质材料铺装，碎石沙砾等衬垫铺装，也是景观环境中地面铺装的几种形式。在此我们以硬质地面铺装作为重点加以介绍。

硬质材料铺装是风景园林建筑中普遍使用的地面铺装方法。硬质材料铺装根据其应用位置分为三种。

（1）现浇混凝土和沥青地面　常见于城市道路。

(2) 块材铺装　如水泥预制砌块、砖材、石板、面砖等，它们适用于广场、停车场、步行道及庭园中；砌块加草泥（有草籽的泥土）灌缝的地面可见于停车场和园林小路。鹅卵石、广场砖和碎大理石则铺设于庭院和园林之中。如图7-29所示，南京文化名园广场以各色地砖进行铺装，形成疏密有致的地面效果，并将草皮镶嵌在地砖之间，使广场成为人们娱乐的好场所。

图7-29　南京文化名园广场

块材在庭院和园林铺地中的应用最为丰富，大致可分为下列几种。

1）石材。石材铺地又可分为石块、乱石板、鹅卵石等。

石板地面与路面可以铺砌成多种形式，经过打磨或坯烧、打毛的大理石花岗岩成品，一般应用于人流量较大的场地；方正的石料，采用多种规格搭配处理，形态较为自由，可用于铺砌庭院及路径地面（图7-30）。乱石铺地可采取大小不同规格的乱石搭配组合成各种纹样，或与规整的石料组合使用，气氛活跃、生动（图7-31）。鹅卵石地面具有体积小、纹路深、使用灵活、富有自然气息等特点，同样可以大小搭配以及用不同颜色组成各种形式（图7-32、图7-33），一般应用于公园小径、庭院等环境中。

图7-30　花岗岩条石状铺装

图7-31　不规则石砌路面

图7-32　以卵石、规则石块、草坪铺装的道路

图7-33　卵石铺装的小径

2）砖块。用砖块铺地是我国古典园林铺地中广泛采用的方式。方砖基本用于室内，在庭园中则采用条砖铺砌，构成席纹、间方、人字、斗纹等图案（图7-34）。这种铺地方法简单，在现代园林铺地中仍可采用。它具有施工方便、形状组合规则等优点，适用于大面积铺地，如公共广场、人行道等。

图7-34 粘土路面砖

3）综合铺地。综合使用砖、瓦、石铺地在古典园林中用得较多，俗称“花街铺地”。根据材料的特点和大小不同规格进行的各种艺术组合，其形式不胜枚举。常见的有用砖和碎石组合的“长八方式”，砖和鹅卵石组合的“六方式”，瓦材和鹅卵石组合的“球门式”、“软锦式”以及用砖瓦、鹅卵石和碎石组合的“冰裂梅花式”等（图7-35、图7-36）。

图7-35 颐和园长廊前的花砖铺地

图7-36 颐和园内的方砖卵石嵌路

4）混凝土预制块。混凝土预制块铺地在现代风景园林中占主要地位，是硬质铺装砌块中最为常见的材料，除一般采用的水磨石、美术水磨石外，造型水泥铺地砖是富有造园艺术趣味的一种铺地材料，用于拼装的砌块有正方形、长方形、六边形、圆形等四种基本规则形状和其他形状。其中长方形预制板块具有较强的导向性，而正方形具有次之的双向导向性；圆形预制砌块有较强的装饰性，而六边形在稍弱的装饰性中含有多向性意味。水泥预制块的多种类型易于满足现代园林建筑大空间尺度的要求，而这些不同的砌块造型及与色彩的配合，取决于其设置场所的性质、功能及导向性等，如散步区、休息区和活动区的划分，单向通行或双向交叉等（图7-37）。

图7-37 混凝土预制块铺地

(3) 弹性材料铺装　如在历史和环境保护区域、滨水地段及某些台面可以设置专用木栈道（图7-38）；在室外散步道路、运动场和儿童活动场地则可选择铺设色彩鲜明、弹性耐磨的多种塑胶材料。

图7-38　沿海木栈道

2. 设计要点

(1) 选择合适的铺地材料　材料的选择以坚固耐久，适于加工生产，符合场所及环境空间的性质特点及设计风格方向为原则来确定。另外，规模及工程造价也是确定材料要考虑的因素。如大型公共活动广场可选用石材，并注意毛面材料和光面材料的搭配使用；在繁华热闹的商业街，可采用不同形状和色彩有机搭配的地砖；而在居住小区、公园小径、庭院空间中，则可考虑采用更贴近自然的铺地材料，以创造休闲的空间氛围。

(2) 注重铺地材料的外观设计　硬质铺地应注意外观效果，包括色彩、尺度、质感等。一般地面铺装在整个环境空间中仅充当背景的角色，对建筑、道路设施、建筑小品、绿景起衬托作用，不宜采用大面积鲜艳的色彩，避免与其他环境要素相冲突（图7-39）。

铺地材料的大小、质感、色彩也与场地空间的尺寸有关。如在较小环境空间中，铺地材料的尺寸不宜太大，而且质感、纹理也要求细腻、精致。

在块材铺地中，块材的质感由本身的材质和表面纹理两方面因素组成。材料的固有属性及加工方式决定了它给人的触觉和视觉感受，也就是材质特点。而块材表面的纹理则是在材料确定的基础上，根据需要加工而成的。纹理效果的存在可以改善大块板材表面的单调、平滑状态，提高人们行走的趣味和安全性。另外，块材的纹理也是对环境性质和特点的进一步揭示，如与建筑、水池、花坛等外围材料光影关系的呼应，对导向性的强调等（图7-40）。

图7-39　与周边建筑色彩协调的釉面砖铺地

图7-40　块材铺就的路面纹理

块材拼接的砌缝可以说是块材纹理的间接表现，它是表现块料尺度、造型和整体地面景观的骨架。在城市广场、商业街区等大空间环境中，大尺度地面的拼缝可以宽到20mm，甚至更多；而较小尺度的地面如庭院、步行道、园林的拼缝宽度为5mm以下，甚至不留。所谓砌缝，并不一定专由水泥勾线而成，块材之间的空隙可以填充其他碎小石块或草泥（图7-41）。另外，地面铺装中砌缝与基底垫层的处理密切相关，在气候温差较大的我国北方和西北地区应注意每6～9m^2面积留有一定缝隙。为保证大面积硬质铺装的整体质量，也可以选择铺设钢筋网。

（3）注重硬质铺地材料的图案设计　图案的设计、布置、拼接必须与场地的形状、功能结合考虑（图7-42）。

图7-41　以小卵石填充块材的缝隙

图7-42　铺地的图案化效果

（4）注意与软式铺地的结合　硬质铺地与草坪、绿化的有机结合、相互穿插，可以避免铺地效果过于生硬、死板，易于在地面景观上形成生动、自然、丰富的构成效果（图7-43、图7-44）。

图7-43　美国硅谷工业园中硬质铺地与草坪的结合处理

图7-44　硬质铺地与绿化的结合处理

（5）不同的构造做法　注意各种不同材料铺装路面的构造做法有所区别（图7-45）。

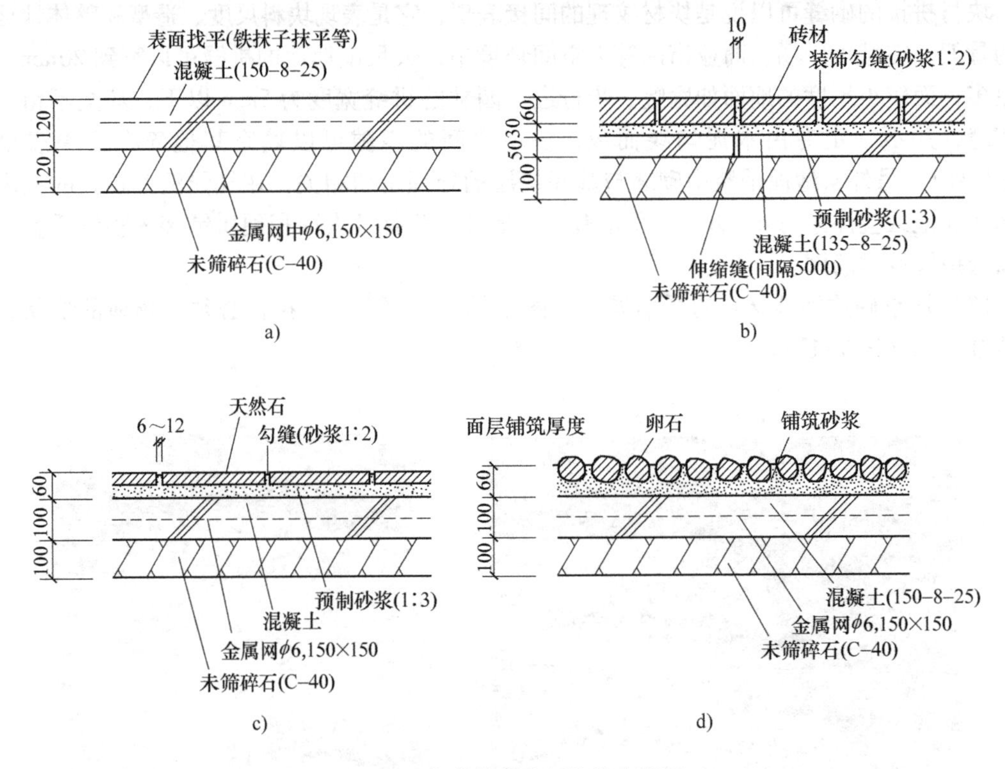

图7-45　各类铺装路面的构造详图

a）停车场、广场等场所的混凝土路面结构　b）人行道等平砌砖路面

c）广场等料石铺装路面的剖面详图　d）卵石嵌砌路面剖面图

7.3.4　凉亭、棚架

“亭台楼阁”是传统园林、建筑中不可缺少的设施，它们虽属装饰小品一类，但在古今中外的园林建筑中，应用广泛形式各异的亭子更是流传几千年，遍及全世界。尽管今天的凉亭、棚架较传统中的亭子被赋予了更多的时代特色与内涵，然而凉亭、棚架的功能依然不变，汉代许慎在《说文解字》中就提到：“亭，停也，人所停集也”，它们不仅具有自身的艺术价值，还可与其他环境要素共同组成一定的人们聚集的空间，创造环境的价值。社会的进步，促使亭的功能不断分离，但作为人的聚集之地，这一功能是不变的。随着时间的流逝，凉亭、棚架的精心设计在为地域环境增美增色的同时，也增添了文化的价值。所以，凉亭、棚架的美是整体的、综合的。

1. 凉亭、棚架与室外活动

凉亭、棚架的形式丰富，在形体、高度、结构、色彩及各种材料的组合中千变万化。由于构造小巧，与其他建筑相比较为灵活，所以这古老的形式被赋予了更新的内容。

传统的亭子多建在山顶上或园林中，成为景观的点缀，供人们爬山休息时用，也可凭栏远眺，其本身又是景点。今天的凉亭却是公共场所、社区环境、建筑绿化中不可缺少的公共设施，具有更多的公众性。棚架是凉亭的延伸，它的布局比较自由，在环境中有很强的导向性，连接各处的景观，其造型有直线型、曲线型。在城市环境中，凉亭、棚架已越来越成为

空间中重要的设施，如居住小区、庭院或绿化的街道是城市环境系统中最基本、最活跃的区域，在这些满足居民休息、游览、漫步、交往的小环境中设置凉亭、棚架，便有利于其综合功能的实现。设置时，可靠近散步道，或与散步道分开，成为独立的区域，满足个人的静坐、休息和几个人的交谈、观赏风景，还可成为人们的聚集场所。凉亭、棚架由于最接近居民的室外生活，最能丰富居民的室外活动，因而常常成为区域小环境的中心（图7-46、图7-47、图7-48、图7-49）。

图7-46　爬满藤蔓植物的棚架

图7-47　木制花架

图7-48　钢棚架

图7-49　料石棚架

2. 棚架分类

（1）梁架式棚架　梁架式棚架也就是人们常说的葡萄架，这种棚架是先立柱，再沿柱子排列的方向布置梁，在两排梁上垂直于柱列方向架设间距较小的枋，两端向外挑出悬臂，如供藤本植物攀缘时，在枋上还要布置更细的枝条以形成网格（图7-50）。

（2）半边廊式棚架　此种棚架依墙而建，另一半以列柱支撑，上边叠架小枋，它在划分封闭或开敞的空间上更为自如，在墙上也可以开设景窗，设框取景，增加空间层次和深度，使意境更为含蓄深远（图7-51）。

（3）单柱式棚架　单柱式棚架又分为单柱双边悬挑棚架、单柱单边悬挑棚架。单柱式的棚架很像一座亭子，只不过顶盖是由攀缘植物的叶与蔓组成，支撑结构仅为一个立柱

(图7-52、图7-53)。

图7-50　典型的梁架式棚架

图7-51　依墙而建的构架

图7-52　单柱式棚架单独成景

(4) 圆形棚架　圆形棚架由平面、数量不等的立柱围合成圆形布置，枋从棚架中心向外放射，形式舒展新颖，别具风韵（图7-54、图7-55）。

(5) 拱门钢架式棚架　在花廊、甬道上常采用半圆拱顶或门式刚架式。人在绿色的弧顶之下进走，别有一番意味。临水的棚架，不但平面可设计成流畅的曲线，立面也可与水波相配合，设计成拱形或波折式，部分有顶，部分化顶为棚，投影于地的效果更佳（图7-56）。

图 7-53　单柱式棚架组合成景

图 7-54　树亭

图 7-55　海边圆形棚架

图 7-56　拱门钢架式棚架

3. 凉亭、棚架的设计

凉亭、棚架的美往往建立在自然美与技术美的结合上，现代科技的进步为设计各种形态、不同尺度和体量、不同色彩的凉亭、棚架提供了最大的可能。设计前应首先考虑以下几点。

1）空间性质的定位与定性是观赏、休息、娱乐空间，还是进入其他方位的过渡空间。

2）空间的分隔与邻近空间在视觉上的连接。

3）运用各种要素，如水、石、林、路等装饰布置空间。

4）时间发展和材料变化对空间状态的影响。

现代的凉亭、棚架在形式、构造、选材、装修各方面日益完美，以精良的设计丰富着我们的环境。人们利用各种形体，在各部位运用不同的比例、尺度，不同的质地、色彩使凉亭、棚架的个性更加突出。除了亭的本身外，还应在其与周围环境的协调，揭示环境特色，传递环境信息，过渡空间等方面发挥作用。如在儿童游戏场中选择造型亲切、色彩鲜艳的小亭；在别墅、草堂则选择自然的竹、木制茅亭；在住宅社区则与攀缘植物等结合形成花棚，强调与环境的融合，营造静谧、安宁的氛围。当凉亭、棚架遮风避雨的使用功能转化为休闲、游憩的功能时，其艺术的美、环境的美就更需予以重视，因为人们将它们作为载体，以特有的形式表达一种心绪与意愿，以得到精神上的享受。追求凉亭、棚架美观的同时应注意结构的安全性，提高材料的耐久性，如木制凉亭、棚架，应选用经防腐处理的红杉木等耐久性强的木材，且材料的选择不仅要考虑环保，还应与所处的环境相适应、相协调。如图7-57所示，石柱与红色的钢架顶搭配，形成一个弯曲的棚架，极富文化艺术感。

图7-57　石柱与红色的钢架顶

棚架的设计也常常同其他小品相结合，如在廊下布置坐凳供人休息或观赏植物景色，半边廊式的花架可在一侧墙面开设景窗、漏花窗，周围点缀叠石小池以形成吸引游人的景点。

棚架的设计及运用是否得当将直接影响局部环境景观的效果，除了要注意在造型上应符合环境的基本风格，还要在整体尺度上有较好的把握。一般来说，棚架的高度应控制在2.5～2.8m，适宜的尺度给人以易于亲近、近距离观赏藤蔓植物的机会。过低则压抑沉闷，过高则有遥不可及之感。另外，花架开间一般控制在3～4m，太大了构件就显得笨拙臃肿。进深跨度则常用2700mm、3000mm、3300mm。

如图7-58所示，该棚架位于公园一隅，成为安静的休息点，棚架与廊结合，适合不同季节使用，布局较灵活。如图7-59所示，棚架位于入口空间草坪上，作休息等候设施，平

面L形，曲直线融于一体。造型新颖，后面以石墙衬托，加强虚实对比效果。

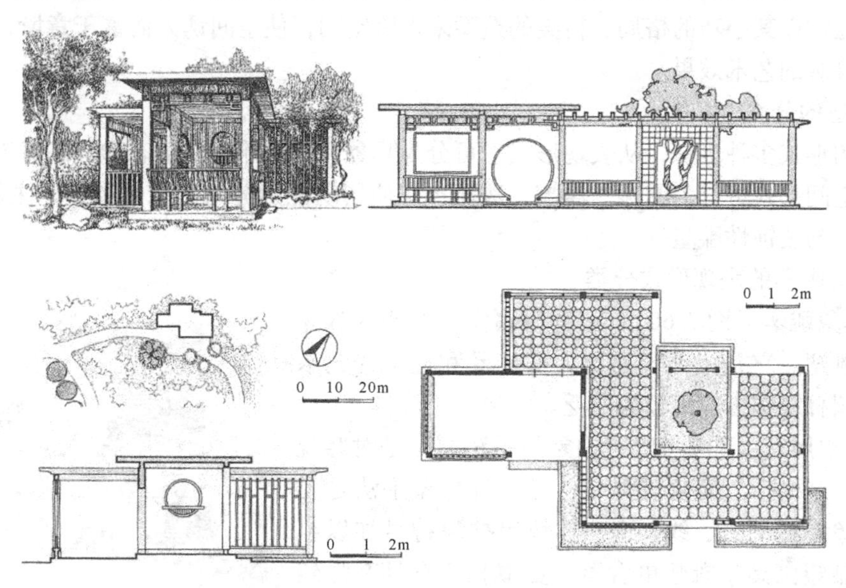

图7-58　上海复兴公园木香棚架

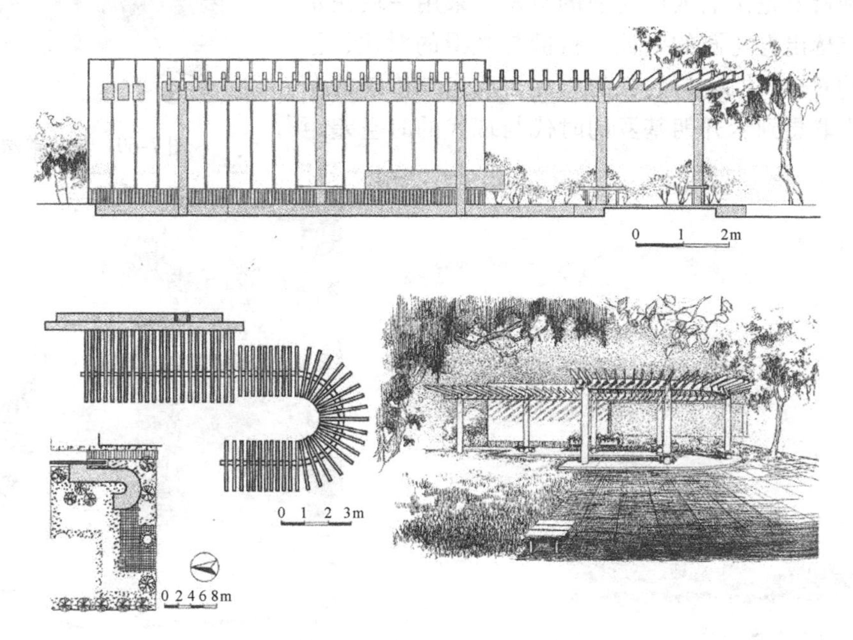

图7-59　华南工学学院棚架

7.3.5　雕塑

园林中设置雕塑历史悠久，早在我国汉代，皇宫的太液池畔，就有石鱼、石牛及织女等雕塑。现存的古典园林如颐和园、北海公园等均留存有动物及人物等雕塑。同样，在西方文艺复兴时期的园林中，雕塑也早已成为意大利等国园林中的主要景物。在现代国内外园林中，雕塑更被广泛应用并在园林建筑中占有相当重要的地位。

雕塑小品可与周围环境共同塑造出一个完整的视觉形象，同时赋予景观空间环境以生气和主题，通常以其小巧的格局、精美的造型来点缀空间，使空间诱人而富于意境，从而提高整体环境景观的艺术效果。

1. 雕塑的分类

雕塑的形式多种多样，从表现形式上可分为具象和抽象雕塑，动态和静态雕塑等；按雕塑占有的空间形式可分为圆雕、浮雕、透雕；按使用功能则分为纪念性雕塑、主题性雕塑、功能性雕塑与装饰性雕塑等。

（1）按雕塑的表现形式分类

1）具象雕塑（图7-60）：一种以写实和再现客观对象为主的雕塑，它是一种容易被人们接受和理解的艺术形式，在园林雕塑中应用较为广泛。

图7-60　具象雕塑

2）抽象雕塑（图7-61）：抽象的手法之一是对客观形体加以主观概括、简化或强化；另一种抽象手法是几何形的抽象，运用点、线、面、体块等抽象符号加以组合。抽象雕塑比具象雕塑更含蓄、更概括，它具有强烈的视觉冲击力和现代感觉。

意大利佛罗伦萨名人广场前的雕塑，采用一块完整的花岗石雕琢出方与圆的对比、粗糙与光滑的对比、稳实与空灵的对比、抽象与具象的对比、现代与传统的对比，更使人联想到米开朗基罗的时代与现代的时空差距（图7-62）。

图7-61　抽象雕塑

图7-62　具象与抽象结合的雕塑

（2）按雕塑的使用功能分类　根据景观雕塑在环境中所起的作用不同，可分为纪念性雕塑、主题性雕塑、装饰性雕塑、功能性雕塑。

1）纪念性雕塑：以雕塑的形象来纪念人物或事件，也有的以纪念碑形式来表达。纪念性雕塑是以雕塑的形象为主体，一般在环境景观中处于中心或主导的位置，起到控制和统帅全部环境的作用，因此所有的环境要素和平面布局都必须服从于雕塑的总立意。如图7-63所示，南京烟雨台烈士陵园内表现先烈的壁雕，造型洗练、概括，形体的起伏略为夸张，使造型更有力度感。整组壁雕采用毛面石材，在深色树丛衬托下显得更加凝重。

图7-63　南京烟雨台烈士陵园壁雕

2）主题性雕塑：建立雕塑的目的在于揭示建筑或环境的主题，称为主题性雕塑。这类雕塑与建筑或环境结合，既充分发挥雕塑的特殊作用又补充环境的不足，使环境无法表达出的思想性以雕塑的形式表达出来，使环境的主题更为鲜明突出。主题性雕塑与环境有机结合，能弥补环境缺乏表意的功能，达到表达鲜明的环境特征和主题的目的。如图7-64所示，南京情侣园的奶牛组雕，配上风车散发出浓郁的田园气息。

图7-64　南京情侣园的奶牛组雕

3）装饰性雕塑：装饰性雕塑主要是在环境空间中起装饰、美化作用。装饰性雕塑不仅要求有鲜明的主题思想，而且强调环境中的视觉美感，要求给人以美的享受和精神情操的陶冶，并符合环境自身的特点，成为环境的一个有机组成部分，给人以视觉享受。如图7-65所示，瑞士日内瓦的用鲜花组成的“钟”造型，会随着季节的不同，呈现出不同的风采，已成为日内瓦的标志性雕塑。

图7-65　瑞士日内瓦的用鲜花组成的“钟”造型

4）功能性雕塑：它在具有装饰性美感的同时，又有一定的实用功能。如园林中的座椅、果皮箱、儿童玩具等都是以雕塑的表现手段，塑造出具有一定形式美感的园林小品。如图7-66所示，上海世纪广场前的“钟”雕塑，其弧度热弯玻璃良好的透光效果，与周围通透的建筑风格相互协调，玻璃上镶嵌的巨钟，既具有标志性又具有使用价值。

图7-66　上海世纪广场前的“钟”雕塑

2. 雕塑的设计要点

（1）注意整体性　整体性主要体现在取材、布局、造型设计上。在设计时，先要对周围环境的特征、文化传统、空间、景观等方面有较为全面的理解和把握，取材应与园林建筑环境相协调，要有统一的构思，使雕塑成为园林环境中一个有机的组成部分，恰如其分地确定雕塑的形式、材质、色彩、体量、尺度等，使其和环境协调统一。另外，园林雕塑在布局上一定要注意与周围环境的关系，展示其整体美、协调美。南京文化名园广场上的“龙”、“凤”题材的壁雕，以紫铜色饰面，灰色花岗岩做背景，在材质上对比强烈，视觉效果明显（图7-67、图7-68）。

图7-67　以“龙”为题材的壁雕

图7-68　以“凤”为题材的壁雕

基座是雕塑整体的一个组成部分，在造型上烘托主体，并渲染气氛，雕塑的表现力与基座的体型相得益彰，但基座又不能喧宾夺主。如图7-69所示，南京文化名园广场上鹰的雕塑，以“腾飞”两字命名，更以蓄势待发的姿态，给人即将一飞冲天的感觉，寓意着南京的经济发展如雄鹰腾飞。

因此，不能脱离雕塑随便加上一个体块作为基座，而应从设计一开始就将其纳入总体的构想之中，除应考虑基座的形象、体量外，对其质地、粗细、轻重、亮度等均应做仔细的推敲。

（2）体现时代感　雕塑应具有时代感，要以美化环境、保护生态为主题，应体现时代精神和时代的审美情趣，同时体现区域人文精神。因此，雕塑的立意、取材比较重要，应注意其内容、形式要适应时代的需求。如图7-70所示，厦门海滨雕塑，似乎是叶片，又似乎是贝壳的造型，充满了节奏的美感。

图7-69　南京文化名园广场上鹰的雕塑

图7-70　厦门海滨雕塑

（3）注重与配景的有机结合　雕塑应注重与其他景观小品的配合，如与绿化、水景、照明等有机的组合，以构成完整的环境景观。雕塑与灯光照明配合，可产生通透、清幽的视觉效果，增加雕塑的艺术性和趣味性；雕塑与水景相配合，可产生虚实相生、动静对比的效果；雕塑与绿化相配合，可产生质感对比和色彩的明暗对比效果，形成优美的环境景观。如图 7-71 所示，瑞士日内瓦联合国欧洲总部前的“书”雕塑，体量很小但由于深色树丛与浅色石材的对比关系，显得很突出。

图 7-71　瑞士日内瓦联合国欧洲总部前的“书”雕塑

（4）重视工程技术　园林环境中的雕塑因为环境需求的不同，在体量上有较大区别，如体量较大和使用硬质材料，必然牵涉到一系列工程技术问题。一件成功的雕塑作品的设计除具有独特的创意、优美的造型外，还必须考虑到现有的工程技术条件能否使设计成为现实，否则很有可能因无法加工制作而使设计变成纸上谈兵，或达不到设计的预期效果。而运用新材料和新工艺的设计，能够创造出新颖的视觉效果。比如，一些现代动态雕塑，借助于现代科技的机械、电气、光学效应，突破了传统雕塑的静止状态，而产生灵活多变的特殊效果。

3. 雕塑设置的要点

（1）环境因素　在园林中，环境优美、地形地貌丰富，雕塑能与花草树木等构成各种不同的环境景观，可见雕塑的题材应与环境协调，互相衬托，相辅相成，才能加强雕塑的感染力，切不可将雕塑变成形单影只的个体。因此，恰当的选择环境或设计好环境，是设置园林雕塑的首要工作。

（2）视线距离　人们观察雕塑首先是观察其大轮廓及远观气势，要有一定的远观距离。进而是细查细部、质地等，故还应有近视的距离，因此在整个观察过程中应有远、中、近三种良好的距离，才能保证良好的观察效果。此外，还要考虑到三维空间的多向观察的最佳方位与距离。

（3）空间尺度　雕塑体的大小与所处的空间应有良好的比例与尺度关系，空间过于拥挤或过于空旷都会减弱其艺术效果，并要考虑观赏折减和透视消逝的关系，对形象的上下、前后应作一定的修正和调整。

（4）色彩　适宜的色彩将使雕塑形象更为鲜明、突出。雕塑的色彩与主题形象有关，应与环境及背景的色彩密切相关。如白色的雕塑与浓绿色的植物形成鲜明的对比，而古铜色的雕塑与蓝天、碧水互成美好的衬托，现代雕塑的色彩、材料均比以往大为丰富，而园林环境也绝非仅是植物，故应认真考虑其色彩上互相衬托的关系。

雕塑在环境景观中起着特殊而重要的作用，它在丰富和美化园林空间的同时，又给人们带来了美的欣赏，反映时代精神和地域文化的特征，因此在园林景观小品中具有重要的地位。

7.3.6 水景

1. 概述

古今中外之造园，水体是不可缺少的一个要素。在环境空间艺术创作中，水景设计是难点，但也常是点睛之笔。水能赋予园林生命，自身又独具柔美和韵味，用概括、抽象、暗示和象征来启发人们的联想，从而产生特殊的艺术感染力。

水的形态多种多样，或平缓或跌宕，或喧闹或静谧，凭借水可构成多种风格的园林景观。用水造景，动静相补，虚实相映，层次丰富，形影相依，比起植物栽植或其他园艺小品，其景点力强，易于突出造园的效果。“水又有大小之分：大则为衬托背景，得水而媚，组成景点的脉络；水长则是自然溪流的艺术再现；水小则成为视线的焦点或景点观赏的引导。园内有水，亦可引水出园；无水时，则可引水入园，成为有源之水……”。同时，也可利用地下水构成池、塘、泉、溪、涧，若无自然条件则可人工造泉，如涌泉、喷泉，总之水景的存在使得园林更增添迷人的魅力。除此造景作用之外，水景还可用来调节空气温度和遏制噪声的传播，不失为改良环境的有效措施。

在我国古典园林中，对水的营造通常借意“一勺如江湖万里”，园景可以没有像西方园林那样大片草坪，但不能无水，“重形象，更重意象”，确切地表达了我国造园的传统风格，即将内在含义用一定的景物造型和空间环境表现出来。利用水与花木、山石、建筑等的结合布局，使自然景色融入人工创造，使人产生无限的遐想，局部景观溢出空间的局限，扩大了所需景域，增强了主题衬托，丰富了景象层次，从而使意境深远，达到人工与自然的高度和谐（图 7-72）。

近代以来，随着东西方文化的交往，西方的喷泉和几何形体规划的园林一起传入我国。早在明清时期的皇家园林和私家园林就都出现过西式喷泉，如圆明园西洋楼部分的“海晏堂”、“大水法”、“远瀛观”等大型喷泉即属之。在现代风景园林规划中，水景小品的形式越加丰富多彩，不管是中式水体还是西式水景都广为景观设计师所采用，并在园林环境中发挥着越来越重要的作用。

图 7-72 绍兴东湖——自然界湖海的类型

2. 水景的四种基本形式

（1）流水　流水有急缓、深浅之分，也有流量、流速、幅度大小之分，蜿蜒的小溪，淙淙的流水，使环境更富有个性，也更具诗情画意。

流水又分自然式的溪流（图 7-73）和人工塑成的水道（图 7-74）。自然式的溪流取其自然天成、随意洒脱的形态，而人工水道则以线型的细长水流为主，根据不同的环境和水景设计的总体构想，来确定水道的形式、线型、水深、宽度、流量、流速、池底和护岸材料等。值得注意的是水的深度，一般控制在水深

30cm以下，以保证儿童在进入时的安全性；池底选材要考虑防滑、防扎；另外，对池底和护壁均作防水层，以免渗漏（图7-75）。

图7-73　自然式的溪流

图7-74　人工塑成的水道

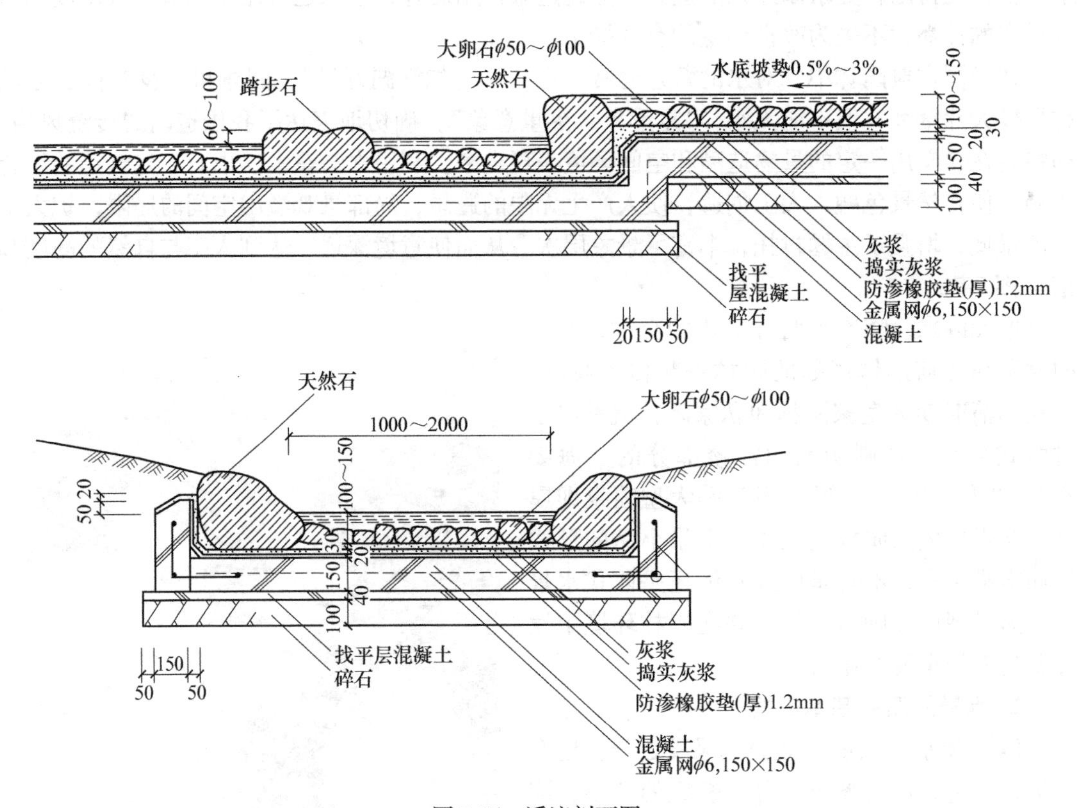

图7-75　溪流剖面图

（2）落水　在水景设计中的落水一般指人造的立体落水，也就是瀑布。水源因蓄水和地形条件的影响而有落差溅潭，当水由高处下落时，其表现形式有散落、线落、布落、挂落、条落、多级跌落、层落、片落、云雨雾落、壁落、向心陷落、滑落等，加之水量、流速、水切的角度、落差、组合方式的不同，以及构成、落坡的材质等综合作用，使瀑布产生各种微妙的变化，时而如潺潺细雨，时而奔腾磅礴、呼啸而下，使瀑布蕴含丰富的性格和表情，传达给人不同的感受（图7-76、图7-77）。

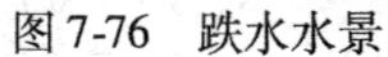

图 7-76　跌水水景

图 7-77　集壁落、条落等多种形式于一体的瀑布水景

进行瀑布设计须注意以下几点，并结合不同瀑布形式选择相应的构造做法（图 7-78）。

1）先要考量和确定瀑布的形式和效果，根据实际情况确定瀑布的落水厚度，如沿墙面滑落的瀑布水厚为 3～5cm，大型瀑布水厚为 20cm 以上，通常瀑布厚度取中。

2）为保证水流的平稳滑落，须对落水开口处作形状处理。

3）为强调透明水花的下落过程，在平滑壁面上作连续横向纹理（厚 1～3cm）处理（图 7-79）。

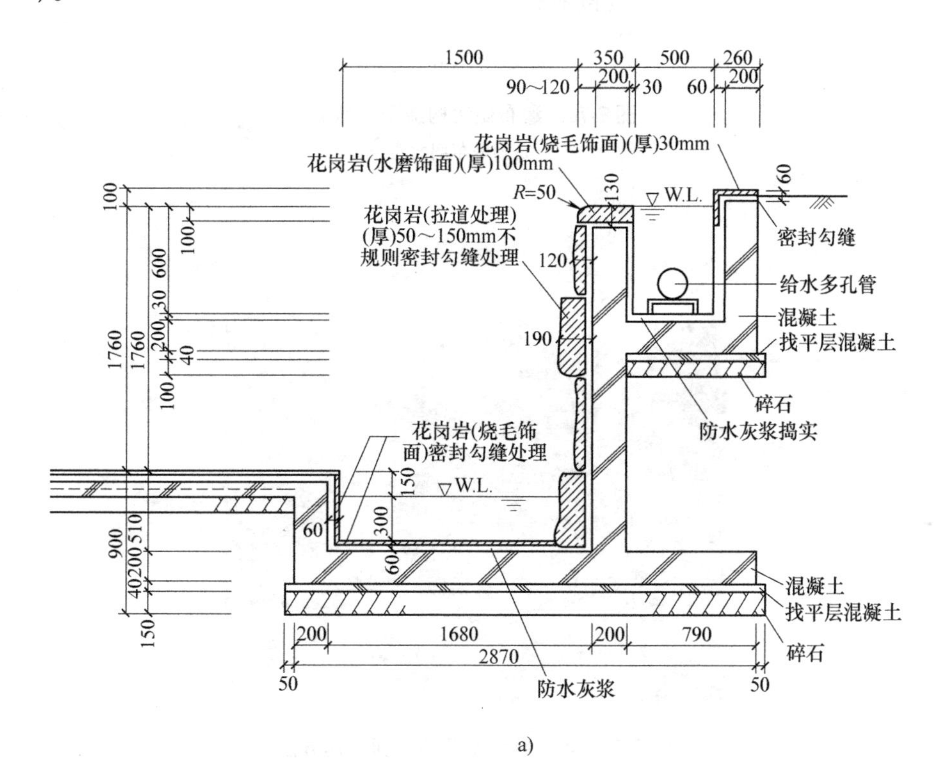

a)

图 7-78　瀑布做法构造图

a）砌石瀑布剖面图

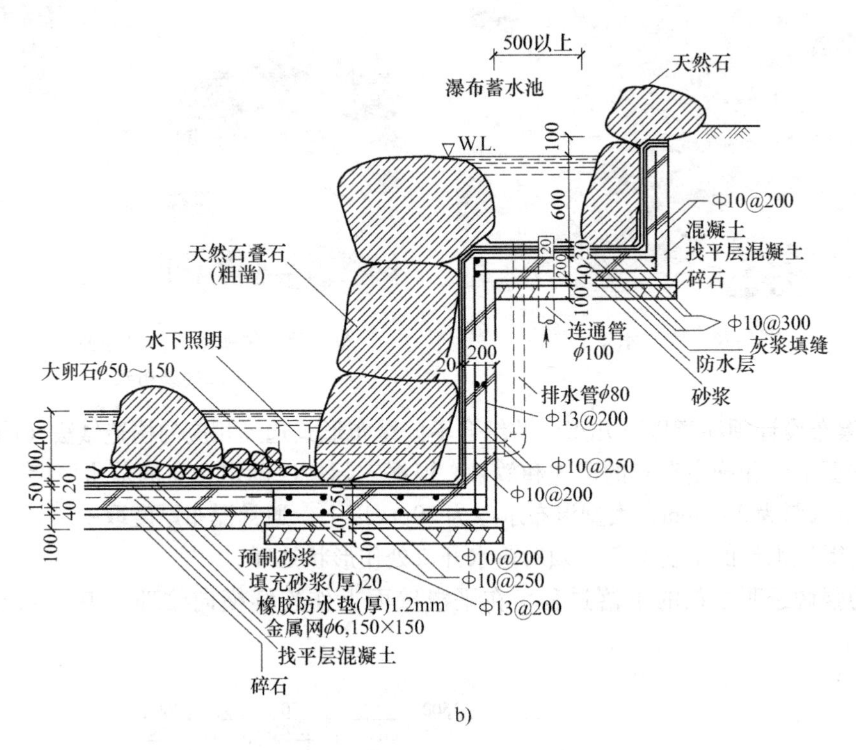

图7-78　瀑布做法构造图（续）

b）石砌瀑布剖面图

图7-79　增加落水水花的壁面处理方法

4）对壁面石板应采用密封勾缝，以免墙面出现渗白现象。

5）将喷泉和瀑布相结合的最简单的通常作法是水盘，可以形成层层跌落的水景（图7-80）。

图7-80　水盘造景

除了设计要点之外，还要注意控制瀑布的规模、高度，并把握设置地点。瀑布的规模和尺度应根据基地环境的空间大小和空间性格来确定，切忌片面追求气势磅礴和规模宏大而造成的基地空间尺度的夸张。在空间有限的场地环境中，不宜设置较大规模瀑布，尤其落差较大的瀑布。这不单是因为面积所限，还因其落水的抛物线和风吹作用都需要设置更大的瀑潭，其实现的可能性更小（图7-81、图7-82）。

图7-81　与瀑布尺度相适宜的瀑潭一

图7-82　与瀑布尺度相适宜的瀑潭二

（3）静水　园林净水，辽阔者一至数亩，精巧者一席见方，取其色、波、影的不同形态，以静水为面，池石逶迤伟岸，亭榭掩映，静栽遥呼，草花相饰，构筑空间层次丰富的水与景，呈现素秀的水貌（图7-83）。此乃中国古典园林的治水之道。

图7-83　南京山西路广场一湾静水

静水，顾名思义，意为不动水，且多为人工造水，以池水、底面和驳岸三部分组成水池，其附属设施有点步石（汀步）、水边梯蹬、池岛、池桥、池内装饰、绿景等。水池设计的基本要素为材料、色彩、平面选型、其他水景组合、池底与地面竖向关系等。

（4）压力水　压力水俗称为喷泉，有人工与自然之分。自然喷泉是大自然的奇观，属珍贵的风景资源。在中国传统风景名胜中就有不少是以泉而闻名，如北京“玉泉”，无锡“二泉”，镇江“冷泉”，杭州“虎跑”、“龙井”，济南的“趵突泉”等。泉的造景样式很多，一般手法着重自然，如就山势作飞泉、岩壁泉、滴泉；于名山古刹则多作泉池、泉井，或任其自然趵突不加裁剪；也有在泉旁立碑题咏，点出泉景的意境。

人工喷泉起源于西方庭园，后来随着东西方的文化交流而传入我国。中国古代最早的喷泉曾设于圆明园的“海晏堂”和“远瀛观”，今天我们仍可从其遗址中想见其当年宏大的规模。西方早期人工喷泉或利用自然高差造成喷泉奇观，或使流水通过人力（或畜力）驱动的水泵和专门设计的喷嘴涌射出来，并常常饰以人物、动物或者以神话故事为题材的雕塑，成为美化城市广场、公共绿地和公园的常见造景手法（图7-84）。随着科学技术的发展，出现了由机械控制的人工喷泉后，为园林组成大面积的水庭，提供了有利的条件。喷泉的设计日益考究，在水花造型、喷发强度和综合形象等方面都有了较多的可能性。

喷泉利用其水、声、波、影，除了起到饰景作用外，还以其立体和动态的形象在城市广场、公园、街道、高速公路、庭园等环境中兼具引人注目的地标和轴点作用（图7-85），它所创造的丰富语义是烘托和调解整体环境氛围的要素。此外，喷泉还有较强的增氧功能，可以促进池水水质的净化和空气的清新湿润，提高环境的生态质量。

因环境性质，空间形态、地理和自然特点、使用者的行为和心理要求的不同，喷泉在造型、高度、水量和布局上都有所区别，以配合和强调空间的性格。它可以有一个独立的喷点，或以多点排成水阵或水列（图7-86），这些水阵和水列依照地形地势造就磅礴壮观的水

景空间，而各点的喷射方向与强度也可按照设计意图达到相互映衬、协同表演的目的（如跑泉）。根据喷嘴的构造、方向、水压及与水面的关系，还可得到喷雾状、扇形、菌形、钟形、柱形、弧线形、泡涌、蒲公英状等多种喷射效果（图 7-87）。如果说喷泉组群表现了整体特征，那么喷泉的个体造型则从另一方面表现了水景的精致与丰富。

图 7-84　典型早期西方的喷泉喷嘴形象

图 7-85　日内瓦市区具有典型地标作用的喷泉

图 7-86　多个喷点形成的水列状喷泉

图 7-87　蒲公英状喷泉

喷泉的设计需要注意这样几点。

1）要考量喷水的效果，如果是多种类喷泉的集中表现，则应注意喷水形式、水量、水流、水柱高低的区别，在相互比较映衬中发挥各种喷泉的作用和情趣，展现主水景。

2）对靠近步道的喷泉，应控制水量和高度，以免在风吹时影响水的喷射方向而溅到游人身上。

3）喷嘴和水下照明灯，要尽量安装在接水池内，上设喷水口以免被戏水儿童误踩，并保持水面景观的洁净感觉。

喷泉作为水体景观的一种形式往往是与其他水景结合布置的，比如，它与瀑布、水池本来就是一个整体，这是最常见的结合方式。除此之外，喷泉还可与雕塑、段墙、阶梯、灯柱等许多环境设施结合设置（图7-88）。

图7-88　与段墙护柱结合设计的喷泉

近年来，随着喷泉在园林环境中的广泛应用和各项技术的不断提高，喷泉的综合表现已经发展到较高的水平，各类程控喷泉、声控喷泉已相当普及，诸如音乐喷泉、激光喷泉也不再让人们感到新奇，相信在不远的将来还会有更多的喷泉景观出现在我们的视野中，为城市环境和风景园林增色添彩。

3. 水池的形态

在现代风景园林环境中，水池的形态种类众多。基本分为水池规则严谨的几何式和自由活泼的自然式；也有浅盆式与深水式之别；更有运用节奏韵律的变化而分的错位式、飘浮式、跌落式、池中池、多边形组合式、圆形组合式、多格式、复合池式和拼盘式等。浅水池与高架的落水口已经成为景观建筑师路易斯·巴拉干景观设计中鲜明的个人特色，并为许多后来者所效仿（图7-89）。水池选形的原则大致是，构图要求严谨，气氛肃穆庄重的多选用规则方整形，甚至多个池子对称布置；为调节空间气氛的活跃，突显水的变化，则选用自由布局，复合跌落参差之池。

图7-89　路易斯·巴拉干设计的水景

作为几何式的布置方式，水池以其形态的不同主要分为点式、线式和面式。

1）点式指最小规模的水池和水面，如露盘、饮用和洗手的水池阶池面等。它在室内、庭园、广场、街道中以空间的层台和地面的点景等形式出现。尽管它的面积有限，但它在人工环境中所起的画龙点睛作用，往往使人感到自然环境的存在，联想到清静浩渺的广阔水面（图7-90、图7-91）。

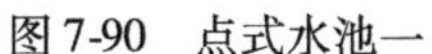

图7-90　点式水池一

图7-91　点式水池二

2）线式指比较细长的水池，也称为水道或水渠。它在空间中具有很强的分划作用或绵延不断之感。在线式水池中通常采用流水，以加强其线型的动势。水道还将各种水面（水池、喷泉和瀑布）联结起来，形成有机的统一整体。它可以围绕面式水池构筑，也可以置于广场、阶梯、庭院之中，处理成直线型、曲线型、折线型等各种造型（图7-92）。

3）面式指规模较大，在空间中起到相当控制作用的水池。面式水池可以单一的池体出现，也可是多个水池的组合；若干水池可在同一平面展开，也可由竖向叠加而成（图7-93）。其平面造型主要取决于所在空间环境的性质、形态、功用（观赏、戏水等）及其内容。

图7-92　具有引导性的折线式水道

图7-93　层层叠加的面式水池

总的来说，规则的设计选型要比不规则的几何形或自然形容易取得效果。为了衬托出水的欢快清澈以及周边瀑布和喷泉的造型，池底面通常选择较艳丽的色彩或装饰图案，池的外沿则处理成容纳外溢水的水沟。

7.3.7　绿化

绿化设计是环境小品中不可缺少的组成部分，绿化不仅具有生态的功能、物理和化学的诸多功效，而且在调节人类心理方面也发挥着重要的作用。

1. 绿化环境景观设计的作用和目的

绿化可以调节空气的温度、湿度和流动的状态。绿化可吸收二氧化碳，放出氧气，并能阻隔、吸收烟尘，降低噪声。绿化可根据不同环境景观设计要求，利用不同植物观赏形态并加以设计，以增加环境景观美的感受。

2. 绿化的分类

（1）树木　树木分为乔木、灌木、藤木，每类有不同的品种，不同的形态和特征，在环境中也有不同的价值。

乔木比较高大，在城市环境空间中，乔木多以点的形式出现，或在林荫道两侧以线的形式来划分空间。灌木是环境中常见植物，高度多为1m左右，常修建成几何形状，起到划分空间又不遮挡视线的作用。藤木的特点是必须与一定的支撑物结合在一起，可创造出别致的长廊或凉亭空间。

（2）草坪　草坪是指多年生矮小草本植株密植，并经人工修剪成平整的人工草地。不经修剪的长草地域称为草地。用于环境景观草坪的草本植物主要有结缕草、野牛草、狗牙根草、地毯草、钝叶草、假俭草、黑麦草、早熟禾、剪股颖等。草坪的草个体小、数量多、占据空间小、生长快、适应性强，易成活，草紧贴在地面生长，可防止尘土飞扬和水土流失。草坪在环境景观中形成通风道，降低温度。草坪一般布置在环境景观辅助性空地，供观赏、游戏之用。环境景观草坪空间具有开阔宽广的视线，可引导视线，增加景深和层次，并能充分衬托环境景观形态美感（图7-94）。

图7-94　园林中典型的绿化设计

草坪可根据环境景观用途的不同进行分类，可分为休闲、游戏环境景观草坪和观赏性环境景观草坪。休闲、游戏环境景观草坪可开放，供人入内休息、散步。一般选用叶细、韧性较大、较耐踩踏的草种。观赏性环境景观草坪，不开放，不能进入游戏。一般选用颜色碧绿均一，绿色期较长，能耐炎热，又能抗寒的草种。

草坪建造有四种方法。

①直接播种草籽。一般在春、秋季进行。冷地型草多用此法。

②直接栽草。一般在春、夏进行。中国北方地区多用此法。

③用茎枝段来繁殖。一般在夏季或多雨季节进行。暖地型草坪多用此法。

④直接铺砌草块。温暖地区四季都能进行，中国北方夏、秋季可用此法。

现在一般广泛采用直接播种建造草坪的方法。即是用喷浆播种法把草籽、粘胶、肥料混合物喷到环境景观地面或草地墙上。这种用草籽少、分布均匀、出苗整齐，宜形成各种所需图案造型。目前，环境景观草坪建造趋向于工厂化生产。

（3）花坛与花池　花坛、花池设计是环境景观设计语言基本手段之一。花坛、花池又通常被称为环境景观立体绿化主要造型要素。花坛、花池的高度一般要高出地面0.5～1m。花坛、花池应环境景观地形、位置需要而加以“随形”变化。其基本形式有花带式、花兜式、花台式、花篮式等，既可固定，也可以不固定，还可以与座椅、栏杆、灯具等环境景观小品结合起来予以统一处理（图7-95）。

a)　b)　c)　d)　e)

图7-95　各式花坛

a）墙壁上的花　b）广场花坛　c）小花盆与水池结合　d）花带式花坛一　e）花带式花坛二

适当的花坛、花池造型设计可以对环境景观平面和立面形态设计加以丰富、变化。同时，也对绿化形态处理带来多种多样的造型变化的可能性。

花坛、花池布置非常灵活多变。有布置在水中央，也有布置在边缘的。

花坛与花池的栽植床应高于地面，以利排水，土壤厚度栽植一年生花卉及草皮0.2m，栽植多年生花卉及灌木为0.4m，植床下应有排水设施。

（4）花架　花架也称绿廊。一般用于非正式性小型休闲环境景观的边缘进行布置，在环境中起点缀作用，也可以提供休息、遮阴、纳凉的功能。用花架联系空间，并进行空间的变化（图7-96）。

图7-96　木质花架

3. 绿化的植物配置

环境景观的植物配置是绿化设计的重要环节，应根据环境景观设计要求及植物生态习性，合理配置环境景观中的各种植物，以发挥它们的绿化、美化的作用。

环境景观植物配置包括两个方面。第一是各种植物相互之间的配置，考虑植物种类的选择，树丛的组合，平面和立面的构图。第二是环境景观植物与其他要素，如硬地、水景、道路等相互间的整体设计。

（1）环境景观植物种类的选择　不同植物具有不同的生态和形态特征。它们的干、叶、花的形态和姿态，以及其质地、色彩在一年四季不断变化，造成景观差异。因此，在进行环境景观植物配置时，要因地制宜，因时制宜，充分发挥植物特有的观赏作用。

（2）环境景观植物配置方式　环境景观植物配置方式有自然式和几何形式两种。

（3）环境景观植物配置的艺术手法

1）对比和衬托。运用植物不同的形态特征。运用高低、姿态、叶形叶色、花形花色的对比手法，配置环境景观以及其他要素，整体地表达出一定的构思和意境。

2）韵律、节奏和层次。景观植物配置的形式组合应注重韵律和节奏感的表现。同时应注重植物配置的层次关系，尽量求得既要有变化又要有统一的效果。

3）色彩和季相。植物的干、叶、花、果色彩丰富，可采用单色表现和多色组合表现，实现景观植物色彩配置，取得良好图案化效果。要根据植物四季季相，尤其是春、秋的季相，处理好在不同季节中观赏不同植物色彩，产生具有时令特色的艺术效果。

4）水景观的绿化配置。水景绿化配置宜选用耐水喜湿的植物。在有倒影的水景水面，不宜栽植水生植物。

4. 绿化的设计要点

（1）注重绿化植物的配置　不同植物具有不同的生态和形态特征。在进行植物配置时，设计者应了解各种植物的特征，充分考虑其形状、色彩、纹理以及它们组合时的空间效果，以满足不同环境的需求。由于植物的干、叶、花的形状和姿态，以及它们的质地、色彩在一年四季都会产生不同的变化，因此还应考虑植物在全年中相对时期的视觉效果和物理效应。

充分考虑到植物的生长速度、寿命和植物的种植方式等。在设计时，必须结合实际需要，进行有组织的规划设计，因地制宜、因时制宜，充分发挥植物特有的观赏作用。

（2）根据不同空间形态选择绿化种类　应根据不同的空间特点和风格，选择不同的绿化形式。如需要创造平整开阔的空间效果，可以布置大片的草坪；如需要表现私密、幽静的环境氛围，则可种植密集的乔木、灌木；而花坛则更多地应用于广场、街道、小区环境中，起点缀、丰富空间景观的作用。

（3）根据不同空间氛围进行绿化布局　绿化的布局大致可分为纯对称几何形布局、自由式布局和自然式布局三种。在庄重、有序的空间氛围中，常采用纯对称的几何形布局；而自由式布局常组合多种植物进行点、线、面的协调，广泛应用于休闲、活泼的空间环境中；自然式布局则以自然为摹本，追求自然、写意的空间风格。

应注意的是，绿化的设计往往不是孤立的工作，应该与喷泉、水池、雕塑、座椅、亭、廊等结合在起综合设计，在多元化的空间环境中进行组织协调，以达到完美的境界。

总之，多种多样的绿化形式已成为现代绿化建设的发展趋势，高大的乔木、低矮的灌木、鲜艳的花卉、大面积的草坪，或单独布置，或组合在一起，它们灵活地点缀着各处空间环境（图7-97、图7-98）。

图7-97　园林绿化设计一

图7-98　园林绿化设计二

7.3.8　照明类

园林灯饰在园林建筑中是一种引人注目的景观小品。白天可利用不同造型的灯具点缀庭园、组织景色，夜间则可利用灯光提供安全的照明环境，指示和引导游人安全顺畅的到达目的地，并且各种装饰性的照明效果，也可以丰富庭园的夜色。园林灯饰还可作为典型的装饰要素来突出组景重点，展开有层次的组景序列，塑造园林环境的空间序列感。

1. 园林照明的主要类型和主要灯具

在风景园林环境中，根据灯具的使用位置和在环境中的不同用途，可分为行路照明、作业照明、防卫照明、建筑照明、装饰照明等多种类型，根据照明功能的重要性，我们重点介绍行路照明和装饰照明两类。

（1）行路照明　在园林环境中的行路照明主要是指提供一定照度和亮度的路灯照明，以方便游人在夜间能看清园路，并起到引导及提示游人的作用。在布置时要注意两灯之间应保持一定的连续性和呼应效果。行路照明的灯具主要有以下几种。

1）低位置路灯也称为草坪灯，灯具位置在人眼的高度之下，即高0.3～1m的路灯。它一般设置于宅院、庭园、散步道等较为有限的步行空间环境中（图7-99、图7-100）。此类灯具可独立设置也可与护柱结合而用，它表现一种亲切温馨的气氛，安置距离在5～10m之间，为人们行走的路径照明。埋设于园林地面和踏步中的脚灯，嵌设于建筑入口踏步和墙裙中的灯具属此类路灯的特例，其间距以3～5m为宜。

图7-99　草坪灯一

图7-100　草坪灯二

2）步行和散步道路灯，灯杆的高度在2.5～4m之间，灯具造型有筒灯、横向展开面灯、球灯和方向可控式罩灯等。较低的路灯称为庭院灯或园林灯，这种路灯一般以10～20m间距设置于道路的一侧，可等距排列，也可自由布置（图7-101）。灯具和灯杆造型应有其个性，并注重细部处理，使之符合该环境的特点（图7-102）。

图7-101　道路灯一

图7-102　道路灯二

（2）装饰照明 装饰照明在现代风景园林中已经成为越来越重要的内容。它不但是重要的装饰组景要素，而且还可通过灯光效果衬托景物、装点环境、渲染气氛。如在较大面积的庭园、花坛、广场和水池间设置各式庭园用灯来勾画庭园的轮廓，使庭园空间在夜间仍然不失其风貌，甚至增加另一种情趣和气氛。

图7-103 隐藏在草丛中提供路面照明的灯具

根据装饰照明灯具的不同设置方式和照明目的，可将其分成两类。

1）隐蔽照明，这类照明中的光源（或灯具）多被埋设和遮挡起来，只求照亮、衬托景物的形体和内容。比如，园林树丛草坪中的埋设灯具（埋地灯）和某些低位置灯具（图7-103），应尽力避免突出自身的造型和光源所在位置，只须勾画衬托出景物的轮廓即可。隐蔽照明还广泛用于其他景观小品中，如喷泉水池、壁饰（图7-104）、雕塑、踏步（图7-105）、护栏等。

图7-104 突出壁饰造型的隐藏式照明

图7-105 踏步照明

2）表露照明，这类灯具主要为突出装饰效果与渲染气氛，或独立放置或群体列置，照明目的不在乎有多高的照度和亮度，而在于创造某种特定的气氛，形成夜晚独特的灯光景观。如园林中的石灯（图7-106、图7-107）、水池中的浮灯都是利用其自身的特殊造型来形

图7-106 园林中的石灯造型

图7-107 石灯的夜间灯光效果

成灯光景点的；在园林围墙或高大植物上悬挂的串联挂灯，以及在凉亭（图7-108）或花架上使用的光带都可形成轮廓照明；另外，如节日悬挂的灯笼（图7-109）、激光束以及灯光泉等都属表露照明中常用的照明形式。环境中的单体表露照明，除要突出表现灯光气氛外，还应注意灯具及支撑体造型设计的艺术性；如果是群体安置，则以整体造型和色彩组织为主。

图7-108　串联挂灯勾画出凉亭轮廓

图7-109　江南小镇节日悬挂的灯笼

不同空间、不同环境的灯具形式与布局各不相同，灯具设计应在满足照明需要的前提下，对其体量、高度、尺度、形式、材料、色彩等进行统一设计，以烘托不同的环境氛围，造型宜简洁质朴，尽量避免过分繁琐的纹饰。同一庭园中除作重点装饰的庭灯外，其他灯的风格类型应基本协调一致。造型还应符合户外灯具使用的基本要求，如防御风雨，便于安装修理等。

2. 园林照明方法

对于夜晚的室外景观照明，不同的照明对象所采用的照明方法是不同的，比如树木与建筑、雕像与水体，因其体量、造型、材质的差异，采取的照明形式是完全不同的。要通过不同的照明方法实现不同的灯光效果，以达到突出景物特色的意图。较为常见的园林景观照明方法有以下几种。

（1）下射照明（图7-110）　下射照明所产生的光线区域为伞形光线，也较为柔和，适用于人们进行室外活动的区域，如庭院。若在建筑上采用下射照明，则可突出其墙面特征，而且除了能提供必要的安全照明和外观照明外，还能与采用上射照明的其他特征形成对比。下射照明尤其适合于盛开的花朵，因为绝大多数花朵都是向上开放的，生长的态势与光线的方向形成动感上的对峙而别有特色。安装在花架、墙面和乔木上的下射灯均可满足这一要求。

（2）上射照明（图7-111）　上射照明是指灯具将光线向上投射而照亮物体，其中根据光线投射的方向和角度的不同又可分为掠射、漫射和重点照明，多用于强调景物的效果，如乔木、雕像、建筑的正面或墙面的照明，尤其适合表现树木的雕塑质感。灯具可固定在地面上或安装在地面下，一些埋在地面中使用的灯具，如埋地灯，由于维修和调整的不便，通常用来对长成的树木进行照明；而那些安装在地面上的定向照明灯具，则可以用来对小树照明，因为它们可以随着小树的成长而灵活地调整。光源的隐蔽性也要加以考虑，灯具要设置在隐蔽的地方或者加装隐蔽设施，以免产生干扰，分散人的注意力，影响照明对象的观赏效果。

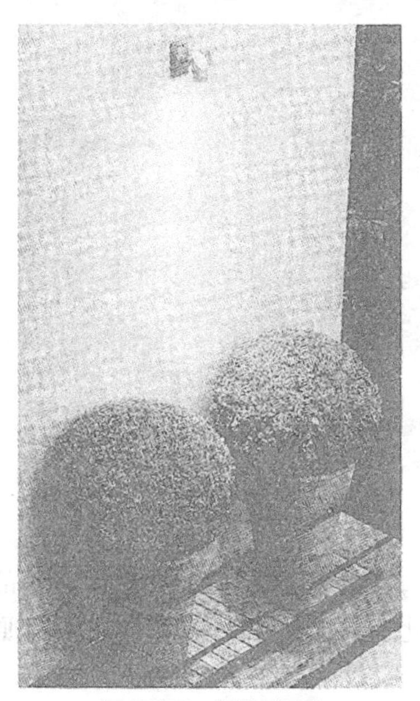

图 7-110　下射照明

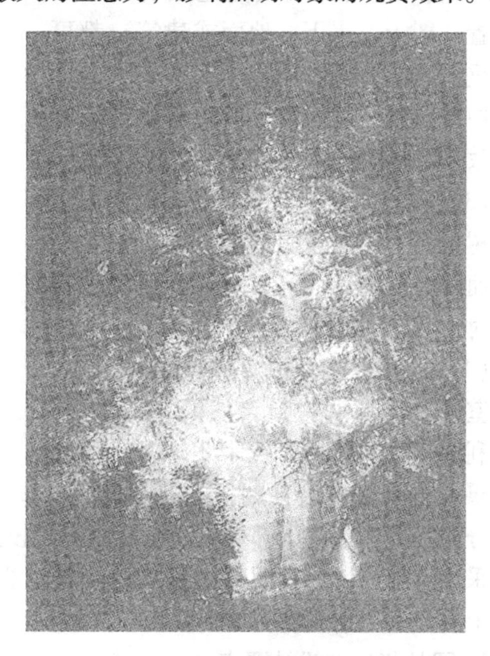

图 7-111　上射照明

对于质感突出的景物或表面，在附近用与其成锐角的光束进行照射，可以产生强烈的峰影，具有突出表面质感的效果，此为“掠射”，“掠射”照明主要适用于石墙或砖墙，在其附近设置灯具，光线成一定角度照射到墙面突出的部分，可使墙上的突起和勾缝产生很强的浮雕效果（图 7-112）。

将灯光均匀地照射到墙面上称为“漫射”，或“墙面漫射”，这种照明方式适用于许多场合。在现代庭院中，墙面一般都是经过粉刷的，没有质感，采用漫射照明则可突出墙面的色彩，或者将墙面的颜色反射到周围的空间，营造一种亲切、祥和的气氛（图 7-113）。较大规格的地面泛光灯可用于建筑正面墙的照明，但要注意灯光的投射角度，以避免从窗户向外观望或从门口走过时产生的眩光。

图 7-112　用上射灯掠射砖墙表面

图 7-113　墙面漫射照明

重点照明是用定向灯光强调个体植物、焦点景物或其他景观，使它们突出于周围环境（如黑暗背景或光线较暗的绿篱、墙面或植被）的一种照明技术。任何照明技术（下射照明、上射照明或侧光照明）和安装位置（树上、水下、地面或建筑）都可用于重点照明，只需用亮度相对较大的光束集中照射到照明对象上就可获得重点照明的效果。

图7-114　月光照明

（3）轮廓照明　轮廓照明比较适用于落叶树的照明，也就是使树木处于黑暗中，而将树的主体照亮，从而形成一种强烈的对比效果。

（4）月光照明（图7-114）　月光照明是室外空间照明中最自然的一种手法，它是利用灯具的巧妙布置来实现月光照明的效果。将灯具安装在树上合适的位置，一部分向下照射，将下部树枝和树叶的影子投到地面上，以产生斑驳的照明效果；而部分灯具则采用上射光，以表明树木是从地上长上去的。如此，便会产生一种满月之下的照明效果。上射光和下射光在树冠内交汇，光线变得柔和、宜人。

3. 园林灯饰的设计要点

园林灯饰的设计要同时注意园林环境景观装饰与使用功能的双重要求，造型美观与合理的光照度是追求的目标，同时还要考虑以下关键问题。

（1）避免眩光　通常情况下，不管是室内灯光照明还是室外环境照明，都需要特别注意眩光现象的产生，灯具造型固然可以提高景观小品的装饰性，但是在进行园林灯光设计时，很多情况下强调的是灯光的视觉效果，而不是灯具本身。所以在设计灯具时要考虑灯光的散射效果，安置灯具时也是越隐蔽越好，而不能让人感觉到无遮蔽光源产生的眩光（图7-115）。

图7-115　行路照明中的低位置灯具

（2）保留透视线　当将夜晚的景色分成远景、中景、近景时，如何才能使它们和谐自然地呈现在游客眼前，关键的一点就是要处理好前景照明。为了能使视野更开阔，前景照明绝不可过亮，但是若缺少照明也会导致透视变形，因为这样会使

远处的景物看上去比实际要近。一般来讲要对前景的物体采取柔和、低度的照明，使它们与景物形成框景，保持较好的透视效果，这一点对于距离适中的远景尤为重要。另外，灯光设计要注意保持景观的完整性，不可出现非常突兀的明亮区域，而要使各种景点照明都融合在整体环境中（图 7-116）。

（3）强调景深　通常在园林灯光设计时都强调景深，并且要使视野范围内的景物过渡自然。在需要考虑景物的透视效果时，这一点显得更为重要。比如，当远景处的一座雕像被照得很亮时，会使它显得离观赏者较近，而灯光变暗则会使它显得较远。所以，在较亮的焦点景物与较暗的中景之间要有一定的照明过渡，使它们自然融合为一个整体，可在草坪上投射少量灯光或对两侧的灌木花坛给予一定照明。对两侧灌木花坛的照明能够在视觉上延长庭、院的外围，具有扩大空间的效果，从而避免出现只有一个照明焦点的狭长视野（图 7-117）。

图 7-116　恰如其分的前景照明

图 7-117　适度的中景照明

近年来，园林灯饰在园林建筑环境中的地位越加重要，随着设计观念的提高和经济的发展，室外景观的夜景照明效果有了不同程度的长进，但是其中也存在不少问题，如片面追求数量、追求光亮度、刻意加强局部效果等。为使夜晚的景观照明质量逐步趋向完美，我们应在电光源、灯具、照明设计和总体环境设计上综合考虑，逐步解决光污染、能源浪费等问题，创造出具有一定环境主题，与环境风格相协调，并具有一定寓意的园林灯饰小品和灯光夜景照明。

7.3.9　展示、导向牌

展示、导向牌在园林空间环境中一直担任重要的角色，在提供路线、识别、规定等重要资讯的同时，也为周围环境增添了丰富的光彩，传达了环境的各种特质，或传统，或现代，或新奇，或友善，或有一定的异国情调等。根据其功能及服务内容的不同，基本分为两大类：信息展示类和标示导向类。

信息展示类包括各种告示板和宣传栏，如报栏（亭）、招贴栏（图 7-118）、布告板、展示台、展示说明板等各种形式。

标示导向类主要是指在公共环境中引导方向、指示行为、揭示场所性质的方向指示牌、作业性标示物、规定性标示物（图 7-119）、园林导游图、园林布局图、路名简介牌等。

1. 信息展示类

信息展示板在园林环境中的分布范围很广，所提供信息的内容也各有不同，但是在形式

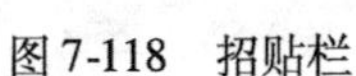

图7-118　招贴栏

图7-119　规定性说明板

设计上有着共同的要求。

1）其造型设计应具有区域环境中的统一共性及区别于其他区域的个性，这包括展示板的造型、选材、色彩及设置方式等内容。

2）为便于展示内容的更换及照明、维护的方便，并防止雨水侵入，在设计时需注意构造方式及其密封性能，常见展示栏的构造方式如图7-120、图7-121所示。

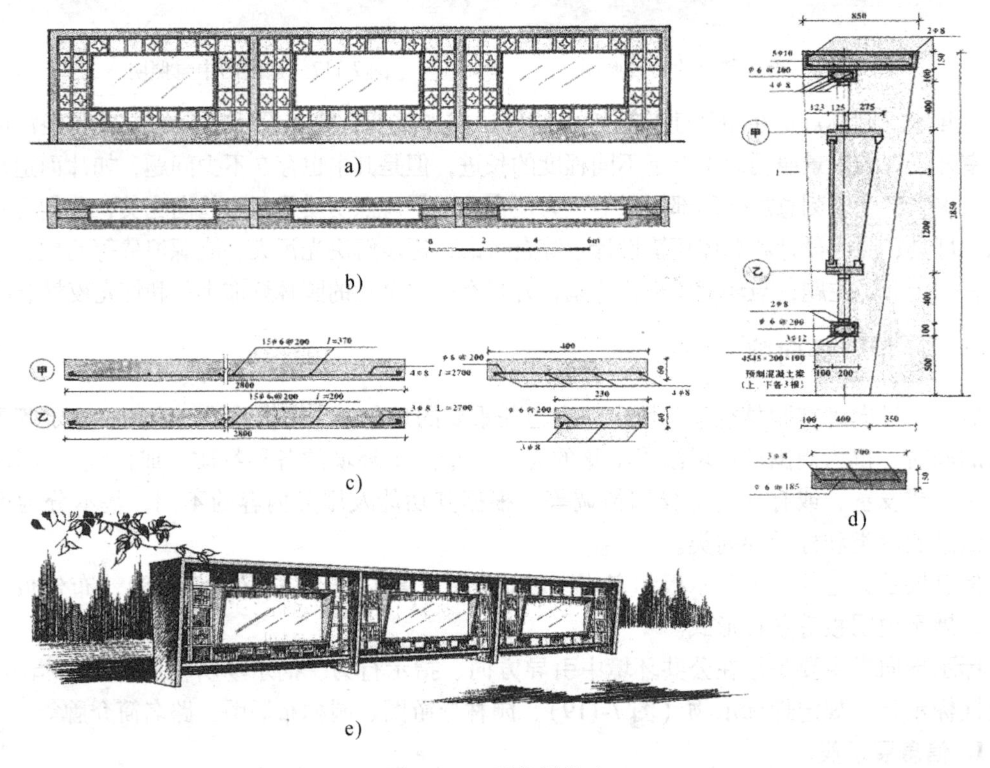

图7-120　展览栏做法

a）立面图　b）平面图　c）配筋图一　d）配筋图二　e）效果图

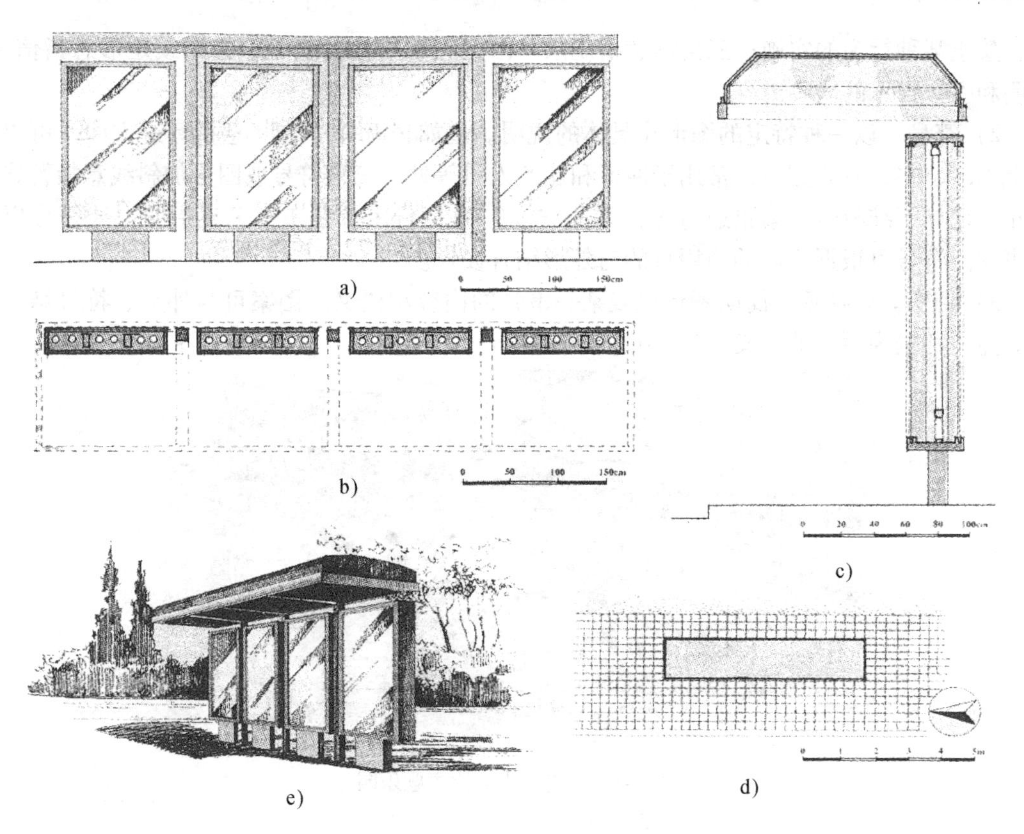

图 7-121　灯箱类展示牌做法

a）立面图　b）平面图　c）剖面图　d）环境平面图　e）效果图

3）信息展示板的设计尺度和安放位置要易于被人们发现，但在环境中又不宜过于醒目。尤其是在风景游览区和古旧建筑保护区，信息展示板的高度、面幅要有一定的限制。一般小型展面的画面中心离地面高度为 1.4～1.5m 左右。

4）创造良好的视觉观展条件是获取信息的重要保证。

5）室外光线充足适于观展，但应避免阳光直射展面。环境亮度、地面亮度与展览栏相差不可过大，以免造成玻璃面的反光，影响观展效果。巧妙利用绿化可改善不利的光照条件。

信息展示板的设置方式有三种。第一种是可以移动或灵活布置的，如台式、座式、隔断式等；第二种是独立于地面的固定告示，如台式、碑式、架构式和亭廊式等；第三种是悬挂、出挑、嵌入建筑中和设施上的提示板、告示窗等。

2. 标示导向类

标示物具有易识易记和自明的特点。信息提示往往通过文字、绘图、记号、图示等形式予以表达，要求做到文字标志规范、准确；绘图记号直接、易于理解；图示表示如方位导游图，采用平面图、照片加以简单文字构成，可引导人们认识陌生环境，明确所在方位。

（1）设计时应注意的方面　在设计时，要注意标示物的外形、符号、图案、文字和色彩等。

1）外形。利用人们对某些几何形状固有含义的认识来传达信息。比如，圆形意指警

告，禁止某种行为的实施；三角形意指规限，限定某种行为的实施；方形或矩形意指信息，说明和引导告示的简要内容。

2）符号。以一种特定的图形作具体的说明。比如，箭头“↑”意指行进方向，可以表示上、下、左、右等方向，常用于通道和建筑入口等处；三角符号或圈号加斜线意指警告和禁止，比如不准吸烟，禁止通行等；方框“□”意指告示、公布信息或指明上述符号以外的事项。符号可根据不同的使用目的与外形结合设计。

3）图案。以抽象或简明图形代表某一事物的内容和语义。图案可与外形、符号结合综合表述一种较为明确的意义（图7-122）。

图7-122　美国史努比主题乐园

4）文字。以一个或若干文字表明语义，它与外形、符号和图案结合，或与其他标识结合，对标识的信息进行更为明确和详细的表述（图7-123、图7-124）。

图7-123　文字标志一

图7-124　文字标志二

5）色彩。对标识信息的色彩进行搭配，以强调其独特性和自明性。在标识系统中，各主要语义都有其确定的色彩，比如红色意指禁止和警告，绿色意指紧急情况，黄色意指小心、注意。这些色彩有时可以配合使用，但是要有控制性的主色，以说明其主要用意，并防止因色彩混乱而引起视觉效应的降低。

（2）遵循的原则　不管是外形、符号，还是图案、色彩，都是在进行标示物设计时应考虑的最基本要素，它们是形成最终形象的几个基本途径，在不同的环境中进行标示物的设计时应遵循以下两个原则。

1）根据环境的特色，设计与之风格相统一的标示物。在标示物的设计过程中，应充分考虑整体景观设计的风格理念，分析设计中自然环境与历史文脉对标示系统的影响，在统一的设计风格中寻求变化，产生独具魅力的文化个性（图7-125、图7-126）。

图7-125　日本某公园以风车为主题的标志图案

图7-126　日本某公园以风车为环境主题

2）拟定故事情节，设计与故事情节所处年代及背景相吻合的标示物。在某些历史风景名胜区和主题游园中，当地的历史传统或风土人情往往蕴含有大量特殊而有意义的故事，将这些耳熟能详的故事情节转化编排成平面化的设计语言，贯穿于整体标示物的设计，置身其中，历史与现实的时空变换往往会产生意想不到的效果（图7-127）。

图7-127　美国某主题公园标志

（3）布局时应注意的方面　在进行标示物的设计与布局时，强调注意以下几方面。

1）标示物的设置要以层次清晰、醒目明确和少而精为原则。能集中设计则尽量集中，避免因过于铺排而产生繁杂混乱的结果。一般说来，标识牌的设置高度应在人站立时眼睛高度之上、平视视线范围之内，从而提供视觉的舒适感和最佳能见度。

2）造型美观及与园林环境协调统一。艺术化、多样化的标示物，成为环境的点睛之笔，其设计应简洁大方、色彩鲜明。创造简明易懂的视觉效果，以充分发挥标志的信息传播媒介的作用（图7-128）。

当标示物进入环境空间后，就与原有环境产生对话和交流，在标示物周围营造了一种场地效应，成为环境空间的一个重要组成部分。所以，标示物与周围环境应相互协调，在造型、色彩、材料等方面要注意相互间的关系，不要各行其是（图7-129）。

图7-128　嘉荫恐龙国家地质公园标志

图7-129　香港海洋公园标志

7.3.10　室外家具

室外家具在园林环境中扮演着重要的角色，作为基本的服务设施存在于各种园林环境中，为人们提供多种便利和公益性服务。这些室外家具主要包括：提供休息的坐具；提供通信联系的音箱和电话亭；提供商业销售的售货亭；保证公共卫生的垃圾箱；以及饮水器、自行车架等便利设施。这些室外家具的共同特点是占地少、体量小、分布广、数量多，此外还有造型别致、色彩鲜明、便于识别等。

任何环境设施都是个别和一般、个性和共性的统一体，安全、舒适、易于识别、和谐、文化感是园林环境中室外家具的共性。但由于环境、地域、文化、使用人群、功能、技术、材料等因素的不同，室外家具的设计更应体现多样化的个性。例如，不同地域之间气候的差异性就会影响服务设施的设计。我国南方地区气候炎热、多雨，室外家具不宜采用金属材料，可以多用木材以增加亲切感和舒适感；另外，北方下雪较多，考虑到一年中较长时间的灰白背景，设施不宜采用浅色，而应该多采用色彩较鲜艳的玻璃钢材质；此外，可以更多地采用当地的特色材料，比如在江南可多采用竹子一类的传统材料运用到现代环境设施中，而不是一味只追求具有科技含量的现代材料。各地不同的自然资源都可以成为设计师构思利用的理想对象，源于自然的设计更能体现与众不同的个性化特征。所以室外家具在设计中既要考虑到实用性，又要反映其所在的环境特征；另外，在布置时考虑与场所空间、行人交通的关系，既能便于寻找、易于识别、方便使用，又能提高景观和环境效益。

1. 座椅

座椅在园林环境中是最常见、最基本的“家具”，作为供游人休息的设施，设置座椅是十分必要的，座椅除具有实用功能外，还有组景点景的作用。在庭园树林中设置一组石桌凳往往能将自然无序的空间变为有一定中心意境的庭园景色，使设置座椅的地方，很自然成为吸引人前往、逗留、聚会的场所。座椅设置的位置多为园林中有特色的地段，如池边、岸沿、岩旁、台前、林下、花间，或草坪道路转折处等，既可作为休憩家具又可成为小区域环境中的一个景致（图7-130）。有时在大范围组景中也可以运用座椅来分割空间，座椅利用

自身的造型特点，在与环境取得协调的同时足以产生各种不同的情趣。

观赏、休息、谈话是座椅同时兼具的服务内容。座椅的设计应考虑人在室外环境中休息时的心理习惯和活动规律，结合所在环境的特点和人的使用要求，来决定它的安设位置、座位数量和造型特点。其中，满足休憩及人的观赏需求是随机性最强的内容，无论是开放性空间还是私密性环境，座椅的设置一般应面向风景、视线良好及人的活动区域，以便为观赏提供最佳条件；而作为休闲园林环境中的休息设施，座椅的设置应安排在人行道附近（图 7-131），以方便使用者，并尽量形成相对安静的角落和提供观赏的条件；供人长时间休憩的座椅，应注意设置的私密性，座椅以 1 ~2 人为宜，造型应小巧简单（图 7-132）；而人流量较多时供人短暂休息的座椅，则应考虑其利用率，座椅大小一般以满足 1 ~ 3 人为宜（图 7-133）；典型的休息场所座椅应较为集中，可利用环境中的台阶、叠石、矮墙、栏杆、花坛等结合进行整体设计，使其兼有坐凳的功能（图 7-134），座椅附近应配置烟灰皿、卫生箱、饮水器等服务设施。在城市公园或公共绿地所选座椅款式，宜典雅、亲切（图 7-135）；在几何状草坪旁边的，宜精巧规整；而在自然风景区和野生公园则以就地取材富有自然气息为宜（图 7-136）。

图 7-130　林间路旁的石桌

图 7-131　人行道旁的休息椅

图 7-132　凹陷在挡土墙内的座椅

室外座椅的设计应满足人体舒适度要求，普通座面高 38 ~40cm，座面宽 40 ~45cm，标准长度：单人椅 60cm 左右，双人椅 120cm 左右，三人椅 180cm 左右，靠背座椅的靠背倾角为 100° ~110°为宜（图 7-137）。座椅的细节设计在很大程度上体现了人性化关怀的细致与否，其实在现代设计中“人性化设计”的理念体现在方方面面，室外座椅的尺度往往影响使用者的使用舒适度，所以在设计中要严格控制。在法国巴黎街头的一种高靠椅充分体现出对“人性”细腻的关注与关照，它是一种介于栏杆和座椅之间的高靠椅，既起了围栏的作用又可让人暂时停靠，在人流匆匆的交通集散地，特别适合双肩背包客或不便落座的过客临时停靠。

图7-133　木质座椅与大理石花台

图7-134　台阶式的休息座

图7-135　造型典雅的休息椅

图7-136　自然景区内的原木座位

座椅的制作材料很广泛，可采用木材、石材、混凝土、陶瓷、金属、塑料等。座椅材料的选择除与环境特点（环境性质、背景和铺地形式）相关外（图7-138），还要考虑使用频率（一人一次占用时间），频率低者（占用时间短、使用人少）可选用水泥石材，频率高者应选用木材，木材应作防腐处理，座椅转角处应作磨边倒角处理。另外，座椅色彩和造型在同一环境中宜统一协调、符合环境特点、富于个性（图7-139、图7-140）。

图7-137　符合人体工学的座椅

图7-138　扇贝状的木质座椅

图7-139 具有很强韵律感的板条椅

图7-140 符合环境特征的室外休息座

2. 音箱

音箱常见于广场、公园等露天公共活动场所，以及大型公共建筑中。它们种类多，造型各异，或做成环境中的装饰物或隐藏于草坪和设施之中，为人提供背景音乐，烘托环境气氛（图7-141）。

图7-141 常见的几种草地音箱

3. 电话亭

作为现代通信的基本设施，电话亭在公园、广场、风景游览区等公共环境中是必不可少的，它越来越广泛地渗透到现代生活之中，同时公共电话亭作为环境景观的重要组成部分，其千姿百态的造型，也丰富了园林空间环境，成为园林景观小品的一个组成部分。

公共电话亭按其外形可分为封闭式、遮体式等。封闭式电话亭一般高2～2.4m，长×宽为0.8m×0.8m～1.4m×1.4m，材料采用铝、钢框架嵌钢化玻璃、有机玻璃等透明材料。遮体式电话亭外形小巧、使用便捷，但遮蔽顶棚小，隔声防护较差，用材一般为钢、金属板及有机玻璃，高度2m左右，深0.5～0.9m。电话亭的设计，首先在造型上要使听筒的高度及话机的位置符合人体尺度；其次，要有一定的隔声效果，以保证通话的私密性和免受外界噪声干扰，并对风雨有防护能力（图7-142～图7-145）。

在园林环境中，电话亭并无组织景点的作用，因此作为景观的从属物，在造型和配置方面要与环境特点取得协调，既易于被使用者发现，又不过分夸张夺目。造型一般应简洁大方、通透明了。另外，不宜把电话亭放在道路交叉口或紧靠建筑、园门入口等主要地段，否则易造成人流交通拥挤、混乱甚至阻塞的现象。

图7-142　遮体式电话亭

图7-143　封闭式电话亭

图7-144　连排的遮体式电话亭

图7-145　遮体式电话亭

4. 饮水器

饮水器是公共活动场所中为人提供饮水的设备。随着人们生活水平的提高，假日郊游及室外活动不断增多，在公园、广场等环境场所中为游人提供方便的饮水条件已成为必不可少的一项服务设施。

根据使用者的数量，分为独立式和集中式（多组龙头）两种。对于饮水器的设计，首先要以人体工学为参照来确定使用人的高度：通常成人饮水的高度为80cm左右，而儿童则要65cm左右，同时还要设置一级台阶；第二，尽量使用自动水龙头，以节省用水；第三，因饮水器的水盆和龙头一般采用定型产品，所以造型设计侧重于支座的处理。在设计时要注意支座与地面的接触面尽量小，以减少设备本身的水污和便于使用者靠近；地面铺装材料要求渗水性能好，设泄水口的地表有一定坡度，以避免形成积水。另外，还需注意的是，饮水器的结构和高度要考虑轮椅使用者的方便；造型可以与环境中的其他服务设施统筹考虑，以求得形式上的统一，也可以采用标准设备，这些要根据场所和使用人的情况来定（图7-146）。

饮水器一般设置在休息场地、出入口、食品销售亭点附近，以便于人们发现和使用，绝不能安放在公厕附近，并且要避开人流交叉区。

5. 垃圾箱

图 7-146　常见的饮水器造型

垃圾箱是园林环境中的卫生设施，不仅为保持环境卫生所需，也反映园林环境和景观特点。垃圾箱主要设置于休息观光通道两侧，候车、贩卖等行人停留时间较长且易于产生丢弃物的场所。

垃圾箱的形式主要有固定型、移动型、依托型等。要求美观与功能兼备、坚固耐用、不易倾倒。在空间特性明确的场所（如街道等），可设置固定型垃圾箱；在人流变化大、空间利用较多的场所（如广场、公园、商业街等），可设置移动型垃圾箱；而依托型垃圾箱则固定于墙壁、栏杆之上，适宜在人流较多、空间狭小的场所使用。

垃圾箱的制作材料有不锈钢、木材、石材、混凝土、陶瓷材料、塑料等。在材质运用方面，可选择反映所处园林环境特点的材料，以体现环境特色为目标并力求与周围景观和环境协调统一。如复合材料的使用，玻璃、荧光漆、PVC 特殊材料的运用，实木、竹子、藤的运用（图 7-147）。

图 7-147　各种材料的垃圾箱

a）木质垃圾箱　b）石质垃圾箱　c）不锈钢质垃圾箱　d）PVC 垃圾箱　e）塑料垃圾箱

因为在环境中垃圾箱只担任陪衬的角色，所以在造型处理、安放位置上不可过分突出夺目，要给人以洁净和美的感觉。设计中还要考虑使用维护的方便易行，提高人的可操作性，如投口高度一般设为0.6~0.9m，以方便人们丢弃废物。为提高资源回收率，可同时设置可回收物垃圾箱与不可回收物垃圾箱。在布局时，垃圾箱设置间距一般为30~50m，也可根据人流量来设定，可回收物垃圾箱与不可回收物垃圾箱应并列放置，并尽量靠近休息座位、贩卖亭点和步行道路，以提高人的可接近性与分类投放废弃物品的自觉性，达到真正保护环境的功能。

实　训　7

一、设计任务书

本课题的设计任务可以结合已完成的课程设计任务如园林布局设计、公共厕所设计、园林大门设计、茶室设计、小卖部设计、游船码头设计等来进行。以下是在完成或进行中的园林大门设计的基础上，进行的园林小品设计。

1. 设计内容

请为已完成大门设计的前广场配置休息凳、垃圾桶、指示牌、电话亭、花架等建筑小品，建筑小品的个数和位置自定。并在以上建筑小品中任选两种进行设计。设计应符合大门设计的整体风格，并具有一定的新颖性和实用性。

2. 图纸要求

1）在总平面图上标出配置的建筑小品的位置、个数、名称。

2）两种建筑小品的平、立、剖面图，比例自定。

3）两种建筑小品的彩色透视图。

4）图纸规格：A2图幅。

3. 时间安排

一周（或结合课程设计任务进行）。

二、园林建筑小品施工图纸识读

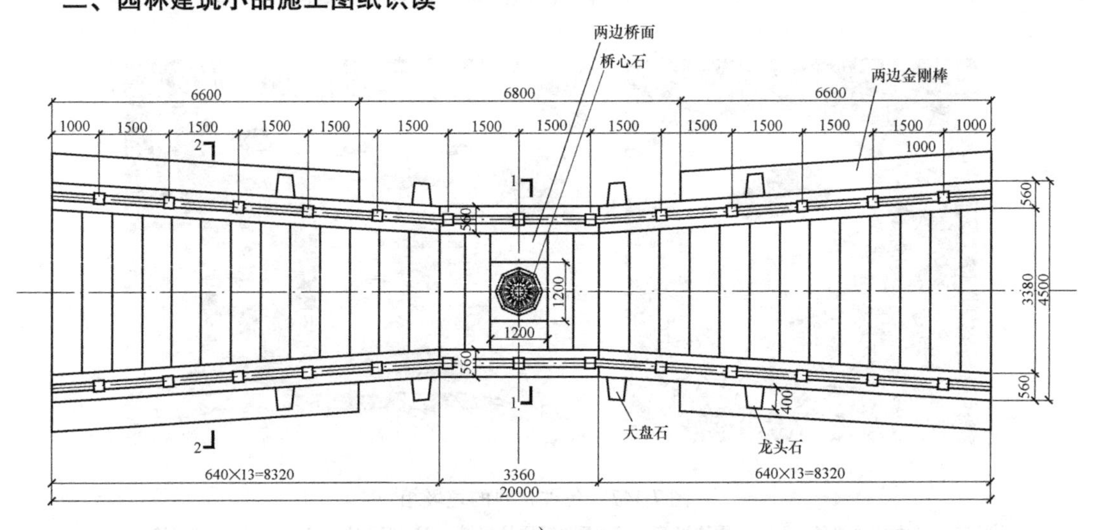

a)

图7-148　拱桥施工图

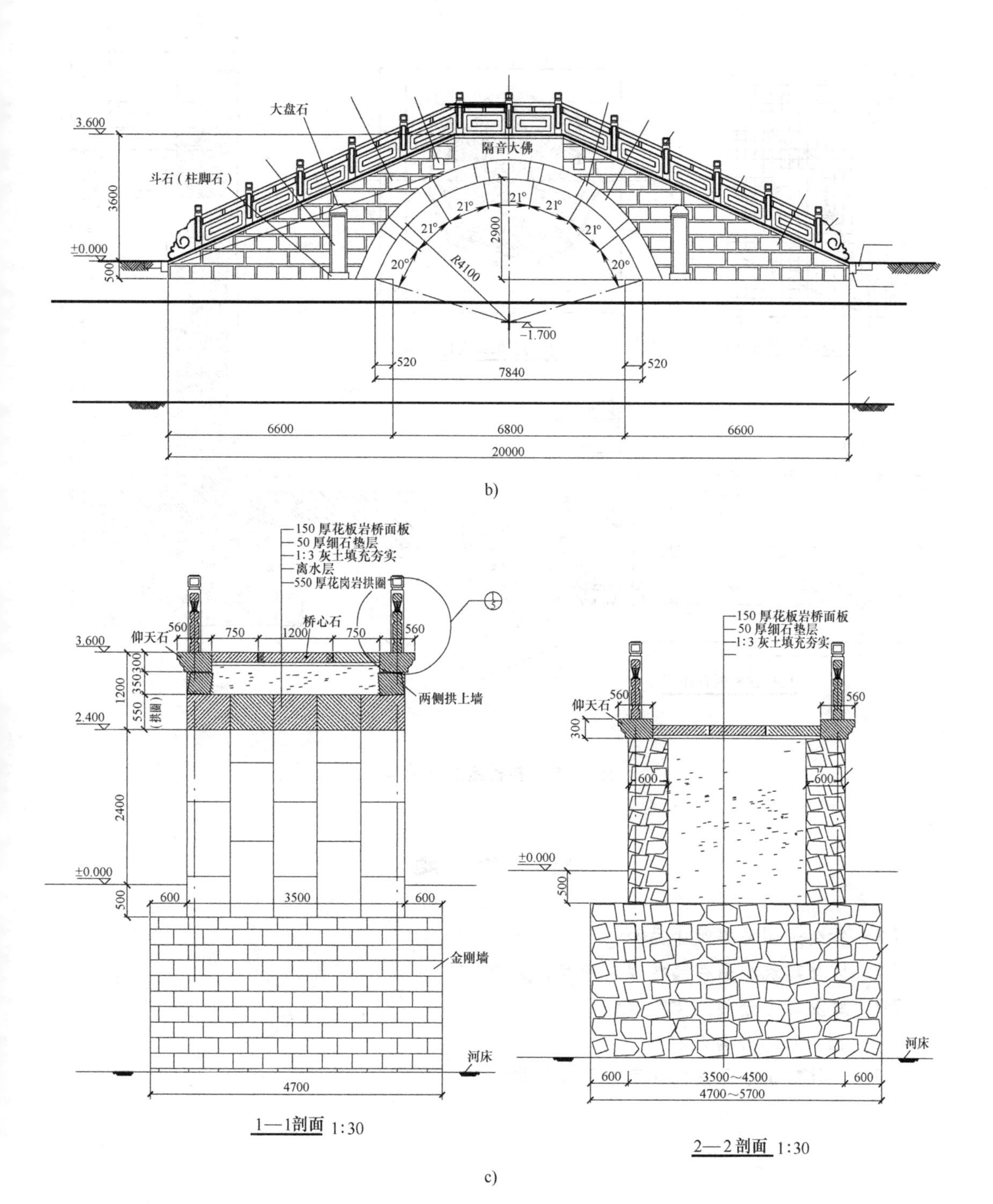

图 7-148　拱桥施工图（续）

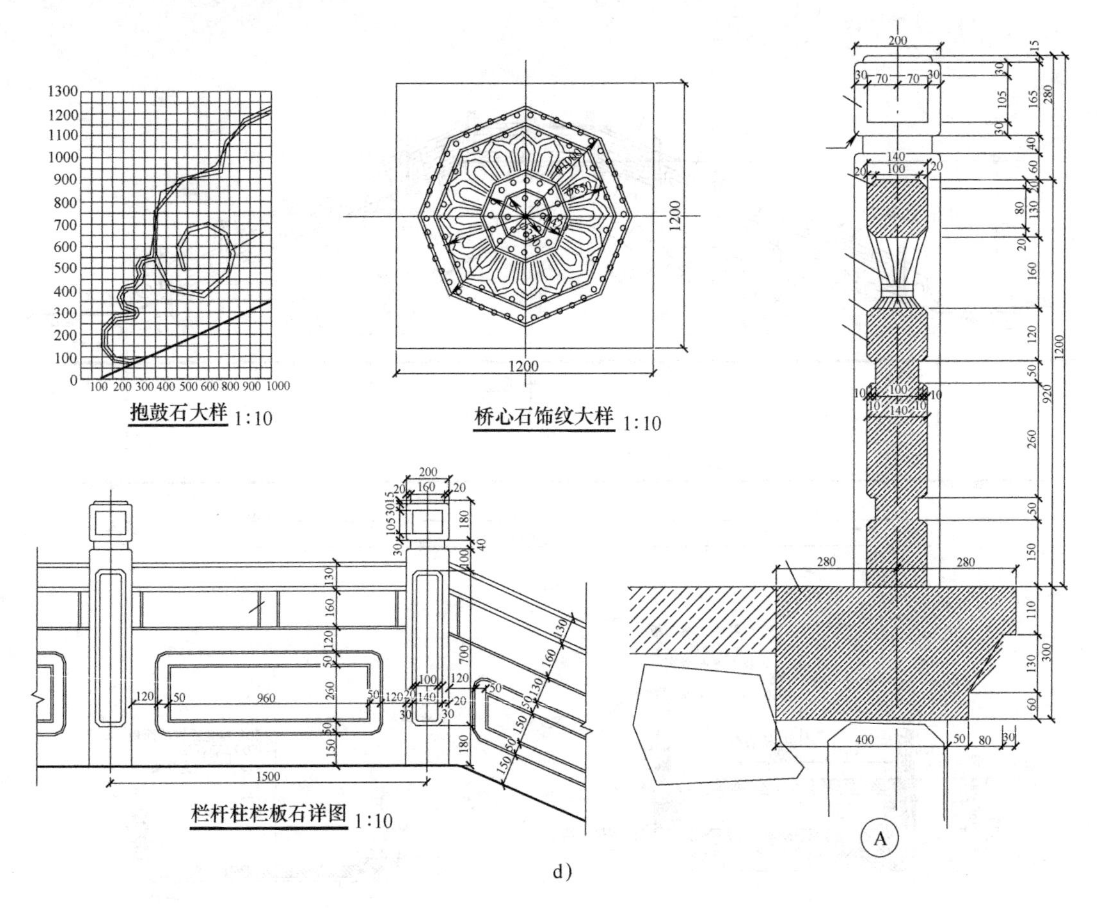

d)

图7-148　拱桥施工图（续）

思　考　题

7-1　什么是园林建筑小品？

7-2　园林建筑小品在园林建筑中有什么作用？

7-3　庭院灯可分为几类？

7-4　园林铺地分为几种？

7-5　园林建筑小品按功能可分为哪几类？

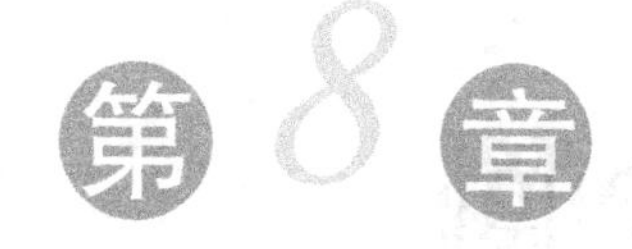

抄绘练习

8.1 承德避暑山庄总体分区平面布局图

承德避暑山庄是清朝鼎盛时期的大型皇家园林，根据其地形特点及功能分布可划分为四个区（图8-1、图8-2）。

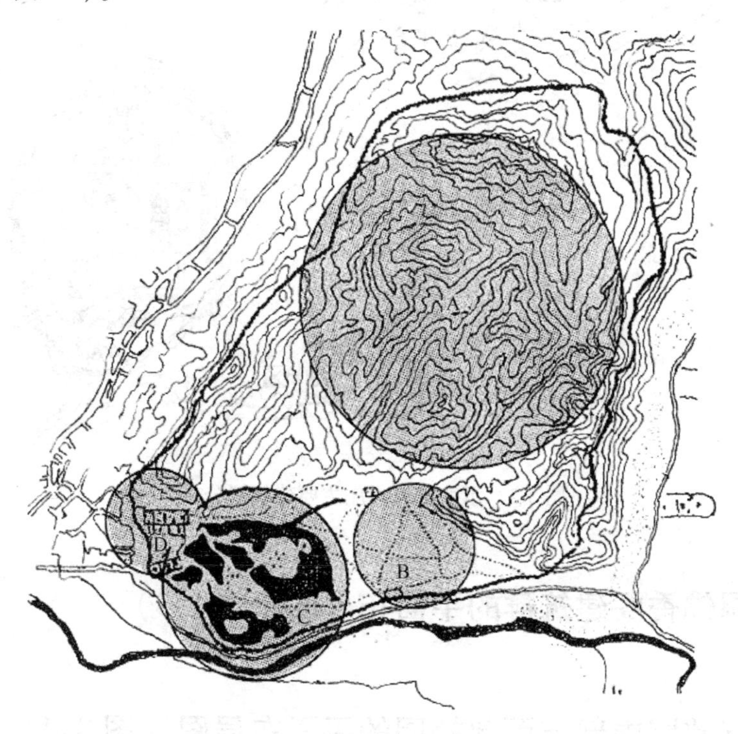

图8-1 承德避暑山庄总体分区图

山岳区（A区）：深入到山区腹地的建筑组群，其功能主要是供帝王寻幽访胜，因此在这些建筑组群中利用山岩地形的高低错落进行组景就成了空间组合的共同特色。沿湖山区设置各种寺庙道观，目的除了祭神礼佛，消灾祈福的功能之外也有暮鼓晨钟，梵音在耳的取意。在空间布局上，也按照庙宇的制式进行安排。

平原区（B区）：为了提供赛马、骑射、摔跤等的比武盛会场地，在空间处理上特意模仿自然草原的旷阔空间。

湖泊区（C区）：湖区内的建筑组群以供皇室闲游休憩，多采用不规则的自由布局。

宫廷区（D区）：位于宫廷区的建筑组群是皇帝明堂所在，为了满足朝觐时的礼仪需要，采用轴线对称严整的空间布局。

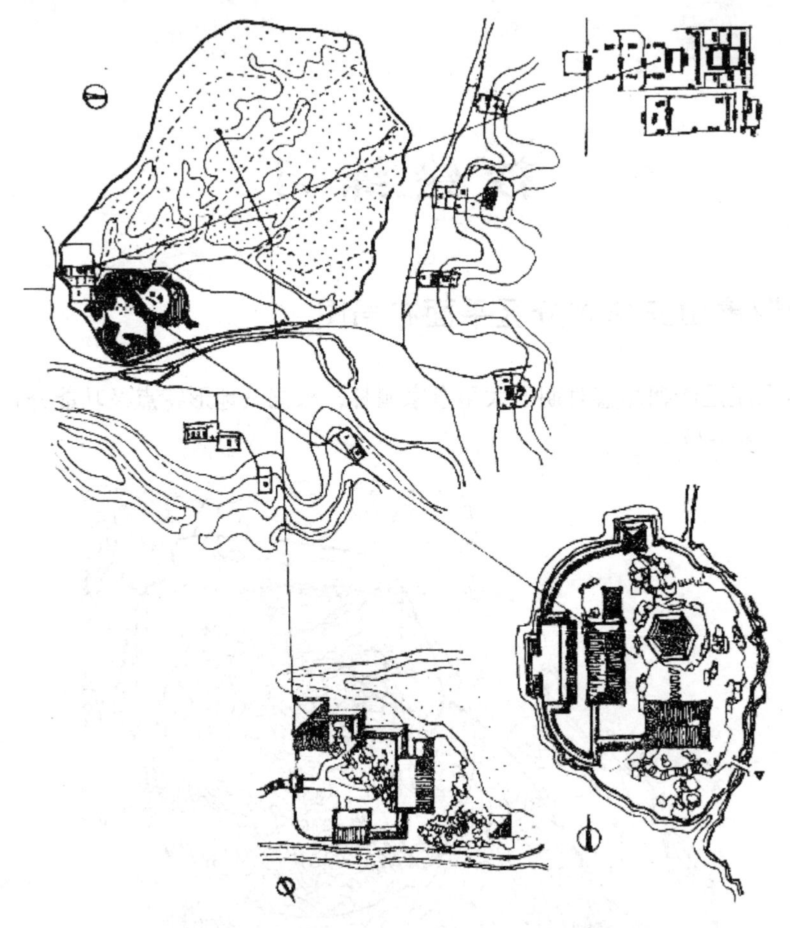

图8-2　承德避暑山庄主要建筑群分布

8.2　颐和园佛香阁建筑群的平面布局图（图8-3）

8.3　苏州拙政园中部与西部补园的平面布局图（图8-4）

8.4　苏州网师园的平面布局图（图8-5）

8.5　苏州留园的总平面布局图（图8-6）

图 8-3　颐和园佛香阁建筑群的平面布局图

图8-3　颐和园佛香阁建筑群的平面布局图（续）

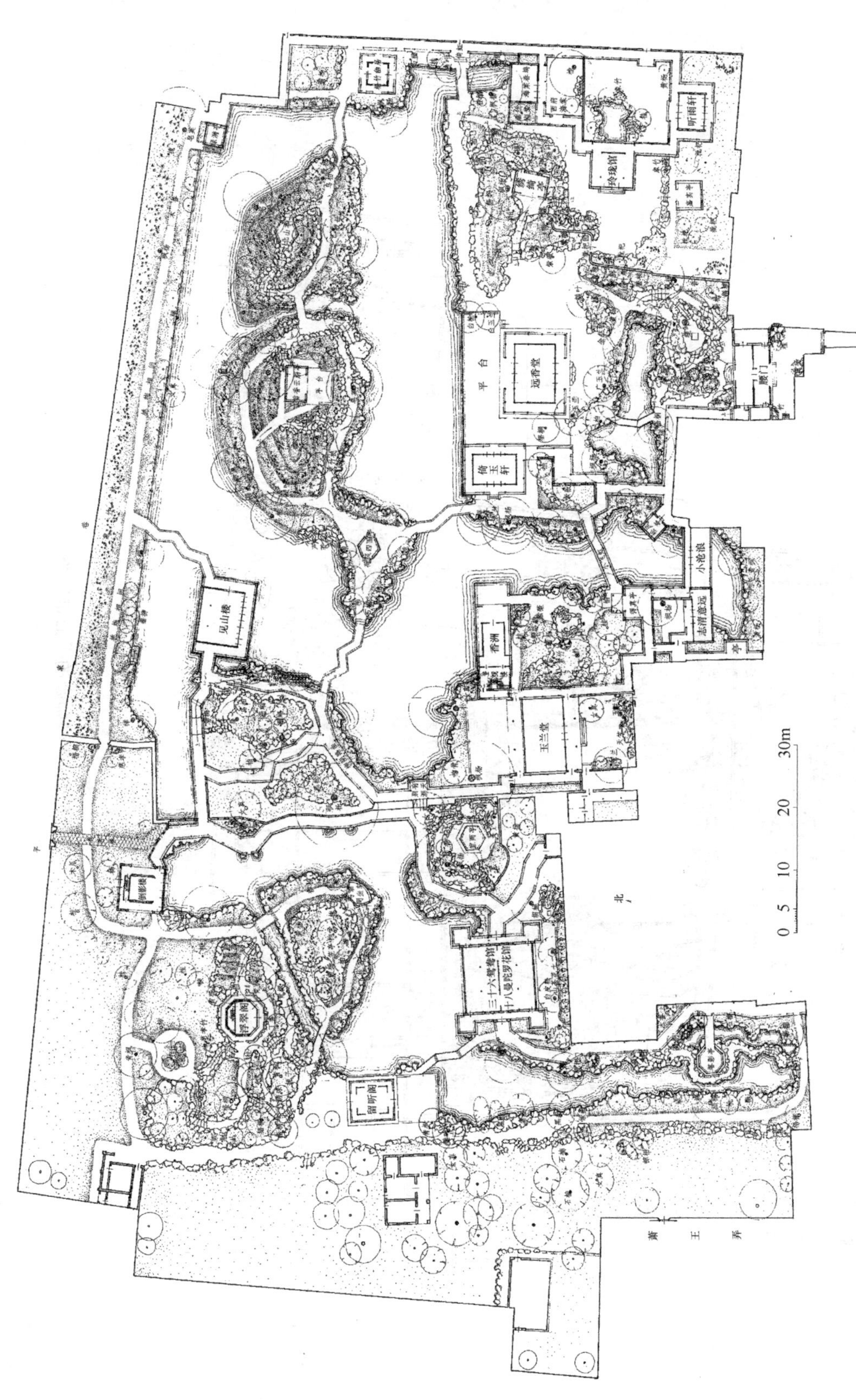

图 8-4 苏州拙政园中部与西部补园的平面布局图

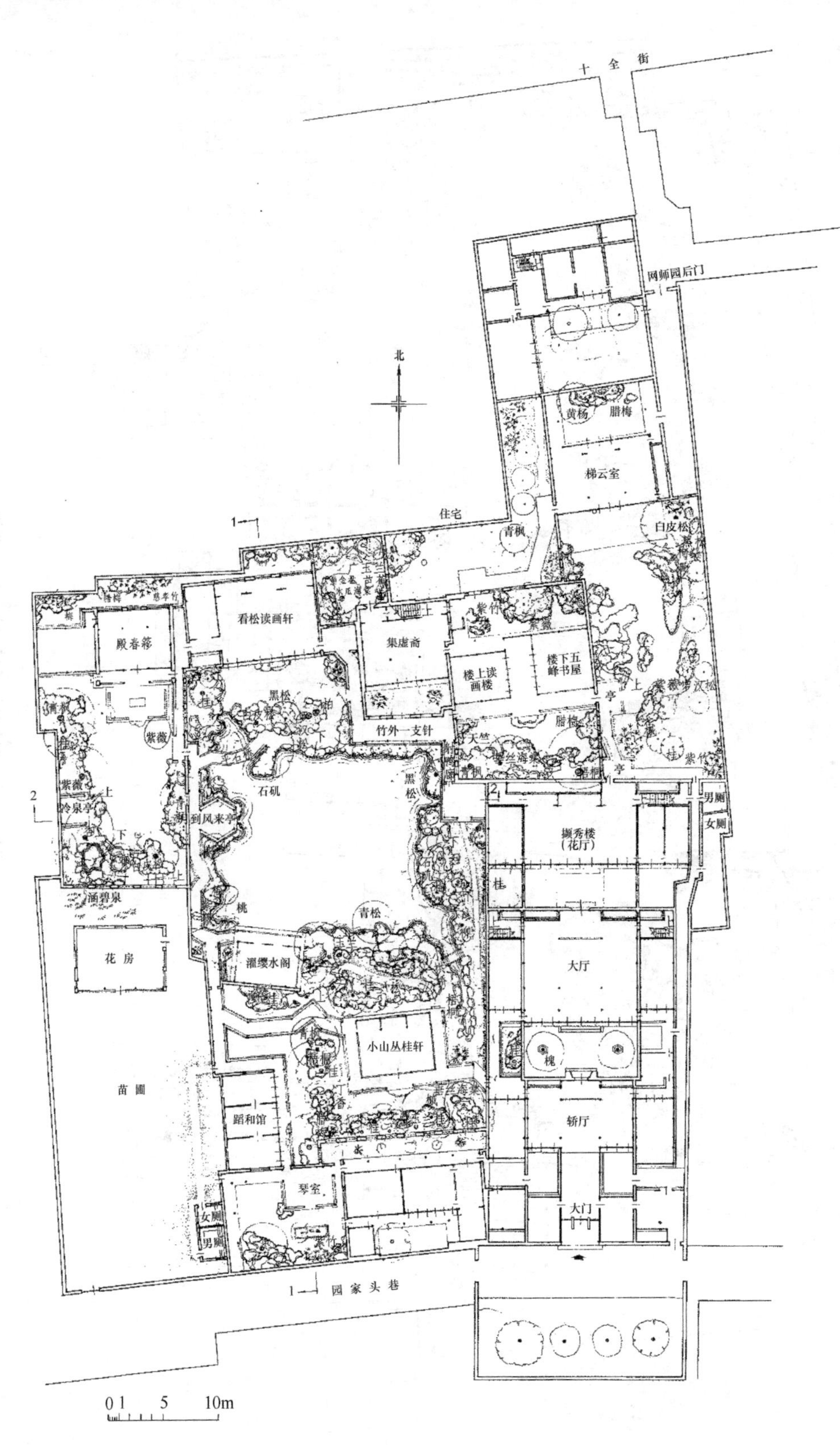

图8-5　苏州网师园的平面布局图

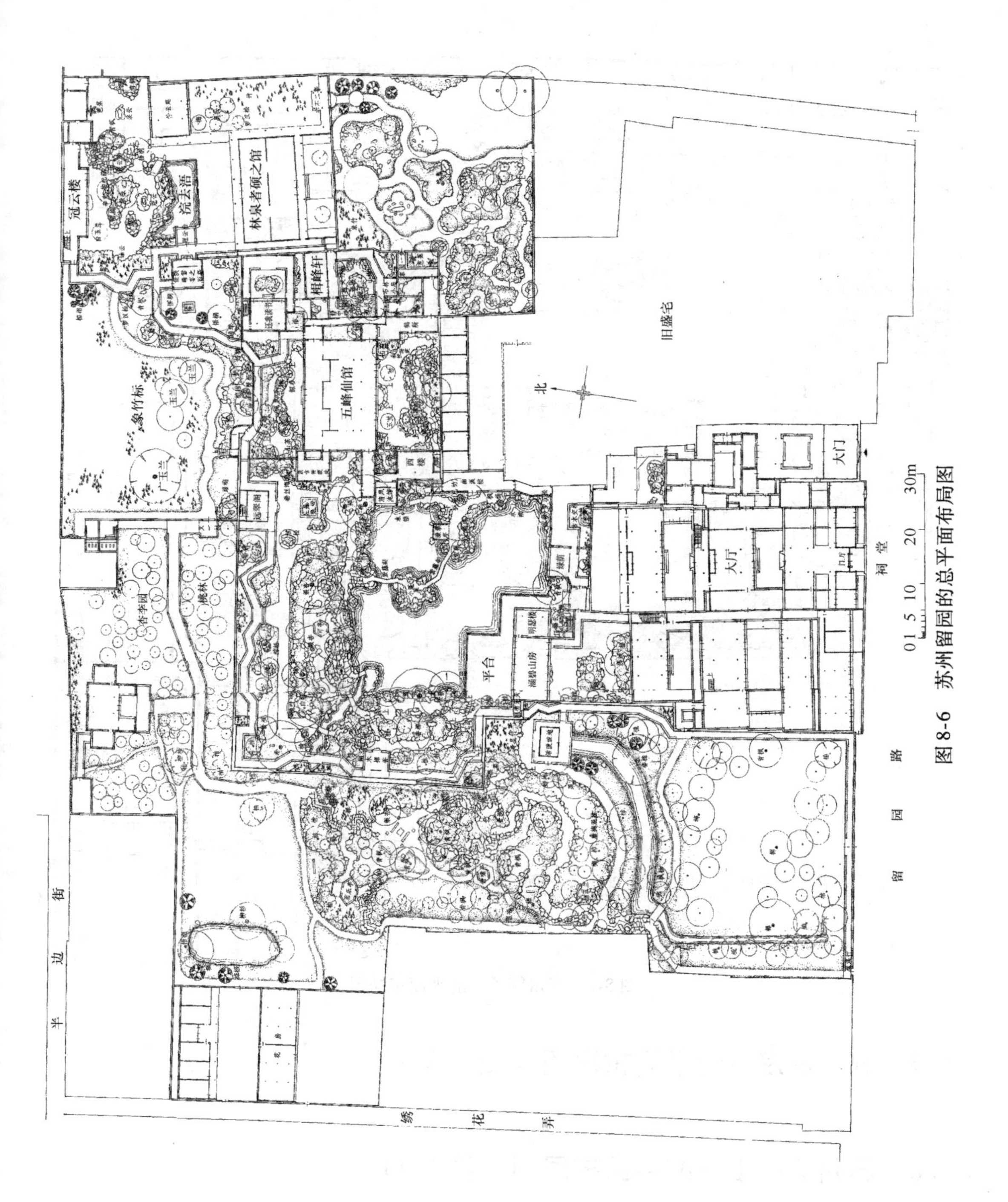

图8-6 苏州留园的总平面布局图

8.6　苏州狮子林的平面布局图（图8-7）

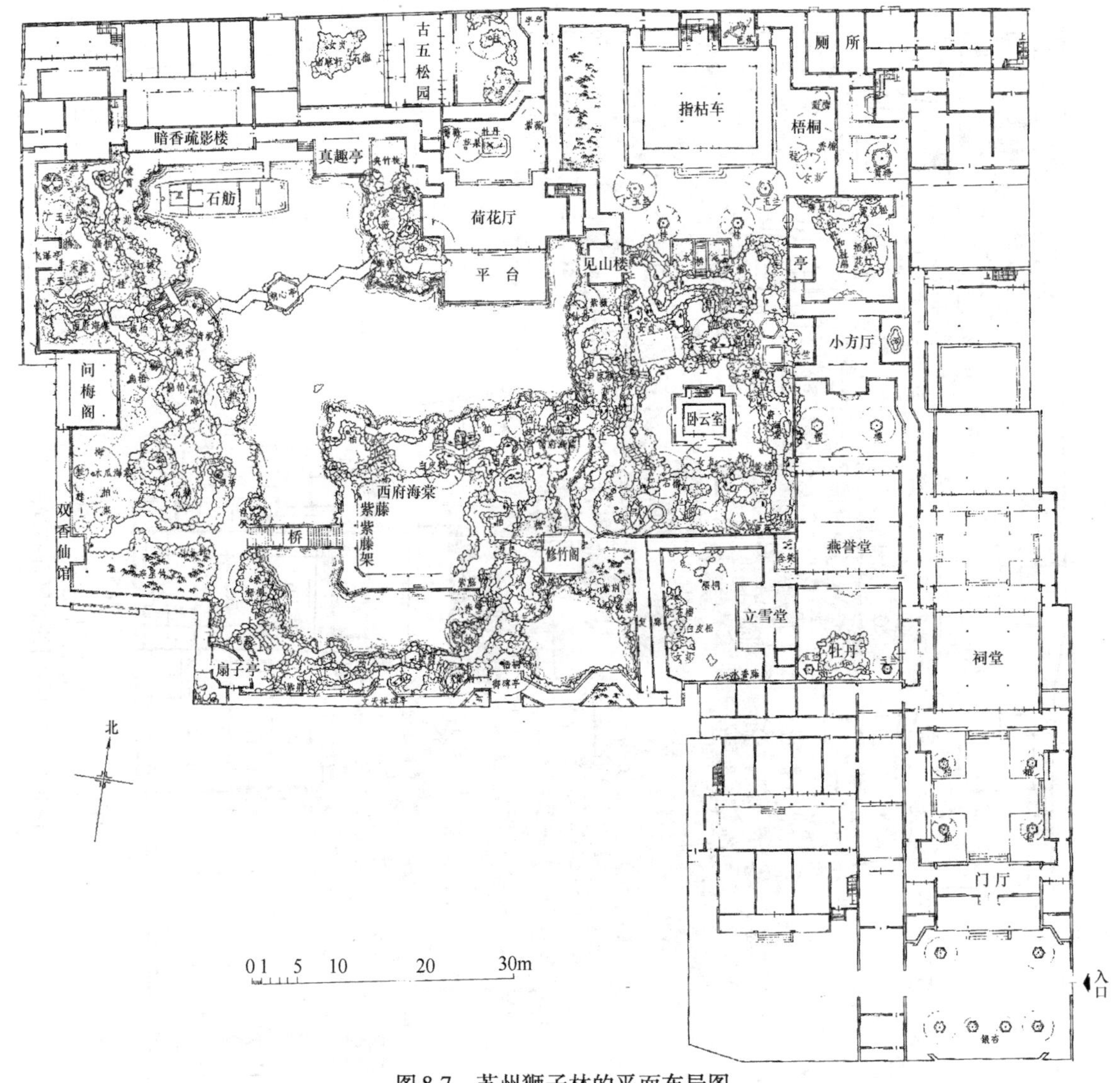

图8-7　苏州狮子林的平面布局图

8.7　苏州沧浪亭的平面布局图（图8-8）

8.8　苏州环秀山庄的平面布局图（图8-9）

8.9　杭州西泠印社的平面布局图（图8-10）

8.10 各类亭子的平面图、立面图及透视图（图8-11、图8-12、图8-13）

图8-8 苏州沧浪亭的平面布局图

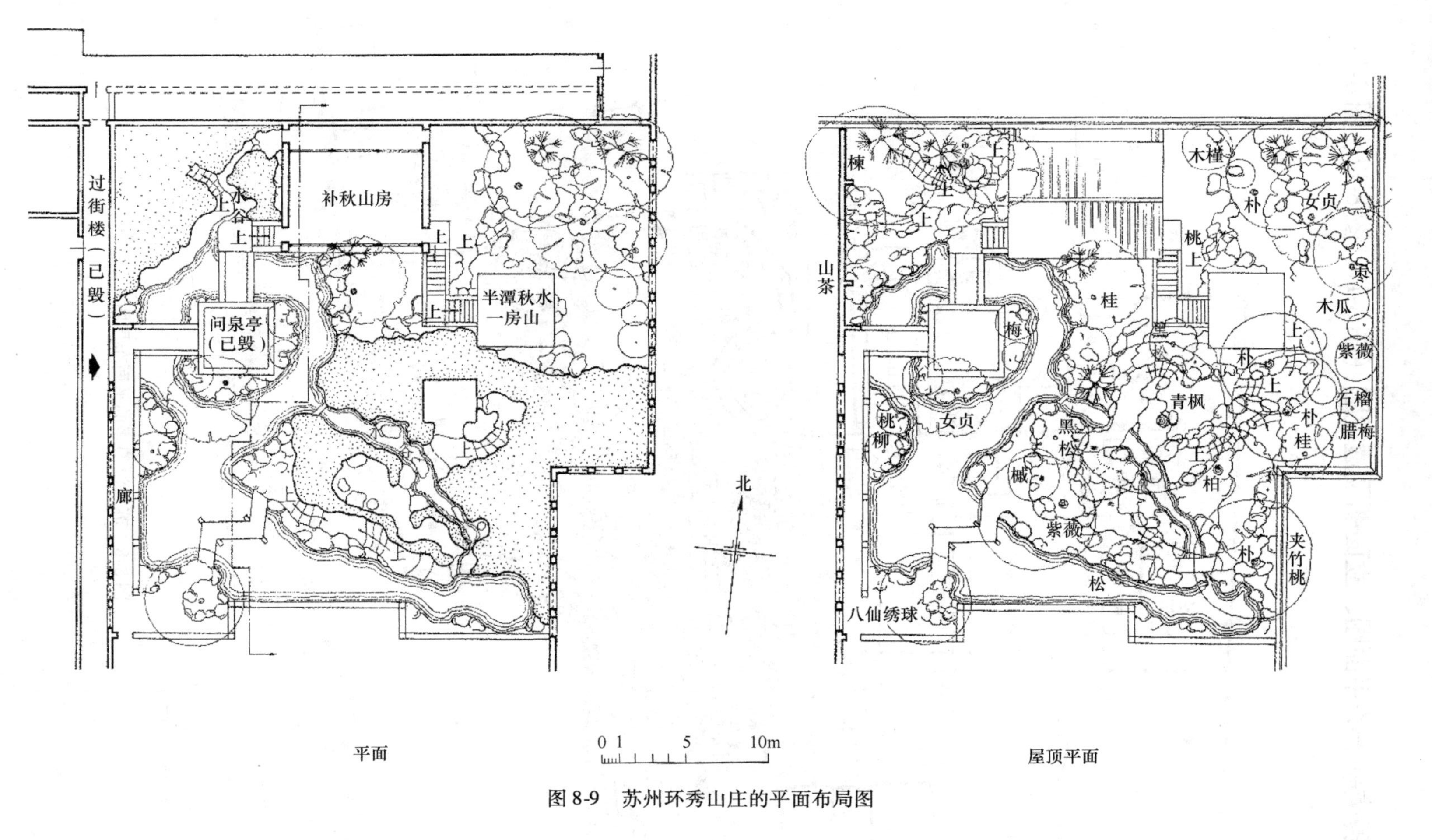

图 8-9　苏州环秀山庄的平面布局图

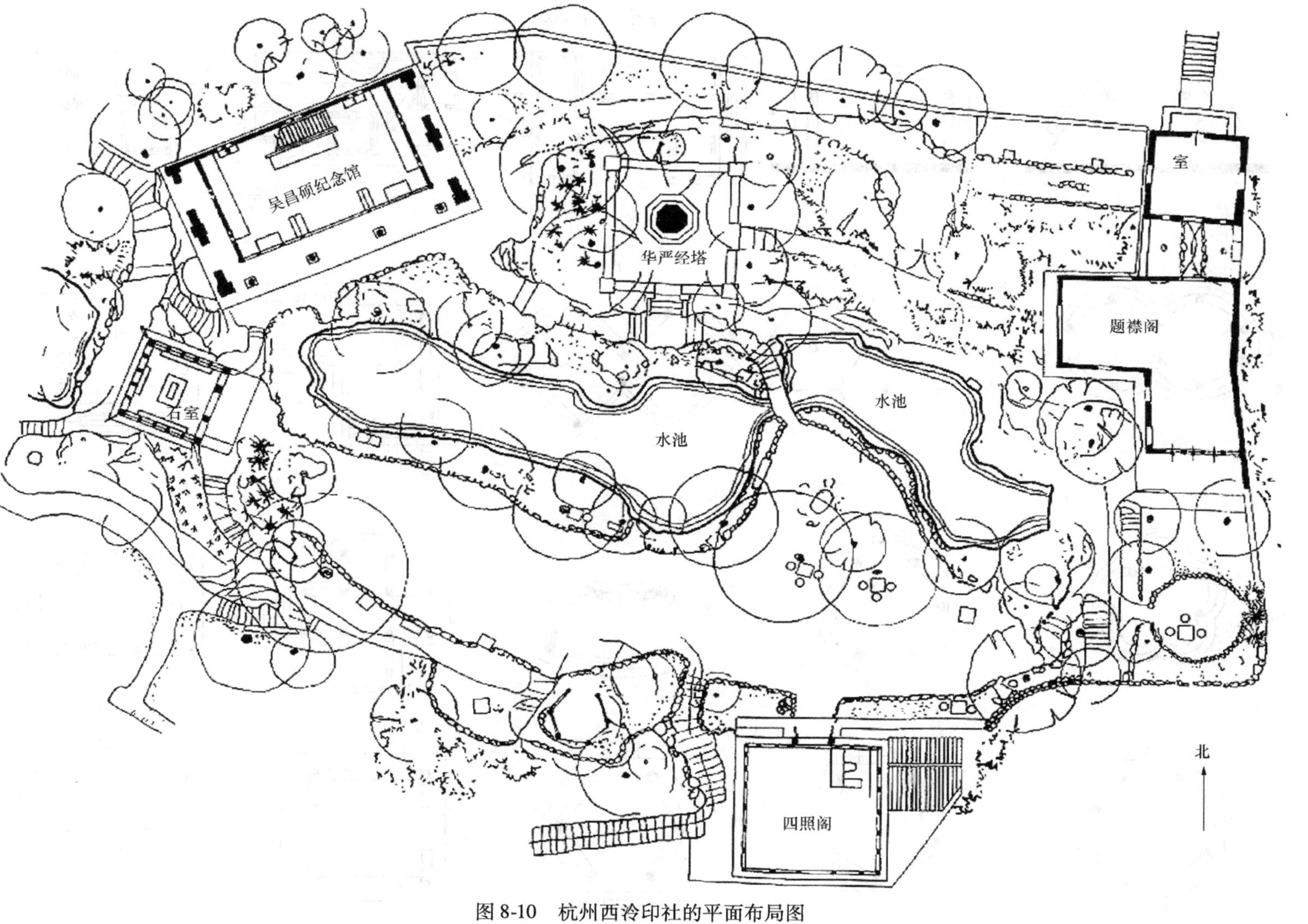

图 8-10 杭州西泠印社的平面布局图

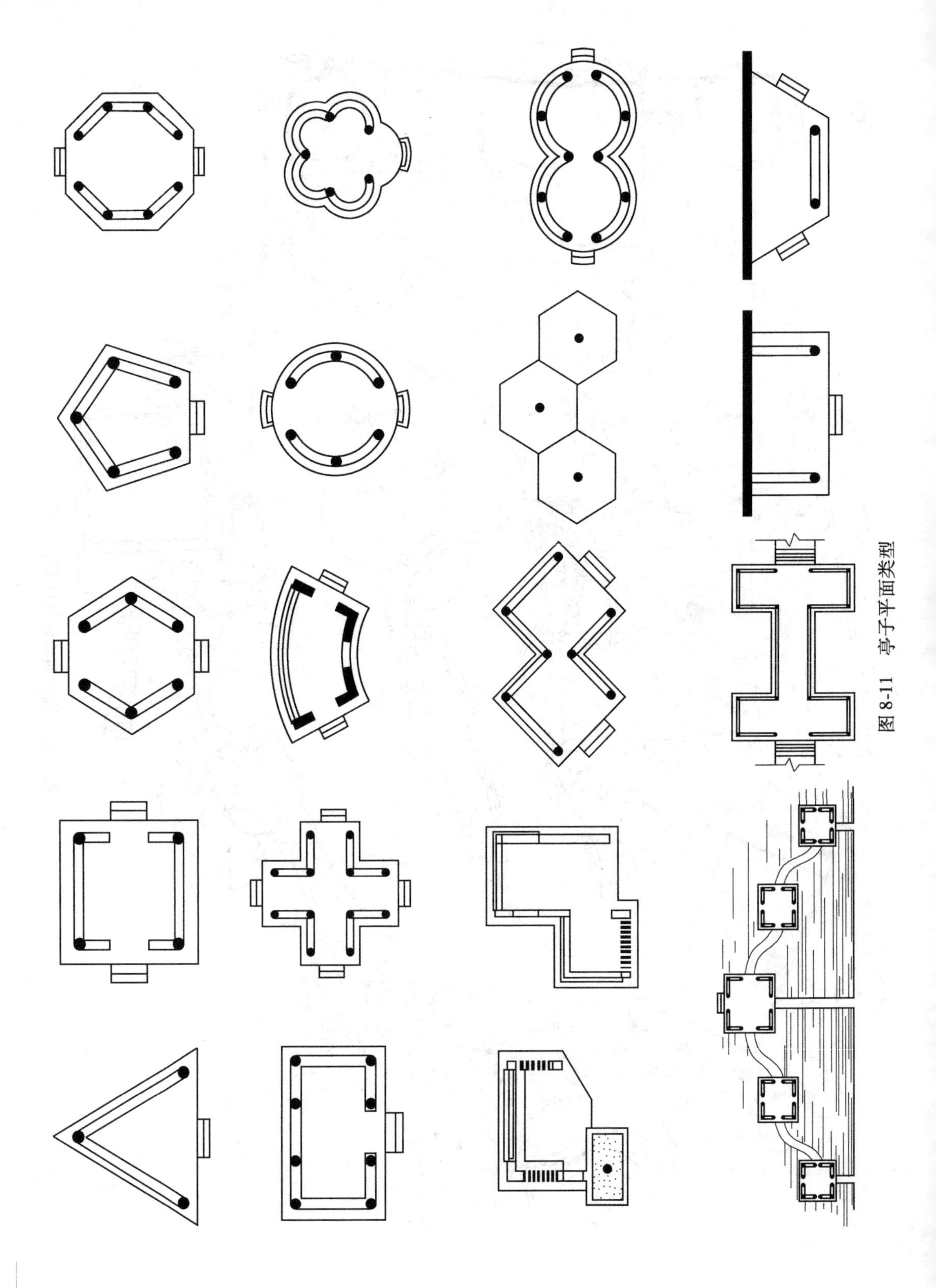

图 8-11 亭子平面类型

图 8-12　亭子立面类型

图8-13　各种类型亭子透视图

附录　园林建筑设计实例

1. 古建厕所实例（附图 1 ~ 附图 5）

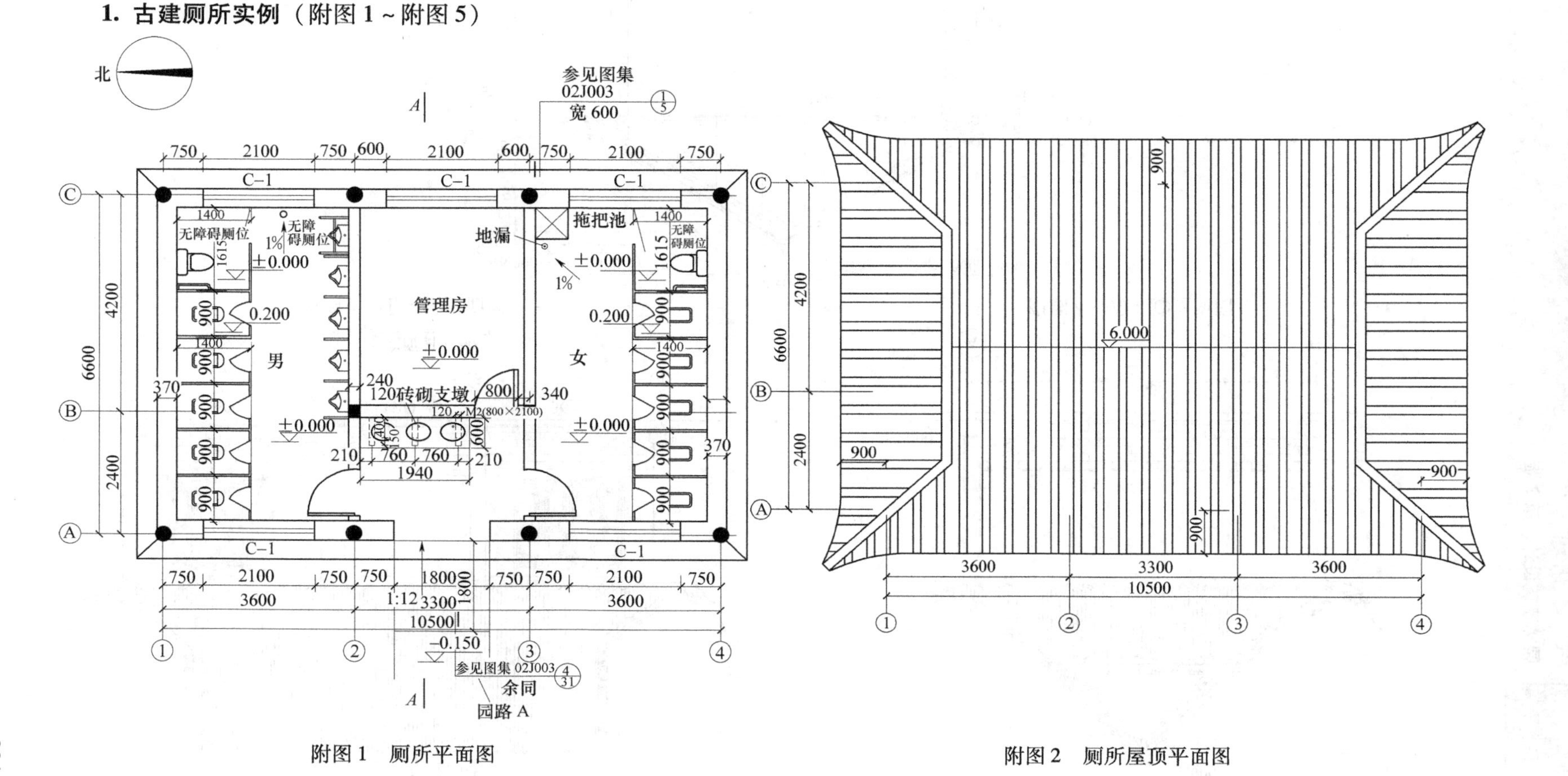

附图 1　厕所平面图

附图 2　厕所屋顶平面图

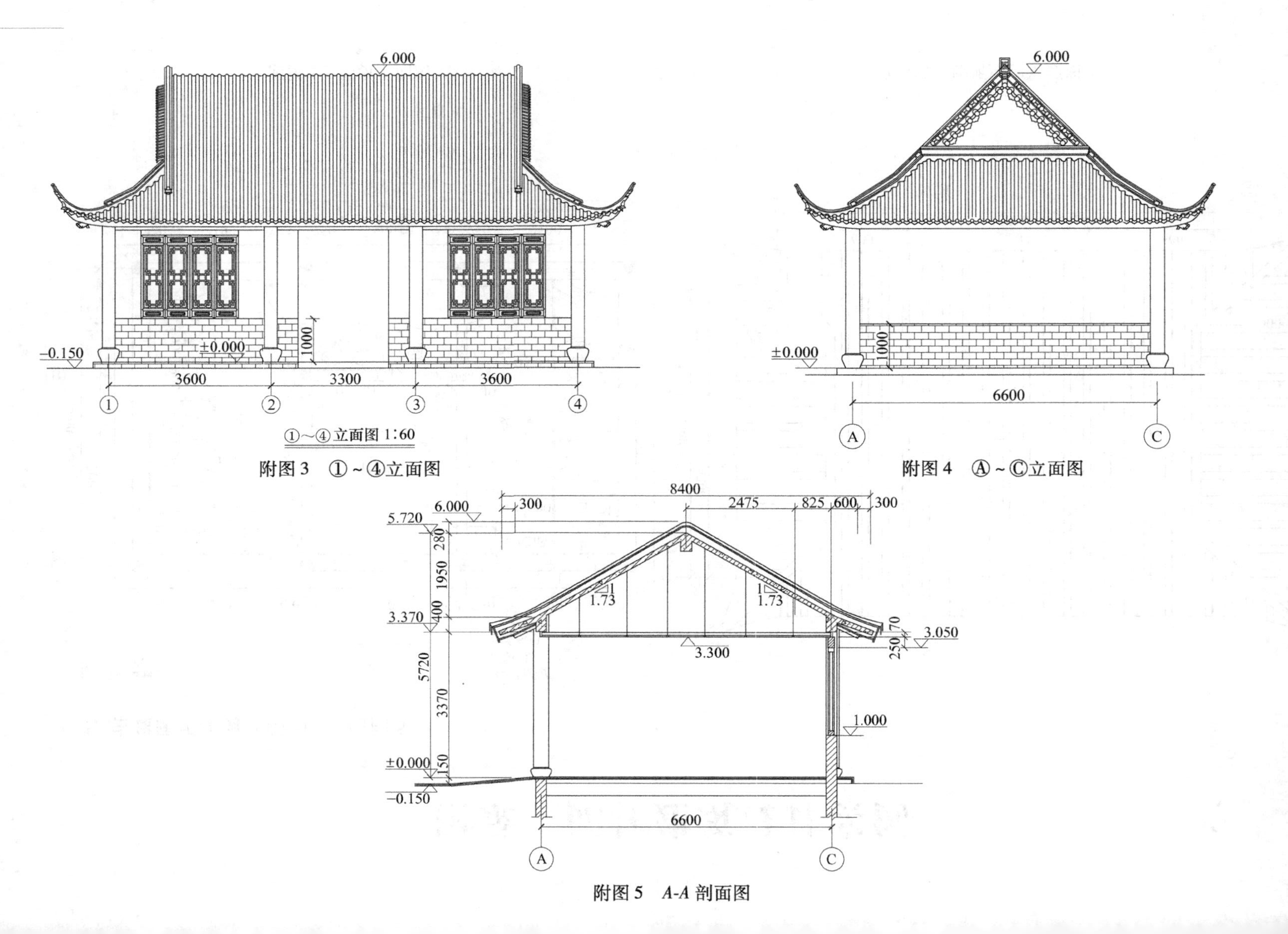

附图 3　①～④立面图

附图 4　Ⓐ～Ⓒ立面图

附图 5　*A-A* 剖面图

2. 古建大门实例（附图6～附图25）

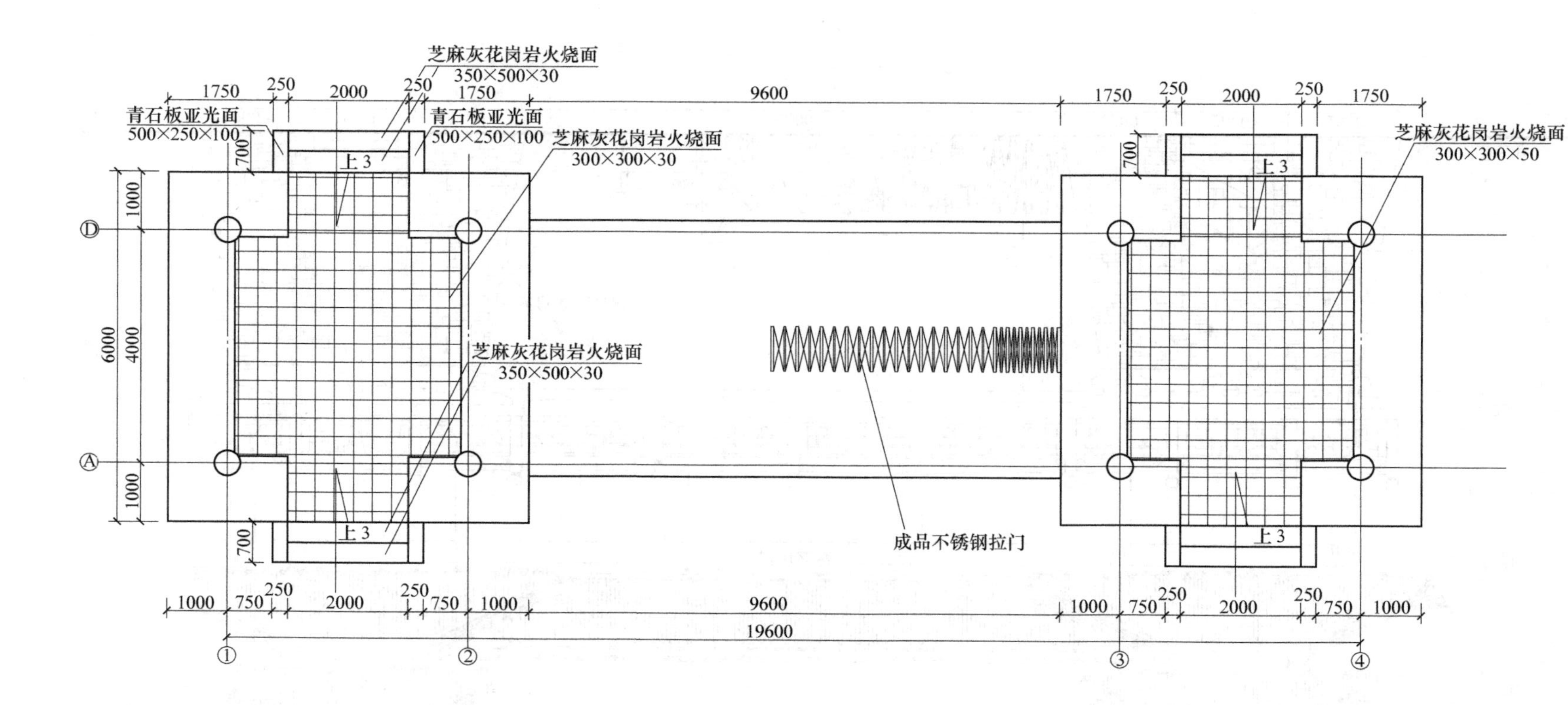

附图6　平面图

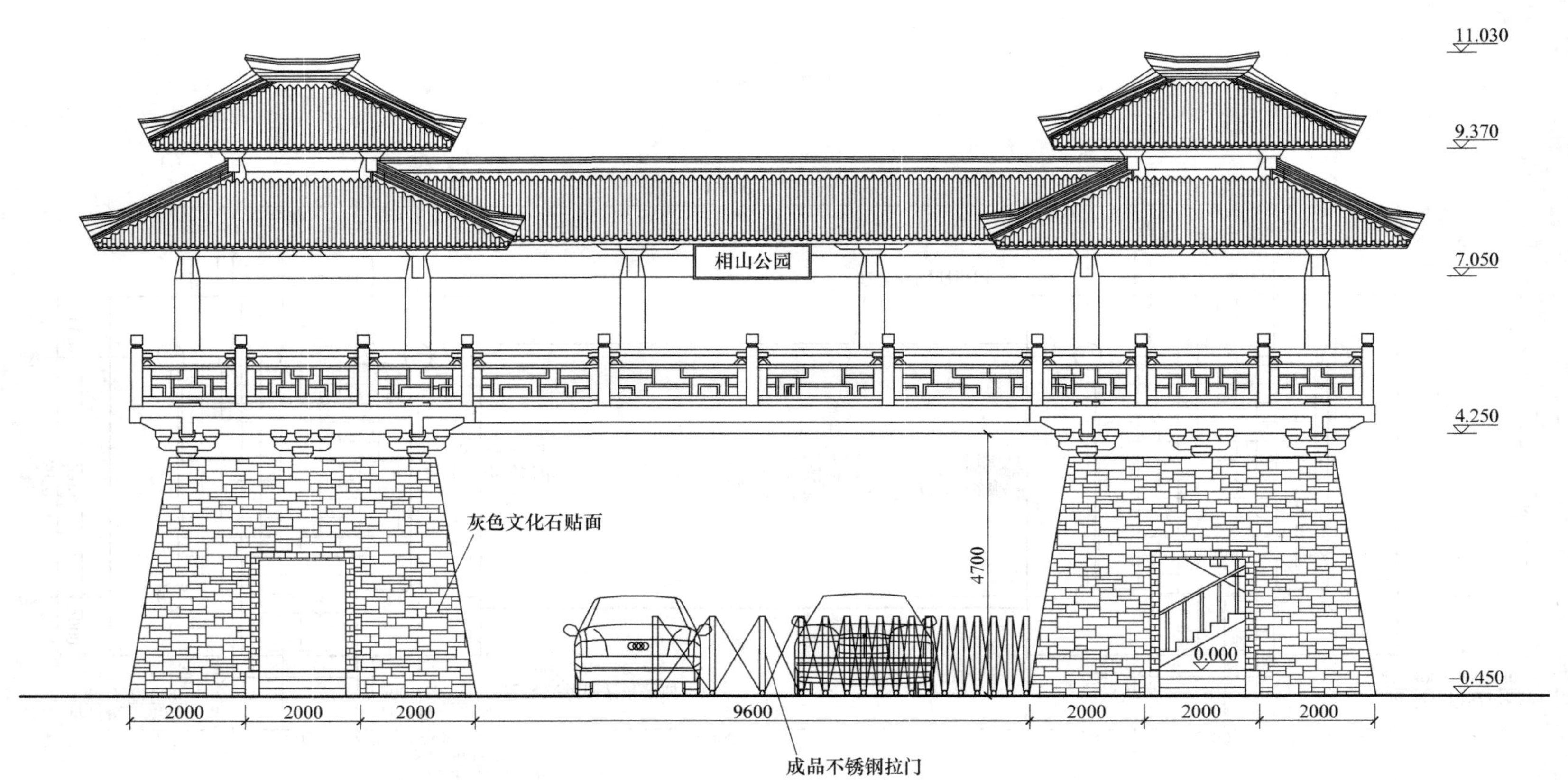

11.030
9.370
7.050
4.250
-0.450
0.000
相山公园
灰色文化石贴面
4700
2000
2000
2000
9600
2000
2000
2000
成品不锈钢拉门

附图 7　东大门正立面图

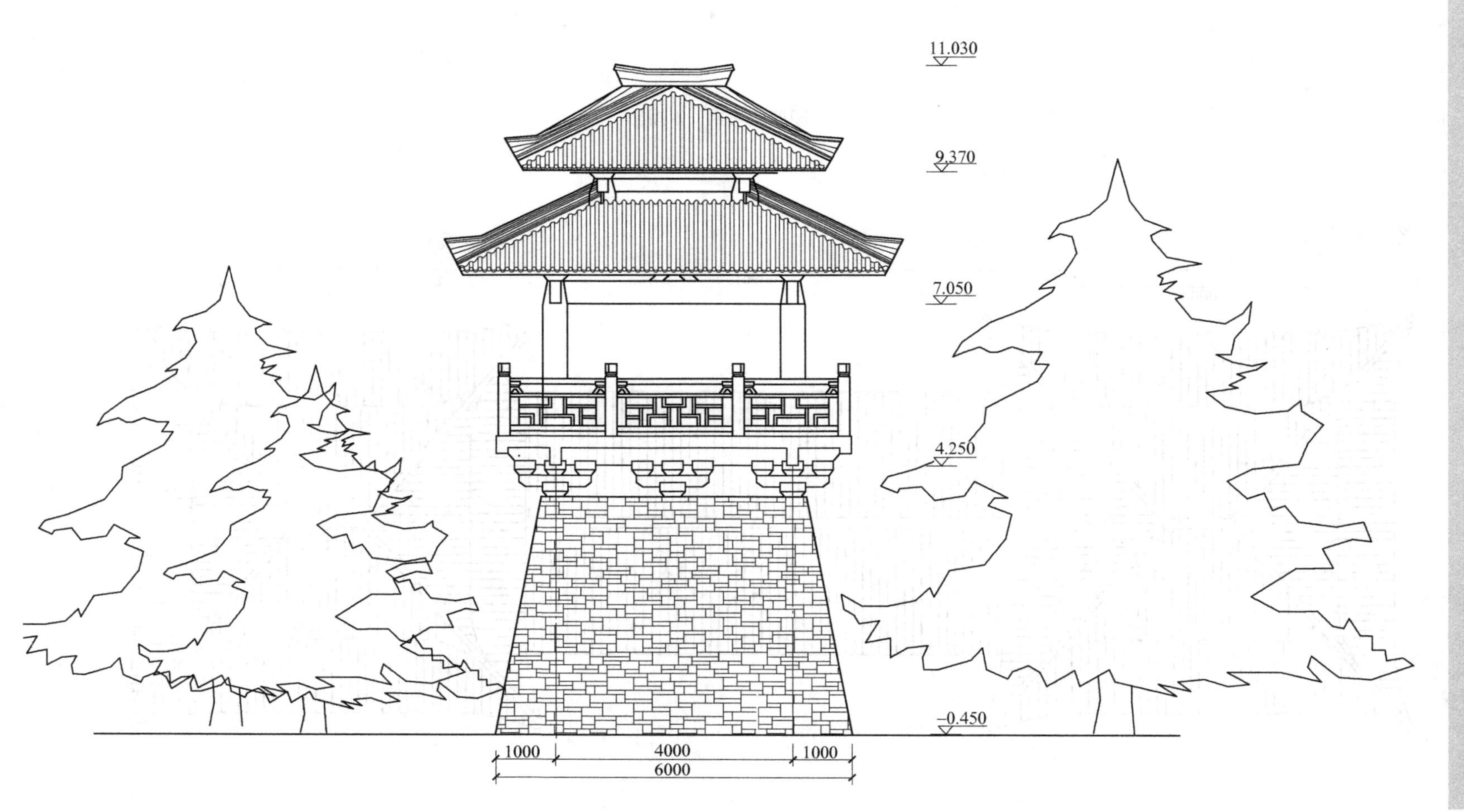

附图8　东大门侧立面图

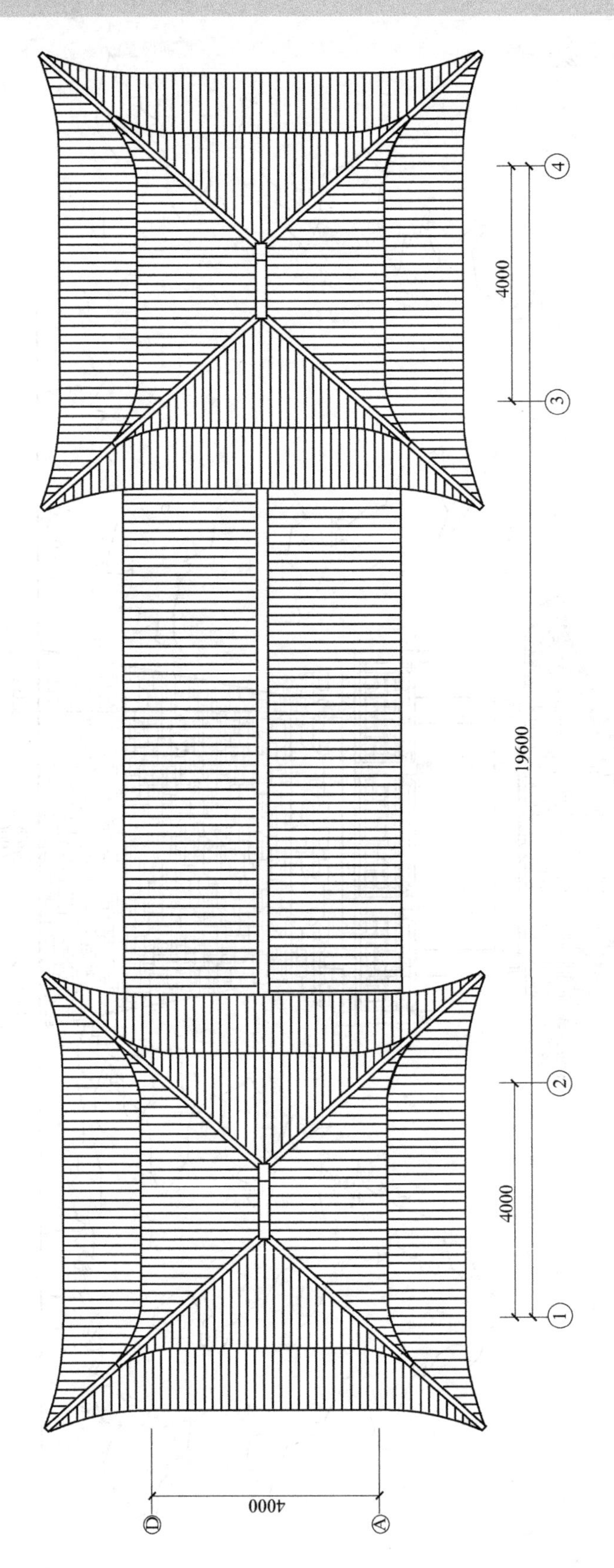

附图 9　屋顶平面图

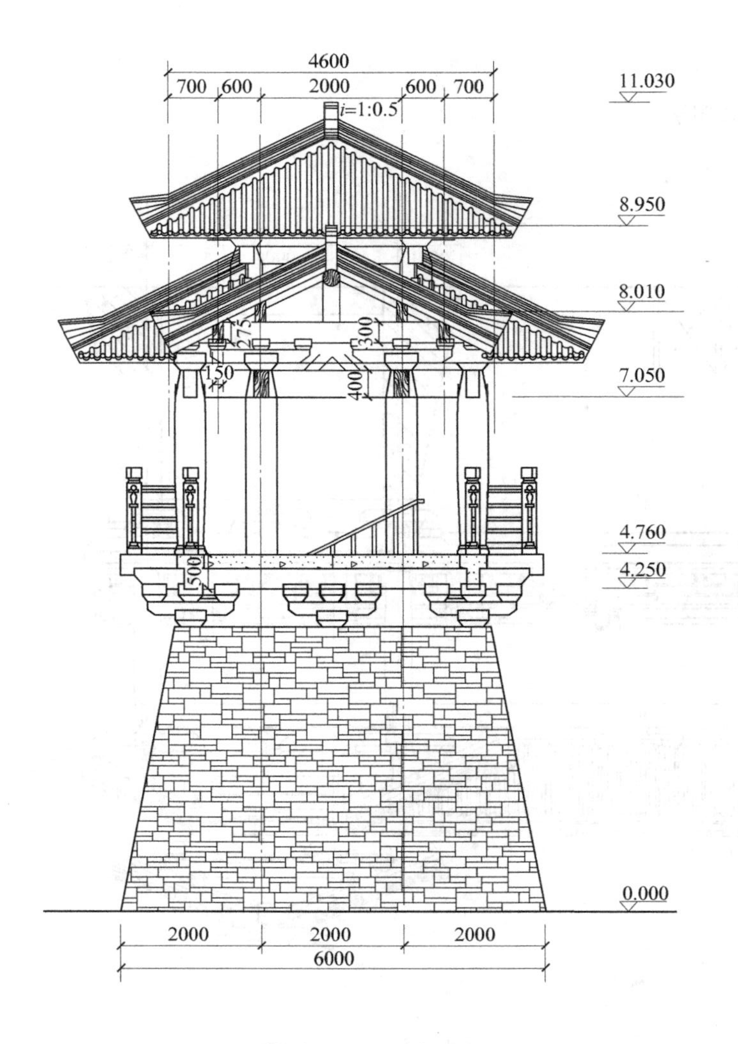

附图 10　*A-A* 剖面图

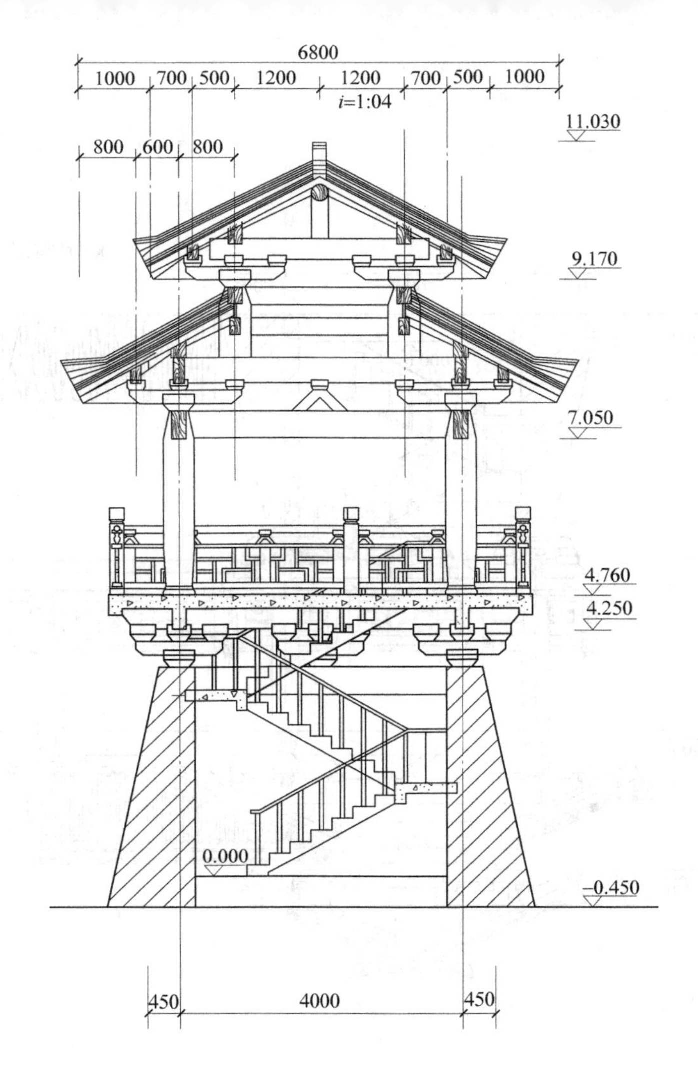

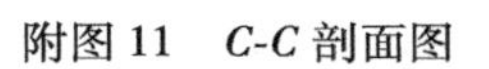

附图 11　*C-C* 剖面图

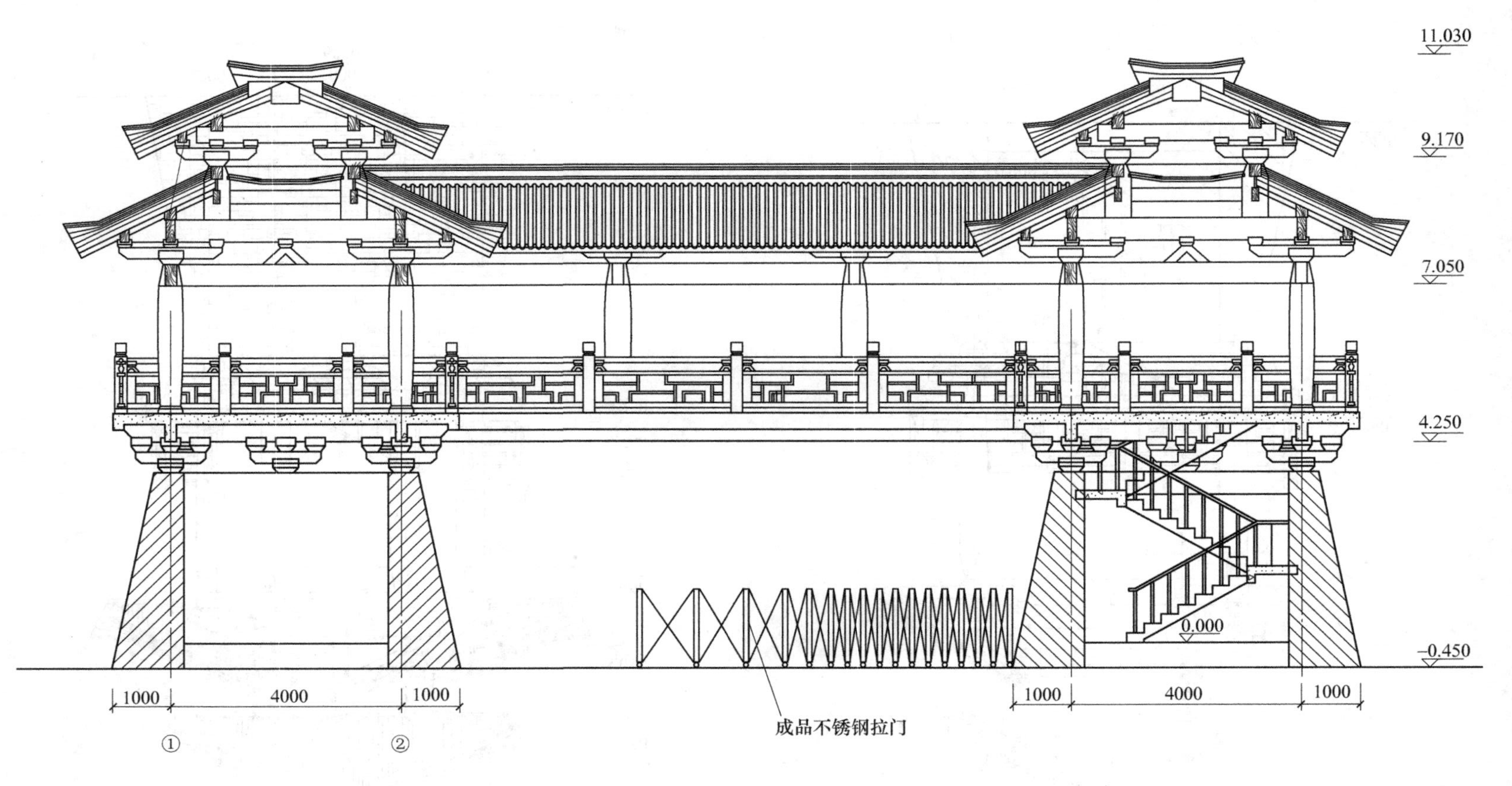
11.030
9.170
7.050
4.250
0.000
-0.450
1000
4000
1000
1000
4000
1000
成品不锈钢拉门
①
②

附图12　*B-B*剖面图

3. 石建亭廊实例

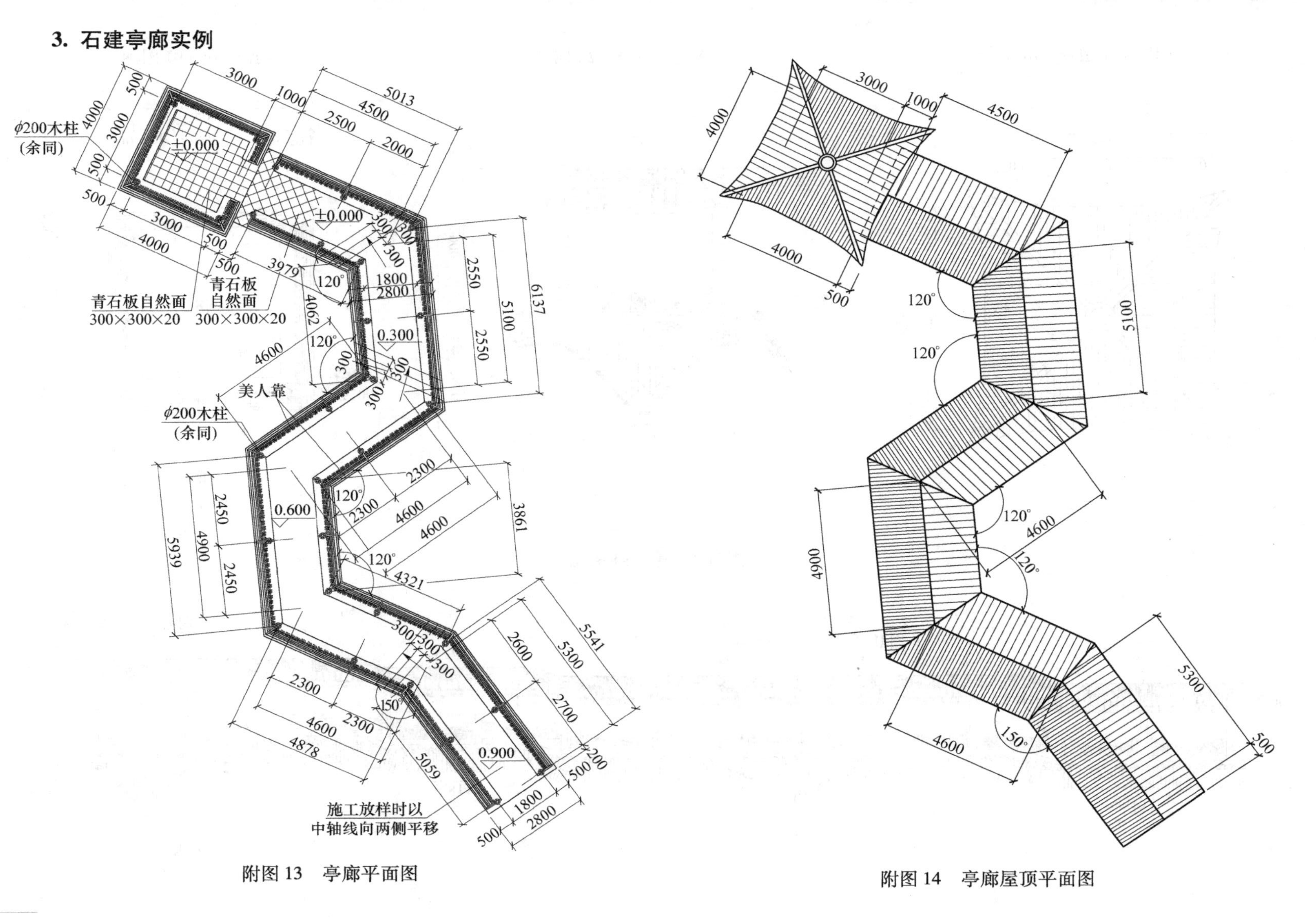

附图 13　亭廊平面图

附图 14　亭廊屋顶平面图

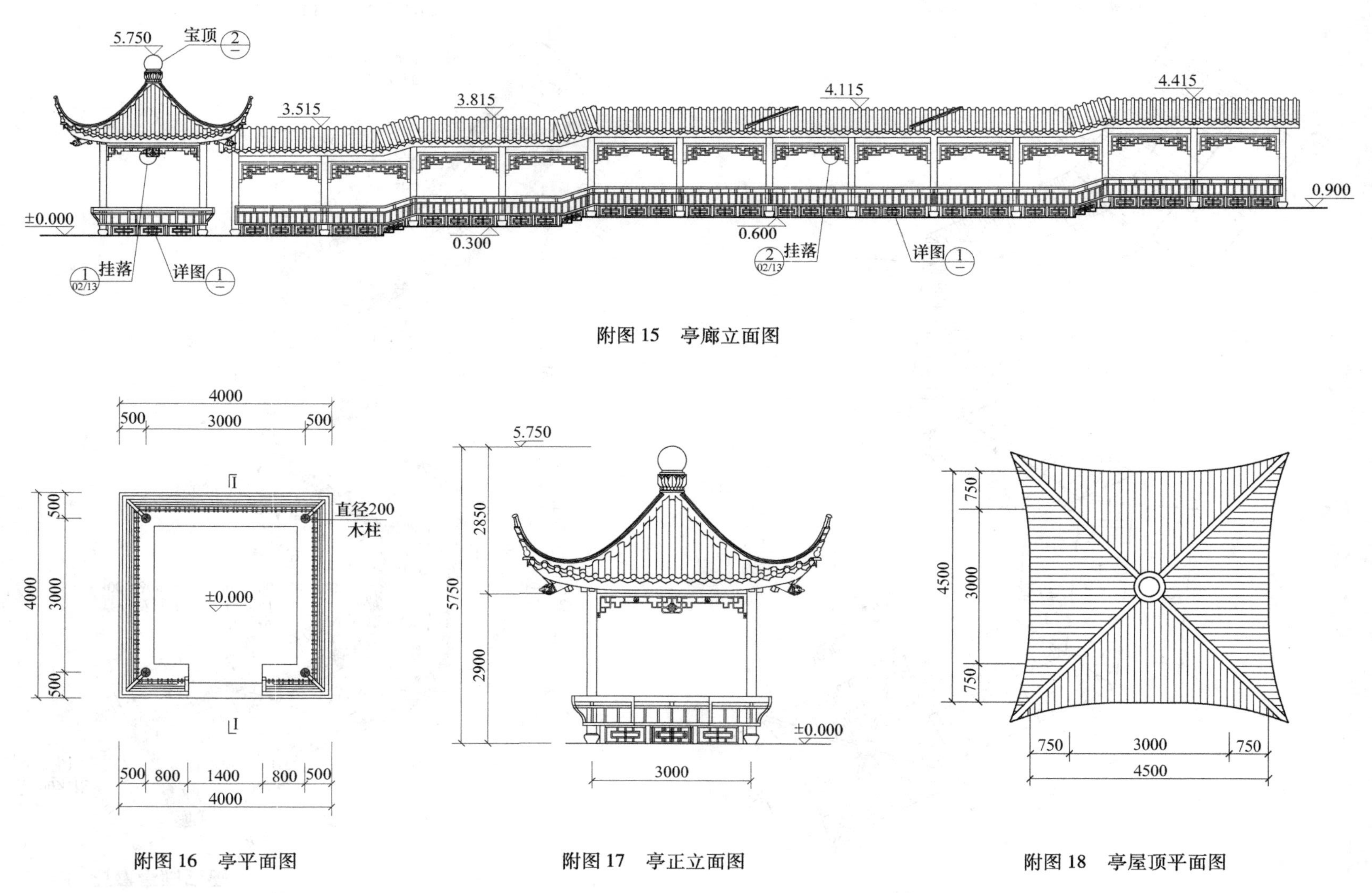

附图 15　亭廊立面图

附图 16　亭平面图

附图 17　亭正立面图

附图 18　亭屋顶平面图

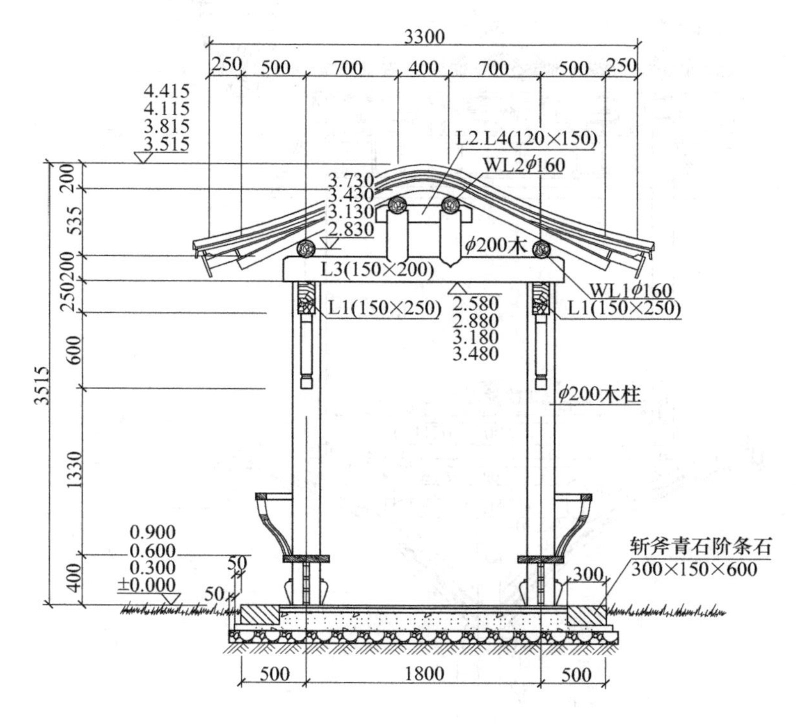

附图 19 廊剖面图

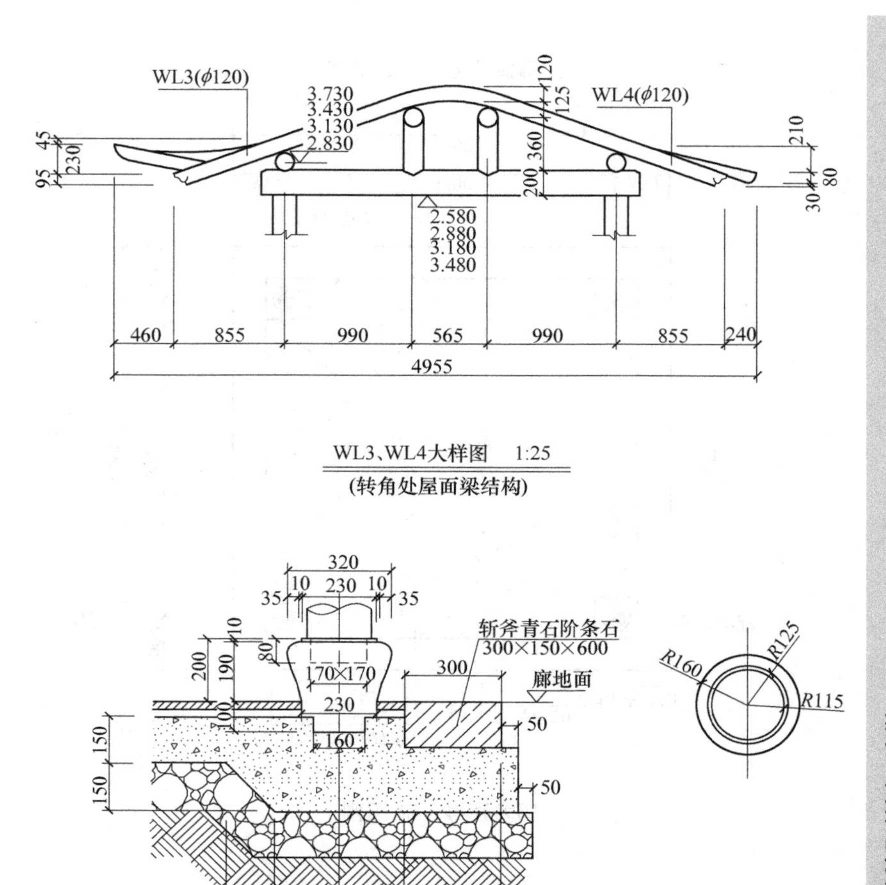

附图 20 廊青石鼓磴及基础

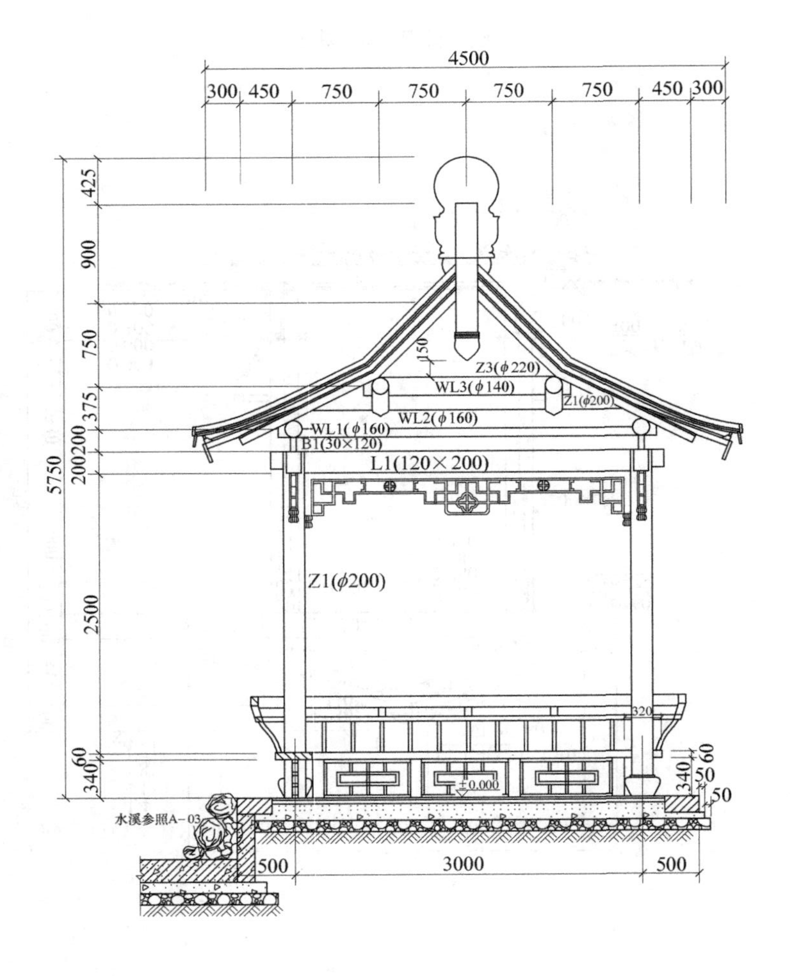

附图 21　I-I 剖面图

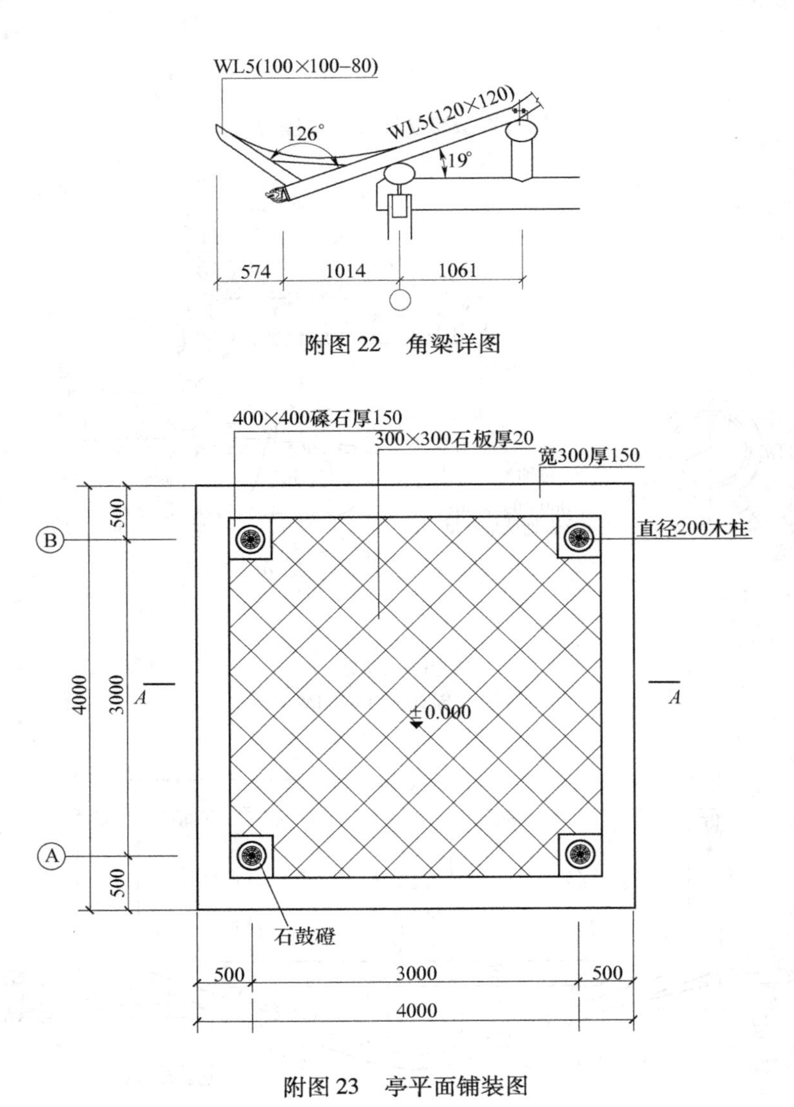

附图 22　角梁详图

附图 23　亭平面铺装图

4. 现代大门实例

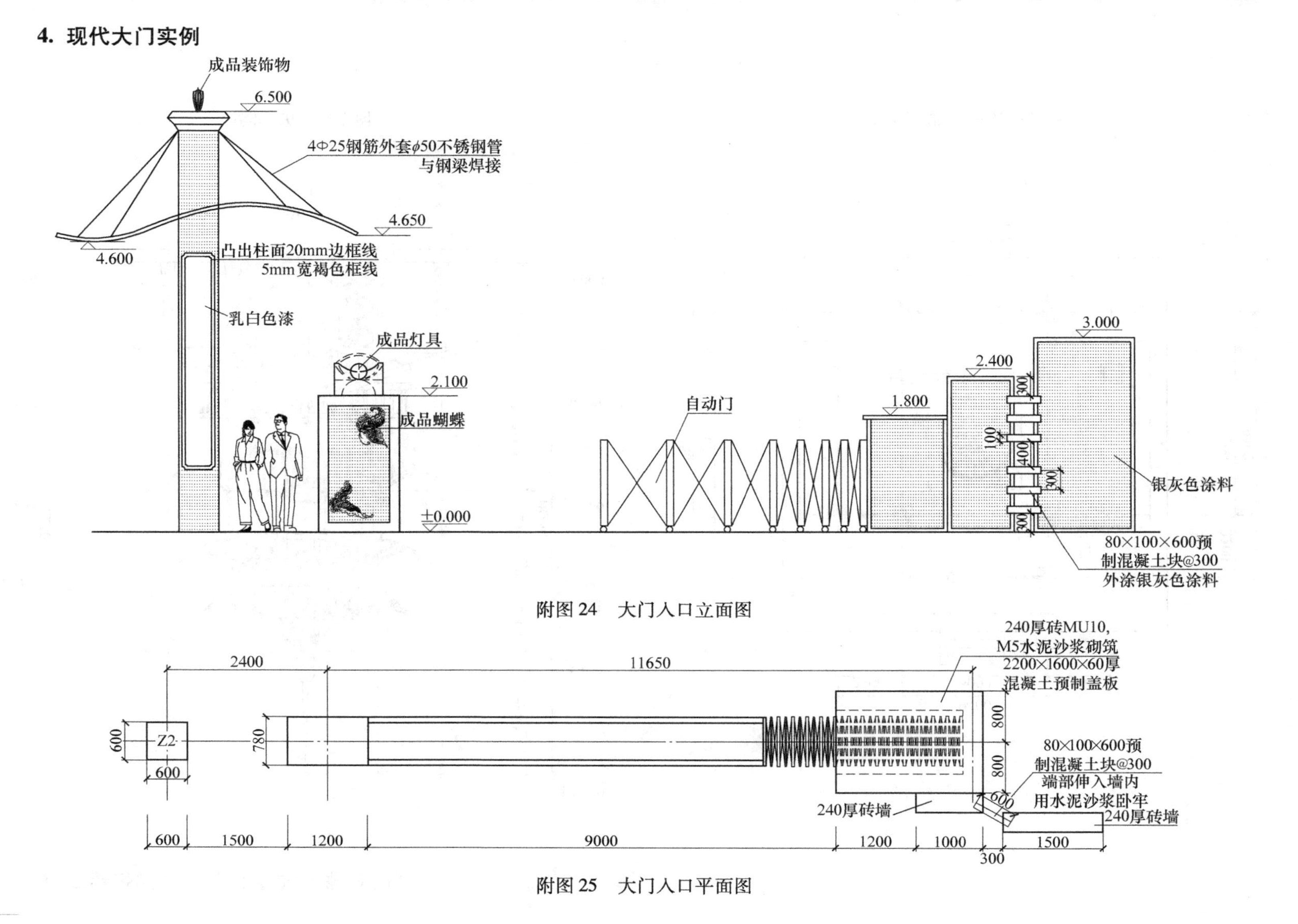

附图 24　大门入口立面图

附图 25　大门入口平面图

5. 东溪公园亭子（附图26～附图33）

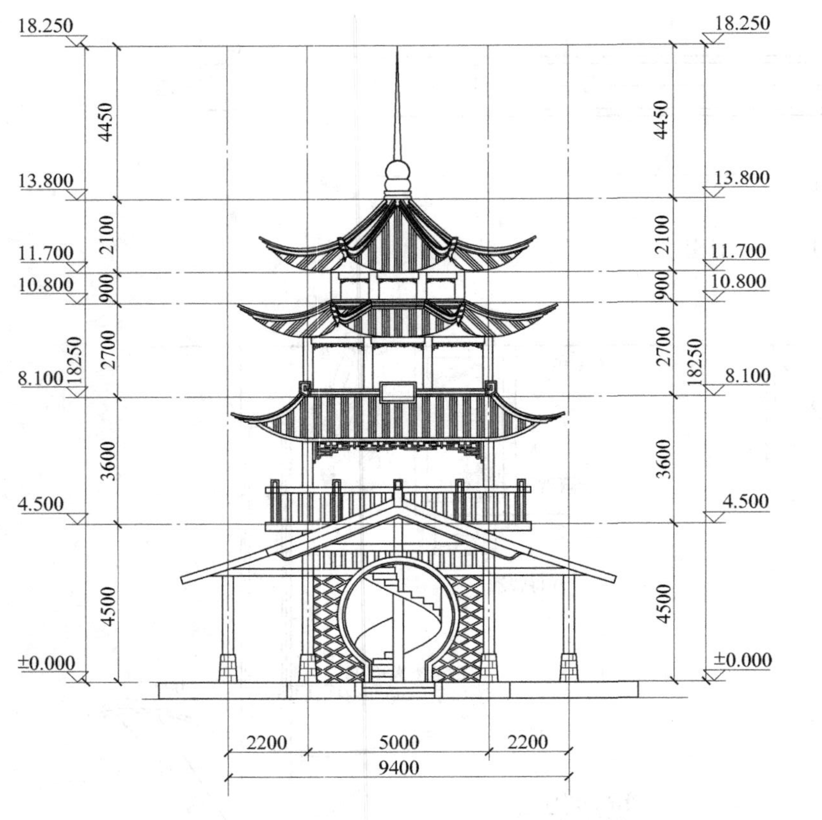

附图26　南立面图

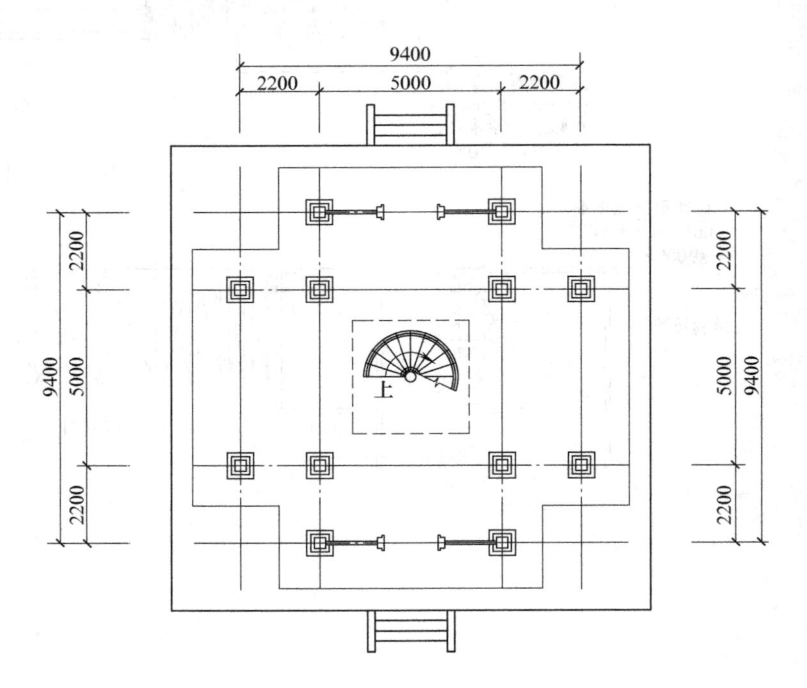

附图27　一层平面图

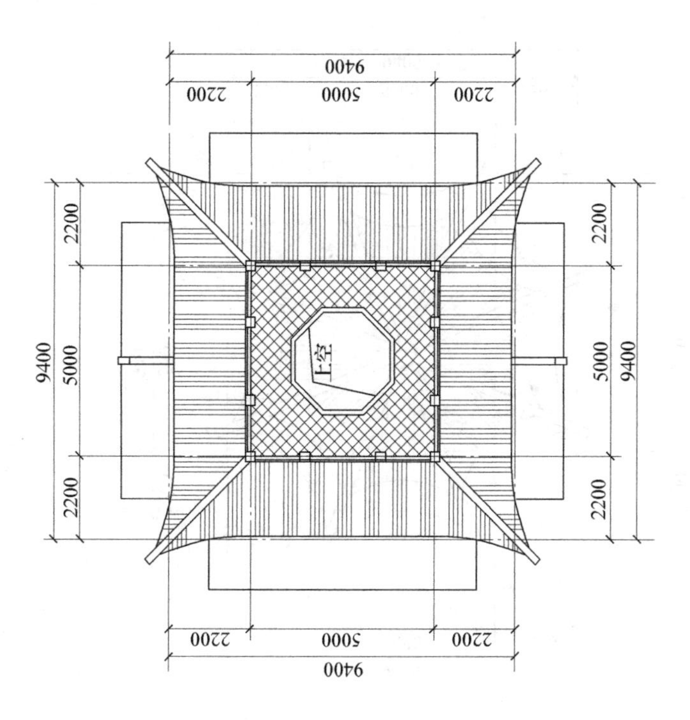

附图 29　三层平面图

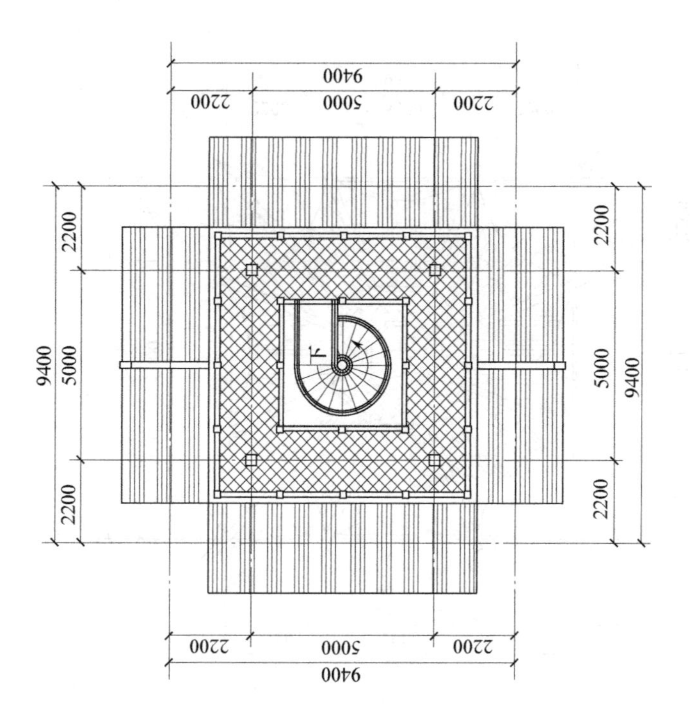

附图 28　二层平面图

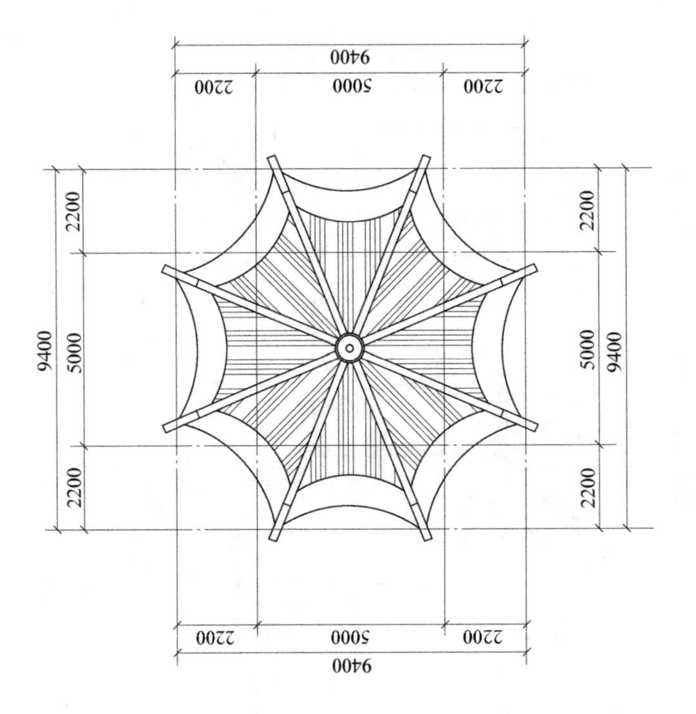

附图 31　屋顶平面图

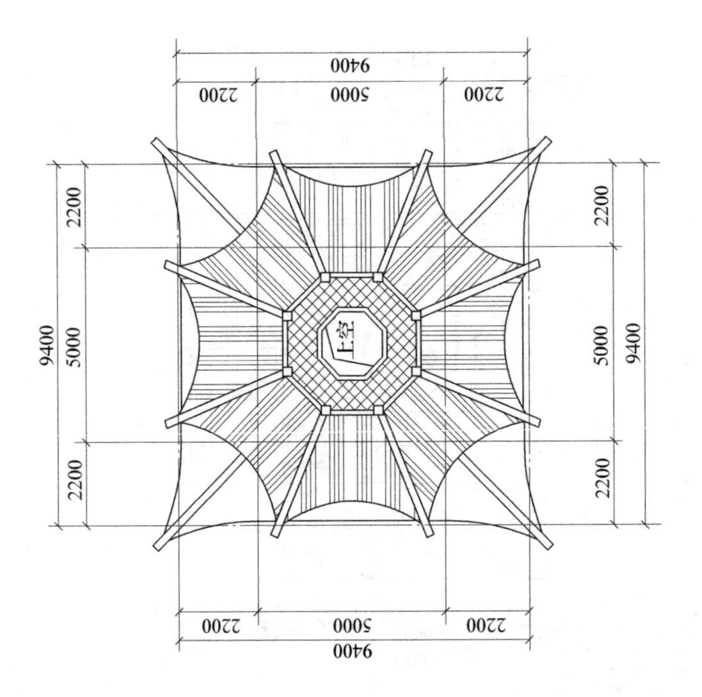

附图 30　四层平面图

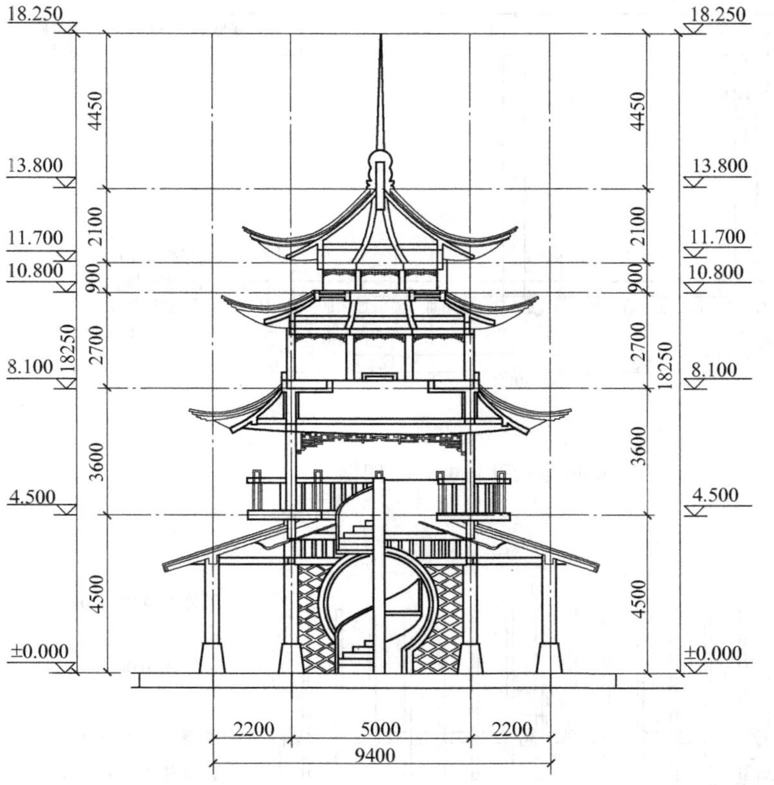

附图 32　*I-I* 剖面图

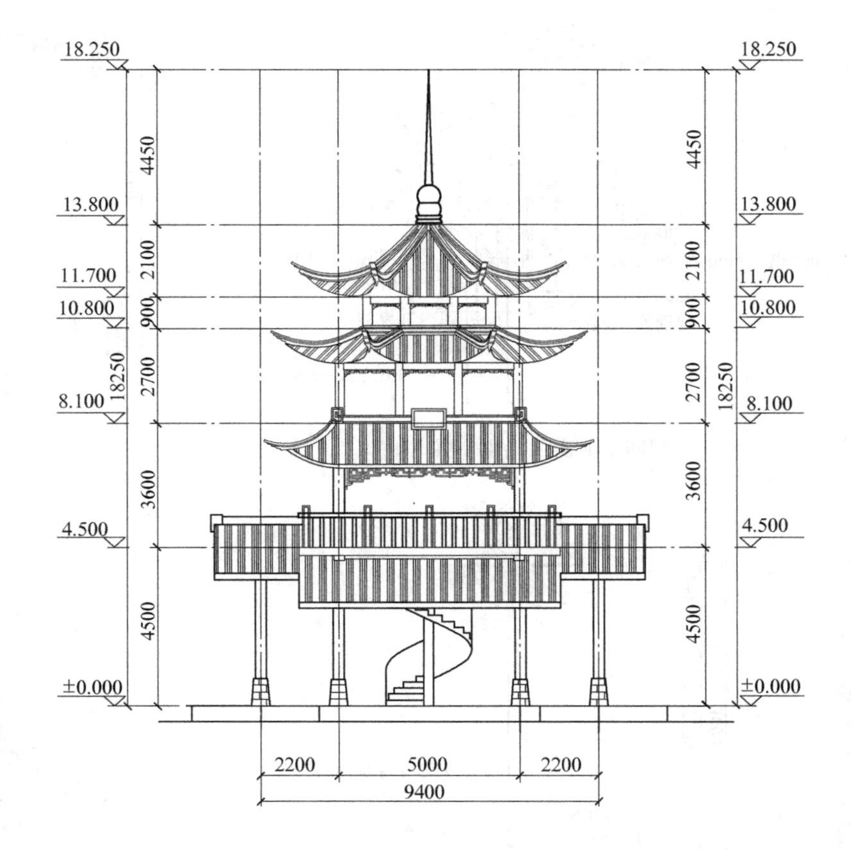

附图 33　西立面图

6. 花架实例（附图34～附图41）

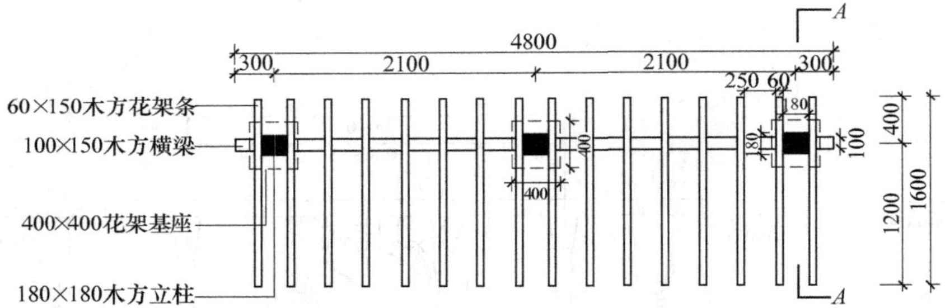

60×150木方花架条
100×150木方横梁
400×400花架基座
180×180木方立柱
4800
300 2100 2100 250 60 300
180 180 100 400 400
400 1200 1600
A A

附图34　单臂花架平面图

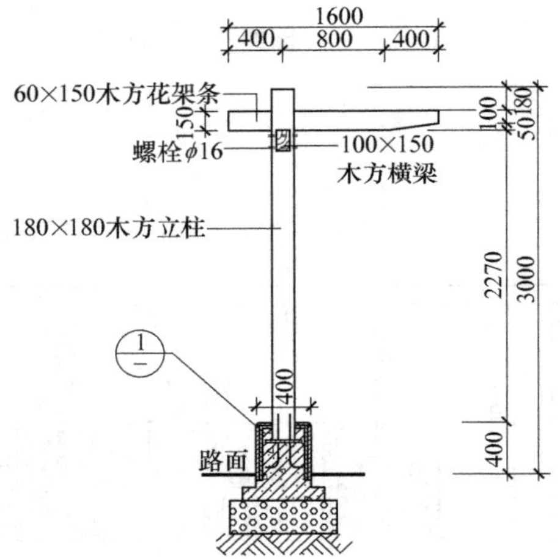

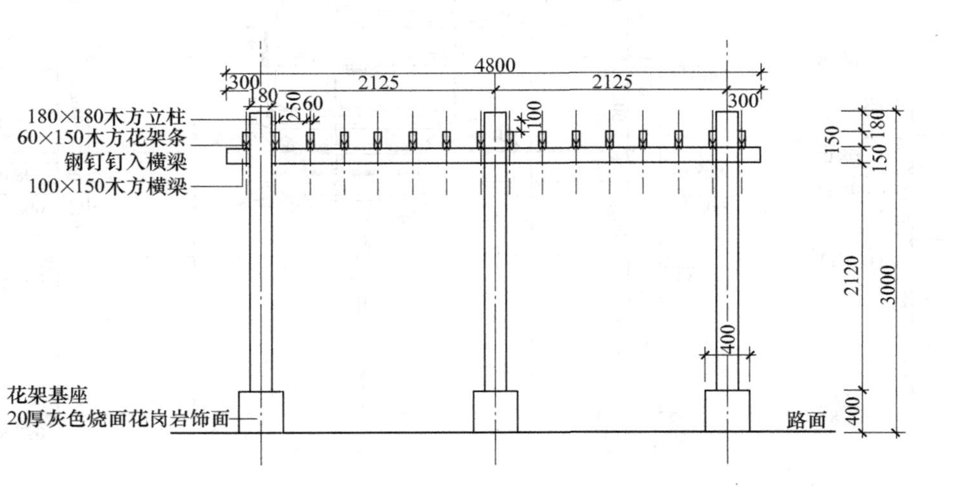

附图36　单臂花架立面图

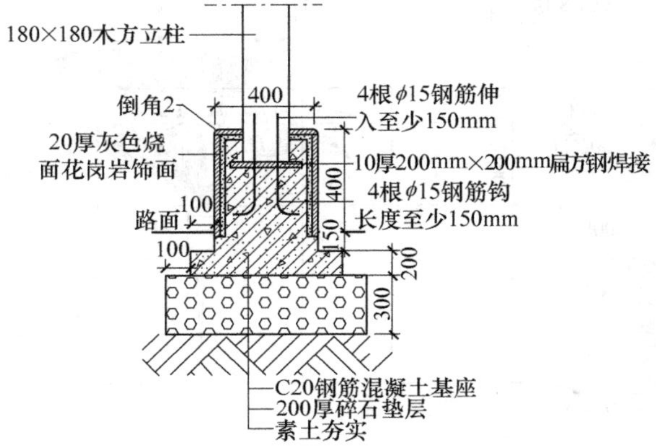

60×150木方花架条
螺栓ϕ16
100×150
木方横梁
180×180木方立柱
路面
1600
400 800 400
150 100 50 180
2270 3000 400 400

附图35　单臂花架A-A剖面

180×180木方立柱
倒角2
20厚灰色烧
面花岗岩饰面
路面
4根ϕ15钢筋伸
入至少150mm
10厚200mm×200mm扁方钢焊接
4根ϕ15钢筋钩
长度至少150mm
C20钢筋混凝土基座
200厚碎石垫层
素土夯实
400 400 100 100 150 200 300

附图37　节点详图

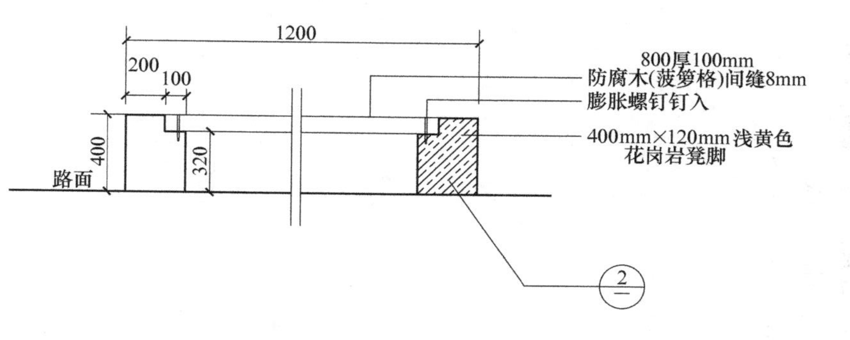

附图 38　坐凳剖面大样图

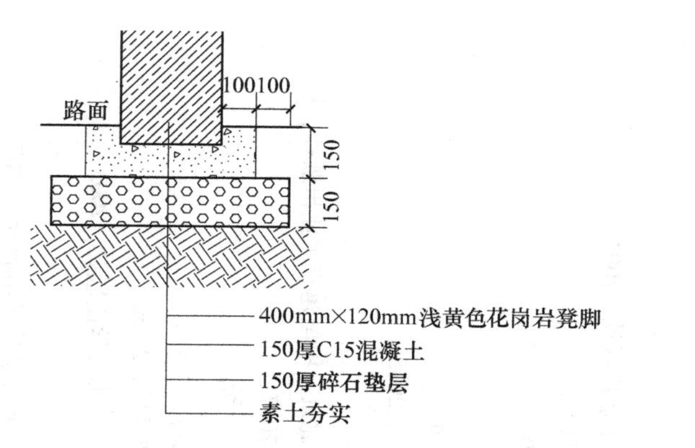

附图 39　节点详图

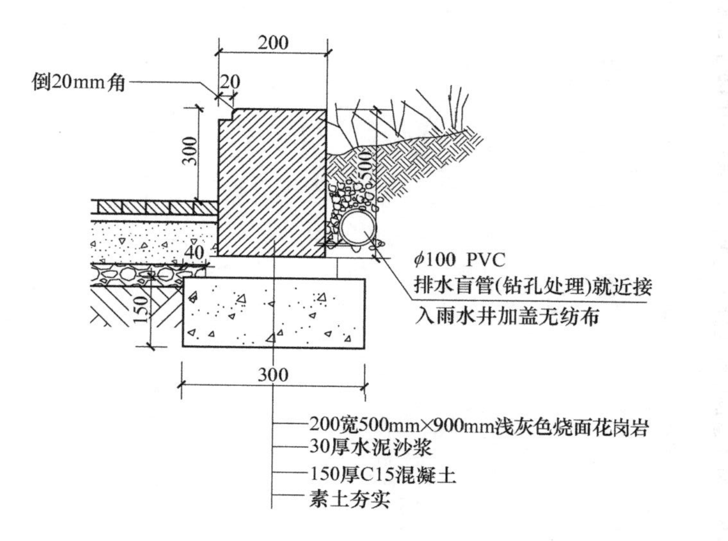

附图 40　种植池剖面图

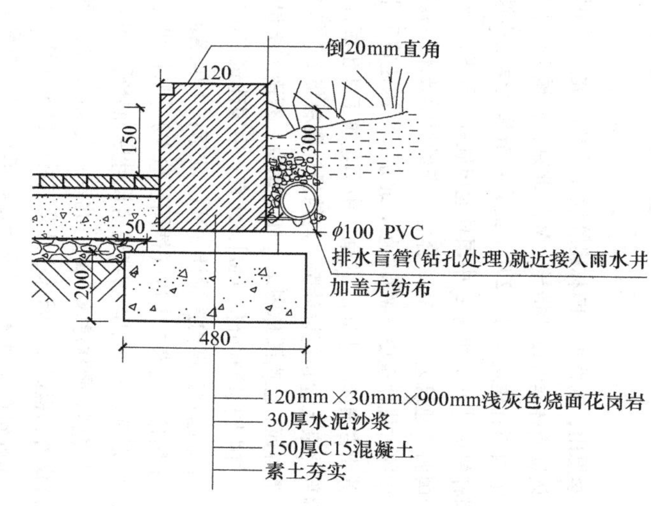

附图 41　侧石做法图

参 考 文 献

[1] 杜汝俭，李恩山，刘管平．园林建筑设计［M］．北京：中国建筑工业出版社，2004.

[2] 刘福智．风景园林建筑设计指导［M］．北京：机械工业出版社，2007.

[3] 冯钟平．中国园林建筑［M］．2 版．北京：清华大学出版社，2000.

[4] 卢仁．园林建筑［M］．北京：中国林业出版社，2000.

[5] 张浪．中国园林建筑艺术［M］．合肥：安徽科学技术出版社，2004.

[6] 刘敦祯．中国古代建筑史［M］．2 版．北京：中国建筑工业出版社，2005.

[7] 刘敦祯．苏州古典园林［M］．北京：中国建筑工业出版社，2005.

[8] 建筑工程部北京工业建筑设计院．建筑设计资料集 1-3 集［M］．北京：中国建筑工业出版社，1994.

[9] 刘先觉、潘谷西．江南园林图录［M］．南京：东南大学出版社，2007.

[10] 彭一刚．中国古典园林分析［M］．北京：中国建筑工业出版社，1986.

[11] 田永复．中国园林建筑构造设计［M］．北京：中国建筑工业出版社，2004.

[12] 梁思成．中国建筑艺术二十讲（插图珍藏本）［M］．北京：线装书局，2006.

[13] 李允鉌．华夏意匠——中国古典建筑设计原理分析［M］．天津：天津大学出版社，2005.

[14] 王树栋，马晓燕．园林建筑［M］．北京：气象出版社，2001.

[15] 窦奕，郦湛若，程红波．园林小品及园林小建筑［M］．合肥：安徽科学技术出版社，2007.

[16] 区伟耕．园林建筑（园林景观设计资料集）［M］．乌鲁木齐：新疆科技卫生出版社，2003.

[17] 王树栋．园林建筑（修订版）（风景园林与观赏园艺系列丛书）［M］．北京：气象出版社，2004.

[18] 王庭熙，周淑秀．新编园林建筑设计图选［M］．南京：江苏科学技术出版社，2000.

[19] 周初梅．园林建筑设计与施工［M］．北京：中国农业出版社，2007.